<개정판>

# 전장기능별

# 무 기 체 계

장상국 · 엄홍섭 · 최정욱 · 이윤규

한국군사문제연구원
KIMA Korea Institute for Military Affairs

# 머리말

최근 군사학이 하나의 학문으로 자리 잡으면서, 많은 일반대학교에서 군사학과를 설치하여 군 간부를 양성하고 있으며, 교양과정에서도 안보학 관련 과목이 확대되고 있는 추세입니다.

그러나 교육 현장에서는 여전히 표준화된 교재가 부족하여, 교수들이 개별적으로 강의 자료를 준비하거나 대학별로 자체 제작한 교재를 사용하는 실정입니다. 이에 많은 교수들은 전문화된 통합 교재의 필요성을 지속적으로 제기해왔습니다.

이러한 요구를 반영하여 (재)한국군사문제연구원에서는 군 간부 양성기관과 일반대학교 군사학과에서 활용 가능한 무기체계 교재 초판을 2015년도에 발행하였고, 이후 현대전 전장 변화와 급속한 무기체계 발전에 따라 국내 최고의 현장 교수진과 연구자들의 협업을 통해 개정판을 출간하게 되었습니다.

이번 개정판은 2025년 기준으로 전면 개정하였으며, 다음과 같은 특징을 포함합니다.

첫째, 최신 무기체계와 신교리를 반영하였습니다. 최근 전력화된 차세대 전투체계와 군의 신작전개념에 따라 무기체계 내용을 전면 보완하였으며, 새로운 도입 장비는 상세히 기술하고 구식·도태 장비는 삭제하여 현실적인 전력 구조를 반영하였습니다.

둘째, 북한 및 세계의 무기체계 현황을 최신화 하였습니다. 북한의 핵·미사일 위협 고도화에 따라 최신 미사일, 방공망, 핵전력 체계를 보강하였으며, 미국, 중국, 러시아 등 주변국의 무기체계와 첨단 기술 동향도 추가하였습니다.

셋째, 군사학과 중심의 교육 교재로 가독성을 향상하였습니다. 학군사관후보생, 군사학과 및 부사관학과 학생을 중심으로, 군사학 교양과정 수강생들도 쉽게 이해할 수 있도록 구성하였으며, 임관 후 야전부대 실무에서도 실질적으로 활용할 수 있도록 하였습니다.

또한 본 교재는 단순한 무기 목록이 아닌, 전장 기능별 분류와 무기체계 운용개념 중심의 설명을 통해 이해도를 높였고, 지상군·해군·공군 무기체계를 통합적으로 소개하여 타군 이해를 돕는 융합형 콘텐츠로 구성하였습니다. 핵무기, 탄도미사일, 감시장비, 통신체계 등 전략무기 및 핵심기술에 대한 기본 원리도 수록하였습니다.

특히 국방과학연구소를 포함한 무기체계 전문가의 자문과 검토를 거쳐 신뢰성을 확보하였으며, 군사보안을 고려하여 공식 발간자료와 공개 자료만을 활용하였습니다.

아울러 2025년 6월 출범한 새 정부의 국정과제로 제시된 'K-방산 글로벌 4강 도약'을 비롯해, 한국 방위산업의 미래를 조망한 최신 자료도 포함하였습니다.

본 교재가 군사학을 전공하는 학생들에게는 실질적인 학습자료로, 군 간부들에게는 실전적 이해를 높이는 길잡이가 되기를 기대합니다. 아울러 대한민국 군사학 교육 발전에 의미 있는 기여가 되기를 바랍니다.

끝으로, 이 책의 집필과 개정에 참여해 주신 모든 전문가와 자문위원 여러분께 깊은 감사의 말씀을 드립니다.

2025년 9월 1일

(재)한국군사문제연구원 원장 **김 형 철**

# 목 차

958

# 제 1 장
# 무기체계 개요

제1절 전쟁과 무기체계

제2절 과학기술과 무기체계

제3절 무기체계의 개념과 특성

제4절 무기체계 분류

# 제1절 전쟁과 무기체계

## 1. 전쟁과 전략

### 가. 전쟁의 개념

전쟁이란 상호 대립하는 두 개 이상의 국가 또는 이에 준하는 집단이 정치적 목적을 달성하기 위해 군사력을 비롯한 모든 수단을 동원하여 자신의 의지를 상대방에게 강요하는 조직적인 폭력 행위이다. 전쟁은 폭력적이며, 불확실성과 마찰, 위험성을 내포하고 있어 정확한 예측이나 이성적인 판단이 어렵다.

전쟁의 수단에는 정치·외교, 경제·과학기술, 사회·문화, 군사 등 모든 요소가 포함된다. 일반적으로 전쟁은 선전포고를 통해 시작되지만, 선전포고 없이 시작되는 때도 있으며, 협정이나 강화조약 등을 통해 종결된다.

전쟁은 본질적으로 국가 정책을 시행하는 정치적 수단이며, 전쟁 외에는 문제를 해결할 수 없을 때 최후의 수단으로 선택된다. 예를 들어, 침략자의 정치적 목적은 전쟁을 결정하게 된 이유이자, 전쟁을 통해 상대에게 강요하고자 하는 정치적 의지이다. 반면, 피침략자의 정치적 목적은 초기에는 침략자의 목적을 거부하는 데 그치지만, 전쟁이 진행됨에 따라 독자적인 정치적 목적을 가질 수 있다.

인류는 오랜 역사 속에서 평화를 추구해 왔지만, 전쟁이 완전히 사라진 적은 없었다. 수많은 지도자들이 평화로운 사회를 만들기 위해 노력했지만, 대부분은 실패했다. 그만큼 전쟁은 인류에게 반복적으로 찾아오는 가장 불행한 현상 중 하나라고 할 수 있다.

전쟁은 인간의 생존, 문화, 사회, 국가의 존립에 중대한 영향을 미치며, 인류가 전쟁을 좋아하든 싫어하든 그것은 생존 경쟁의 기본 요소로 존재해 왔다. 따라서 인간의 본성이 바뀌지 않는 한, 전쟁은 형태를 달리하여 계속 존재할 것이다.

전쟁은 국가의 생존과 번영을 좌우하므로, 국가를 전쟁의 위협으로부터 방위하는 일은 최우선 과업이다. 국가는 평시에는 전쟁 억제 능력을 확보하고, 전시에는 모든 역량을 집중해 단기간 내에 승리할 수 있도록 국가안보 정책과 전략을 수립·시행해야 한다.

오늘날 세계는 냉전 종식 이후 경제 중심의 다원적 국제질서로 재편되었지만, 국가

간 대립과 갈등은 오히려 증가하고 있으며, 불특정 위협도 점차 확대되고 있다. 한반도는 한국의 화해·협력 정책에도 불구하고 남북 간 군사적 긴장이 지속되고 있으며, 주변국들도 자국의 이익을 중심으로 영향력 확대를 추구하고 있어 지역 분쟁의 가능성이 여전히 존재한다.

클라우제비츠(Carl von Clausewitz, 1780~1831)는 저서 『전쟁론』에서 "전쟁은 다른 수단에 의한 정치의 연장"이라 정의하며, "그 목적은 적을 굴복시켜 자국의 의지를 관철하는 데 있다"고 하였다. 즉, 평화적 해결이 불가능할 경우, 국가나 국가 간 집단은 자신의 의지를 실현하기 위해 물리적 힘을 사용할 수밖에 없다는 것이다.

요약하자면, 클라우제비츠의 전쟁이론은 다음과 같다.

- 전쟁은 정치 관계의 연속이다.
- 전쟁의 목적은 국가 의사의 실현이다.
- 그 실현 수단은 물리적 강제력, 즉 군사력이다.
- 전쟁의 목표는 적의 굴복이다.

결국, 전쟁은 본질적으로 투쟁이다. 인류는 이러한 투쟁에서 우위를 점하기 위해 오래전부터 특수한 수단을 추구해 왔으며, 이에 따라 투쟁의 양상도 변화했다. 무기와 장비는 투쟁의 성격을 규정하는 동시에, 투쟁 방식에 영향을 주면서 상호작용 해왔다.

전쟁에 사용되는 무기와 장비, 그리고 물자의 소비뿐만 아니라, 상대의 전쟁 수행 능력을 박탈하려는 의도에서 비롯된 계획적 파괴 행위는 엄청난 물적 손실과 환경 파괴를 초래한다. 전쟁은 전쟁 수행 주체의 모든 지혜와 노력을 요구하기 때문에, 기존의 가치와 체제를 파괴하거나 실용적 가치 중심의 체제로 전환하는 결과를 초래한다.

전쟁에 대해 '다른 수단에 의한 정치'라고 명확하게 개념을 정립한 클라우제비츠는 전투를 계획하고 실행하는 것을 전술(tactics)이라 하고, 이러한 전투를 전쟁의 목적에 맞게 상호 조정하여 운용하는 것을 전략(strategy)이라고 정의하였다.

즉, 전술은 전투에서 승리하기 위해 병력을 어떻게 사용할지를 알려주는 기술이며, 전략은 전쟁의 목적을 달성하기 위해 전투를 어떻게 운용할지를 가르쳐주는 기술이다.

군사 작전의 수준은 일반적으로 전략적, 작전적, 전술적 수준으로 구분하며, 현재 한국군이 정의하는 전략적 수준의 군사 작전은 "국가적 차원에서 군사력 운용 목표를 달성하기 위해 군사력 운용을 기획하고 지도하며 자원과 수단을 준비하는 것"으로 이해된다.

## 2. 군사전략과 무기체계

오늘날 세계 각국은 상대의 군사전략과 무기체계를 확실하게 능가할 수 있는 신무기 개발에 최신 과학기술과 인력을 총동원하고 있으며, 국방과학기술과 투자 능력의 우월은 곧 그 나라 국방력의 우위를 의미하게 되었다.

새로운 전략개념이 무기체계의 발전을 선도하느냐? 또는 무기체계와 국방과학기술이 군사전략 개념을 선도하느냐? 하는 것은 많은 논란의 대상이 되고 있으나, 고대 전쟁부터 현대전에 이르기까지 무기체계와 전략 전술은 상호 종속적인 관계를 유지해 왔다.

[그림 1-1]에서 보는 바와 같이 국가목표 달성을 위해서 군사적인 분야에서는 군사목표가 수립되고 이를 달성하기 위해서 군사전략 목표가 수립된다. 이와 같은 군사전략 목표 달성을 위해서 전략과 무기체계는 전략적 요구에 따라서 무기가 생산되었다든지 또는 새로운 무기체계에 의해서 전략이 수립되었든지 간에 서로 종속적인 상관관계를 가지고 발전되거나 변천됐다.

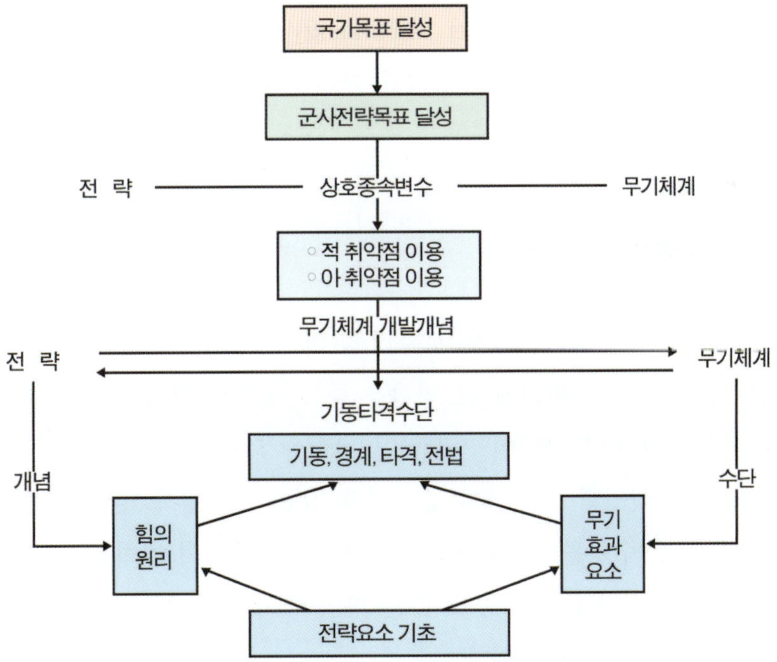


[그림 1-1] 전략과 무기체계의 상관관계

군사전략 목표는 적의 취약점을 이용하고 아군의 취약점을 보완하는 데 중점을 두어 왔으며, 이 목표를 달성하기 위한 실천적인 전략, 즉, 적의 취약점을 이용하기 위한 기동타격 및 경계를 포함한 전법을 창출하기 위해서 전략은 무기체계에 무기 발전 개념을 제공하였고, 무기체계는 기동 및 타격 등의 수단을 전략에 제공하는 상관관계를 가지고 있다. 즉, 무기체계는 전략개념을 충족할 수 있는 무기 자체의 효과요소에 목표를 두고 전략은 무기체계를 바탕으로 하여 힘의 원리를 적용하여 무기체계의 운용 방법을 제시하는 데 중점을 두고 있다.

시대의 발전에 따라 다소의 차이는 있지만 대체로 군사기술과 무기체계 발전에 따라 군사전략이 많이 변하여 왔다고 할 수 있다. 예를 들면 화기의 발명과 제철 기술이 성벽의 가치를 무효화 하였고, 증기기관의 발명이 지상에 국한된 전장을 육·해전장으로 확대하였으며, 기관총·야포·전차·잠수함 및 항공기의 등장이 현대전의 양상을 전면전 및 입체전 양상으로 바꾸어 놓았고, 핵무기와 미사일이 2차 세계대전 후 세계 군사전략을 억제 전략의 기능으로 변화시켜 놓았다.

또한 현대에는 정밀유도무기, 군사위성, 무인체계, 인공지능(AI) 등의 새로운 군사기술이 핵 및 비핵분야에서 경이적인 진보를 이루고 있으며, 전쟁의 양상과 수단 그리고 그 통제 방법을 크게 바꾸어 놓고 있다. 더구나 어제의 공상과학이 오늘의 현실로 나타나고 있는 4차산업혁명 시대 즉, Super Technology 시대에는 현대 무기체계의 발전추세를 정확하게 예측함과 동시에 이의 진가를 최대한으로 발전시킬 수 있는 군사전략과 전술을 개발하여야 한다.

## 3. 전쟁과 무기체계의 변천

전쟁과 무기체계의 상호관계는 고대로부터 현대까지 매우 밀접하며, 다양한 무기가 변천해 가면서 전쟁의 특성 변화에 큰 영향을 주는 것으로 인식한다. 고대의 전쟁에서는 철강 제련법이나 바퀴의 발명이 거점방어 전술을 퇴보시키고 공성전략과 공성무기를 발전시켰다. 근대 산업혁명 기간의 증기선과 철선, 철도망의 발명과 확대는 대규모 전력 차원에서의 전쟁 수행을 가능하게 하는 전쟁 패러다임의 변화를 불러왔다. 또한 4차산업혁명 시대에는 초연결, 초지능에 따른 다영역 작전이 가능하였고 로봇, 드론, 인공지능 등이 전장에서 활용되고 있다.

이러한 전쟁 및 전술과 무기체계의 변천은 [표 1-1]과 같이 상호 밀접한 관계를 맺고서 변천하고 있다. 어떠한 무기체계를 선택하느냐에 따라서 작전의 수행 형태를 결정하고, 또 어떠한 형태의 작전을 전개할 것인가에 따라서 어떠한 무기체계를 사용할 것인가도 결정하므로, 무기체계와 전략 및 전술은 불가분의 관계이다.

[표 1-1] 전쟁과 전술, 무기체계 변천과정

| 전 쟁 | 전 술 | 무기체계 | |
|---|---|---|---|
| 고대전쟁<br>(BC490-249) | 집단전투<br>종대대형 | 무기<br>제1기 | • 공격용 : 창, 칼, 화살, 투석기<br>• 방호용 : 갑주, 방패 |
| 중세전쟁 | 선전투 (1차원) 횡대대형<br>3병전술(보,포,기병협동작전) | 무기<br>제2기 | 화승총, 화포 |
| 근대전쟁<br>(1775~1913) | 종대대형<br>내선작전 | | 총검 |
| | 외선작전 | | 철도, 전신 |
| 현대전쟁<br>(1914~ ) | 평면전투 (2차원)<br>후티어돌파전술[1]<br>구로우종심방어[2] | 무기<br>제3기 | 기관총, 야포 |
| | 전격전, 입체전투(3차원) | | 전차, 항공기, 잠수함 |
| | 냉전 | 무기<br>제4기 | 핵폭탄 |
| | 비정규전 | | 전자무기, 회전익 항공기, COIN 무기 |
| | 하이브리드전 | | 정밀유도무기, 무인체계, 인공지능 |

[표 1-1]에서는 전쟁과 전술 및 무기체계의 변천 과정을 4개기로 나누어 무기 제1기는 고대전쟁에서 사용된 칼, 화살 그리고 방패 등이며, 무기 제2기는 중세전쟁의 화승총과 화포를 포함하고 있다. 무기 제3기는 현대전쟁에서 사용하는 기관총, 야포, 전차, 항공기 그리고 잠수함까지를 포함한다고 볼 수 있으며, 최근 전쟁에서 핵무기, 정밀유도무기, 무인체계, 인공지능 등은 무기 제4기로 분류할 수 있다.

또한 반대로 무기의 발명은 전쟁과 전술에 큰 영향을 미치면서 발전됐다. 예를 들면, 1차 세계대진 중의 진자통신, 화기, 진차, 항공기 등의 발명은 참호진, 소모진, 기동진 개념 등의 발전을 가져왔으며, 2차 세계대전에서의 전략 잠수함, 전략폭격, 핵, 정밀유도무기 등의 개발은 전격전과 전장의 확대 등을 가져왔다. 또한 걸프전, 이라크전, 러시아-우크라이나 전쟁 등에서는 무인체계, 인공위성, 전자전, 인공지능 등을 활용한 다영역 공간에서 총력전, 사이버전, 하이브리드 전쟁 등이 활발하게 전개되고 있다.

이와 같이 전쟁과 무기체계는 상호 밀접하게 영향을 미치며 발전하였고, 다음의 몇 가지 사례를 통하여 전쟁과 무기체계의 발전 관계를 살펴보기로 한다.

---

1) 후티어(Hutier) 돌파전술 : 독일이 개발한 전술로 공격부대가 포병 탄막사격을 후속하면서 공격 실시, 신속한 전과확대로 적을 포위 섬멸하는 전술개념이다.

2) 구로우(Gouraud) 종심방어 전술 : 프랑스가 개발한 전술로 후티어 전술에 대응하기 위한 종심방어 전술로, 조직적인 경계지대를 형성, 진지를 기만하고, 적의 돌파를 저지할 수 있는 종심 깊은 방어편성 전술개념이다.

• 다이너마이트의 발명

노벨은 불안정한 액체성 니트로글리세린(nitroglycerin)을 고체화시키면서 안정된 폭발물을 얻어낸 것이 오히려 전쟁에 매우 요긴하게 사용되었는데 바로 다이너마이트(dynamite)이다. 다이너마이트라는 폭발물이 빈번한 전쟁을 더 발전시키는 촉매제로 작용하게 되었다. 발명 초기에는 폭발범위가 제한적이었으나 더 강한 폭발력으로 발전하면서 다시 전쟁에 사용하게 된 것이다. 이러한 다이너마이트의 발전은 무기체계의 흐름을 바꾼 것은 물론이고 전쟁의 양상마저 바꾸었다.

• 전투기의 발달

1차 세계대전 당시 전투기는 복엽기 등으로 낙후된 상태였지만 전쟁이 끝나가면서 다양한 형태의 비행기로 발전하기 시작했고, 2차 세계대전 직전에는 영국, 일본 등에서 당시에 고속을 낼 수 있는 전투기로 발전하였다. 이어서 2차 세계대전 전후에 중·대형 수송기로 발전하였고, 오늘날과 같은 스텔스 및 극초음속 성능의 전투기와 민간의 중·대형 여객기로 발전하였다.

• 미사일의 개발

현대식 로켓의 원조는 독일의 V-1로켓이다. 폰 브라운(Wernher von Braun) 박사는 독일의 로켓개발을 진두지휘하다가 2차 세계대전 전후 미국으로 건너가 NASA에서 우주로켓 개발에 큰 도움을 주기도 했다. 이는 현대의 인공위성, 우주왕복선 등 우주 시대를 열게 하는 계기와 함께 현대의 각종 유도무기로 발전하였다.

• 핵무기의 발달

2차 세계대전 중 독일의 히틀러는 불리하게 흘러가는 전황을 만회하기 위해서 핵실험을 명령하였다. 독일의 핵실험 명령이 아인슈타인에게 전해지자, 아인슈타인은 미국으로 간 동료 과학자들과 미국 정부 당국에 '독일이 핵실험에 성공하는 즉시 전황은 독일에 유리하게 전개될 것이므로 이를 저지하기 위해 연합군 측에서도 신속히 핵실험을 실행할 것'을 내용으로 하는 편지를 보냈다. 그러나 아인슈타인의 우려와는 달리 독일의 핵실험은 실패로 끝났고, 오히려 뒤늦게 연구를 시작한 미국이 핵실험에 성공하였다. 결국 1945년 8월 일본 히로시마와 나가사키에는 핵폭탄 투하라는 참극이 벌어졌다. 이 핵 실험의 성공 이후, 핵무기는 전쟁의 게임체인저 역할뿐만 아니라, 핵의 유무에 따라 각국의 힘의 크기를 말할 만큼 이후 국제정세의 판도마저 변화시키고 말았다.

• 열화우라늄탄의 위험

걸프전 이후에 이라크에서 백혈병, 기형아, 사산아 등이 발생하고 참전미군 중 암, 만성두통 등의 환자가 잇따라 발생하여 걸프증후군이란 용어가 생겨났다. 열화우라늄탄의 원료는 방사능에 오염된 중금속으로, 핵무기나 핵발전소에서 사용하고 남은 방사성 수치가 낮은 방사성 중금속들을 몇 가지 공정을 거쳐 티타늄과 합성해 만든 것이 열화우라늄탄이다. 열화우라늄탄은 1970년대 미국에서 개발되기 시작하였으며, 1980년 영국과 함께 시험 발사에 성공하였고, 최초로 전쟁에 사용된 것은 걸프전이었다.

• 사이버 무기의 개발

컴퓨터 역시 전적으로 전쟁의 부산물이었다. 1차 세계대전 당시 새로운 장거리 포탄과 미사일이 개발되었고, 이 무기들의 탄착지점을 계산하기 위해 고용된 사람들을 '컴퓨터'라 불렀다. 세계 최초의 컴퓨터로 알려졌던 에니악(ENIAC)[3]은 미 국방부 지원으로 탄도미사일의 궤적과 탄착지점을 측정하기 위해 개발됐으며, 그 후 급속도로 발전하여 오늘날의 초고속·초대형 용량의 컴퓨터로 발전하며 IT 시대를 열어가는 계기가 된 것이다. 그러나 컴퓨터와 인터넷은 오늘날 사이버 시대에 해킹 등 사이버공격 및 사이버 방어 무기체계로 발전하였다.

• 무인 무기체계의 개발

현대 전장에서 무인 무기체계의 활용은 급속히 확대되고 있으며, 이는 전쟁 양상을 근본적으로 변화시키고 있다. 드론, 무인 지상 로봇, 자율 수상정 등은 감시, 정찰, 타격 등 다양한 임무를 수행하며 기존의 유인 무기체계를 보완하거나 대체하고 있다. 이러한 무인 무기체계는 병력의 생명 피해를 줄이고, 정밀성과 작전 지속력을 높이며, 때에 따라 비용 효율성도 확보할 수 있으나, GPS 교란이나 해킹 등 전자전 상황에 취약하며, 자율 무기의 오작동이나 민간인 피해 등 윤리적·법적 문제도 함께 제기된다. 이처럼 무인 무기체계는 현대 전장의 핵심 전력으로 자리를 잡고 있으나, 기술적 발전과 더불어 이에 대한 제도적 통제가 병행되어야 할 것이다.

3) ENIAC: Electronic Numerical Integrator And Calculator. 1946년 미군 탄도연구소의 요청에 의해 미국 펜실베이니아 대학에서 존 모클리(John W. Mauchly)와 프레스퍼 에커트(John P. Eckert)의 공동설계에 의해 3년의 연구 끝에 완성된 10진수 체계를 이용한 전자식 자동계산기이다.

# 제2절 과학기술과 무기체계

## 1. 과학기술과 전쟁의 속성

인간 사회는 각자의 생존을 위하여, 또는 가족·부족·국가라는 조직으로 발전하면서 생존과 안전을 위하고 나아가 번영을 위해 다양한 도구를 발명하게 되었으며, 이러한 도구의 발명이 바로 과학기술 발전의 시작이었다. 과학기술의 발전이 무기발전과 직결되고, 이는 국가의 안위와 연계되며, 국가의 이익을 위해 국가 간의 전쟁으로 비화됨으로써 과학기술과 전쟁 그리고 무기체계는 상호 불가분의 관계로 발전하고 있다.

인류는 고대로부터 지금까지 끊임없이 전쟁을 하였고, 지금도 하고 있으며, 앞으로도 전쟁을 지속할 것임에는 반론이 없다. 이러한 인류문명의 발전, 그리고 그와 밀접한 관계가 있는 과학기술의 발전과 함께 전쟁에서 사용된 무기들도 그에 맞춰서 점차 발전하였다. 과학기술의 발전으로 먼 곳도 자동차나 비행기로 신속하게 갈 수 있게 되었고, 자연재해를 사전에 예측할 수도 있게 되었으며, 주변의 생활 또한 예전에 비해서 간편해지고 편리해졌다.

그러나 과학기술이 파괴력을 행사하는, 즉 전쟁에 이용되면서 부정적인 측면을 많이 가져왔다. 그것은 신무기의 개발로 살상과 파괴력이 가공할 정도의 확장을 가져온 것이다. 그러한 이유로 전쟁은 과학기술의 매력을 이용하기 거듭했고, 지금의 최첨단 무기들은 과학기술에 힘입어 발전을 계속하게 된 것이다.

과학기술이 전쟁의 발전에 가장 크게 직접적 영향을 끼친 것은 대포의 발명 이후였다. 대포와 같이 화약을 이용한 장거리 살상무기가 사용된 이후에는 인류가 장거리 살상무기의 효율성을 높이기 위해, 정확하게는 더 많은 인명을 살상하기 위해 재료공학, 산업기계, 탄도학, 화학 등의 과학기술을 급격하게 발전시켰다. 효율성이 높아진 장거리 살상무기를 방어하고 대응하기 위해 또 다른 재료공학, 산업기계, 탄도학, 화학, 그리고 무선통신, 레이더 등의 과학기술을 발전시켰으며, 이렇게 발전한 방어체계를 무력화시키기 위해 또 장거리 살상 무기의 효율성을 증대시키는 식으로 서로 물고 물리며 군비경쟁, 과학기술 경쟁이 가속화되었다. 이와 같이 전쟁과 과학기술은 연관성이 매우 깊으며, 따라서 인류 역사의 발전은 과학기술의 발전이며 동시에 전쟁의 연속이었다.

초기 석기시대 문화에서도 이미 여러 종류의 과학기술을 가지고 있었으며, 여러 가지 과학기술로 만든 무기들을 전쟁터에서 사용했던 것은 의심의 여지가 없다. 전쟁은 주로 과학기술에 관한 문제이며, 그래서 과학기술자의 기여 덕분에 전쟁이 과학기술을 이용하고, 그리고 과학기술의 우위를 유지함으로써 전쟁의 승리가 가능하다는 이론이 성립되고 있다. 즉, 전쟁의 모든 분야가 과학기술과 연계된 것이 사실이라면, 과학기술의 모든 분야가 전쟁에 영향을 미치는 것도 사실이다.

결론적으로 인류의 과학기술 발전이 도구시대(선사시대~기원후 1500년), 기계시대(기원후 1500년~1800년), 시스템 시대(1930년~1945년), 자동화 시대(1945년~현재)로 발전하면서, 전쟁이 혁신적으로 변화되었고, 전투와 전쟁에 수반되는 무기체계도 비약적인 발전을 거듭하고 있다.

## 2. 과학기술과 전쟁의 상호관계

과학기술은 전쟁에 직·간접적으로 많은 영향을 미치고 있지만, 같은 과학기술이 항상 같이 사용되고 같은 영향을 미치는 것은 아니다. 예를 들어, 옛날부터 지금까지 다양한 수송 수단들이 서로 대체되며 발전하고 있는 것과 마찬가지로 무기의 위력도 정확도, 사거리, 발사속도, 그리고 심리적인 효과 등이 서로 다양하게 대응할 수 있는 경우가 많다.

기동, 분산, 은폐, 그리고 장갑 등은 모두 방호의 목적으로 사용될 수 있다. 기동은 속도, 가속도, 사거리, 횡단능력, 장갑, 기타 요소로 구성되어 있으며, 이들 요소에 따라 영향을 받게 된다. 전쟁에서 당면한 문제가 무엇이든 간에 이미 결정된 목표를 점령하는 데에는 항상 한 가지 방법만 있는 것이 아니다. 따라서 같은 과학기술이라도 사용하기에 따라 여러 가지 다른 방법으로 이용될 수 있는 것이다. 다시 말해서, 같은 과학기술이 공격적인 방법으로 또는 어느 경우에는 방어적인 방법으로 이용될 수 있으며, 따라서 적의 전력에 대해 대칭 또는 비대칭전력으로 맞대응할 수 있다.

전쟁이 과학기술에 기반을 두고 있다는 논리는 현대 사고방식 중 가장 기본적인 것이기 때문에 과학기술을 인정하지 않을 수 없지만, 이러한 논리는 원인과 결과의 1대1 연결, 반복, 전문화, 통합, 확실성, 그리고 효율성 등으로 요약할 수 있다. 전쟁이 대체로 극단적인 파괴력 생성 및 적용으로 구성되어 있는 한, 과학기술적인 방법들은 효율성 등의 논리에는 적절하다. 예를 들면, 과학기술적 측면에서의 전쟁의 목표는 포병부대가 최대의 화력을 발사한다든지, 항공기가 최대 출격을 한다든지 일 것이다. 현대의 과학기술 지향적인 문헌에서 받는 인상과는 달리 실제 전쟁에는 단순히 목표에 전투력을 적용하는 것 이상의 것이 있다. 즉, 보다 큰 전투력을 보유하고 있는 쪽이 항상 승리한다는 것은 진리가 아니다.

과학기술을 활용하는 것과 별개로 전쟁은 주로 두 개의 교전국가의 투쟁이다. 따라서 그 수행 방식에 대한 원칙들이 전적으로 다를 수 있다. 축구 경기의 예를 보면, 선수들은 각자 독립적인 의지를 갖고서 아주 제한된 범위에서만 상대 선수에 의해 통제를 받을 뿐이다. 따라서 전쟁에서 상대방이 목표 달성하는 것을 서로 방해하면서 자신들의 목표를 달성하기 때문에 전쟁은 대부분 서로 속이는 행동의 상호작용으로 구성되어 있다. 그래서 동일한 행동이 언제나 같은 결과를 낳지 못하며, 이의 반대도 마찬가지이다. 상대방이 학습 능력이 있다고 가정할 때 한 가지 행동으로 전쟁에서 두 번 승리할 수 없는 현실적인 위험이 항상 존재한다.

과학기술이 전쟁을 지원하는 분야도 마찬가지이다. 과학기술의 기본적인 특성들이 전쟁의 지원에 영향을 미치는 방식을 예시하기 위하여 대부대 전쟁의 지원에 운용되고 있는 군수시스템을 생각해 보자. 만약 효율성이 가장 중요한 문제이고 인원, 보급창, 차량 등을 최소화하면서 최대의 보급품 수송 달성이 목표라면, 바로 그 시스템은 과학기술 원칙에 따라 조직되어야 한다는 것은 분명하다. 군수시스템은 고도의 능률적인 조직으로 구성되고 그 조직은 전문화되어야 할 것이다. 중복되거나 유휴 자원이 있으면 안 되고, 엄격하고 중앙집권화된 지시를 받으며, 군수시스템의 목표는 서로 다른 구성요소를 통합하고 낭비 및 마찰을 최소화하여 일을 성취하는 것이어야 할 것이다.

그러나 실제 전투 시 중앙집권화는 오히려 상황을 더욱 악화시킬지도 모른다. 만약 적이 지휘부를 제거하든가 통신수단을 못 쓰게 만든다면, 시스템이 중앙집권화될수록 마비될 위험이 더욱 커진다. 다양한 구성 요소들을 엄격히 통제할수록, 구성요소 가운데 하나의 파괴가 그 시스템 전체에 영향을 주어 시스템이 정지할 가능성은 더 높아진다. 이런 요소들은 전문화될수록 상호 대신해 줄 가능성이 낮아진다. 만약 문제가 되는 군수시스템이 조금 취약하지만, 변화하는 환경에서도 잘 적응하고 한 목표에서 다음 목표로 전환한다면, 간단히 말해서 전쟁의 본질이나 적의 행동에 따라 발생하는 불확실성에 유연하게 잘 대처한다면, 그런 경우에는 어느 정도의 중복이나 느슨함, 그리고 낭비는 감수해야 할 것이다.

지원 부대가 적과 실제 교전하는 전장 지역으로 이동할 때도, 전쟁은 과학기술에 기초를 두고 있는 물리적 세계와 다를 수 있다. 전쟁의 세계는 2 더하기 2가 반드시 4가 되지 않고, 두 지점 사이의 최단 거리가 반드시 직선이 되는 것은 아니다. 반대로 적과

균형을 유지할수록 선택할 것이라고 예상하는 선 대신, 가장 적게 기대하는 선을 선택하는 그것이 더욱더 중요할 수 있다. 이 선은 두 지점 사이의 가장 짧은 거리가 아니고 가장 긴 거리일 수도 있다. 가장 긴 선은 적이 가장 길다고 생각하기 때문에 가장 짧은 거리의 길이 될 수도 있고, 그 반대의 경우도 성립한다. 도로의 길고 짧음이나 지형의 어려움 등과 같은 기술적 고려 사항이 전쟁에 중요하지 않다고 말하는 것이 아니라, 오히려 이런 역설적인 상황이 전쟁에서 실제 존재한다는 것이다. 전쟁터에서는 실제로 적을 기만하고 현혹하며, 기대할 것을 예상하지 못하도록 만들고, 예상하지 못한 것을 만드는 능력이 필요하다. 전쟁의 승리는 적당한 시간과 장소에 번개처럼 나타나서 기습으로 적을 공격함으로써 달성 가능성이 더 크게 될 수 있기 때문이다.

결론적으로 과학기술과 전쟁이 작용하는 논리는 서로 다를 뿐 아니라 상반되는 일도 있기 때문에, 어느 한쪽을 다루는 데 유용하거나 필수적인 개념의 틀이 다른 쪽을 방해하도록 해서는 안 된다. 즉, 과학기술과 전쟁은 다를 뿐만 아니라 실제 반대되는 논리에 의하여 작동하기 때문에 '과학기술 우위'라는 것을 실제 전쟁에 대입하면 신중하게 생각할 부분이 남아 있다는 것을 알아야 한다.

## 3. 과학기술과 무기체계의 변화

과학기술은 유사 이래 지속적으로 군사능력의 향상을 시도해 왔다. 매번 통치권자의 기대에 부응하는 신무기를 내놓았다. 시대를 압도하는 치명적인 무기의 탄생은 '힘의 불균형'을 초래해 그 무기를 가진 자를 절대강자로 만들었고, 그동안의 전쟁방식을 완전히 바꾸는 역할을 하였다.

역사상 힘의 불균형을 초래한 대표적인 무기로 가장 먼저 꼽을 수 있는 것은 전차이다. 기원전 1800년쯤 남부 중앙아시아에서 본격적으로 등장한 전차는 말을 동력원으로 한 탓에 엄청난 힘으로 고속 기동을 할 수 있었다. 근거리에서 칼과 창을 휘둘러야 하는 보병은 전차가 대열로 돌진해 오는 장면만으로도 전투 의욕을 잃었다. 보병 위주의 군대 편제를 유지하던 주변 국가들에 전차는 감당할 수 없는 위협이었다. 전차는 고대 이집트의 운명을 갈라놓게 되었는데, 전차로 무장한 채 메소포타미아에서 내려온 힉소스인들은 기원전 1680년경 이집트에 왕조를 세우고 식민 통치를 했다. 패권국으로 군림하던 이집트로서는 굴욕적인 일이었다. 그러나 당시 전차를 만들 수 있는 월등한 과학기술을 가지지 못했던 이집트는 이를 받아들일 수밖에 없었다.

전차가 당대의 치명적 무기가 된 것은 차륜 중앙으로 바퀴살이 모이는 허브(hub)형

바퀴를 장착했기 때문이다. 허브형 바퀴는 완전한 원형이었다. 따라서 험난한 길을 빠른 속도로 이동할 때 바퀴가 찌그러지지 않았다. 기원전 2500년경에 처음 등장한 전차가 원시적인 원반형 바퀴를 채택해 내구성에 문제가 있었던 것을 감안하면 괄목할 만한 기술적 진보였다. 전차가 싸움터에서 급격하게 방향을 바꾸고 빠른 속도를 냈던 것은 모두 과학기술의 발전에 힘입은 허브형 바퀴가 있었기 때문에 가능했다.

과학기술과 무기체계 발전의 역사는 중세 유럽에서도 이어지는데, 이는 백년전쟁에 나선 영국군의 장궁이었다. 장궁은 [그림 1-2]와 같이 길이가 2미터에 이르는 대형 활이며 1415년 프랑스 아쟁쿠르에서 갑옷으로 중무장한 프랑스 기사들의 가슴에 연거푸 화살을 꽂았고, 프랑스군은 1만 명의 전사자를 내며 패퇴할 수밖에 없었다. 상당수 병사는 무려 200미터 앞에서 날아오는 화살에 맞아 목숨을 잃었다. 이는 당시 보통 화살의 유효사거리인 100여 미터를 훌쩍 뛰어넘는 것이었다.

장궁의 위력은 무엇보다 긴 길이에서 나왔으며 활이 길어지자 자연히 활시위를 당기는 거리가 늘어났다. 이는 운동에너지 증가로 이어지며, 나아가 화살의 관통력을 향상시켰다. 사람에게 큰 부상을 입히기 위해서는 150피트 파운드의 힘이 필요한데 장궁은 무려 1,400피트 파운드의 힘을 갖고 있었다. 활의 재료로 탄력이 좋고 억센 지중해의 주목을 사용하고 동물 지방 등 기름을 골고루 발라 신축성을 높여서 장궁의 위력을 증대시켰다. 장궁은 전쟁 초기 두 나라의 군사적 능력을 영국으로 크게 기울게 했다. 당시 무기체계의 핵심인 기사를 무력화했기 때문이다. 전쟁 후반에 대포를 실전 배치하기 전까지 장궁은 프랑스의 운명을 풍전등화로 몰아넣었다.

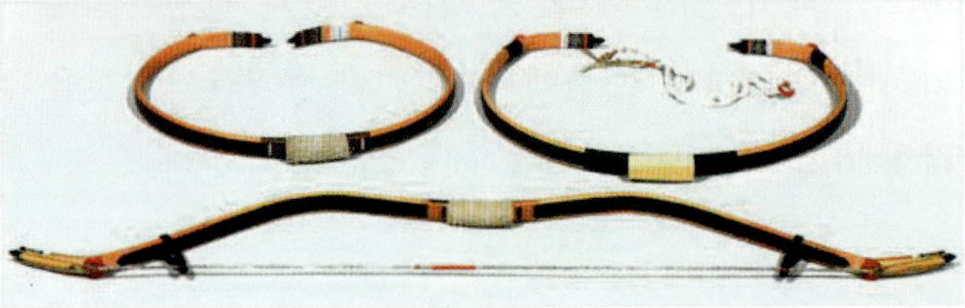

[그림 1-2] 장궁의 형태

1592년 4월 조선에 대규모 왜군이 부산에 상륙하면서, 임진왜란이 발발하였다. 얼마 뒤 조선 최고장수 신립이 이끄는 조선군은 충주 근처 탄금대에서 왜군을 맞아 분전했지만, 참혹한 패배를 당하였다. 패인은 왜군의 '조총'이었다. 과학기술로 개발한 신무기로 무장한 왜군은 조선의 구형 무기를 압도하면서 조선의 왕 선조를 피난길에 오르도록 만들었다.

근대로 접어들면서 과학기술이 만들어낸 신무기는 기관총 출현으로 이어진다. 서구 제국주의 국가들은 재장전 없이 연속적으로 발사할 수 있는 이 무기를 통해 소규모 병력으로 식민지를 장악했다. 1898년 수단에서 현지인들과 영국군이 충돌했을 때 기관총은 끔찍한 위력을 증명했다. 500명에 불과했던 영국군은 1만 4천 명의 현지 무장봉기 세력을 맞아 단 40분 만에 1만 1천 명을 주검으로 만들었다.

기관총은 영국의 과학기술자 하이럼 맥심이 1870년 발명했으며, 발사 후 생기는 가스를 보존해 다음 총알의 추진력으로 사용한다. 따라서 발사속도가 소총과는 비교도 되지 않을 정도로 빠르며, 일시에 닥치는 대규모 병력은 기관총 앞에서 더 이상 위협이 되지 못하였다.

과학기술이 영향을 미친 가장 거대한 무기체계는 핵무기이며, 1945년 8월 6일 오전 8시 15분 히로시마 상공에서 가공할 성능을 입증하였다. B-29 폭격기가 떨어뜨린 한 발의 핵폭탄에 의해 12만 7천 명이 죽고 도시의 60%가 파괴되었다. 이 같은 압도적 위력은 핵무기를 국제적 영향력을 결정짓는 요인으로 만들었다. 냉전 초기 미국과 구소련의 핵무기 생산 경쟁, 핵을 지렛대로 미국과 양자 협상을 꾀하려는 최근 북한의 시도는 이 같은 사실을 방증하고 있다.

핵무기는 폭탄의 개념을 바꾸어 버렸으며, 무엇보다 폭발력의 원천이 달랐다. 우라늄 235 등 핵분열 물질의 원자핵에 중성자를 충돌시키면 분열 반응이 일어나며, 핵분열을 일으킨 원자핵에서는 2개의 중성자가 튀어나와 다른 원자핵에 충돌하여 같은 분열 반응이 연쇄적으로 일어나며 막대한 에너지가 분출해 엄청난 폭발이 일어나는 것이다. 화약을 이용한 폭탄과는 구조가 완전히 다르며, 핵이라는 과학적 원리를 무기에 접목하면서 인류의 역사가 바뀐 것이다.

첨단과학 기술이 사용되어 러시아-우크라이나전에서 개발된 무기들은 다음과 같다.

- GIS Arta

우크라이나군의 GIS Arta는 정찰드론과 같은 다양한 정보 획득 수단(Sensor)으로부터 수집되는 정보들을 융합하여 지도에 시현하고, 최적의 화력 자산(Shooter)들을 선정하여 사용자에게 제공함으로써 포병 화력자산을 즉각적으로 가용할 수 있도록 지원한다. 민간의 우버시스템을 벤치마킹해서 다양한 수집수단에서 제공되는 표적에 대해서 최적의 무기 시스템을 선택하여 공격시간을 단축하는 포병 공격지휘 소프트웨어 프로그램이며, 특히 세베르스키 도네츠강 전투에서 우크라이나의 우버 포병으로 러시아에게 심대한 피해를 주었다. GIS Arta는 지상군 부대의 화력지원 요청 혹은 드론과 같은 감시정찰 자산이 표적을 식별하면 탑승객과 가장 가까운 곳에 있는 운전자를 자동으로 연결해 주는 우버처럼 표적 주변에서 가장 가깝거나 가장 효율적인 무기를 보유한 부대에 화력지원 혹은 직접 공격을 명령하여 공격 시간을 획기적으로 단축하고 정확도도 향상된 효율적인 포병 지휘통제 시스템이다.

• 무인항공기(UAV)

러시아-우크라이나 전쟁에서 무인기(드론)는 정찰, 감시, 공격 등 다양한 역할을 수행하며 전쟁의 양상을 크게 변화시키고 있다. 우크라이나는 부족한 재래식 전력을 보완하기 위해 무인기를 적극적으로 활용하고 있으며, 러시아 또한 자체 개발 무인기와 함께 외부 지원 무인기를 사용하며 무인기 전력을 강화하고 있다. 우크라이나는 정찰, 공격, 감시 등 다양한 임무에 적합한 드론을 활용하였으며, 전쟁 초기에는 튀르키에제 TB-2 바이락타르를 사용하였고 이후에는 FPV(First Person View) 드론을 자폭 드론으로 활용하였다. 러시아도 장거리 공격용 드론인 오리온, 자폭용 드론 란셋, 이란제 샤헤드-136 드론, 포병 정찰용 드론인 Orlan 및 모스키트 등을 활용하였다.

• 스타링크

스타링크는 스페이스X가 전 세계에 초고속 인터넷 서비스를 제공하기 위해 구축 중인 위성군이며, 지구 저궤도에 수천 개의 위성을 배치하여 기존 유선망 구축이 어려운 지역에서도 인터넷 접속을 가능하게 하는 것을 목표로 한다. 스타링크는 거대한 위성망을 통해 인터넷 서비스를 제공한다. 스페이스X CEO 일론 머스크는 러시아군이 지상 인터넷 서비스와 휴대전화 통신망을 파괴한 직후 우크라이나에 스타링크 서비스를 제공하기 시작했으며 접시형 안테나 및 라우터 약 2만 세트를 우크라이나로 제공하여 우크라이나의 파괴된 통신 인프라를 대처하였다. 러시아-우크라이나 전쟁에서 스타링크는 전장 상황 공유, 드론 작전, 군사 지휘통신 등에 활용되어 우크라이나군의 작전 수행에 중요한 영향을 미치고 있다.

• 극초음속 미사일

극초음속 미사일(hypersonic missile)은 음속의 5배 이상, 즉 마하 5 이상의 속도로 비행하는 미사일을 말한다. 이러한 속도는 기존 탄도미사일이나 순항미사일보다 훨씬 빠르며, 비행 경로를 예측하기 어려워 기존 방공망으로는 요격이 사실상 불가능하다. 극초음속 미사일은 형태와 작동 방식에 따라 극초음속 활공체(HGV: Hypersonic Glide Vehicle)와 극초음속 순항미사일(HCM: Hypersonic Cruise Missile)로 구분된다.

극초음속 미사일은 러시아-우크라이나 전쟁에서 최초로 실전에 사용됐다. 러시아는 함정 또는 잠수함에서 발사되는 치르콘(Tsirkon)과 항공기에서 발사되는 킨잘(Kinzhal)을 전장에 투입했다. 특히 러시아의 극초음속 미사일은 핵탄두 장착이 가능하다는 점에서 심각한 우려를 낳고 있다.

# 제3절 무기체계의 개념과 특성

## 1. 무기체계의 개념

무기체계(weapon system)는 좁은 의미로는 무기 자체만을 의미하고, 넓은 의미로는 무기와 관련된 물적 요소와 인적 요소의 종합체계(total system)로서 무기의 사용 목적을 달성하는 데 필요한 제반 구성요소를 뜻한다.

「방위사업법」(제20644호, 2025.1.7.)에서는 무기체계를 '유도무기, 항공기, 함정 등 전장에서 전투력을 발휘하기 위한 무기와 이를 운영하는 데 필요한 장비, 부품, 시설, 소프트웨어 등 제반 요소를 통합한 것'으로 정의하고 있다.

국방기술품질원에서 발행한 국방과학기술용어사전(2019.9.4.)에서는 무기체계를 광의와 협의로 구분하여 정의하고 있다. 광의의 무기체계는 특정한 운용 목적을 달성하기 위하여 무기를 중심으로 구성된 주요 장비 및 연관되는 기재, 시설, 기술, 인원 등의 유기적 조직체를 의미한다고 정의하고 있고, 협의의 무기체계는 특정한 운용 목적을 달성하기 위한 무기를 중심으로 구성된 주요 장비 및 관련되는 기재의 총체를 뜻한다고 정의하고 있다. 광의의 무기체계의 예는 방공조직, 대잠방어조직 등을 들 수 있으며, 협의의 무기체계 예로는 그 조직을 구성하는 무기(대공포, 대공유도탄, 어뢰, 기뢰 등)를 들 수 있다.

미국 국방부는 무기체계 자족성을 만족시키기 위하여, 필요한 모든 관련 장비, 인력, 물자, 투발·전개 수단 등을 포함한 하나 혹은 다수 무기의 복합체로 정의하고 있다.

이와 같이 무기체계는 그 범위가 넓고 복잡하여 사전이나 문헌에도 여러 가지 내용으로 기술하고 있다. 여러 정의로부터 공통된 요소를 뽑아 무기체계를 정의하면 [그림 1-3]과 같이 '무기체계는 주 임무 무기와 이에 관련된 물적 및 인적 요소의 종합 체계로서, 전투수행과정에서 무기의 사용 목적을 달성하는 데 필요한 기재, 자재, 시설, 인원, 보급, 그리고 전술, 전략 및 훈련 등으로 성립되는 전체의 체계'라 할 수 있다.

무기체계의 간단한 예로 창이나 활로 무장한 고대의 전사를 들 수 있으며, 이들은 무기가 너무 간단하므로 체계(system)라는 접미어를 붙이지 않고, 무기(weapon)라고 한다. 그 이후 무기들은 과학기술의 발전에 따라 지상무기, 항공무기, 해상무기 등이 전투를 효과적으로 수행하기 위한 군수, 통신, 기술 인력 등이 하나의 조직으로 운영될 때 그 무기는 제 기능을 발휘할 수 있게 되었다.

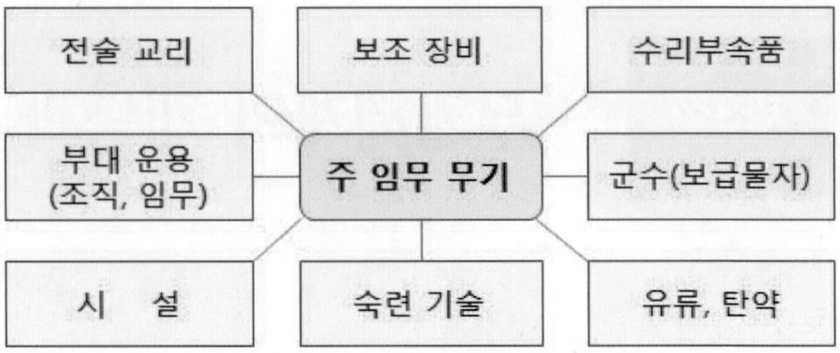

[그림 1-3] 무기체계의 정의

이렇게 여러 가지 구성요소들이 함께 운영될 때 제대로 무기의 기능을 발휘하게 됨에 따라 이를 체계(system)라고 부르게 되었다. 따라서 무기체계는 무기와 체계의 복합어로 발전된 것이다.

무기체계의 또 다른 예로 전투기를 살펴보면, 전투기 자체는 물론 활주로, 비행 관제 시설, 연료, 주유 시설, 탄약, 사격장치, 조종사 또는 정비사의 기술 수준까지를 종합하여 하나의 무기체계로 보아야 하며, 이 중에서 어느 한 가지만 미흡하여도 전투기가 본래의 고유한 임무를 수행하는 데 지장을 준다. 현대의 무기체계는 다양하고 복잡한 것이어서 이들의 효과적인 운용과 유기적인 체계성을 강조하지 않을 수 없는 것이다.

무기의 체계성을 강조하기 위하여 미국의 클레멘트(Clement) 교수는 다음과 같이 설명하고 있다. “표적을 직접 파괴하는 화력에는 탄자, 포탄, 폭탄 등이 있다. 그런데 이들은 소총, 전차, 야포, 항공기, 미사일 발사대 등의 기계적인 수단이 있어야 목표로 운반되며, 그렇게 하기 위해서는 소총병, 포수, 조종사, 관제사 등의 운용·조작 요원이 있어야 그 기능을 발휘할 수 있다. 만약 이들 각각을 개별적인 단위로 보면 무기는 전혀 무용지물이 될 것이다.”

이와 같이 현대전쟁에서 하나의 무기 자체로서는 완전한 기능 발휘가 곤란하므로 체계를 구성하고 있는 요소들이 기능별 유기적으로 결합되었을 때 성능 발휘가 가능한 것이다. 각국에서 무기체계를 획득할 때는 무기체계의 주 임무 무기뿐만 아니라 체계를 구성하고 있는 각 구성요소를 동시에 획득할 수 있도록 일괄획득사업을 추진하고 있으며, 신규 전력소요를 제기할 때는 주 임무무기와 기본 부수장비, 구성장비, 정비기술 및 훈련장비, 유류 및 탄약, 운용시설, 교육훈련 등을 일괄적으로 포함하는 것을 원칙으로 하고 있다.

## 2. 무기체계의 특성



재래식 무기로 전투했던 과거의 전쟁과는 달리 2차 세계대전은 원자폭탄으로 종결되었다. 중동전쟁과 포클랜드전쟁, 그리고 걸프전쟁에서는 최신의 전차와 정밀유도무기가 등장하였고, 러시아-우크라이나 전쟁, 이스라엘-하마스 전쟁에서는 인공지능과 무인로봇이 위력을 발휘하였다. 이들 무기는 현대의 무기체계가 고도의 과학기술이 총집합된 것임을 말해주고 있다.

현대전장에서 운용되는 무기체계는 성능 위주로 개발되면서 관련 체계가 동시에 획득·개발되므로 기술적으로 복잡하고 다양하다. 더구나 무기체계가 사용될 전쟁의 형태 및 상황은 더욱 복잡하고, 불확실하게 변화되어 기계로 구성된 무기, 이를 조작 및 운용하는 병사, 그리고 작전환경이 급속하게 변하는 전장에서 무기체계를 효과적으로 구상, 선정하고 비용을 절감하면서 획득 효과를 극대화할 수 있도록 관리하는 것이 복잡하게 변화하고 있다.

따라서 현대전쟁 또는 미래 전쟁에서 과학기술의 발전과 전쟁의 형태 및 상황이 더욱 복잡하고 다양화됨에 따라 무기체계의 특성도 변화한다는 것을 인지해야 하며, 이러한 변화와 함께 무기체계의 주요 특성을 요약하면 다음과 같다.

### 가. 다양성

과거에는 무기 자체의 고유 임무 하나만을 수행할 수 있도록 개발되었다. 따라서 주어진 군사목표를 타격하는 데 어떤 무기를 사용하여 그 목적을 달성할 것인가는 크게 고려할 필요성이 없었다. 그러나 과학기술이 군사기술에 적극적으로 응용되면서 하나의 무기체계 기능과 역할이 다양화되고, 특정한 군사적 임무를 수행할 수 있는 가용한 무기체계의 종류가 현저히 증가하였다. 이러한 특성을 무기체계의 다양성이라고 한다. 무기체계의 다양성(diversification)은 특정임무를 수행할 때 대체할 수 있는 무기체계의 수가 점점 증가하는 특성이 있다. 이전 전쟁에서 전차를 공격하기 위한 무기는 직사포나 지뢰가 전부였으나 현대전쟁에서 직사포, 정밀유도무기, 헬리콥터·전투기는 물론 다양한 살포형지뢰에 이르기까지 그 수단이 다양화되고 있다.

또한 적 후방에 위치한 군사목표를 파괴하고 무력화시키는 임무는 이전에는 공중폭격기에 의해서만 달성될 수 있었지만, 현대전장에서는 장거리 포병 외에 지대지미사일, 함대지미사일, 전투기, 폭격기, 헬리콥터에 의한 공중기동 등의 다양한 무기가 선택적으로 사용할 수 있다.

### 나. 복잡성

무기체계의 정확도, 사거리, 파괴력 등 성능 향상과 함께 대응하는 무기체계와의 경쟁적 발전은 추가적인 보조 지원 장비를 부가시키게 됨으로써 무기체계의 복잡성(complexity)이 더욱 증대되고 있다.

그 예로 적의 전차를 제압하고자 할 때 과거에는 사람이 관측하여 포를 쏘는 간단한 체계였으나, 현대전쟁에서는 전자기술이 동원된 전장감시 장비의 표적정보를 처리하여 사격제원을 계산하는 컴퓨터와 포탄을 표적에 정확히 유도하는 유도체계, 이에 대응하여 대전자방해장비 등이 부가됨으로써 보조장비, 수리부속 등 무기체계의 규모가 확대되고 복잡해지는 속성이 있다. 또한 방공무기의 발달로 항공기 피격률이 높아지자, 전자전방해장비(ECM)를 발전시켰고, 방공무기가 더욱 성능을 발전시키자 이에 대응하여 전자전방해방어장비(ECCM)를 발전시키는 식이다.

이와 같이 현대 무기체계는 지상·해상·항공무기체계를 비롯하여 전자통신 및 전장감시수단 등의 획기적인 발전으로 그 복잡성은 더욱 증대되고 있다. 특히 전자기술의 비약적인 발전은 무기체계의 복잡성을 더욱 촉진하고 있다. 전자기술은 정찰, 조기경보, 지휘통제 장비에 응용되는 것은 물론, 표적을 획득 및 식별하고 화력을 배분하고 표적에 유도하는 데 이용되고 있으며, 항법장치로 기동성을 향상시킴에 따라 매우 다양한 보조장비 및 정비기술 등으로 무기체계의 복잡성이 증대되고 있다.

현대 무기체계는 점차 노동집약형에서 자본집약형으로 발전함에 따라 무기 운용요원의 전문적인 교육훈련, 무기 정비의 곤란성과 정비 요원의 기술 전문화, 무기체계의 전략적·전술적 운용에 있어서 합동성 강화, 전방과 후방지역 병력 구조, 부대 재편성 등이 고려되어야 한다.

결과적으로 현대 무기체계의 복잡성은 필연적으로 무기체계를 최초 구상할 때부터 무기획득, 무기정비, 무기운용 및 훈련이 쉽도록 설계해야 하고, 또한 기술적 복잡성에 따른 전문화된 군 인사관리의 중요성도 강조되고 있다.

### 다. 고가성

현대 무기체계는 첨단과학화로 연구개발 기간과 비용의 증대, 생산 단가 및 수리부속품의 가격이 비약적으로 상승하는 고가성의 특성이 있다. 전차, 스텔스 전투기, 이지스 구축함, 토마호크 미사일, 공중경보기(AWACS) 등 첨단무기는 엄청난 비용이 소요되는 고가의 장비이다.

재래식 무기와 첨단무기의 획득 비용은 엄청난 차이가 있으므로 국가안보정책이나 국방정책 및 군사전략에 따라 재래식 무기체계와 현대 무기체계의 획득비율은 다양한 원칙을 고려하여 적용해야 한다. 무기체계 획득은 비용 절감과 함께 비능률적인 낭비 요소를 제거하면서 우수한 첨단무기 확보가 중요한 과제로 되고 있으므로 재래식 무기체계와 첨단 무기체계를 효과적으로 배합(High-Low mix)하여 최대의 전투력을 발휘할 수 있도록 해야 한다.

이와 같이 현대 무기체계는 복잡다양성과 함께 질적 수준이 계속 향상되고 있으며, 질적 향상 추세는 무기체계의 획득비용 및 보조장비, 종합군수지원비, 부대시설비, 운영유지비, 조작요원 훈련비 등이 급격히 증대되는 고가성의 특징이 있다.

### 라. 진부성

현대의 과학기술은 수명주기가 매우 짧아지고 있다. 특히 정보통신기술(IT)분야는 빠른 주기로 새로운 기술이 등장하고 있다. 현대 과학기술의 가속적인 발전 속도는 새로운 무기체계의 출현을 가속화하고, 대응 무기체계의 출현이 매우 신속하여 기존 무기체계의 평균 유효수명을 단축하고 있다.

오늘의 신무기도 불과 수년 이내에 구형 무기가 될 수 있다. 극단적일 경우에는 연구개발되어 실전에 배치되기까지 수년이 소요되었으나 신기술의 도입으로 불과 수개월 만에 도태되거나 개발 도중에 포기하는 사례도 있다. 이를 무기체계의 가속적 진부성(obsolescence)이라고 한다. 무기체계의 진부성은 적대 국가나 동맹 국가의 국방과학기술 수준을 확실히 파악하지 못했거나, 개발 중인 무기체계가 실전에 배치되기도 전에 차기 세대의 무기가 구상되어 빠른 속도로 개발되기 때문이다.

따라서 무기체계의 진부성 문제는 국방기획 및 군사력 건설 담당자들이 염두에 두고 장기적인 과학기술 발전 추세, 군사력 건설 방향 등을 자세히 검토하여 무기체계를 개발하고 획득 관리할 수 있어야 한다.

### 마. 장기성 및 위험성

현대 무기체계는 개발하는 데 소요되는 첨단 기술의 난이도와 함께 개발기간이 오래 걸리며, 이에 따라 실패할 수 있는 위험성도 그만큼 높게 된다.

무기체계를 다른 국가로부터 직접구매(buy) 한다면 그 무기체계의 소요제기로부터 획득관리에 이르기까지 경과된 기간은 짧지만, 자체생산을 할 경우에는 연구개발-양산 및 배치-운용하는 데 장기간이 소요된다. 미국의 경우 무기체계 표준 개발기간을 보면 일반무기는 2~3년이 소요되며, 첨단무기는 5~10년 이상이 소요되고 있다.

무기체계의 개발 위험성은 기술적 불확실성에 의해 실패 위험성도 높다. 위험성 요소는 첫째, 시간상으로 제약된 상태에서 긴급하게 소요제기 되므로 시한의 충족성이 크게 문제가 되며 둘째, 질적 우선주의에 따라 과도한 성능을 요구하게 된다. 셋째, 장기간에 걸친 연구개발 사업이므로 도중에 규격 및 계획을 자주 변경하기도 하며 넷째, 연구개발 비용의 증대로 예산 조달이 지연되어 획득기간을 연기하게 된다.

무기체계 개발기간의 장기화 및 개발 실패는 막대한 국방예산이 소요되며, 잘못 개발하거나 실패 시 예산 낭비를 초래하게 된다. 따라서 무기체계의 질(quality), 양(quantity), 시간(time), 비용(cost) 간의 상관관계를 면밀하게 분석하여 획득개발사업을 기획하고 추진하여야 하며, 개발기간을 단축하고 실패 요인을 예측할 수 있는 과학적 사업관리기법을 적용하여 실패 가능성을 최소화 하여야 한다.

### 바. 비밀성

무기체계는 사용 목적이 적을 격멸하기 위한 것으로, 효과적인 운용으로 전승에 기여해야 한다. 그러기 위해서 무기체계는 기획에서 생산배치 시까지 적대 국가는 물론 동맹국에도 비밀성이 유지되어야 한다. 적대 국가나 동맹국의 기술 수준으로 쉽게 모방생산하거나 대응 무기체계를 개발할 수 있기 때문에 특정한 무기체계에 대한 기술을 공개하지 않고 있다. 2차 세계대전을 종식한 원자폭탄은 맨하탄(Manhattan) 프로젝트로 비밀리에 개발함으로써 일본에 투하될 때까지 비밀리에 진행되었다. 무기체계의 비밀성은 국가안보에 중요할 뿐만 아니라 첨단 기술이 적용된 무기체계의 특성이나 성능은 전쟁의 승패를 좌우하기 때문에 철저한 보안을 유지하게 되는 것이다.

### 사. 수요의 제한성

무기체계는 국가를 방위하기 위한 무기 및 장비이므로 국가(군)가 유일한 수요자이므로 수요의 제한성을 갖게 된다. 무기체계의 수요가 한정됨에 따라 경제적인 양산체제의 생산 규모를 갖출 수 없게 되며, 양산체제를 갖추지 못하기 때문에 생산단가가 높아지게 되고, 많은 생산설비가 유휴화됨으로써 방위산업체의 채산성을 낮게 만들고 있다.

무기체계의 소요는 간헐적으로 긴박하게 제기되므로 생산시설의 적정규모 책정이 어려운 것이다. 부가하여 무기체계의 가속적 진부화 및 연구개발의 실패 위험성으로 방위산업체의 위험부담이 높아지게 된다. 정부에서는 무기체계 수요의 제한성으로 인한 방위산업 수익률을 보상해 주는 방안을 고려해야 하는 부담이 있다.

이러한 무기체계 수요의 제한성으로 인하여 전차, 포, 유도탄, 핵무기, 잠수함, 전투기 등과 같이 기술 수준이 높고, 거대한 자본 규모 등이 필요한 분야는 소수 기업만이 생산을 담당하게 되며 이로 인해 수요의 제한성은 더욱 심화된다. 따라서 무기체계 획득관리자는 이와 같은 특성을 고려하여 무기체계의 획득 전략과 사업방안을 추진하여야 한다.



### 아. 기술 파급성

국방과학기술로 무기체계를 연구개발, 생산·배치하는 과정에서 소요되는 첨단과학기술과 여기에서 얻어진 첨단 기술을 민수산업 기술에 이전하여 얻어진 경제적 이익의 파급효과는 매우 크다. 이때 개발하는 무기체계가 첨단 과학체계이면 최신 기술을 개발할 기회를 많이 갖게 되고, 또 여기에서 획득한 국방과학기술은 민수산업의 기술 향상에도 크게 기여하여 민간에 상용화된 상품은 많은 경제적 이익을 얻게 된다.

무기체계의 기술 확산과 민간 상품의 생산 효과를 확인하기 위해 무기체계기술이 민수산업으로 파급된 사례를 보면 [표 1-2]와 같다.

국방과학기술은 국가안보와 직결된 전략기술이면서, 민수산업기술로 전환되어 파급효과가 큰 민군겸용기술(dual use technology)로 활용되고 있다. 그 사례로서 2차 세계대전 시 군사적 무기체계로 정찰·통신·기동장비로 사용하였던 오토바이는 오늘날 민수용 교통수단으로 사용하고 있으며, 기동로 개척, 장애물 제거, 비행장 건설 등에 사용되었던 불도저 및 굴착기는 민수산업의 건설장비로 운용되고, 원자폭탄을 만들었던 기술과 자원은 평화적인 원자력 발전소로 이용되고 있다.

또 다른 사례로 미국 국방성이 군사적 목적으로 개발하여 사용하고 있는 위성항법장치(GPS)는 오늘날 민수산업인 내비게이션으로 비행기, 선박, 자동차 등에 사용하며, 2차 세계대전에서 독일이 영국을 공격했던 V-1, V-2 로켓기술은 대륙간탄도미사일(ICBM) 및 잠수함발사탄도미사일(SLBM) 로켓기술로 발전되었고, 그 기술은 다시 민수산업기술로 전환되어 달나라 및 우주탐사 로켓기술에 전용되고, 또한 로켓에서 인공위성 및 핵탄두를 분리하는 기술은 자동차 에어백에 사용하고 있다. 그 외 항공무기체계로 사용된 강력한 공기흡입 기술은 가정에서 진공청소기로 사용된 것을 비롯하여 정수기, 전자레인지, 의료용 검사기인 CT와 MRI 등 파급효과는 헤아릴 수 없이 많다.

이와 같이 국방과학기술은 민수산업의 기술 향상에도 크게 기여하고 있다. 그리고 연구개발 및 생산체계가 거대하여 많은 과학자, 기술자, 근로자를 고용하게 되어 고용 증대효과를 거두게 되고, 다양한 기업이 만들어낼 수 있는 고부가가치 무기체계 혹은 민수상품은 국가의 성장동력으로서 국가안보 및 산업 발전에 크게 기여한다.

[표 1-2] 국방과학기술의 민수산업기술 파급사례

| 무기체계 기술 | 민수산업 파급 기술 |
|---|---|
| · 지대지미사일 추적장치 | · 카메라 개발에 응용 |
| · 화포사격 통제장치 | · 가스보일러 통제장치 개발 |
| · 탄약신관 소재 제작 | · VTR, 복사기, 드럼소재 개발 |
| · 탄도계산기, 레이저 거리측정기 | · 적외선 경보기 제작 |
| · 공중기상관측장비 | · 라디오존데(radiosonde), 에어콘존데(aircosonde) 제작 |
| · 무선통신장비 개발 | · 전송장치(FM/UHF/VHF), 무선전화기 |
| · 전자유도무기 및 레이더 개발 | · 선박용 레이더, 해상전자장비 |
| · 군사용 프린터 개발 | · 민간 프린터 |
| · 군사장비 도저 및 포클레인 | · 건설장비 불도저 및 굴착기 |
| · 원자폭탄 제조기술 | · 원자력 발전기술 |
| · 함정 건조기술 | · 민간선박 제조기술 |
| · 군용항공기 기술 | · 민간항공기 기술 |
| · 위성항법장치(GPS) | · 내비게이션 이용 |
| · 전차생산을 위한 용접, 가공기술 | · 전동차 및 철도 차량제작 |
| · 군용차량 및 오토바이 | · 민간차량 및 오토바이 제작 |
| · 전자 유도무기 및 레이더 기술 | · 자동차 추돌방지용 레이더 |
| · 전자과학 추적기술 | · 비디오/디지털 카메라 및 반도체 제작 |
| · 전차포술시뮬레이터 개발 | · 전동차/다양한 장비 시뮬레이터 제작 |

## 3. 무기체계의 효과요소

군 지휘관들은 전쟁의 승패를 '화력, 기동력, 지휘통신 능력에 달려 있다'고 한다. 이들 3가지 요소에 현대 무기체계의 생존성, 가용성 및 신뢰성을 덧붙여서 [그림 1-4]와 같이 무기체계의 능력을 결정하는 효과요소라 한다. 중요한 것은 이들 효과요소들이 균형있게 조화되어 기대하는 전투효과를 극대화할 수 있도록 통합 운영하는 능력이 요구된다.

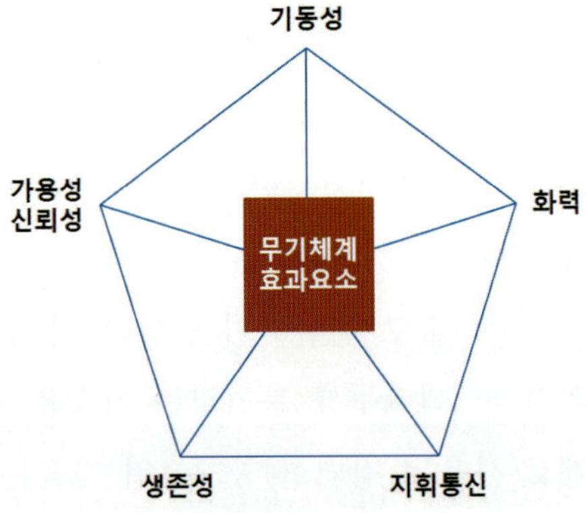

[그림 1-4] 무기체계의 효과요소

현대전쟁에서는 인간의 능력 한계를 극복하기 위해 무기체계의 기동성, 화력, 지휘통신, 생존성, 가용성 및 신뢰성의 향상이 끊임없이 요구되었고, 이러한 효과 요소들을 극대화하기 위해 많은 인적·물적 비용이 투자되고 있다.

## 가. 기동성

기동성(mobility)은 화력과 함께 무기체계의 가장 기본적인 효과요소이다. 현대전쟁에서 기동성은 병력이나 화력을 신속하게 집중 및 분산시키는 기본 수단으로 전쟁에서 매우 중요하다. 따라서 기동성이 없는 군대는 화력이 월등하게 우세하지 않는 한 기동성이 우수한 군대에게 패배했던 것이 전사적 교훈이었다.

대표적인 예로, 프랑스가 쌓은 마지노선은 인류 최대의 값비싼 정치적·군사적 차원의 방위무기였으나 기동성이 없는 방위무기였다. 따라서 전투 초기에는 훌륭한 방어선이 되었으나 독일의 기동성이 있는 전차부대에게 마지노선 측·후방이 돌파되자, 이 방어선은 무용지물이 되어버렸다.

특히 현대전쟁에서 기동에 의한 속도전·기습전은 '충격과 공포' 군사전략에 필수적인 요소가 되고 있다. 이와 같은 기동성 확대를 위해 엔진이란 기계가 발명되어 차량, 전차, 수송선, 전투함, 수송기, 전투기, 헬리콥터, 우주무기 등의 발전에 근원이 되었다.

## 나. 화력

화력(fire power)은 인간의 팔 길이를 연장하여 타격력을 확대하는 것으로, 기동성과 함께 전쟁에서 핵심적인 요소이다. 화약이 발명되어 소총, 전차, 대포를 비롯한 다양한 지상무기체계, 해상무기체계, 항공무기체계에 적용하고, 그 효과를 증대시키기 위해 살상면적, 살상확률, 발사속도, 사거리 연장 등을 더욱 발전시켜 나가고 있다.

6·25전쟁에서 중국군의 인해전술은 연합군의 지상·해상·공중의 막강한 화력에 의해서 저지되었다. 또한 적의 포병 수는 연합군보다 우세하였으나 연합군의 포병의 분당 발사속도가 3~5배 빨라서 전체적으로 화력이 약 2배 정도 우세하였는데, 그 화력의 효과는 전쟁에서 승리를 가져다주었다. 특히 2차 세계대전에서 일본 히로시마에 투하된 미국의 원자폭탄에 의한 가공할 타격력은 전쟁승패의 결정적인 요인이 되었다.

현대전쟁에서 화력이 우세하면 적의 사상자를 크게 늘릴 수 있으며, 특히 핵무기와 정밀유도무기의 화력은 치명적인 타격력이 되고 있다.

## 다. 생존성

생존성(survivability)은 살고 싶다는 인간의 가장 큰 본능이다. 전쟁이란 삶과 죽음의 갈림길에서 먼저 적을 제압하고, 자신을 보호하여 살아남기 위한 생존 경쟁이 치열하게 벌어지는 공간이다. 따라서 현대전쟁에서 무기체계는 적을 먼저 살상하기 위해 절대적인 성능 추구와 함께 아군의 생존성을 확보하는 방향으로 발전시키는 것이 중요한 고려요소가 되어 왔다.

고대 기사의 갑옷과 방패, 보병의 헬멧과 위장, 전차의 장갑능력, 특히 최신 스텔스기술은 무기체계의 생존성을 극대화할 수 있기 때문에 각국은 경쟁적으로 스텔스기술을 개발하고 있으며, 항공기, 미사일, 함정, 헬리콥터, 전차 등 거의 모든 무기체계에 활용하고 있다. 그러나 생존성을 너무 강조하면 무기에 불필요한 장비나 장치가 많아져 중량이 증가하고 전투효율이 감소하기 때문에 신중해야 한다.

### 라. 가용성 및 신뢰성

가용성(availability)이란 불시에 임무가 부여되었을 때 해당 무기체계가 임무수행 초기 단계에 투입되어 운용될 수 있는 상태의 정도를 말한다. 신뢰성(reliability)은 해당 무기체계가 규정된 조건에서 의도하는 기간 동안, 규정된 기능을 적정하게 수행하는 정도 또는 확률을 말한다. 이러한 가용성과 신뢰성은 전장에서 전쟁 시작 시 해당 무기체계의 즉각 사용 가능성과 용이성 그리고 정확성과 신뢰성을 이야기한다. 전쟁 초기에 무기체계에 대한 이러한 가용성과 신뢰성은 전투에 임하는 군인이나 부대의 자신감과 사기, 믿음 등으로 연결되어 전쟁에서 승패에 지대한 영향을 미치게 된다.

가용성과 신뢰성은 무기체계의 각 요소 간의 체계성(system) 정도와 밀접한 관계가 있다. 무기체계와 연관된 모든 요소가 균형과 조화를 이루며 각기 제 기능을 잘 발휘할 수 있을 것이라는 확신과 믿음성은 현대전쟁에서 매우 중요하다. 아무리 성능이 우수한 최신무기라고 할지라도 실전에서 주어진 성능을 제대로 발휘하지 못하거나 고장이 잦고 수리 기간이 많이 소요되며 수리 난이도가 커서 어려움이 있다면, 그 무기체계는 가용성과 신뢰성이 부족하다고 할 수 있다. 특히 무기체계의 신뢰성을 확보하기 위해서는 무기체계의 전천후성, 지속적인 운용 용이성 및 작전 용이성 등도 확보되어야 한다.

현대 무기체계는 매우 복잡·다양하여 연구개발 단계를 지나 실전에 배치되고 무기체계의 운용매뉴얼, 군수지원 조직 및 관리, 교육훈련 및 유지보수체계 등이 결정된 후에 문제점이나 하자가 발생하면, 다시 고치거나 개선하는 데 많은 시간과 비용이 소요될 수 있다. 따라서 무기체계는 개발단계부터 가용성과 신뢰성을 완벽하게 갖추도록 해야 한다.

## 마. 지휘통신

지휘·통제·통신·컴퓨터·정보체계(C4I[4]) 및 전장감시(ISR[5])체계는 인간의 두뇌 및 오관 기능으로서, 현대전쟁이 첨단 과학화·광역화·동시전장화됨에 따라 더욱 복잡하게 발전하고 있다.

전장에서 각 전투원과 전투부대 및 전투지원 간에 원활한 정보교환 및 지휘통제가 이루어질 수 있게 하여 전투력 발휘를 극대화할 수 있는 전투기능은 필수적이다.

현대전쟁에서는 지휘·통제·통신·컴퓨터·정보를 종합하여 전장감시(ISR)체계를 완성하는 C4I체계 중요성이 강조되고 있다. C4I 체계란 모든 정보를 실시간으로 수집·분석·전파함으로써 지휘관이 전투력을 최적의 장소와 시간에 배분하여 전투력의 상승효과를 발휘할 수 있도록 지휘, 통제, 통신 및 정보의 각 요소를 유기적으로 운용하는 통합된 체계로 정의할 수 있다.

현대전쟁에서 C4I체계 기능은 전장에서 적을 종심 깊게 먼저 보고, 적 지휘관보다 빨리 결심하여, 적보다 먼저 행동하는 선견, 선결, 선행하는 체계로서, 탐지수단에 의한 정보와 타격수단을 지휘통제로 연결하여 무기체계 성능이 최대로 발휘할 수 있도록 하는 기능을 수행한다. C4I체계는 칼과 창끝을 마주치고 싸우던 고대 2차원 전쟁보다는 현대 5차원 전쟁에서 중요성이 더욱 커졌다.

현대전쟁은 지상, 해상, 항공, 우주, 사이버 등의 5차원에서 정밀타격(PGM)으로 동시에 전투가 진행되는 공간적 입체전으로서 이 거대한 전장공간을 지휘·통제하는 수단은 무엇보다도 C4I체계 능력이다. C4I체계는 정보의 탐지 및 수집–정보의 비교 및 평가–대안제시–판단 및 의사결정–계획수립–지휘 및 명령 등을 합리적인 절차로 실천하는 수단이다.

결과적으로 현대전쟁은 정보전으로서 전장에서 정보의 우세를 확보하느냐 또는 못하느냐에 따라 전쟁의 승패가 결정되므로 C4I체계의 비중과 중요성은 증대하고 있다. 그러므로 현대 무기체계는 기동 및 화력 등과 함께 C4I체계에 연결되고 통합되어야 한다. 이와 같은 C4I 체계는 현대국가에서 군사적 사용뿐만 아니라 개인·기업·국가조직에서 공통적으로 사용되어 인적· 물적 자원의 절약과 합리적인 의사결정 및 시행에 크게 기여하고 있다.

4) C4I : Command, Control, Communication, Computer, Intelligence.
5) ISR : Intelligence, Surveillance, Reconnaissance.

## 제4절 무기체계 분류

### 1. 무기체계의 분류

#### 가. 「방위사업법 시행령」 분류

무기체계의 분류는 관점에 따라 다양하게 분류할 수 있다. 「방위사업법」 제3조 3항에 따라 「방위사업법 시행령」 제2조에서는 무기체계 분류를 [표 1-3]과 통신망 등 지휘통제·통신 무기체계, 레이더 등 감시·정찰무기체계, 전차·장갑차 등 기동무기체계, 전투함 등 함정무기체계, 전투기 등 항공무기체계, 자주포 등 화력무기체계, 대공유도무기 등 방호무기체계, 모의분석·모의훈련 소프트웨어, 전투력 지원을 위한 필수시설 및 장비 등 그 밖의 무기체계로 분류하고 있다.

[표 1-3] 방위사업법 시행령의 무기체계 분류

| 구 분 | 분류 내용 |
|---|---|
| 방위사업법 시행령(2조) 무기체계 분류 | 1. 통신망 등 지휘통제·통신 무기체계<br>2. 레이더 등 감시·정찰무기체계<br>3. 전차·장갑차 등 기동무기체계<br>4. 전투함 등 함정무기체계<br>5. 전투기 등 항공무기체계<br>6. 자주포 등 화력무기체계<br>7. 대공유도무기 등 방호무기체계<br>8. 사이버전장관리체계 등 사이버무기체계<br>9. 위성 등 우주무기체계<br>10. 모의분석·모의훈련 소프트웨어, 전투력 지원을 위한 필수시설 및 장비 등 그 밖의 무기체계 |

#### 나. 「국방전력발전업무훈령」 분류

「국방전력발전업무훈령」(국방부훈령 제30007, 2025.1.10) 제7조와 별표 4에서는 전장 기능을 고려하여 10대 무기체계로 분류하고 있다.

대분류로 지휘통제·통신무기체계, 감시·정찰무기체계, 기동무기체계, 함정무기체계, 항공무기체계, 화력무기체계, 방호무기체계, 사이버무기체계, 우주무기체계, 그 밖의 무기체계로 분류하고 있으며, 세부 중·소분류는 [표 1-4]와 같다.

[표 1-4] 국방전력발전업무훈령에 의한 무기체계 분류

| 대분류 | 중분류 | 소분류 |
|---|---|---|
| 지휘통제·통신 무기체계 | · 지휘통제체계 | 연합지휘통신체계, 합동지휘통제체계, 지상지휘통제체계, 해상지휘통제체계, 공중지휘통제체계 |
| | · 지휘통신체계 | 전술통신체계, 전술데이터링크체계, 위성통신체계, 공중중계체계 |
| | · 통신장비 | 유선장비, 무선장비, 그 밖의 통신장비 |
| 감시·정찰 무기체계 | · 전자전장비 | 전자지원장비, 전자공격장비, 전자보호장비 |
| | · 레이더장비 | 감시레이더, 항공관제레이더, 방공관제레이더, 탄도탄감시레이더 |
| | · 전자광학장비 | 전자광학장비, 광증폭야시장비, 열상감시장비, 레이저장비 |
| | · 수중감시장비 | 음탐기, 어뢰음향대항체계, 수중감시체계, 그 밖의 음파탐지기 |
| | · 기상감시장비 | 기상위성감시장비, 기상감시레이더, 기상관측장비 |
| | · 정보분석체계 | 영상분석체계, 표적처리체계, 기타 |
| | · 그 밖의 감시·정찰장비 | 경계시스템, 기타 |
| 기동 무기체계 | · 전차 | 전투용, 전투지원용 |
| | · 장갑차 | 전투용, 지휘통제용, 전투지원용 |
| | · 전투차량 | 전투용, 지휘용, 전투지원용 |
| | · 기동 및 대기동 지원장비 | 전투공병장비, 간격극복 및 도하장비, 지뢰지대 극복장비, 대기동장비, 기동항법장비 및 그 밖의 지원장비 |
| | · 지상무인전투체계 | 전투용 및 전투지원용 |
| | · 개인전투체계 | |
| 함정 무기체계 | · 수상함 | 전투함, 기뢰전함, 상륙함, 지원함 |
| | · 잠수함(정) | 잠수함 |
| | · 전투근무지원정 | 경비정, 수송정, 보급정, 근무정, 지원정, 상륙지원정, 특수정 등 |
| | · 해상전투 지원장비 | 함정전투체계, 함정사격통제장비, 함정피아식별장비, 함정항법장비, 침투장비, 소해장비, 구난 및 구명장비, 그 밖의 지원장비 |
| 항공 무기체계 | · 고정익 항공기 | 전투임무기, 공중기동기, 감시통제기, 훈련기, 해상초계기, 그 밖의 고정익 항공기 |
| | · 회전익 항공기 | 기동헬기, 공격헬기, 정찰헬기, 탐색구조헬기, 지휘헬기, 훈련헬기 |
| | · 무인 항공기 | |
| | · 항공전투지원 장비 | 항공기사격통제장비, 항공전술통제장비, 정밀폭격장비, 항공항법장비, 항공기피아식별장비, 그 밖의 지원장비 |
| 화력 무기체계 | · 소화기 | 개인화기, 기관총 |
| | · 대전화차기 | 대전차로켓, 대전차유도무기, 무반동총 |
| | · 화포 | 박격포, 야포, 다련장·로켓, 함포 |
| | · 화력지원장비 | 표적탐지·화력통제레이더, 전차 및 화포용 사격통제 장비, 그 밖의 화력지원장비 |
| | · 탄약 | 지상탄, 함정탄, 항공탄, 특수탄약, 유도탄능동유인체 |

| 대분류 | 중분류 | 소분류 |
|---|---|---|
| 화력 무기체계 | · 유도무기 | 지상발사유도무기, 해상발사유도무기, 공중발사유도무기, 수중유도무기 |
| | · 특수무기 | 레이저무기 |
| 방호 무기체계 | · 방공 | 대공포, 대공유도무기, 방공레이더, 방공통제장비 |
| | · 화생방 | 화생방보호, 화생방정찰·제독, 화생방 예방 · 치료, 연막, 화생무기 폐기 |
| | · EMP 방호 | |
| | · 전장의무 | 전상자 보호 · 구호 |
| 사이버 무기체계 | · 사이버작전체계 | 방어적사이버작전체계, 공세적사이버작전체계, 사이버훈련 · 분석체계 |
| 우주 무기체계 | · 우주감시 | 우주물체감시체계, 우주기상감시체계 |
| | · 우주정보지원 | 위성조기경보 및 정찰체계, 위성통신체계, 위성항법체계 |
| | · 우주통제 | |
| | · 우주전력투사 | 공중발사체계, 지상발사체계, 해상발사체계 |
| 그 밖의 무기체계 | · 국방 M&S체계 | 워게임모델, 전술훈련모의장비 |

## 다. 본서의 분류

본서에서는 「방위사업법 시행령」과 「국방전력발전업무훈령」의 10대 무기체계 분류를 적용하면서 대분류에서는 사이버무기체계, 우주무기체계, 그 밖의 무기체계(모의분석·모의훈련 소프트웨어, 전투력 지원시설·장비 등)는 제외하여 7대 무기체계로 분류하였다. 방호무기체계는 최근 국내외적으로 첨예한 관심이 되고 있는 북한 핵무기 등 대량살상무기를 포함하여 방호 및 대량살상무기로 분류 명칭을 수정하였다.

중·소분류에서는 현재 한국군이 보유하고 있거나 전력화 예정인 무기체계를 중심으로 하여 [표 1-5]와 같이 분류하였다.

[표 1-5] 본서의 7대 무기체계 분류

| 대분류 | 중분류 |
|---|---|
| 감시·정찰무기체계 | 전자전장비, 레이더장비, 전자광학장비, 수중감시장비 |
| 기동무기체계 | 전차, 장갑차, 전투차량, 기동·대기동지원장비, 지상무인체계 |
| 화력무기체계 | 소화기, 대전차무기, 화포, 화력지원장비, 탄약, 유도무기 |
| 함정무기체계 | 수상함, 잠수함, 해상전투지원장비 |
| 항공무기체계 | 고정익 항공기, 회전익 항공기, 무인항공기 |
| 방호무기체계 및 대량살상무기 | 방공, 핵 및 화생방, 탄도미사일 |
| 지휘통제 · 통신무기체계 | 지휘통제체계, 지휘통신체계, 통신장비 |

제 2 장

# 감시·정찰 무기체계

# 제1절 감시·정찰 개요

## 1. 감시·정찰의 개념

전쟁은 불확실한 상황에서 전개되며, 불확실한 전쟁에서 이기기 위해서는 적에 관한 첩보 및 정보를 획득하는 것이 필수적으로 요구된다.

첩보는 목적을 가지고 수집된 자료들이 분석이나 정제를 거치지 않아 정보가 되기 전의 상태를 말하며, 정보는 수집된 첩보를 분석하고 종합하여 도움이 될 수 있는 형태로 정리된 지식과 자료를 말한다. 자료(데이터)와 첩보, 정보의 관계는 [그림 2-1]에서 보는 바와 같다.

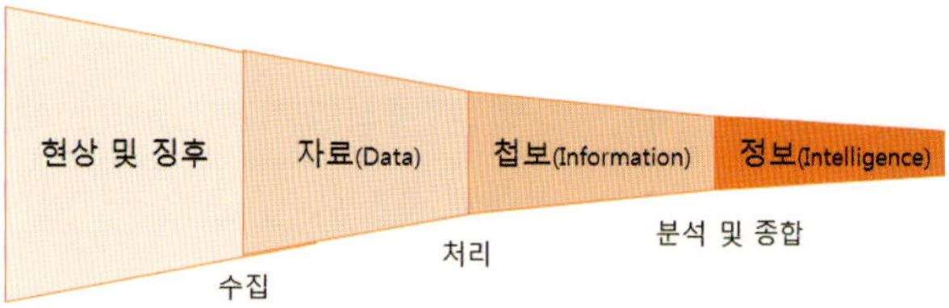


[그림 2-1] 자료 - 첩보 - 정보의 관계

다양한 정보를 획득하기 위해서는 가용한 수단을 활용하여 감시 및 정찰을 실시하고 첩보를 수집하여야 하며, 수집된 첩보를 분석하고 종합하여야 한다.

- **감시**(surveillance)는 적에 관한 첩보를 수집하기 위하여 시청각 및 전자 등 각종 수단을 활용하여 인원, 사물, 현상 등을 체계적이고 조직적으로 관찰하는 활동이다. 특정 구역·지점에 대하여 그 대상의 출현을 지속적으로 지켜보는 것으로 수동적 특성을 갖는다.
- **정찰**(reconnaissance)은 적의 활동과 자원에 관한 첩보나 작전지역의 특성에 관한 제원을 획득할 목적으로 실시하는 활동이다. 특정 구역·지점에 대하여 그 대상을 찾아 나서는 것으로 능동적 특성이 있다.

감시·정찰은 전자, 영상, 음향 등 다양한 탐지수단으로 지상, 해상, 공중, 수중에 대하여 지속적이고 체계적으로 관측하여 잠재적인 적 활동에 대한 정보를 획득하거나, 필요시 특정지역에 이러한 탐지수단을 집중 운용하여 적 활동 정보를 획득하는 행위이다.

탐지수단의 특성 및 형태에 따라 영향을 받기 때문에 한 가지 수단에만 의존하지 말고 다른 수단과 상호 연계하여 운용하여야 한다. 감시와 정찰은 활동상 차이는 있으나, 첩보수집이라는 공통적인 목적을 가지고 있으며 상호보완적인 관계에 있다.

## 2. 감시·정찰 수단

감시·정찰 수단은 무기체계 발전에 따라 다양하게 분류할 수 있다. 감시·정찰 수단에는 인간에 의해 직접적으로 수행하는 방법, 지상이나 공중에서 영상을 수집하거나 우주에서 인공위성을 이용하여 수집하는 방법 등이 있다. 이것들은 자료·첩보를 수집하는 센서(감지기)와 이것을 탑재하여 운반하는 운반체(차량, 항공기, 위성)로 구분할 수 있다. 감시·정찰은 수단별 특성을 고려하여 상호보완적으로 운용할 필요가 있다.

본 장에서는 감시·정찰 무기체계를 소개하는 것이므로 영상 및 신호를 수집하는 장비를 중심으로 살펴보기로 한다.

### 가. 영상수집 장비

영상을 수집하는 장비는 영상감지기(sensor)에 따라 [그림 2-2]와 같이 광학, 전자광학, 적외선, 레이더 영상감지기로 구분할 수 있다.

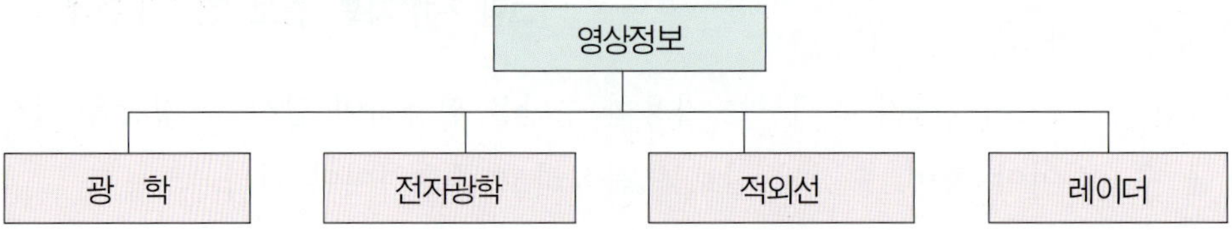


[그림 2-2] 영상감지기의 분류

영상감지기는 물체로부터 방출 또는 반사되는 전자파를 받아들여 물체의 영상을 감지하는 장치이며, 감지기가 사용하는 전자파 파장영역에 따라 [표 2-1]과 같이 광학, 전자광학, 적외선, 레이더 영상감지기로 구분된다.

[표 2-1] 전자파 파장영역에 따른 영상감지기 분류

| 전자파 | 가시광선 | 적외선 | | | | | 전 파 | |
|---|---|---|---|---|---|---|---|---|
| | | 근 | 단파장 | 중 | 원 | 극원 | EHF | SHF |
| 파 장 | 0.4~0.7㎛ | ~1.3㎛ | ~3㎛ | ~8㎛ | ~14㎛ | ~1㎜ | ~1㎝ | ~10㎝ |
| 감지기 | 광학 | 전자 광학(EO) | | 적외선(IR) | | | 레이더(SAR)[1] | |

1) SAR : Synthetic Aperture Radar, 합성개구레이더, 공중에서 지상 및 해상을 관찰하는 레이더를 말한다.

- **광학 영상감지기**는 전통적인 광학카메라 시스템에 의해 영상을 수집하는 장치로, 사람의 눈으로 주위 사물의 모습을 인식하듯이 영상감지기가 사람의 눈과 같은 원리로 물체의 상을 만들어낸다. 광학 영상감지기는 사람의 시각과 가장 가까운 색상의 영상을 수집할 수 있으며, 물체와 근접하여 영상을 수집할 경우 높은 해상도의 영상을 수집할 수 있다.
- **전자광학 영상감지기**는 렌즈를 통해 들어온 빛을 전기적 신호로 변환하여 영상을 형성하며, 디지털 카메라가 여기에 해당된다. 전기적 신호를 데이터 링크를 통해 지상에 송신함으로써 근실시간 영상정보 제공이 가능하며, 화소(pixel)의 능력에 따라 해상도가 높고 파일형태로 장기간 보관이 용이하다. 단점으로는 야간 또는 기상조건에 따라 영상수집이 제한된다.
- **적외선 영상감지기**는 물체로부터 방출되는 적외선을 감지하여 영상을 형성한다. 적외선을 감지하기 때문에 야간에도 영상수집이 가능하다. 또 물체가 방사하는 적외선을 통해 온도차이를 감지하므로 인원 및 장비의 활동상태나 용기의 내부용량을 탐지할 수 있다. 그러나 적외선은 안개나 구름 등을 투과할 수 없으므로 기상조건에 따라 영상수집이 제한되는 단점이 있다.
- **레이더 영상감지기**는 합성개구레이더(SAR)라고도 불리우며, 물체에 레이더파를 방사하여 반사된 반사파를 감지기에서 수신하여 영상을 제공한다. 레이더 영상감지기는 파장이 긴 전파대역을 이용하므로 주·야간, 전천후 영상 수집이 가능하며, 레이더파 전송능력에 따라 원거리 및 광범위한 지역에 대한 영상수집과 표적의 위치를 정확히 산출할 수 있다.

### 나. 신호수집 장비

신호를 수집하는 장비는 적의 통신활동이나 전자장비로부터 방사되는 전자파 등의 신호를 수집하는 장비이다. 신호수집 장비로는 전자전장비와 수중감시장비 등이 있다.

- **전자전장비**는 적의 전자파를 탐지하여 징후 및 위치를 식별하고, 적의 지휘통제·통신 및 전자무기체계의 기능을 무력화시키는 장비를 말하며, 전자전지원장비, 전자공격장비 등이 있다.
- **수중감시장비**는 수중에서 표적의 방위 및 거리를 알아내는 장비이다. 수중에서는 대기와 달라서 빛과 전자파가 충분히 전달되지 않음으로 수중에서 탐지하고 식별하는 데에는 음파가 사용된다. 수중감시장비에는 음향탐지장비 소나(SONAR)[2]가 있다.

## 제2절 전자전장비

### 1. 전자전 개요

전자전(EW: Electromagnetic Warfare)은 적이 전자파를 효과적으로 사용하지 못하도록 방해하고, 아군이 이를 효과적으로 사용할 수 있도록 보장하기 위한 군사활동이다. 즉 적의 전자파를 탐지하여 위치를 식별하고 적의 지휘통제·통신(C4I) 및 전자무기체계의 기능을 마비 또는 무력화시키며, 적의 전자전 활동으로부터 아군의 C4I 및 전자무기체계를 보호하는 제반활동을 말한다.[3]

전자전에는 전자전지원(ES), 전자공격(EA), 전자보호(EP)가 있으며, 전자전 운용개념은 [그림 2-3]과 같다. 전자전은 단독으로 수행되는 것이 아니고, 기동, 화력, 정보 등의 전장기능과 연계하여 수행되어야 작전 목적을 달성할 수 있다.

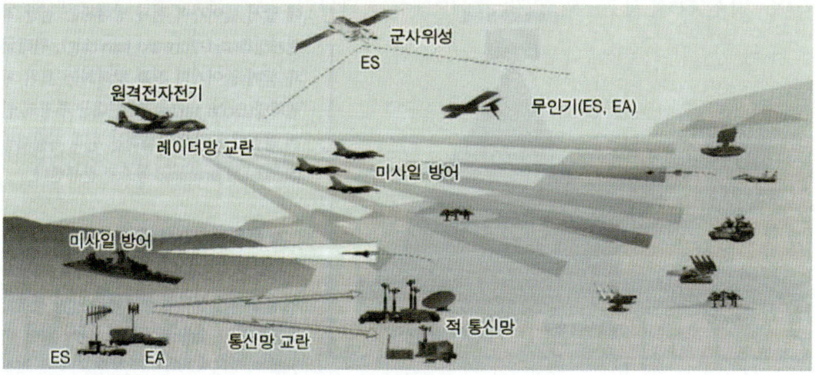


[그림 2-3] 전자전 운용개념도

자료: 『국방과 기술』 제334호, "미래전에 대비한 전자전체계 발전방향", p. 33.

### 2. 전자전 분류

전자전은 공세적 전자전과 방어적 전자전으로 구분된다. [그림 2-4]에서 보는 바와 같이 공세적 전자전에는 전자지원(ES), 전자공격(EA)이 있으며, 방어적 전자전에는 전

2) SONAR: SOund NAvigation and Ranging.

3) 한국방위산업진흥회(2013), 『무기체계 원리』, p. 58.

자보호(EP)가 있다.

- **전자지원**(ES : Electromagnetic Support)은 적 무선통신 및 전자장비로부터 방사되는 전자파를 수집·처리·분석하여 정보를 생산하는 것을 말한다.
- **전자공격**(EA : Electromagnetic Attack)은 적 전자 및 통신 사용을 방해하거나, 무력화시키기 위해 전자파를 직접 방사하는 활동을 말한다.
- **전자보호**(EP : Electromagnetic Protection)은 적 전자파 위협으로부터 아군의 전자파 사용을 보호하는 활동을 말한다.



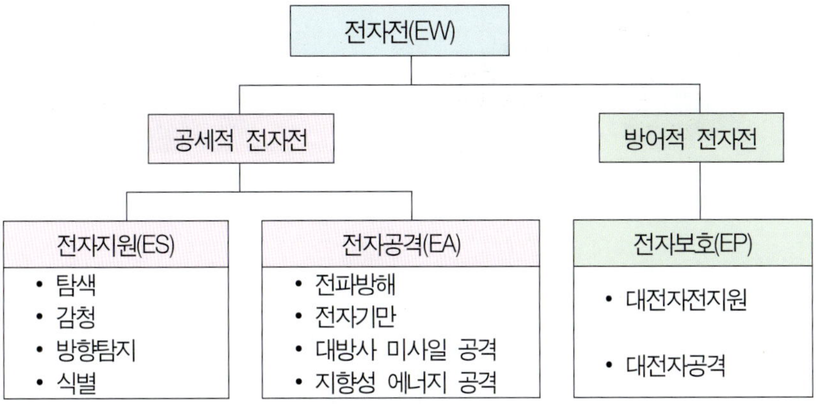


[그림 2-4] 전자전 분류

## 3. 주요 전자전장비

### 가. 전자지원(ES) 장비

전자지원(ES) 장비는 전장에서 즉각적인 적 위협요소를 탐지할 목적으로 적에 의해 방사되는 전자파 에너지를 탐색 및 감청, 방향·위치를 탐지 및 식별하여 필요한 정보를 생산·전파하여 작전에 활용한다. 적 표적에 대한 첩보를 전자기공격(EA) 장비에 제공하여 전자기공격을 지원하기도 한다.

#### (1) 한국의 전자지원(ES) 장비

한국의 전자지원 장비는 일반차량 탑재형과 궤도차량 탑재형이 있으며, 자동위치탐지 방식과 도약주파수 위치식별이 가능하다. [그림 2-5]는 지상 궤도차량 탑재형 전자전지원 장비의 모습이다.

지상 전자지원 장비 외에 해군 및 공군에서도 전자지원 장비를 각각 운용하고 있다.

(2) 북한의 전자지원(ES) 장비

북한은 HF대역 및 UHF대역의 방향탐지 장비를 보유하고 있으며, AM, VHF, UHF 통신 정보수집 장비와 비통신 정보수집 장비를 보유하고 있다. [그림 2-6]은 북한의 비통신 정보수집 장비의 형상이다.

[그림 2-5] 한국의 전자지원(ES) 장비

[그림 2-6] 북한의 비통신 정보수집 장비

## 나. 전자공격 장비(EA)

(1) 한국의 전자공격(EA) 장비

한국의 전자공격(EA) 장비는 8개 주파수를 동시방해 가능하며, 도약주파수에 대한 전파방해가 가능하다. 일반차량형과 궤도차량형이 있으며, [그림 2-7]은 지상 궤도차량 탑재형 전자공격 장비의 모습이다.

(2) 북한의 전자공격(EA) 장비

북한의 전자공격(EA) 장비는 단파방해장비, 단파 및 초단파 방해장비, 극초단파 방해장비, 레이더 방해장비 등이 있고, [그림 2-8]은 초단파 방해장비 R-330 모습이다.

[그림 2-7] 한국의 전자공격(EA) 장비

[그림 2-8] 북한의 전자공격(EA) 장비

# 제3절 레이더장비

## 1. 레이더 개요

레이더(RADAR: Radio Detection And Ranging)는 전파를 방사 후 표적으로부터 반사된 신호를 수신함으로써 표적의 존재유무를 탐지하고 위치와 이동속도 등의 정보를 측정하는 장비이다.

레이더는 2차 세계대전 중 적의 공중침투를 경고하고 아군의 대공무기를 통제하기 위해 최초로 개발되었다. 초기에는 군사적 용도로만 사용되었지만 오늘날에는 기상관측, 비행기 항법, 해상탐색 및 구조, 조기경보, 사격통제, 미사일 유도, 피아식별, 지형영상 획득 등 다양한 분야에 이용되고 있다.

레이더의 기본원리를 메아리와 비교하여 살펴보면 [표 2-2]와 같다

[표 2-2] 메아리와 레이더 비교

| 구 분 | 등산시 메아리 | 레이더(RADAR) |
|---|---|---|
| 파 형 | 음파(이동속도 340m/sec) | 전파(이동속도 $3\times10^8$m/sec) |
| 송신/수신 | (인간의) 입, 귀 | 송·수신기 |
| 탑 재 | (인간의) 다리 | 탑재체(삼각대, 철탑, 항공기, 위성 등) |
| 식 별 | (인간의) 눈 | 스코프, 모니터, 전시기 |

레이더는 전파의 특성 중 직진성·반사성·등속성의 원리를 이용한 것이며, 직진성과 반사성이 좋은 마이크로웨이브파(microwave, 극초단파)4)를 사용한다. 마이크로웨이브파는 높은 주파수로 파장이 짧아 외부 혼신 및 방해가 감소되어 전파의 간섭이 적고 표적위치의 오차범위를 최소화할 수 있다.

- 직진성 : 전파는 매질 없이도 전파되며 동일한 매질 내에서 직진한다.
- 반사성 : 전파는 직진 중 다른 매질에 부딪히면 빛이 거울에 반사하는 것과 동일하게 반사한다.
- 등속성 : 전파는 $3\times10^8$m/sec 속도로 일정하게 진행한다.

4) 마이크로웨이브파(M/W: microwave)는 3~30㎓ 주파수대로 극초단파를 말하며, 빛의 파장과 가까워서 그 성질도 빛과 비슷하다.

레이더는 송·수신으로 구분하고, 최소 탐지거리와 거리 분해능력을 향상시켜 표적의 분리된 영상 획득이 용이한 펄스파[5])를 사용한다.

## 2. 레이더체계 분류

레이더체계는 [그림 2-9]와 같이 탑재형태별, 임무 및 기능별, 탐지거리별, 파형별로 분류할 수 있다. 이 중에서 임무 및 기능별로는 탐지레이더, 추적레이더, 다기능레이더, 사격통제레이더, 항공관제레이더, 영상레이더, 피아식별레이더, 기상레이더 등이 있다.

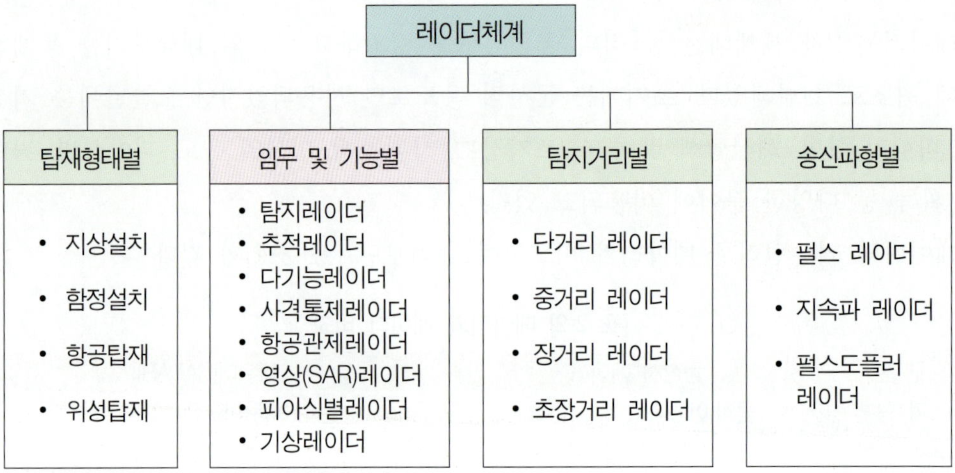

[그림 2-9] 레이더체계 분류

본 절에서는 감시·정찰과 관련하여 임무 및 기능별 분류를 중심으로 탐지레이더, 추적레이더, 다기능레이더, 영상레이더, 피아식별레이더와 송신파형에 따라 펄스 레이더, 지속파 레이더, 펄스도플러 레이더에 대하여 살펴보기로 한다.

### 가. 임무 및 기능별 분류

#### (1) 탐지레이더

탐지레이더는 표적을 탐지하고 표적에 대한 거리, 방위각, 속도를 측정하는 레이더로서, 지상감시레이더(RASIT), 저고도탐지레이더(TPS-830K), 천마의 탐지레이더, 해안감시레이더(GPS-98K) 등이 있다.

---

5) 펄스(pulse)파는 주기적으로 반복하는 파형을 말하며, 레이더·TV·컴퓨터 및 다중통신에 널리 사용되고 있다.

### (2) 추적레이더

추적레이더는 탐지된 표적 중에서 하나 이상의 표적을 지속적으로 추적하는 레이더로서, [그림 2-10]의 천마 추적레이더가 대표적인 예이다.

### (3) 다기능레이더

다기능레이더는 한 대의 레이더가 탐지, 확인, 추적 등의 기능을 동시에 수행하는 레이더로서, 대포병탐지레이더(ARTHUR-K 등)와 [그림 2-11]의 천궁 다기능레이더 등이 있다.

[그림 2-10] 추적레이더(천마)

[그림 2-11] 다기능레이더(천궁)

### (4) 영상레이더

영상레이더는 [그림 2-12]와 같이 항공기, 인공위성 등에 탑재되어 표적의 수신신호를 측정하고 영상 속의 건물, 진지 등 특성표적을 식별하는 레이더로서 합성개구레이더(SAR)라 하며, 위성탑재용 SEASAT[6]가 대표적이다.

[그림 2-12] 영상레이더

### (5) 피아식별레이더

피아식별(IFF[7])레이더는 탐지된 표적이 적군 또는 아군을 식별하기 위한 레이더로서, 사전에 약정된 암호화 질문 및 응답으로 식별하며, 암호체계는 MODE-2, 4 등이 있다.

---

6) SEASAT는 SEA(바다)와 SATellite(위성)의 복합어로, 해양의 자료를 수집하는 자원탐사용으로 영상레이더가 탑재된 인공위성을 말한다.

7) IFF: Identification of Friend or Foe.

## 나. 송신파형별 분류

### (1) 펄스 레이더

펄스레이더는 [그림 2-13]과 같이 송신시 전자기파 펄스를 사용하여 전자기파를 방사하고 표적으로부터 반사되는 신호를 수신하여 주파수 변화를 탐지함으로써 표적의 거리 및 방위각을 측정하는 레이더로서 일반적인 레이더에 적용하고 있다. 레이더 신호를 간헐적으로 보내므로 송신기 출력을 증가시켜야 하는 단점은 있으나, 한 개의 안테나로 송수신이 가능한 장점이 있다.

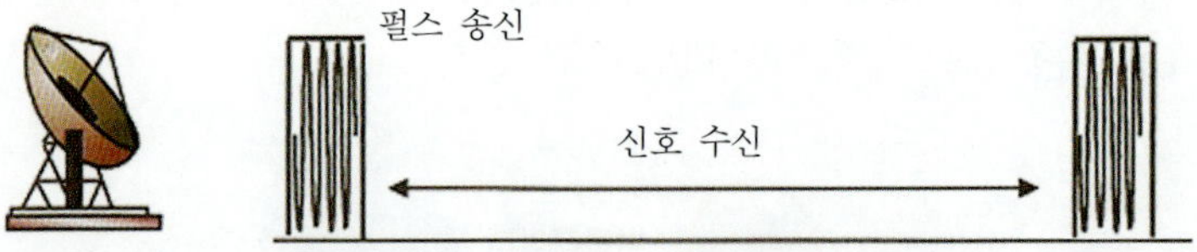

[그림 2-13] 펄스 레이더 신호

### (2) 지속파 레이더

지속파 레이더는 [그림 2-14]와 같이 송신안테나에서 전자파를 지속적으로 방사하고 수신안테나에서 표적의 반사파를 수신하여 이동표적에서 발생한 주파수 변화(도플러 주파수)를 탐지함으로써 표적의 거리 및 방위각을 측정하는 레이더이다.

지속파 레이더는 저출력 송신기를 사용하여 상대적으로 움직이는 표적을 구분하는데 유리하나, 송·수신 안테나를 2개 사용해야 하는 단점이 있다. 대공유도탄인 호크(HAWK) 미사일의 유도 등에 사용된다.

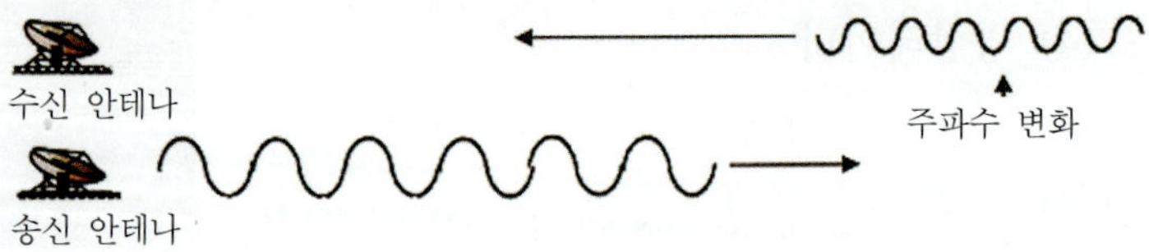

[그림 2-14] 지속파 레이더

### (3) 펄스도플러 레이더

펄스도플러 레이더는 펄스 레이더와 지속파 레이더의 도플러효과를 합한 레이더로 표적의 거리, 방위각, 이동속도를 측정하는 레이더이며, 지상감시레이더 등이 있다. 펄스도플러 레이더는 펄스 레이더의 장점 외에 도플러 효과[8])를 이용하여 이동속도를 측정할 수 있다.

---

8) 도플러 효과(Doppler Effect): 파동의 원천과 관측자가 서로 다가가거나 멀어질 때, 소리나 전파의 높낮이(주파수)가 달라져 들리는 현상을 말한다.

## 3. 주요 레이더체계

레이더체계는 지상에서 운용하는 지상감시레이더와 대포병 탐지레이더를 살펴보고, 해상감시 레이더와 이지스함의 다기능 위상배열 레이더 SPY-1D, 방공관제 및 탄도탄 감시레이더를 살펴보기로 한다.

### 가. 지상 레이더체계

#### (1) 지상감시레이더(TPS-224K)

지상감시레이더는 전파의 특성과 도플러 효과를 이용한 레이더장비이며, 구형 RASIT와 신형 TPS-224K가 있다.

[그림 2-15]의 신형 TPS-224K 탐지거리는 20~40㎞이며, 360도 전방위 자동탐지 가능하고, 청음 및 자동 표적 구분이 가능하다. 신형은 한국에서 국내 개발한 장비로 표적을 화면전시 가능하며, 전자보호(EP) 및 방사 제어가 가능하다.

[그림 2-15] 지상감시레이더 (TPS-224K)

#### (2) 대포병 탐지레이더

대포병 탐지레이더는 전자파를 방사하여 공중으로 날아오는 적 포탄을 탐지하고, 탐지된 포탄의 연속적인 추적을 통해 포탄의 궤적을 추정하여 적 포탄의 발사지점 및 탄착지점을 산출하며, 아군 사격부대에 위치정보를 전달하여 타격을 지원하는 레이더이다. 세부내용은 제4장 제5절 화력지원장비에 설명되어 있다.

### 나. 해상 레이더체계

#### (1) 해상감시레이더

해상감시레이더는 주로 해안에 배치되어 적의 공기부양정, 고속정 등의 이동을 감시하고 접근을 경보하는 레이더로 [그림 2-16]과 같다.

한국형 해안감시레이더는 백령도 등 서해 5도 지역에서 북한의 공기부양정을 이용한 기습상륙을 경보하기 위한 목적으로 운용하고 있다.

[그림 2-16] 한국형 해상감시레이더

(2) 이지스 3차원 수동형 위상배열레이더 SPY-1D

세계 최고 수준의 대공·대함·대잠작전 능력을 보유한 7,600톤급 이지스 구축함 세종대왕함이 2008년 취역하여 한국은 세계에서 다섯 번째 이지스 구축함 운용국이 되었다.

[그림 2-17]의 이지스 구축함 다기능 위상배열 레이더 SPY-1D(V)는 1,000㎞ 떨어져 있는 목표물 1,000개를 탐지·추적할 수 있으며, 이 중 20개의 표적을 동시에 공격할 수 있다. 컴퓨터 통제방식의 이 레이더는 4방향에 한 대씩 4대가 설치되어 90도씩 담당함으로써 사각이 없는 것이 특징이며, 기존 전투체계 대비 반응시간을 최대 10분의 1로 단축할 수 있다. 또 각종 무장과 상충하지 않고 교전 우선순위를 자동 설정하며, 피아식별이 가능하다. 이를 바탕으로 전구탄도미사일방어, 대공전, 대잠전, 대지상전, 전자전 등 함정이 구사할 수 있는 모든 전투임무를 동시에 수행할 수 있다.[9]

[그림 2-17] 이지스구축함 SPY-1D 레이더

## 다. 방공관제 및 탄도탄 감시레이더

(1) 고정식 장거리 방공관제 레이더

한국 공군은 1980년대 후반부터 미국 록히드마틴(Lockheed Martin)사의 AN/FPS-117K 고정식 3차원 장거리 방공관제 레이더를 운용해 왔다. 그러나 해당 장비의 노후화와 부품 수급의 어려움으로 인해 국산 대체 장비의 필요성이 제기되었다. 이에 따라 방위사업청은 2021년부터 '장거리 감시레이더-II' 사업을 추진하였으며, LIG넥스원이 주관 업체로 선정되었다. 이 사업은 2024년 전투용 적합 판정을 받았으며, 2026년부터 양산 사업에 착수하여 노후화된 레이더를 교체할 예정이다.

국산 고정식 3차원 장거리 방공관제 레이더(제식 명칭 미부여 상태)는 최대 400㎞ 탐지 거리를 가지며, 능동전자주사배열(AESA, Active Electronically Scanned Array) 기술을 기반으로 전투기, 장거리 탄도미사일 등을 탐지 및 추적할 수 있다. 특히 GaN(Gallium Nitride, 질화갈륨) 기반 고출력·고효율 송수신 모듈을 활용해 항적 자동 및 수동 추적이 가능하다. 또한 재밍에 대한 자동 주파수 회피 등 대전자전 능력과 한반도 산악 지형 특성을 고려한 지형 추적(Terrain Following) 기능을 갖췄다.

이 레이더는 전국 주요 방공 거점에 고정식으로 배치되어 공군의 조기경보체계와 통

9) 국방일보(2014.11.12), "1,000개 표적 동시 추적 하늘·땅·바다를 지배한다."

합 운용되어 장거리 미사일 탐지 및 추적, 공중 위협에 대한 조기 경보 제공 등의 임무를 수행하게 된다.

[그림 2-18] 국산 고정식 장거리 방공관제 레이더

자료: 방위사업청 보도 자료(2024. 11. 18.)

### (2) 그린파인(Green Pine) 탄도탄 조기경보 레이더

한국 공군은 탄도미사일에 대한 조기경보 및 요격 능력 강화를 위하여 이스라엘 엘타(Elta Systems)사가 개발한 EL/M-2080 그린파인 탄도탄 조기경보 레이더를 도입하였다. 최초 도입된 Block-B형 레이더는 2012년부터 운용되었으며, 고속으로 낙하하는 탄도탄을 조기에 탐지하고 추적하여 한국형 미사일방어체계(KAMD, Korea Air and Missile Defense)의 핵심 자산으로 운용되고 있다. 이후 성능이 향상된 Block C형 레이더도 추가로 도입하여 운용 중이다.

[그림 2-19] 그린파인 탄도탄 조기경보 레이더

자료: 대한민국 공군(rokaf.airforce.mil.kr)

그린파인 레이더는 능동전자주사배열(AESA, Active Electronically Scanned Array) 방식의 고정식 레이더로, Block B는 탄도미사일을 최대 600㎞에서 탐지할 수 있으며, Block C는 향상된 신호처리를 통해 600㎞ 이상의 탐지거리를 제공한다. 이 레이더는 수십 개의 표적을 동시에 탐지 및 추적할 수 있으며, 고속 신호처리로 탄도탄의 궤적을 정밀 분석해 탄착 지점을 계산, 요격 체계에 필수 데이터를 전달한다.

해군의 이지스레이더, 공군의 방공관제레이더 등의 조기경보체계와 천궁, PAC-2/3, L-SAM 등 요격 체계와 연동되어 탄도탄 방어작전에서 중추적 임무를 수행한다.

# 제4절 전자광학장비

## 1. 전자광학 개요

전자광학(EO: electro optics)은 전계나 자계 속의 전자궤도를 매질 속의 광선궤도와 동일하게 다루는 부문으로, 전기장이나 자기장 속의 전자의 운동은 빛과 같이 반사, 굴절, 결상 등이 동일하게 적용된다는 개념이다.

전자광학·적외선(EO/IR: Electro-Optical/Infra-Red) 센서는 전장공간의 실제상황을 영상으로 관측하여 가장 확실한 정보를 실시간에 우군의 지휘통제체계에 제공함으로써 정확하게 표적을 식별하고 적시에 정밀하게 타격할 수 있게 한다. EO/IR센서는 실시간 영상을 제공하므로 정보의 신뢰도가 가장 높고 수동형으로 적에게 노출위험이 낮아 휴대용 관측장비로부터 무인기, 감시·정찰위성에 이르기까지 매우 광범위하게 사용되고 있다. 한편 개인용 주야조준경, 표적 지시기 등은 워리어 플랫폼 체계 발전 계획에 맞추어 전방부대 등 시급한 부대부터 점차 전력화되고 있는 중이다.

## 2. 전자광학체계 분류

전자광학장비를 파장대역별, 장비별, 투사광 유무, 용도별, 세대별로 분류하면 [표 2-3]과 같다. 파장대역별로는 자외선 대역, 가시광선 대역, 근적외선 대역(단파장 적외선 대역 포함), 중·원적외선 대역으로 구분하며, 야간 감시가 가능한 장비별로는 탐조장비, 미광증폭장비, 열상장비 등으로 세분된다. 투사광의 유무에 따라 능동형과 수동형, 용도에 따라 관측용과 조준용, 세대별로 1, 2, 3세대로 구분된다.

[표 2-3] 파장대역별 전자광학장비 분류

| 구 분 | 자외선 대역 | 가시광선 대역 | 근적외선 대역 | 중·원적외선 대역 |
|---|---|---|---|---|
| 파장 대역별 | • UV카메라<br>• UV탐지기 | • 주간조준경<br>• CCD카메라<br>• 위성카메라<br>• 천체망원경 | • 조준경·카메라<br>• 레이저거리측정기<br>• 레이저표적지시기<br>• 레이저추적기 | • 열상관측경<br>• 열상카메라<br>• 열상조준경<br>• 열상추적장비 |
| 유형별 | 장비별(야간) | 투사광 유무 | 용도별 | 세대별 |
| | • 탐조장비<br>• 미광증폭장비<br>• 열상장비 | • 능동형<br>• 수동형 | • 관측용<br>• 조준용 | • 1 세대<br>• 2 세대<br>• 3 세대 |

## 가. 능동형 야간감시장비

투사광 유무에 따른 분류에서 능동형 야간감시장비(night vision device)는 감시하고자 하는 표적에 인위적으로 가시광선이나 근적외선을 방사하여 그 반사파로 표적을 식별하는 장비를 말하며, 조명장비, 야간투광조준경, 상변환장비가 있다.

조명장비는 탐조등과 같이 표적의 관측 및 탐지를 위해 빛을 투광하는 장비로서, 주로 인공적 조명에 의한 관측을 목적으로 한다. 야간투광조준경은 탄도와 빛을 일치시킨 가시광선을 직접 목표물에 투광하며, 동시에 사격을 실시하여 야간조준사격의 명중률을 높이는 장비이다. 상변환장비는 인공적으로 근적외선을 목표물에 투사하여 반사해오는 적외선을 영상변환관을 통해 가시광선으로 변환시켜 관측 및 조준하는 장비이다.

능동형 야간감시장비에는 제논탐조등이나 소화기용 야간표적지시기(PAQ-91K), 개량형 야간표적지시기(PAQ-04K) 등이 있다. 능동형 야간감시장비는 가시광선이나 근적외선을 직접 표적에 방사해야 하므로 적에게 노출되는 단점으로 인하여 사용이 감소되는 추세에 있다.

## 나. 수동형 야간감시장비

수동형 야간감시장비는 자연 빛(달빛, 별빛) 또는 열복사 에너지 등을 이용하여 표적을 탐지하고 관측하는 장비로서, 미광증폭장비, 저광량 TV시스템 장비, 열상장비 등이 있다.

저광량 TV시스템 장비는 가시광선을 이용하는 유일한 화면 관측식 원거리 관측장비로서 광학적 영상을 전기적인 신호로 바꾸어 다시 광학적 영상으로 환원시키는 방식을 사용하고 있다. 중간과정에서 미약한 빛을 영상증폭관으로 증배시키고 전기적인 신호를 적절히 처리함으로써 영상의 질을 개선할 수 있으며, 원거리 관측이 가능하다. 그러나 부피가 크고 무게가 무거워 이동 및 관리가 곤란하고, 비교적 고가이며 기상상태에 따라 관측거리가 제한되는 단점이 있다. 미광증폭장비와 열상장비는 다음 항에서 설명하기로 한다.

수동형 야시장비는 성능면에서 능동형 야간감시장비보다 향상된 장비이며, 표적에서 방출되는 적외선 또는 반사되는 가시광선을 이용하므로 적에게 직접 노출되지 않는 장점이 있다.

### 다. 미광 증폭장비

미광증폭장비는 달빛이나 별빛과 같은 미약한 반사광선을 수천, 수만 배로 증폭시켜 사물을 관측하는 방법이며, 무월광으로 광량이 아주 미약한 경우나 섬광, 조명 등 광량이 매우 많은 환경에서는 탐지거리 및 사용에 제한을 받는다. 미광증폭장비는 광량이 매우 많은 전장환경에서는 사용에 제한을 받지만, 열상장비에 비해 상대적으로 저전력, 소형화, 경량화 할 수 있다는 장점이 있다.

미광증폭형 야시장비에는 휴대용 주·야간 관측장비, 야간투시경, 단안형 야간투시경 등이 있다.

### 라. 열상 관측장비

열상 관측장비는 빛이 전혀 없는 야간에도 표적과 주변 배경 간의 온도차를 이용하여 물체를 식별할 수 있는 감시장비로서, 물체에서 방출되는 복사에너지를 검출하여 탐지하기 때문에 자연상태의 빛과는 무관하다. 탐지원리는 물체와 물체 간의 성격에 따라 각각 온도차가 있어 물체에서 방출되는 복사 에너지의 차이를 이용하여 전기적인 신호처리과정과 영상신호 처리과정을 거쳐 모니터에 영상을 구현함으로써 물체를 관측하게 되는 것이다.

적외선에너지(열에너지)의 차이를 이용하여 관측하는 장비로는 적외선검출기를 냉각하는 냉각형과 상온에서 적외선검출기가 작동하는 비냉각형이 있다.

열상장비는 적외선 광학계, 주사장치, 검출기, 신호처리기, 재현장치로 구성된다. 적외선 광학계는 표적과 배경이 발산하는 적외선 영역의 에너지를 검출기 표면상에 모아주는 역할을 하며, 수평 및 수직 주사장치는 일정 시야 내의 열에너지를 순차적으로 적외선 검출기 면에 조사시킨다. 검출기는 입사된 적외선 에너지를 감지하여 전기적 신호로 변환시켜주는 역할을 하며, 신호처리기는 검출기로부터 얻은 전기적 신호를 증폭, 조정하여 순차적으로 모니터 등의 재현장치에 공급하고, 영상재현장치는 전기신호를 가시광선 영상으로 바꾸어 시현가능하게 한다. 열상장비는 적외선을 광학적으로 집속하고, 기계적으로 검출기면 상에 주사하며, 전기적으로 변환된 검출기 출력을 신호처리과정을 통해 다시 가시광선 영상으로 나타나게 하는 장치이다. 최근에는 2차원 열상검출기의 다량생산으로 정밀한 주사장치가 필요 없는 간단한 구조로 변형되었다.

야간감시장비인 TOD, 전차의 전차장조준경과 포수조준경, 항공기의 영상감지장치용 열상모듈, 전방관측적외선장비(FLIR : Forward Looking Infrared) 등이 있다.

## 3. 전자광학 표적추적 원리

전자광학추적기(EOTS)[10]의 표적추적 원리는 축구중계 시 카메라맨이 공을 가진 선수를 쫓아가면서 촬영하여 화면에 계속 비추어지도록 하는 것과 같은 방법으로 표적을 추적하는 것이다. EOTS는 레이더에 비해 저가이며, 전자파를 사용하지 않아 전파방해의 영향이 없어 저고도 추적장비로 사용하고 있다.

EOTS의 구성은 [그림 2-20]에서 보는 바와 같이 열영상포착기, 신호처리기, 영상추적기, 시스템제어기로 구성된다. EOTS의 작동원리는 열영상장비로 표적영상을 획득하여 신호처리하고, 영상추적기가 센서 중심축과 표적 간의 각도 오차를 계산하며, 시스템제어기에서 각도 오차가 0이 되도록 안정화구동장치를 구동시켜 표적을 자동으로 추적한다.

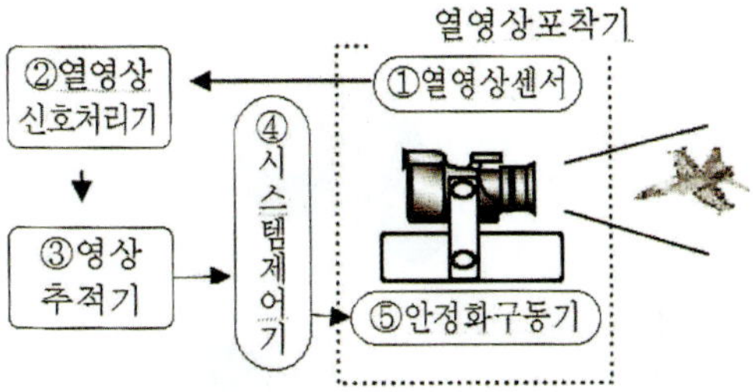

[그림 2-20] EOTS 구성 및 추적원리

## 4. 주요 전자광학체계

### 가. 능동형 야시장비

소화기 야간표적지시기는 소총에 결합하여 야간투시경과 세트로 운용되는 레이저 사격기재로서, 근적외선을 목표물에 지향하여 조준사격을 용이하게 한다. 근적외선을 조사한 후 야간투시경과 연동하여 표적을 식별한다. 근적외선은 비가시광선이므로 직접 관측이 불가하고 야간투시경을 착용해야만 관측이 가능하다. 야간표적지시기는 [표 2-4]에서 보는 바와 같이 구형(PAQ-91K)과 개량형(PAQ-04K)이 있다.

[표 2-4] 소화기 야간표적지시기

| 장 비 명 | 형 상 | 주요 제원 | 비 고 |
|---|---|---|---|
| 소화기<br>야간표적지시기<br>구형(PAQ-91K) |  | • 광원: 적외선<br>• 투사거리: 300m<br>• 중량: 320g<br>• 전원: 9V DC 1 | • 적외선 빔을 목표물에 지향, 조준사격 용이<br>• 가시광선 이용 비사격 영점 획득(개량형)<br>• K-2/K-7소총, K-1소총, M-16A1소총에 장착 |
| 소화기<br>야간표적지시기<br>개량형(PAQ-04K) |  | • 광원: 적외선/가시광선<br>• 투사거리: 300m 이상<br>• 중량: 200g<br>• 전원: 1.5V DC 2 | |

10) EOTS: Electro-Optical Tracking System, 전자광학 추적장치

## 나. 미광증폭 장비

미광증폭 장비에는 전장감시용, 사격통제용, 항법보조용 등이 있으며, 전장감시용에는 야간투시경(PVS-7), 단안형 야간투시경(PVS-04K), 휴대용 주·야간관측장비(PVS-98K) 등이 있다.

주요 미광증폭 감시장비의 주요 성능 및 제원은 [표 2-5]와 같다.

[표 2-5] 미광증폭 감시장비

| 장 비 명 | 형 상 | 주요 제원 | 비 고 |
|---|---|---|---|
| 야간투시경<br>(KAN/PVS-7) | 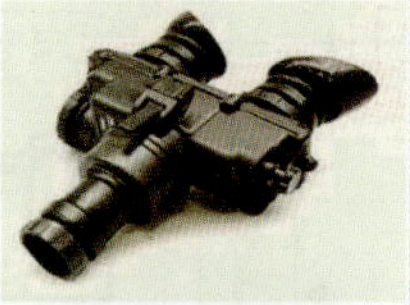 | • 대물렌즈 : 단안, 대안렌즈: 양안<br>• 증폭영상관 : 3세대<br>• 배율 : 1배<br>• 관측거리 : 200~350m<br>• 강한 빛 감지 및 차단장치 | • 3세대 영상관으로 별빛만으로 관측가능<br>• 강한 빛 감지 및 차단 장치 부착 |
| 단안형<br>야간투시경<br>(PVS-04K) |  | • 대물렌즈 : 단안(1개)<br>• 증폭영상관 : 3세대<br>• 관측거리 : 800m<br>• 배율 : 3배<br>• 무광원지역 적외선 표적 탐지 | • 광량이 전혀 없는 환경에서 적외선 조사로 관측 가능 |
| 휴대용<br>주·야간<br>관측장비<br>(PVS-98K) |  | • 대물·대안렌즈 : 단안(1개)<br>• 증폭영상관 : 3세대<br>• 배율 : 주간 15배, 야간 9배<br>• 관측거리 : 주간 4㎞,<br>야간 1.3㎞ | • 적외선을 방출하지 않음으로 적에게 노출 방지<br>• 밝은 빛 감지기 내장으로 영상증폭관 손상 방지 |
| 항공기승무원용<br>야간투시경<br>(KAN/AVS-9) |  | • 대물·대안렌즈 : 단안(1개)<br>• 증폭영상관 : 3세대<br>• 배율 : 주간 15배, 야간 9.6배<br>• 관측거리 : 주간 4~7.5㎞,<br>야간 1~1.5㎞ | |

- **야간투시경** PVS-7은 3세대 미광증폭 야간감시장비로 달빛이 없는 야간에 별빛만으로도 영상을 증폭시켜 관측할 수 있는 장비이며, 강한 빛을 감지하여 차단하는 장치가 부착되어 있다. 소화기 야간표적지시기(PAQ-91K)와 같이 운용하면 정확한 표적지시 및 조준사격을 할 수 있다.
- **단안형 야간투시경** PVS-04K는 PVS-7의 개량형이다. 표적을 3배로 확대하여 관측이 가능하며, 광량이 전혀 없는 무광원 환경조건에서 적외선을 조사하여 근거리 표적을 탐지할 수 있고, 밝은 빛 감지기 내장으로 영상증폭관 손상을 방지할 수 있다.
- **휴대용 주·야간 관측장비** PVS-98K는 3세대 감시장비로 주·야간에 고배율(주간 15배, 야간 9.6배) 영상으로 관측할 수 있다. 정상적인 시도의 주간에는 4㎞ 이상

원거리 관측이 가능하고, 야간에도 미광을 증폭시켜 1㎞ 이상 관측이 가능하다. 또 전투차량이나 헬기, 선박에 탑재하여 운용 및 이동 시 발생하는 진동에 무관하게 안정된 영상관측이 가능하며, 카메라를 장착하여 촬영이 가능하다.

### 다. 열상 관측장비

열상 관측장비에는 [표 2-6]과 같이 전방감시 열상장비 TOD, 자동표적 획득장비, 헬기용 전자광학 추적장치, 무인항공기용 전자광학 추적장치 등이 있다.

- **전방감시 열상장비** TOD(TAS-970K, 815K)는 주로 감제고지 및 기동로, 전방 및 해안에 배치되어 야간에 눈으로 활용된다. 탐지거리는 인원 3㎞, 차량 8㎞이며, 영상은 흑백이고, TAS-970K은 자체 녹화가 불가하나 TAS-815K는 자체 녹화가 가능하다.
- **자동표적 획득장비**(TAS-1K)는 탐지거리 5㎞에 인지거리는 2㎞이며, 배율은 7배, 10㎝까지 획득할 수 있고, 열상저장능력은 열상은 10장, 측각기는 50장이 가능하다.
- **헬기용 전자광학 추적장치**(H-FLIR)는 다양한 헬기에 적용이 가능하며, 주야간 탐색 및 작전능력, 구조능력을 향상시킬 수 있다.

무인항공기용 전자광학 추적장치(UAV-EOTS)는 소형경량의 다양한 용도와 운용방식으로 탐색 및 자동추적 기능을 제공한다.

[표 2-6] 열상 관측장비

| 장 비 명 | 형 상 | 주요 제원 |
|---|---|---|
| 전방감시 열상장비 (TAS-970K) |  | • 탐지거리 : 인원 3㎞, 차량 8㎞<br>• 배율 : 야간 3~10배<br>• 열 영상 카메라(흑백)<br>• 중량 : 124㎏ |
| 전방감시 열상장비 (TAS-815K) |  | • 탐지거리 : 인원 8㎞, 차량 15㎞<br>• 배율 : 주간 3~40배 줌, 야간 3배, 11배, 40배<br>• 열 영상 카메라(흑백)<br>• 중량 : 55㎏ |
| 자동표적 획득장비 (TAS-1K) |  | • 탐지 : 5㎞, 인지: 2㎞<br>• 배율 : 7배<br>• 열상저장능력 : 10장 |
| 헬기용 전자광학 추적장치 (H-FLIR) | 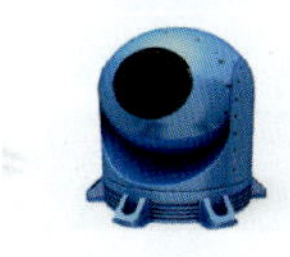 | 무인항공기용 전자광학 추적장치 (UAV-EOTS)  |

## 라. 공중감시·정찰체계

공중감시·정찰체계에는 감시·정찰위성, 정찰기, 무인항공기(UAV)를 포함한 드론 등이 있다. 걸프전과 아프간전, 이라크전, 우크라이나-러시아전에서 미국과 다국적군은 다양한 감시·정찰자산을 운용하여 전장인식과 정보공유, 식별된 핵심표적을 네트워크로 실시간 전파함으로써 요망된 시간과 장소에 정밀타격이 가능하였다.

정찰위성 KH-12(Key Hole)는 고도 130~900km에서 10cm 크기의 물체를 식별할 수 있으며, 라크로스(Lacrosse) 위성은 구름을 뚫고 영상을 찍을 수 있고, 머큐리(Mercury) 위성은 전자정보와 통신정보를 수집할 수 있다.

공중표적 정찰과 획득을 위한 고고도 전략정찰기 U-2기는 장거리 이동이 가능하며, 장착된 4대의 전자광학 및 적외선 장비로 감시·정찰 임무를 수행할 수 있다.

리퍼(Reaper)는 기체 길이 약 11m인 중고도 무인항공기이다. 작전반경은 약 1,850 km, 지상으로부터 15,000 m 상공을 비행한다. 전자광학 및 적외선 센서로 주야간 촬영한 영상을 인공위성을 통해 실시간 전송하며, 27시간 이상 비행할 수 있다. 무인항공기는 사람이 직접 탑승하지 않고 원격조정으로 비행할 수 있어 인명을 희생시키지 않고 위험지역까지 정밀정찰을 할 수 있다.

U-2기를 대체하고 있는 글로벌 호크(RQ-4 Global Hawk)는 고고도 장거리 무인기로 넓은 지역의 정찰 능력을 제공하기 위해 개발되었다. [그림2-21]의 글로벌 호크는 18 ㎞ 상공에서 24시간 동안 약 14만㎢ 면적을 정찰 가능하고, 30 ㎝ 크기의 물체까지 식별할 수 있다. 작전반경은 3,000 ㎞, 임무시간은 34시간이며, 기수에 장착된 디지털 카메라로 활주로에 있는 전투기의 옆 소화기까지 선명하게 포착할 수 있다.

[그림 2-21] 글로벌호크

근거리 정찰용으로 개발된 휴대용 소형 UAV는 전술적 감시 및 정찰과 표적첩보를 제공하기 위해 입력된 경로를 따라 비행(비행 중 프로그램 변경 가능)하여 웨어러블 지상통제 컴퓨터모니터에 정찰화면을 제공할 수 있다.

한국의 무인항공기는 RQ-4 글로벌호크, RQ-105K MUAV, RQ-101 송골매, RQ-102K 참매 등이 있으며, 세부 내용은 제6장 항공무기체계 제4절 무인항공기에 설명되어 있다.

## 마. 레이저장비

레이저(LASER)는 '유도방출 전자기파에 의한 빛의 증폭(Light Amplification by Stimulated Emission of Radiation)'을 뜻하는 영문의 약자로 산란 혹은 굴절되지 않고 직진하는 단색의 인공 광선을 뜻한다. 1960년 미국 물리학자 시어도어 메이먼(Theodore Harold Maiman)이 루비를 사용한 최초의 레이저 실험에 성공한 이후 산업 및 의료분야를 중심으로 다양한 영역에서 활용되고 있다.

레이저는 주로 정밀유도무기의 조준이나 유도, 표적과의 거리 측정, 폭탄 탐지 등의 용도로 활용되고 있다. 최근에는 드론이나 UAV 같은 무인기 혹은 박격포탄을 무력화 시키기 위한 목적으로 레이저를 사용하는 방어무기의 개발 및 실전 배치가 활발히 진행되고 있다. 특히 과학기술의 발전으로 레이저 장비의 크기가 작아지고 가격도 저렴해지면서 총기에 장착하는 레이저 표적지시기에 대한 활용 범위와 수요 역시 확대되는 추세이다. 국내에서 운용되고 있는 레이저장비는 레이저표적지시기, 레이저 거리측정기, 다기능 관측경 등이 있다.

[그림 2-22] 레이저 표적지시기

[그림 2-23] 레이저 거리측정기(GAS-1K)

[그림 2-24] 다기능 관측경

# 제5절 수중감시장비

## 1. 수중감시와 소나

수중은 대기와 달라서 가시광선 등의 전자파와 레이더파가 전달되지 않는다. 따라서 수중에서 표적을 탐지하고 추적 및 식별하는 데에는 멀리 전달되는 초음파를 활용한다.

수중탐지기술은 크게 음향탐지방식과 비음향탐지방식으로 구분할 수 있다. 음향탐지방식은 음파에 의해 수중표적의 방위 및 거리를 알아내는 방식이며, 비음향탐지방식은 전자파, 자기, 광학장비 등을 사용하여 수중표적을 탐지하는 방식이다. 비음향탐지방식은 수중환경에서의 전달특성으로 인해 탐지성능이 저하되는 단점을 갖는다.

음향탐지장비 소나(SONAR: SOund NAvigation and Ranging)는 수중에서 음파를 이용하여 수중목표의 방위 및 거리를 알아내는 장비이며, 수중청음기 또는 음향탐지장비, 음탐기로도 불린다. 지상이나 공중에서는 육안, 레이더, 레이저, 적외선 등으로 표적을 탐지하지만, 수중에 있는 표적을 탐지할 때는 소나를 사용한다.

현재까지 수중표적을 탐지하기 위한 가장 효과적인 기술은 음파를 이용하는 음향탐지방식인 소나기술이라 할 수 있다. 바다 속에 전달되는 소리의 빠르기는 바다의 상황에 따라 다르나, 소나에 적용되는 음파는 초속 약 1,500m 되는 압력파로서 수중에서 잘 전달되는 성질을 가지고 있으며, 물체에 닿으면 반사하여 되돌아오는 성질이 있어 소나는 이것을 이용한다. 수중에 존재하는 여러 가지 목표를 능동 및 수동 방식으로 탐지하는 유일한 수단으로 활용되며, 목적 및 용도에 따라 여러 가지 형태의 소나들이 개발되어 운용되고 있다.

소나의 역사는 15세기에 레오나르도 다빈치가 튜브에 막대기를 물에 꽂고 귀로 들으면 먼 곳의 배에서 나는 소리를 들을 수 있다고 한 것에서 시작되며, 이것이 수동소나의 기원이다. 1912년 타이타닉호가 야간 항해 중 빙산에 충돌하여 침몰된 대참사는 육안으로 볼 수 없는 수중의 장애물을 에코레인징(echo ranging)에 의해 알아낼 수 있는 능동소나의 필요성을 고조시킨 결정적인 계기가 되었다.

1917년 영국 해군은 현대 소나의 전신인 ASDIC[11]를 개발하였다. 소나는 당시 사용되고 있던 전화기와 똑같은 이론을 적용하여 개발되었다. 전화는 인간의 음성이 진동판을 때리면 진동판과 연결된 전자석이 전류파형을 만들어 내며, 전류파형이 전선을 통해 상대의 전화에 전달되면 전류파형이 다시 사람의 음성으로 재생되는 것인데, 소나도 같은 개념이다.

진동판과 전자석이 붙은 장비를 수중에 넣으면 수중으로 전달된 음파가 진동판을 때리게 되고, 진동판에 연결된 전자석이 움직여 전류파형을 만들게 되며, 이 전류파형은 함 내부로 전송되어 수중음향이 재생된다. 이것이 바로 수중음파를 듣고 분석하는 수동소나의 개념이다. 능동소나의 원리도 같다. 진동판에 전자석이 장착되어 있어 필요시 전자석을 이용하여 진동판을 때리면 진동판에 강력한 음파가 방출되어 수중 속의 물체를 탐지하게 되는 것이다.

1차 세계대전 발발 후 독일의 U-보트 피해가 급증함에 따라 소나의 연구가 활발해졌으며, U보트에 대항하기 위해 탐지장비가 개발되었으나 유체 소음과 함정자체 소음이 커서 탐지능력이 극히 제한되었다. 소나기술은 1, 2차 세계대전을 거치면서 크게 발전하였다.

소나는 함정이 안전하게 항해하고 위협이 되는 적 수중 물체를 찾아내는 역할을 하는 필수장비이다. 해군작전의 주요 분야인 대잠작전(Anti-Submarine operation)은 적의 잠수함 세력을 탐지·식별하여 무력화시키는 작전으로서, 표적의 탐지·식별을 위해서는 음향센서인 소나가 핵심적인 역할을 수행한다.

소나는 적 잠수함에서 발생하는 소음을 청음하여 표적을 탐지하는 수동형소나와, 음파를 송신하여 적 잠수함에서 반사되어 돌아오는 반사파를 수신하여 표적을 탐지하는 능동형소나로 구분된다. 능동형 소나는 음파신호를 수중으로 송신시켜 상대 잠수함의 선체에 맞고 반사되는 반사파를 수신함으로써 적의 위치와 좌표를 탐지하는 소나시스템이다.

잠수함을 포함한 모든 함정은 특정의 고진동 주파수를 포함한 소음을 방사한다. 수동소나는 [그림 2-24]의 왼쪽과 같이 수중 잠수함의 엔진이나 프로펠러에서 내는 방사소음 스펙트럼을 수집하여 표적의 종류를 식별한다. 수동소나에는 항공기에서 투하하는 음향부표, 함정에서 케이블로 예인하는 선배열 소나, 각 함정의 선체 주위에 부착하는 선체 부착 소나, 해저 수백 km에 걸쳐 부설하는 해역감시 음향체계 등이 있다.

11) ASDIC : Allied Submarine Detection & Investigation Committee.

[그림 2-24] 수동형 소나(좌), 능동형 소나(우)

[그림 2-24]의 오른쪽 능동형소나는 함정에서 송신한 음파가 표적에 부딪혀 반사되어 되돌아오는 신호로 잠수함이나 기뢰 등을 탐지하는 장비로서, 표적의 방향과 거리를 알 수 있다. 지향성이 높은 청음기를 여러 개 조합하여 도달음의 시간차로부터 방향을 탐지할 수 있다. 조건이 좋을 때는 160㎞ 앞의 함정을 탐지할 수 있으며, 함정의 종류와 형태에 따라 다르게 나타내는 소리를 이용하여 함정의 종류까지 식별할 수 있다.

그러나 잠수함이 음파를 송신하면 자신의 위치가 노출되므로 안전해역에서 수중장애물 확인이나 적을 공격하기 직전에 정확한 거리를 확인하기 위해 순간적으로 송신하는 것 이외에는 거의 사용하지 않는다. 능동형소나는 함정의 앞부분에 설치하여 운영하는 함정소나와 함정의 뒷부분에서 케이블로 예인하면서 사용 깊이를 조절할 수 있는 가변심도소나가 있다.

## 2. 수중감시체계 운용개념

수중감시체계는 2차 세계대전 중 독일의 U보트의 수중활동을 차단하지 못한 미 해군의 대잠전에 대한 새로운 인식에 의해 개발이 시작되었다. 미 해군은 1954년 최초로 고정형 수중감시체계를 개발하여 운용하였으며, 1984년 이동형을 개발함으로써 해저 고정형과 함 탑재 이동형이 복합된 통합 수중감시체계(IUSS)[12] 개념으로 발전되었다.

협의의 수중감시체계는 해저 고정형으로서 원거리 수중세력 탐지가 가능한 음향 및 비음향 센서체계를 의미하나 체계 특성 및 운용개념의 범위에 따라 정의가 달라진다. 광의의 수중감시체계는 수중세력의 활동을 탐지할 수 있는 개념의 전술운용 체계로, 항

12) IUSS : Integrated Undersea Surveillance System.

공기 및 함정 등에 탑재하여 운용되는 이동형 감시체계와 해저에 고정 설치하여 운용되는 고정형 감시체계로 구성된다.

수중감시체계는 운용효과를 제고하기 위해 이동형과 고정형 체계를 복합적으로 운용하며, 체계 성능이 음향환경 특성에 지배되므로 운용해역에 대한 상시 광해역 해양환경 모니터링을 체계운용과 동시에 수행한다. 광의의 수중감시체계를 구성하는 요소별 운용개념은 [표 2-7]과 같다.[13]



[표 2-7] 광의의 수중감시체계 구성요소별 운용개념

| 구 분 | 체계명 | 운용개념 | 운용방법 |
|---|---|---|---|
| 조기경보 감시체계 | 해저 고정형 선배열 소나 (SOSUS, FDS) | 적 기지에서 공해상까지 적 잠수함 이동을 조기에 탐지 | 해저에 하이드로폰 선배열을 고정 설치하여 운용 |
| | 정보함용 선배열 소나 (SURTASS) | 해저고정형 선배열 소나로 정보수집상 공백지역의 잠수함 활동을 감시하는 조기탐지체계 | 정보함에서 운용, 수집된 정보를 위성으로 육상국과 연동하여 운용 |
| 전술용 감시체계 | 함정용 선배열 소나 (TACTASS) | 공해상에서 핵심해역까지 침투하는 적 잠수함의 조기탐지 | 수상함 또는 잠수함에서 예인 운용 |
| | 항공기용 음향부표 (Sonobuoy) | 해상초계기에서 살포된 음향부표로 적 잠수함 조기탐지 | 대잠초계 항공기에서 운용 |
| 항만/부두 감시체계 | 항만 수중감시체계 | 항만 외곽 및 입구에서 기뢰부설을 목적으로 침투하는 적 잠수함 조기탐지 | 음향탐지체계를 항로에 설치하여 운용 |
| | 부두방어체계 | 주요 부두·산업시설 피괴 목적으로 침투하는 잠수정·특수요원의 조기탐지 및 공격 | 정밀탐지 능동소나, 레이더, 광센서, 적외선 탐지센서, CCTV 등을 설치 운용 |

이동형 감시체계는 작전해역에 투입되어 근거리 잠수함 활동을 감시하는 전술적 운용에 중점을 둔 체계이며, 고정형 감시체계는 통과 항로 및 주요 핵심해역에 대한 조기경보 및 상시 감시에 중점을 둔 체계이다.

수중감시체계 운용은 [그림 2-25]과 같이 탑재무기체계 적용 소나를 통하여 수중세력의 위협을 조기 탐지·경보, 감시한다.

13) 수중감시체계는 국방기술품질원(2010), 『수중감시체계 개발동향』을 참고하였다.

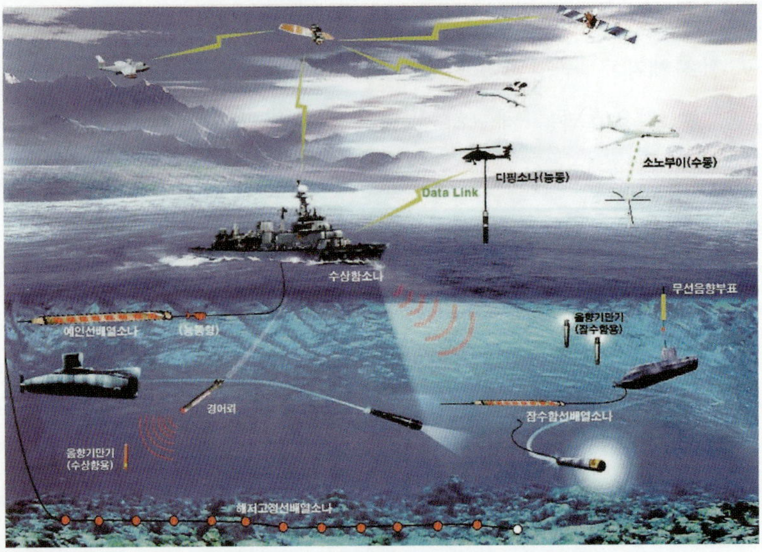

[그림 2-25] 수중감시체계 운용개념도

## 3. 수중감시체계 분류

수중감시체계는 크게 설치형태와 표적탐지방식으로 구분된다. 설치형태에 따라 이동형과 고정형으로 분류하며, 표적탐지방식에 따라 능동형과 수동형으로 분류한다. 세부분류는 [그림 2-26]과 같다.

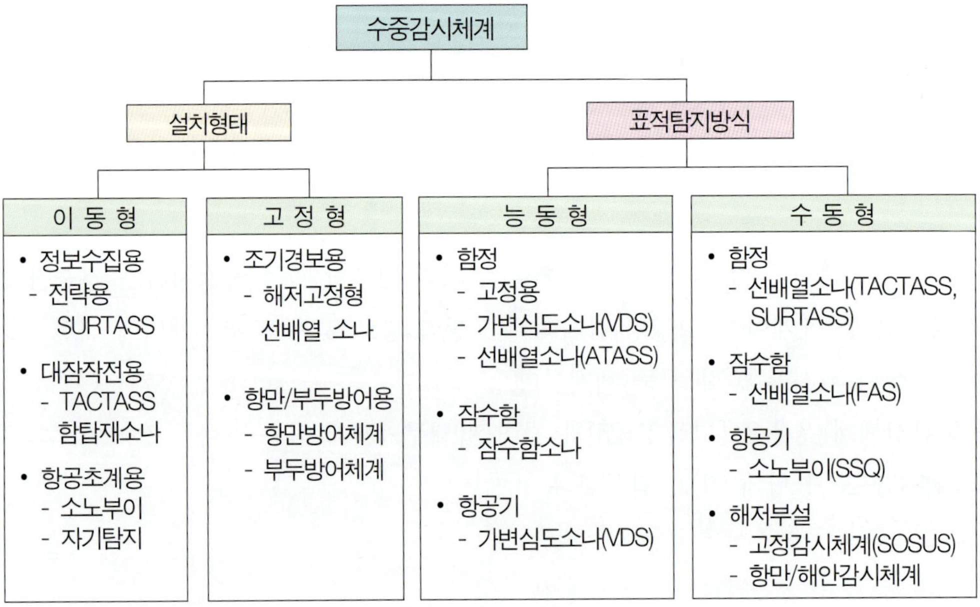

[그림 2-26] 수중감시체계 분류

또 수중감시체계는 [표 2-8]과 같이 탑재체에 따라 수상함용, 잠수함용, 해저설치용, 항공용으로 구분되며, 사용형태에 따라 선저고정형(HMS: Hull Mounted Sonar), 가변수심형(VDS: Variable Depth Sonar), 예인형(TAS: Towed Array Sonar), 디핑소나(Dipping Sonar), 소노부이(Sonobuoy) 등으로 구분된다. 사용되는 주파수에 따라서는 극저주파, 저주파, 중파, 고주파 등으로 나누어진다.

[표 2-8] 탑재체에 따른 수중감시체계

| 구 분 | 체계명 | 운용형태 | 내 용 |
|---|---|---|---|
| 수상함용 | HMS | 능동 | 중주파수대 선저 고정형 소나 |
| | VDS | 능동 | 가변심도 소나 |
| | TASS | 능동, 수동 | 연안에서 잠수함 탐지용, 저주파대 소나 |
| | SURTASS | 수동 | 정보수집용 장거리 탐색 TASS |
| | TACTASS | 수동 | 대잠전술용 TASS |
| 잠수함용 | SUBTASS | 능동, 수동 | 잠수함용 TASS, 300m예인케이블에 100m이상의 선배열 센서를 예인하는 저주파 소나 |
| | PPS | 수동 | 잠수함 함수에 탑재되는 수상함 표적 탐지용 |
| 해저설치용 | SOSUS | 수동 | 조기경보용 해저고정형 선배열 소나 |
| | ADS | 수동 | 이동설치용 소형경량 수중감시체계 |
| 항공용 | Sonobuoy | 능동, 수동 | 초소형 음파탐지기로 해상에 투하, 표적 탐지하는 장치 |
| | Dipping Sonar | 능동 | 대잠헬기에서 소형 능동음탐기를 내려 탐지하는 장비 |

## 가. 수상함용 소나체계

### (1) 선저고정형 소나(HMS: Hull-Mounted Sonar)

선저고정형 소나 HMS는 대표적인 수상함 소나이며, 1~10㎑ 대역의 능동소나로서 [그림 2-27]와 같이 선저에 고정하거나 수상함 후미에 견인하여 운용된다. HMS는 주로 적 잠수함으로부터 반향음이나 방사소음을 수신하는 수동형소나로 운용되고 있으나, 최근에는 운용심도를 조절하는 가변심도 조절기능과 함께 HMS, 디핑소나 등과 함께 다중상태의 소나의 수신기로 운용하는 형태로 발전하고 있다.

[그림 2-27] 선저고정형 소나

(2) **가변심도 소나**(VDS: Variable Depth Sonar)

가변심도 소나 VDS는 대잠전 임무수행에서 잠수함과 같은 수중표적에 대한 음탐성능을 높이기 위해 운용하는 소나체계이다. 수중환경에서는 음파의 전달특성으로 인해 음영영역(Shadow Zone)이 존재한다. VDS는 [그림 2-28]와 같이 소나의 운용심도를 조절하여 수중의 음영영역에 숨어있는 적 잠수함을 효율적으로 탐지 가능하다. VAS는 예인소나와 유사하게 케이블로 예인되며, 초기에는 VDS를 음원으로 사용하고 예인형 선배열소나체계를 수신부로 사용하는 방식이 주로 사용되었으나, 현재에는 능동모드와 수동모드 모두 가능하다. VDS는 호위함이나 구축함, 연안전투함과 소해함에서 사용되며, 일반적으로 수심 300m 정도에서 운용된다.

[그림 2-28] 가변심도 소나

(3) **예인형 선배열 소나**(TASS: Towed Array Sonar System)

예인형 선배열 소나 TASS는 [그림 2-29]과 같이 수상함이나 잠수함이 함미에 예인하여 자함의 소음에서 최대한 분리하고 탐지능력을 극대화시킨 소나로서 주로 저주파 탐지에 이용한다. TASS는 탑재 플랫폼 및 운용 목적에 따라 수상전투함에서 표적탐지 및 추적을 위해 전술적으로 운용하는 수동 TASS인 TACTAS(전술용 선배열 소나체계), 잠수함에서 표적탐지 및 추적을 위해 전술적으로 운용하는 SUBTAS(잠수함용 선배열 소나체계), 해양조사선 등에서 해양조사 및 탐색 목적으로 운용하는 SURTASS(감시용 선배열 소나체계), 저주파 능동신호를 송신하여 표적을 탐지하는 Active TASS 등이 있다. 그리고 더욱 정숙해진 잠수함을 수동 TASS만으로 탐지하기가 어려워짐에 따라 저주파 능동소나 개념을 결합시킨 Active/Passive TASS가 있다.

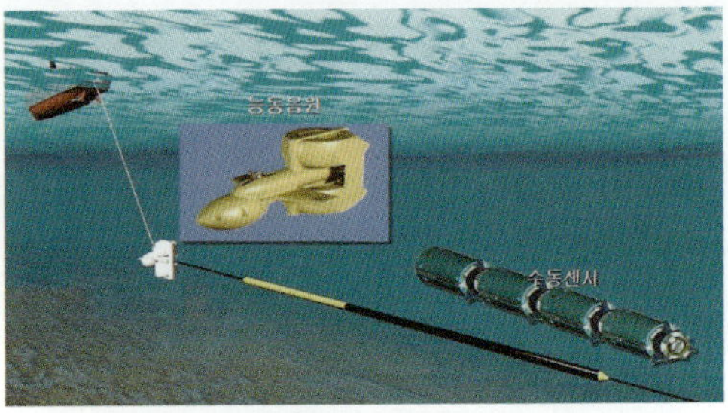


[그림 2-29] 능동형 예인 음탐체계

## 나. 잠수함용 소나체계

잠수함 소나는 수동소나를 위주로 구성되며, 수동소나의 주요 탐지목표는 수상함이다. 잠수함은 [그림 2-30]에서 보는 바와 같이 소나가 주장비이므로 소나설계를 근거로

하여 통합전투체계가 구성되며, 소나는 함의 크기와 임무에 따라 다양하게 구성된다.

잠수함 소나는 기본적으로 광대역 신호처리에 의한 방향탐지, 로파(LOFAR)14)를 통한 표적식별, 수동측거 음탐기를 이용한 표적거리 추정 등의 임무를 수행하도록 개발되었다.

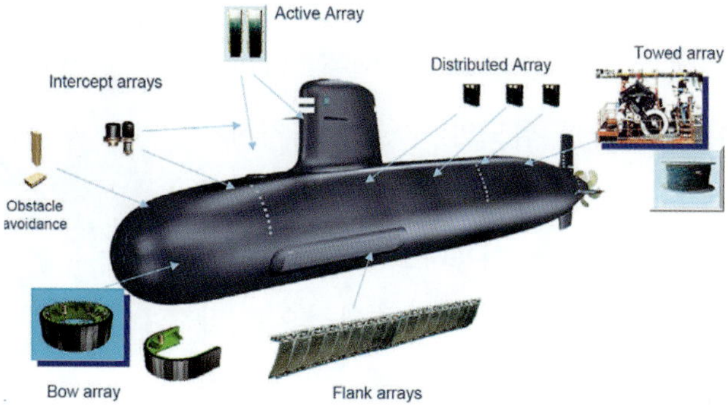


[그림 2-30] 잠수함 소나체계

자료: 국방일보(2010.1.26.)

현재에는 잠수함의 탐지 및 식별능력 향상에 대한 요구가 높아짐에 따라 저주파 선배열소나 및 선체에 센서를 부착하는 Conformal 배열센서로 시도하고 있다. 잠수함 소나체계는 잠수함 선체 대부분을 음향센서와 음향제어 기능을 갖는 SMART Skin센서로 부착하는 구조로 발전되고 있으며, 다양한 형태의 복합소나를 탑재하여 운용하고 있다.

천해에서 잠수함 작전시간이 증가함에 따라 주위 배경잡음을 제거할 수 있는 기술이 발전되고 있으며, 잠수함의 스텔스화 및 정숙도 향상으로 저주파 영역(1㎒ 이하)까지 탐지할 수 있는 저주파 선배열 소나체계로 발전하고 있다. 독일, 프랑스, 영국 등 선진 각국들도 잠수함 선체 부착형 선배열 소나 개발에 박차를 가하고 있다.

## 다. 항공용 소나

항공용 소나는 대잠초계기와 헬기에서 운용되는 소노부이와 대잠헬기에서 운용되는 디핑소나로 대별될 수 있다.

소노부이(Sonobuoy)는 음향탐지를 위한 무선 음향부표로서, 해면에 떠 있는 상태에서 탄성파 신호를 수신하여 그 자료를 무선으로 송신하는 장치로 잠수함을 탐지하기 위하여 개발되었으나 물리탐사, 어군(魚群)탐지에도 사용되고 있다.

[그림 2-31]과 같이 잠수함이 있을 것으로 예상되는 해면에서 잠수함을 향하여 여러 개의 음파를 떨어뜨려서, 발견했을 때에 무선으로 신호를 보내는 구조로 되어 있다. 소노부이로부터 중계된 무선 신호를 대잠 항공기에서 수신한 후 분석을 통해 탐지, 식별 및 위치를 산출하게 된다.

14) LOFAR : LOw Frequency Analyzing and Recording, 저주파 분석 및 측거.

디핑소나(Dipping Sonar)는 대잠헬기에서 윈치로 소나 케이블을 바다로 내려 원하는 심도의 수중에 위치시켜 잠수함을 탐지하는 능동 소나이다. 헬기의 기동성을 이용하고 최적의 탐지 상황을 유도할 수 있어 효과적으로 잠수함을 탐색할 수 있다. 헬기의 제한된 공간에 탑재해야 함으로 소형 경량화로 인해 기능이 제한되는 단점이 있다. [그림 2-32]는 디핑소나를 운용하고 있는 모습이다.

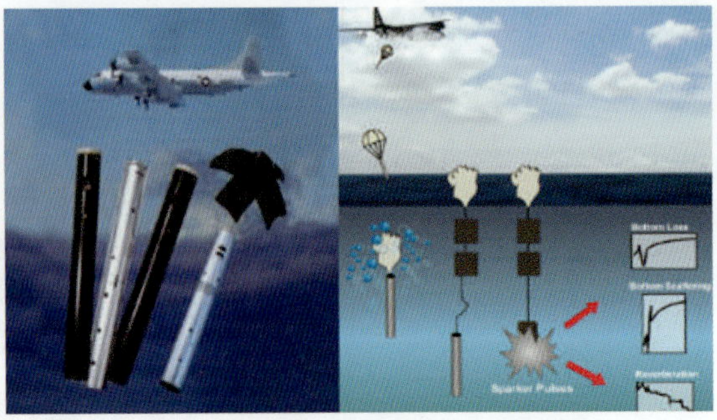

[그림 2-31] 소노부이 운용 모습

자료: 네이버블로그(blog.naver.com/citrain64)

[그림 2-32] 디핑소나 운용 모습

## 라. 저주파 선배열 소나

저주파 선배열 소나는 1㎑ 이하의 방사소음에 대하여 장거리 탐지 및 식별을 위해서는 하이드로폰(hydrophone)을 일직선상에 등간격으로 배열한 선배열 소나(Linear Array Sonar)가 필요하다. 선배열 소나의 수중부 특성으로 인해 운용방식에 따라 예인형, 해저고정형, 선체부착형으로 구분된다. 저주파의 장거리 전달 특성을 최대한 이용하기 때문에 대잠수함 탐지에 전략적으로 활용되는 탐지체계의 특성을 가지고 있다. 예인형은 수상함과 잠수함 등에서 케이블에 의해 선배열을 예인하여 탐지하는 체계로서 주로 10노트 이하로 운용된다.

해저고정형은 전장 환경상 전략적인 요충지 또는 초크 포인트(choke point)에 설치하여 통과하는 잠수함에 대한 원격탐지 및 조기경보체제로 운용된다. 미국의 경우 1950년대부터 구소련을 중심으로 감시가 용이한 해역에 설치 운용하고 있으며, 일본도 1960년대부터 개발하여 전력화시킨 것으로 알려져 있다. [그림 2-33]는 고정형 수중감시체계의 모습이다.

수중탐지체계는 날로 정숙화하는 저소음의 적 잠수함을 장거리에서 효과적으로 탐지하기 위해 저주파 능·수동 복합소나 체계로 추진하는 복합센서망 탐지체계로 발전되는 추세이다. 미래의 대잠전체계는 각각의 센서체계가 독립적으로 운용되는 개념에서 탈피하여 대잠작전에 투입되는 모든 센서가 통합된 송수신 센서로 동작할 수 있도록 센서단위에서 연동성을 고려하여 개발되고 있다.

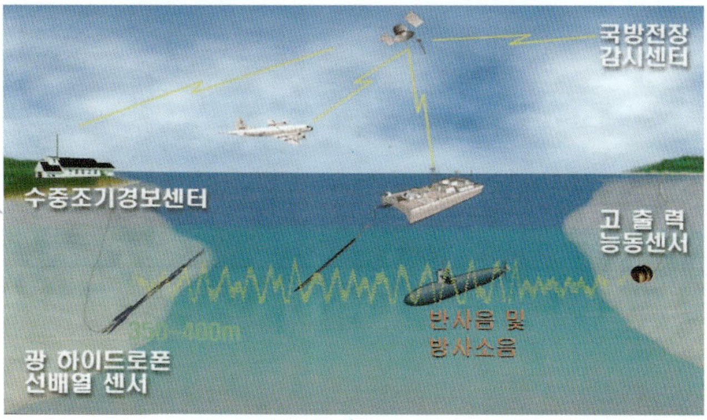


[그림 2-33] 고정형 수중감시체계

# 제 3 장

# 기동무기체계

제1절 기동무기체계 개요

제2절 전 차

제3절 장갑차

제4절 전투차량

제5절 기동 및 대기동지원장비

제6절 지상무인체계

# 제1절 기동무기체계 개요

## 1. 지상작전 개념

### 가. 개요

지상작전은 [표 3-1]과 같이 공격작전, 방어작전, 후방지역작전, 안정화작전으로 구분하며, 전체적인 관점에서 지상작전은 공세작전과 수세작전으로 구분할 수 있다.

공세작전은 적에게 아군의 의지를 강요하기 위해 적 방향으로 작전을 이끌어나가는 것이며, 수세작전은 전략적 또는 작전적 목적에 따라 유리한 여건을 조성하거나 공세이전을 위하여 일시적으로 취하는 태세를 말한다. 지상작전의 결정적인 성과는 공세활동으로 달성되지만, 수세적인 태세에서도 공격 또는 공세 행동을 추구할 수 있다.

각 작전에 대한 설명은 본 교재의 성격과 지면의 제한으로 일반적인 개념만 소개하는 것으로 한다.



[표 3-1] 지상작전 구분[1]

| 구 분 | 개념 및 기동형태 |
|---|---|
| 공격작전 | • 적을 격멸하기 위해 적 방향으로 전투를 이끌어 나가는 작전<br>• 공격작전 형태 : 접적전진, 공격, 전과확대, 추격<br>• 공격기동 형태 : 포위, 우회기동, 돌파, 정면공격, 침투기동 |
| 방어작전 | • 공세이전 여건 조성, 중요지역 확보, 시간 획득 등을 위하여 실시하는 작전<br>• 방어작전 형태 : 지역방어, 기동방어, 지연방어<br>• 방어작전 시 공세행동 : 역습, 역공격, 파쇄공격, 소부대 공세행동 |
| 안정화작전 | • 자유화지역에서 치안 및 통치 질서를 확립할 때까지 실시하는 제반 군사 활동 |
| 정부기관 및 민간지원작전 | • 전·평시 정부기관 또는 정부기관을 통한 민간요청에 대응하여 군이 제공하는 제반 활동<br>• 관련 법령에 따라 예방적 지원, 능동적 지원 |

1) 지상작전 구분은 군사용어사전(이태규, 2012), 국방과학기술용어사전(국방기술품질원, 2011), 한국민족문화대백과사전(한국학중앙연구원)을 참고하였다.

### 나. 공격작전

공격작전은 적의 전투의지를 파괴하고, 적 부대를 격멸하기 위하여 가용한 수단과 방법을 사용하여 전투를 적 방향으로 이끌어 나가는 작전을 말하며, 지상작전의 궁극적인 목적은 공격작전을 통하여 달성된다.

- **공격작전의 형태**에는 접적전진, 급속공격, 협조된 공격, 전과확대, 추격이 있다.
- **공격작전 기동형태**에는 공격작전의 목적을 효율적으로 달성하기 위하여 적보다 유리한 위치로 부대 및 화력을 이동시켜 목표에 접근하는 기동으로, 포위, 우회기동, 돌파, 정면공격, 침투기동 등이 있다.

### 다. 방어작전

방어작전은 공세이전의 여건을 조성하기 위하여 공격하는 적 부대를 가용한 모든 수단과 방법으로 지연, 저지, 격퇴, 격멸하는 작전이다.

- **방어작전 형태**는 지역방어, 기동방어, 지연방어로 구분한다.
- **방어작전시 공세행동**은 적의 약점과 과오를 이용하여 적의 전투력을 약화 또는 격멸함으로써 방어작전의 성공을 보장하기 위하여 실시하는 제한된 공격작전으로, 역습, 역공격, 파쇄공격, 소부대 공세행동 등이 있다.

### 라. 국지도발대비작전

국지도발대비작전은 북한이 침투하는 행위 또는 일정 지역에서 특정 목적을 달성하기 위해 대한민국 국민과 국가영역에 가하는 일체의 위해 행위에 대비하는 작전이다.

국지도발대비작전은 평시부터 상대적 우위의 군사력 확보, 감시·정찰활동 강화, 주변국과의 군사협력 및 각종 연합·합동 연습과 훈련 등을 통해 아군의 대응의지와 능력을 적에게 인식시키는 등 다양한 억제방안을 시행하여 북한의 도발위협을 사전에 감소시켜야 한다.

### 마. 안정화작전

안정화작전은 자유화지역[2]에서 안정된 환경을 조성하고 통치질서 확립에 기여하기 위해 군이 정부 및 민간분야와 협력하여 수행하는 제반 군사활동을 말한다. 안정화작전은 자유화지역에서 공격, 방어, 후방지역작전과 결합되어 동시에 수행되고, 안정화작전을 위한 군사작전과 민군작전을 포함한다.

---

2) 자유화지역은 적에 의해 국내법의 적용범위가 제한되어 있다가 적의 축출로 국내법의 적용이 확립된 지역으로, 한국의 경우 군사분계선(MDL) 이북의 지역이 해당된다.

### 바. 정부기관 및 민간 지원작전

정부기관 및 민간 지원작전은 전·평시 정부기관 또는 정부기관을 통한 민간요청에 대응하여 재난관리 지원, 화생방사후관리, 정부정책 지원을 법령 및 규정 등에 근거하여 군이 제공하는 제반 활동이다. 군은 정부기관의 요청이 있을 경우 군의 전문지식과 능력을 제공하여 국익을 보호하고 대군신뢰도를 높일 뿐 아니라 유사시 정부기능 유지, 국민생활 안정에 기여한다.

## 2. 기동무기체계 개념

지상작전을 수행하기 위하여 운용되는 주요 기동무기체계는 [표 3-2]에서 보는 바와 같이 기동전투체계, 기동 및 대기동지원체계로 구성된다.

기동전투체계에는 지상기동의 핵심적인 역할을 하는 전차를 비롯하여 장갑차, 전투차량이 포함되며, 기동 및 대기동지원체계는 지상기동을 지원하는 기동지원체계와 적의 기동을 제한하는 대기동지원체계로 구분된다. 기동전투체계와 기동 및 대기동지원체계는 실제 작전을 수행하는 군단급 이하 제대에 편성하여 운용된다.

[표 3-2] 기동무기체계 범주

| 구 분 | 주요 지상기동무기체계 | 편성 제대 |
|---|---|---|
| 기동전투체계 | 전차 | 여단, 사단, 군단 |
| | 장갑차 | 여단, 사단, 군단 |
| | 전투차량 : 차륜형 전술차량, 궤도형 전술차량 | 대대 ~ 군단 |
| 기동 및 대기동 지원체계 | 기동지원체계 : 장애물 극복 및 기동로 개설장비, 간격극복 장비, 도하지원장비 | 여단, 사단, 군단 |
| | 대기동지원체계 : 장애물 운용장비 | 여단, 사단, 군단 |

## 제2절 전 차

### 1. 개 요

#### 가. 전차의 개념

전차는 기동력, 화력, 방호력 특성이 복합적으로 결합되어 지상작전에서 가장 강력하고 가장 핵심이 되는 기동무기체계이다. 전차는 도로나 평지뿐만 아니라 일반차량이 기동하기 곤란한 험준한 야지 및 참호, 장애물 등의 지형적인 제약을 극복할 수 있는 기동력을 보유하고 있으며, 직사화기인 주포로 목표물을 정확하게 명중시킬 수 있는 화력과, 장갑에 의한 승무원과 내부의 장비를 보호함으로써 생존성을 높일 수 있는 방호력을 구비하고 있다.

전차의 이러한 특성은 전쟁양상과 국가별 기술수준에 따라 발전하여 왔으며, 최근에는 특성이 조화를 이루면서 생존성과 신뢰성을 향상시키는 방향으로 발전되고 있다.

#### 나. 전차의 발전과정

현대의 전차는 1차 세계대전 당시 치열한 참호전으로 인하여 교착상태에 빠진 전선을 타개하고자 영국에서 최초로 개발되었다. 교착된 전선에서 적의 화력으로부터 방호를 받으면서 적진으로 공격할 수 있는 새로운 무기의 개발이 필요하게 되었던 것이다. 영국의 공병장교 E.스윈턴 중령은 농업용 트랙터에 착안하여 적의 화력에 견딜 수 있도록 장갑으로 보호하고, 무한궤도, 기관총과 소형 포를 탑재하는 차량을 제안하였다. 이 제안은 육군에서는 받아들여지지 않고 해군(당시 해군성장관은 처칠)에서 받아들여져 지상군함(landship)이라는 명칭으로 개발되었다. 개발 후 실전에 투입하기 위해 '물탱크'라는 암호명을 붙였는데 이것이 오늘날 전차를 탱크(Tank)로 부르게 되는 기원이 되었다. 세계 최초의 전차는 마크 I (M1)으로 불리어졌으며, [그림 3-1]에서 보는 바와 같다. 마크 I 은 무게가 28톤, 최고속도는 시속 6㎞, 항

[그림 3-1] 최초의 전차 마크 I 의 모습

속거리는 약 20㎞이었으며, 57㎜포 2문과 기관총 4문을 탑재하였다.

전차가 최초로 지상전에 등장한 것은 1916년 솜므(Somme) 전투였다. 당시의 전차는 잦은 고장 등 여러 가지 결함이 있었으나 독일군의 소총 및 기관총으로부터 방호를 받으면서 적진을 돌파하는 위력을 발휘함으로써 전차의 잠재력을 확인하는 최초의 사례가 되었다. 그 후 세계 각국은 고유의 전차를 개발하였다.

전차가 처음 개발되었을 때에는 보병의 공격을 보조하는 역할을 수행하였으나, 2차 세계대전에서는 전차를 주력으로 운용함으로써 전장의 승패를 좌우하는 결정적인 역할을 하였다.

전차는 분류기준에 따라 다양하게 구분할 수 있으나, 일반적으로 출현 시기를 중심으로 세대별로 분류하고 있다.

### (1) 1세대 전차(1차 세계대전 ~ 1950년대)

1세대 전차는 최초 전장에 투입된 1916년부터 1, 2차 세계대전을 거쳐 1950년대까지 출현한 전차를 말한다. 2차 세계대전 시 독일은 전차를 중심으로 한 전격전을 수행하여 프랑스를 조기에 점령하였다.

이 시기의 전차는 주포의 구경이 90㎜이며, 기동 가능한 최대 허용범위 내에서 장갑의 방호력을 강화하여 비교적 높은 기동력을 보유하였다. 대표적인 전차로는 1939년 구소련이 개발하여 6·25 전쟁 당시 북한군의 주력전차로 사용하였던 [그림 3-2] 왼쪽의 T-34 전차(중량 32톤, 주포 85㎜, 최대속도 56㎞/h), 미국의 M-26 퍼싱전차와 이를 개량하여 한국전에 투입한 [그림 3-2] 오른쪽의 M-46 패튼전차(중량 44톤, 주포 90㎜, 최대속도 45㎞/h) 등이다.

[그림 3-2] 제1세대 전차 - 구소련 T-34 전차(좌), 미국 M-46 전차(우)

### (2) 2세대 전차(1960년대 ~ 1970년대 중반)

2세대 전차는 기술의 발전으로 화력과 기동력, 방호력이 크게 향상되었다. 화력면에서는 100㎜급의 주포와 신형 분리철갑탄(APDS)3), 포 안정화장치 및 탄도계산기를 적용하여 사격통제능력이 향상되었으며, 적외선 및 미광증폭 야시장비를 장착하여 야간 전투능력도 향상되었다. 기동력 면에서는 디젤엔진을 장착하고, 유압식 현수장치를 적용하여 속도와 기동거리 증가, 스노클 장착으로 도하능력 구비 등 주행성능이 향상되었으며, 방호력 면에서는 화생방 방호능력을 구비하였다.

2세대의 대표적인 전차로는 [그림 3-3]과 같이 미국의 M60 전차(중량 46톤, 주포 105㎜, 항속거리 500㎞, 최대속도 48㎞/h), 역사상 가장 많이 생산된 구소련의 T-54 전차(중량 36톤, 100㎜ 주포, 항속거리 600㎞, 최대속도 48㎞/h), T-62 전차, 영국의 센추리온 전차, 독일의 레오파드 I 전차 등이 있다.

[그림 3-3] 제2세대 전차 - 미국 M-60 전차(좌), 구소련 T-54 전차(우)

### (3) 3세대 전차(1970년대 후반 ~ 현재)

3세대 전차는 IT기술의 발전에 따라 전자장비의 비중이 높아지고 반응 및 복합장갑 채택으로 방호력이 현저하게 향상되었다. 기동력 면에서는 경량 및 고출력 엔진을 장착하여 톤당 마력이 크게 증가하였으며, 화력 면에서는 120㎜급 활강포와 날개안정분리철갑탄(APFSDS)4), 자동 및 반자동 장전시스템, 컴퓨터 사격통제시스템, 야시장비에 의한 야간작전능력이 향상되었다. 방호력 면에서는 복합장갑 및 유격장갑, 가변형 장갑을 적용함으로써 크게 향상되었다.

3세대의 대표적인 전차로는 한국의 K-1 전차, 구소련의 T-72 전차, 미국의 M1 전차, 영국의 챌린저 전차, 독일의 레오파드-2 전차, 프랑스의 AMX-30 전차 등이 있다.

3.5세대 전차는 3세대 전차에 자동장전장치, 명중률 증가를 위해 동적포구감지기, 유기압식 현수장치 등 IT기술을 적용하여 개선함으로써 사거리와 명중률을 향상시키고, 각각의 전차가 수집한 정보를 디지털 시각화하여 여러 대의 전차가 공유함으로써 반응

---

3) APDS : Armor Piercing Discarding Sabot
4) APFSDS : Armor Piercing Fin Stabilized Discarding Sabot

속도와 유연성이 강화된 전차이다. 3.5세대 전차에는 한국의 K2 전차, 미국의 M1A2 전차, 독일의 레오파드-2 전차, 영국의 챌린저-2 전차, 프랑스의 르끌레르 전차, 러시아의 T-80 전차 등이 있다.

3세대 전차는 각국의 주요 전차에서 살펴보기로 한다.

## 2. 전차의 체계 구성 및 기술적 발전

### 가. 전차의 체계 구성

전차의 체계는 [그림 3-4]에서 보는 바와 같이 크게 차체와 포탑으로 구성된다. 이는 포탑을 차체에서 분리하여 회전이 가능하게 함으로써 360도 전 방향으로 사격이 가능하게 하기 위해서이다.

[그림 3-4] 전차의 체계 구성

#### (1) 차체

차체는 전차의 기동을 위한 장치들로 구성되어 있으며, 동력장치, 현수장치, 유압장치, 전기장치 등 각각의 장치들이 유기적으로 작동하여 전차가 움직일 수 있도록 역할을 수행한다.

- **동력장치**는 엔진, 종감속기, 냉각장치, 흡·배기판으로 구성되어 전차 운용에 필요한 동력을 발생시킨다.
- **현수장치**는 기동륜, 유동륜, 보기륜, 완충장치 및 무한궤도로 구성되어 있으며, 동력장치로부터 동력을 전달받아 전차를 기동시킨다.
- **유압장치**는 엔진의 동력을 이용하여 유압유로 압력을 발생시키고, 유압에너지를 기계적 에너지로 전환하여 차체와 포탑에 공급하는 장치이다.
- **차체 전기장치**는 축전지로부터 전원을 공급받아 전차를 시동하게 하고, 이후 발전기에서 전기를 발생시켜 차체 및 포탑의 각종 전기장치에 전원을 공급하며, 포탑에는 슬립링[5]을 통해 전기를 전달한다.

5) 슬립링(slip ring) : 로터리 조인트, 로터리 커넥터 등으로 불리는 전기·기계적 부품으로, 회전하는 장비에 전원 또는 신호라인을 공급할 때 전선의 꼬임 없이 전달가능한 일종의 회전형 커넥터이다.

### (2) 포탑

포탑은 화력으로 적을 타격할 수 있도록 주포장치, 포 및 포탑 안정화장치, 사격통제장치, 전기장치로 구성되어 있다.

- **주포장치**는 전차탄을 발사하는 장치로 포신과 포 마운트로 구성되어 있으며, 포신은 포열, 포미장치, 배연기 등으로 구성된다.
- **안정화 장치**는 자이로, 서보장치, 고저·선회 장치, 포수 전동 손잡이, 포 및 포탑 구동 전자유닛 등으로 구성되어 있으며, 기동 간 사격이 가능토록 주포를 안정화 시키는 장치이다.
- **사격통제장치**는 전차장 및 포수 조준경, 탄도계산기, 레이저거리측정기 등으로 구성되어 있으며, 표적을 획득하고 사격제원을 산출한다.
- **포탑 전기장치**는 슬립링을 통해 차체로부터 전원을 공급받으며, 포수 및 전차장 조정판, 실내등, 포탑통풍기, 포탑 회로망 상자 등으로 구성되어 있다.

## 나. 전차의 기술적 발전

전차의 특성인 기동력, 화력, 방호력 발전은 동력 및 현수장치, 주포 및 사격통제장치, 장갑방호의 발전과 함께 이루어졌다.

### (1) 동력 및 현수장치

1970년대 후반부터 등장한 제3세대 전차는 고성능 동력장치를 장착함으로써 60톤 규모의 중량에도 불구하고 시속 60~70㎞ 속도로 주행할 수 있게 되었다. 방호력을 줄이지 않으면서 더 높은 기동력을 구현하게 된 것이다.

전차의 동력장치는 디젤 엔진이 주류를 이루고 있으며, 3세대 전차는 엔진출력이 1,200~1,500마력으로 증가하였다.

동력을 궤도에 전달하는 변속기와 주행 시 충격을 흡수하는 현수장치도 엔진출력에 맞게 발전함으로써 기동력이 비약적으로 향상되었다. [그림 3-5]는 1,500마력 엔진의 모습이다.

[그림 3-5] 1,500마력 전차엔진 모습

### (2) 주포 및 사격통제장치

전차 주포는 1970년대까지 일반화포처럼 강선포였으나, 3세대 전차포는 강선이 없는 활강포이다. 활강포를 채택하게 된 것은 포탄의 개량으로 인한 것이다. 전차 포탄의 관통력을 극대화하기 위해 화살 모양의 초고속철갑탄으로 날개안정분리철갑탄(APFSDS)이 개발되었다.

[그림 3-6] APFSDS탄 비행 모습

[그림 3-6]의 APFSDS탄은 가늘고 긴 형태로 강선포에서 발사하는 것보다 회전하지 않는 활강포에서 발사하는 것이 더 유리하다. 활강포에서 발사 포구초속은 약 1,740㎧로서 소총의 두 배가 넘는 빠른 속도이다.

주포 위력의 향상과 함께 주포를 조준하는 데 필요한 사격통제장치(FCS: Fire Control System)도 발전하였다. 표적까지의 거리를 레이저거리측정기로 측정하고, 사격진지지역에서의 풍속과 풍향을 센서를 통해 측정하여 자동으로 탑재된 컴퓨터에 입력되며, 포수가 목표를 조준한 뒤 사용할 포탄의 종류를 입력하면 컴퓨터는 입력된 모든 데이터를 종합하여 최적의 탄도를 지정하고, 주포의 사격각도까지 자동으로 보정한다. 또한 포 및 포탑안정장치를 장착하여 이동 중에도 주포가 목표를 계속 조준한 상태를 유지할 수 있어 높은 명중률을 달성할 수 있다. 여기에 전차장 및 포수 조준경이 열상장비로 바뀌면서 야간 전투능력도 비약적으로 향상되었다.



이러한 발전으로 인하여 3세대 전차는 3,000m 이상의 원거리 표적을 초탄에 명중시킬 정도로 정밀도가 높으며, 목표 포착 후부터 사격개시까지 걸리는 시간도 획기적으로 단축할 수 있게 되었다. [그림 3-7]은 전차 내부의 자동사격통제장치(AFCS) 모습이다.

[그림 3-7] 전차내부의 자동사격 통제장치 모습

### (3) 장갑방호력

적 전차의 포탄으로부터 방호를 받을 수 있는 전차의 장갑 재질과 두께는 동력장치의 출력과 연계되어 기동력과 직결된다. 동력장치의 발전으로 과거에 비해 더 두꺼운 장갑을 사용할 수 있게 된 것도 있으나, 장갑의 개념이 획기적으로 변화하였다.

1970년대까지만 해도 방어력을 높이는 가장 직접적인 방법은 소재가 주철인 장갑의 두께를 증가시키는 것이었다. 그러나 대전차무기의 발전으로 철판의 두께를 늘이는 것만으로는 효과적으로 대처할 수 없게 되었으며, 이 때 등장한 것이 복합장갑이었다.

복합장갑은 다양한 종류의 소재를 적층하여 만든 특수장갑으로, 같은 두께의 철판에 비해 압도적으로 높은 방어력을 확보할 수 있어 장갑 무게를 최소한으로 줄이면서 방어력은 최대한으로 높일 수 있게 되었다. 장갑판재의 종류와 구성방법에 따라 부가장갑, 유격장갑, 초밤장갑, 반응장갑, 하이브리드 장갑 등으로 분류할 수 있다.

- **부가장갑**(added on armor)은 기본장갑의 방호력을 보강하기 위해 여러 가지 모양의 장갑판재를 추가로 부착하는 형태이다.
- **유격장갑**(spaced armor)은 장갑 사이에 공간을 부여하여 적 포탄의 관통효과를 감소시킬 수 있도록 한 장갑이다.
- **초밤장갑**(chobham armor)은 1976년 영국 국방성 초밤연구소가 개발한 장갑으로, 세라믹을 알루미늄틀 속에 넣은 것을 방탄강판 사이에 삽입하여 기존의 강판보다 3배 이상의 방호력을 높인 장갑이다.
- **반응장갑**(reactive armor)은 장갑판재 사이에 둔감화약을 넣어 포탄이 장갑에 충돌할 때 물리적 작용과 화학적 반응을 일으켜서 관통저항을 형성함으로써 방호력을 증가시키는 장갑형태이다. 실험결과 200% 내외의 장갑방호력이 증가하는 것으로 알려지고 있다.
- **하이브리드 장갑**(hybrid armor)은 방호력을 극대화하기 위해 유격장갑, 초밤장갑, 반응장갑 등의 장점을 통합한 형태로, [그림 3-8]과 같이 기본 방탄장갑 사이에 세라믹층과 공간, 둔감화약을 넣어 적 전차 포탄의 관통력을 크게 감소시킨 장갑이다.

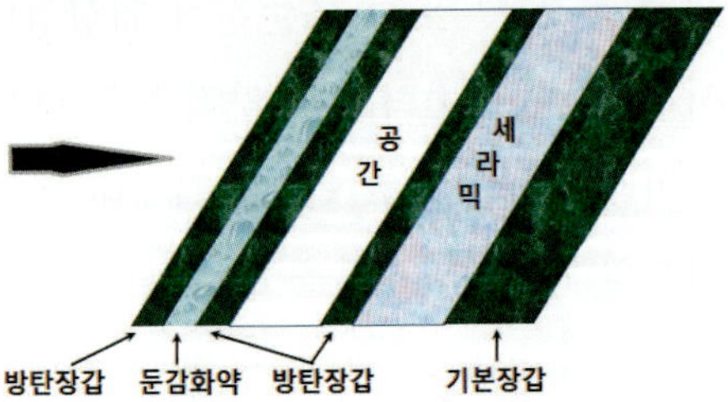

[그림 3-8] 하이브리드 장갑 구조

## 3. 주요국 전차

### 가. 남·북한 전차

#### (1) 한국의 전차

한국의 전차는 K-1 전차, K1E1전차, K1A1 전차, K1A2전차, K2 전차 등이 있다.

[그림 3-9]는 미국의 M48A1 패튼전차를 독자 개량한 M48A5K 전차와 K-1 전차의 모습이다. K-1 전차는 105㎜ 강선포를 채택하였으며, 한국의 지형에 맞게 소형화되고 사격통제장치와 현수장치를 개량하였다.

[그림 3-9] 한국 M48A5K 전차(좌), K1 전차(우)

2000년부터 생산 배치된 K1A1 전차와 2014년부터 전력화된 신형 K2(흑표) 전차는 세계적으로도 손꼽히는 성능을 가진 전차이다.

[그림 3-10] 왼쪽의 K1A1 전차는 실전 배치된 K-1 전차의 주포를 120㎜ 활강포로 교체하였으며, 중량은 50톤이지만 1,200마력의 디젤엔진을 사용하여 최대 65㎞/h 기동이 가능하다. 장갑 방어력은 국내에서 자체 개발된 복합장갑을 이용하여 K-1 전차보다 크게 향상되었으며, 국내에서 새로 개발한 개량형 사격통제장치를 적용하여 원거리에서도 적 전차에 대한 정확한 사격이 가능하다.

2014년부터 실전 배치된 [그림 3-10] 오른쪽의 최신형 K2(흑표) 전차는 한국의 IT기술을 총동원하여 최첨단 전자시스템을 갖추어 최고수준의 성능을 가지고 있다.

K2 전차의 주요기능을 기동성, 화력, 생존성, 사통장치, 운용성에서 보면 다음과 같다.

- **기동성 면**에서 1,500마력 엔진을 장착하여 평지 70㎞/h, 야지 50㎞/h 속도로 기동함으로써 야지 주행성을 향상시켰으며, 유기압 현수장치 장착으로 상하, 좌우, 전후방 전 방향 자세제어가 가능하나. 자동항법장치와 조종수 열상잠망경으로 야간 조종이 용이하며, 스노클 장착으로 잠수도하가 가능하다.

[그림 3-10] 한국 K1A1전차(좌), K2(흑표) 전차(우)

- **화력 면**에서 120㎜ 활강포와 긴 포신으로 유효사거리가 증대되었으며, 대전차다목적고폭탄(HEAT-MP)으로 헬기 대응능력을 확보하고, 탄약 성능향상과 자동장전장치로 기동 간 사격 시 명중률이 향상되었다. 특히 동적포구감지기를 장착하여 주행 간 사격 시 포신의 미세한 진동까지 감지하여 포신이 최적의 위치에 도달할 때 사격이 가능토록 하며, 정지 간 포신 휨을 측정하여 탄도계산 시 반영할 수 있는 기능까지 추가되었다.
- **사격통제장치 면**에서 주·야간 전차장 및 포수가 독립적으로 표적탐지 및 사격을 할 수 있으며, 위협표적을 자동으로 추적 가능하고, 디지털전시기가 장착되어 있다.
- **생존성 면**에서 방호용레이더와 레이저경고장치로 능동방어체계를 구비함으로써 앞의 [그림 3-11]에서 보는 바와 같이 접근하는 대전차유도탄과 로켓탄을 감지하여 유도교란 및 대응파괴를 할 수 있으며, 우수한 전면 방호력과 포탑 및 차체, 스커드 방호를 위한 반응장갑 장착, 피·아를 식별할 수 있는 장치와 화생방 집단 방호체계를 갖춤으로써 생존성을 크게 향상시켰다.
- **운용성 면**에서 포탑에 자동장전장치를 장착함으로써 탄약수가 필요 없어 승무원이 3명으로 감소되었으며, 지상전술C4I체계와 연동할 수 있어 신속 정확한 전술상황을 보고하고 전파할 수 있다. 그 외에도 자체 고장진단, 내장형 훈련장치, 냉방장치 등을 내장하고 있다.

(2) 북한의 전차

북한은 구소련으로부터 제공받거나 기술이전을 받은 T-계열의 T-34, T-54, T-55 전차와 1980년부터 구소련의 T-62 전차를 모방 개발한 천마호, T-72 전차를 모방하거나 T-62 전차를 개량한 것으로 알려진 폭풍호 전차(북한명 M2002), 최근 T-72를 기초로 자체개발하거나 개량한 것으로 추측되는 선군호 전차 등이 있다.

2022 국방백서에 의하면 북한은 총 4,300여 대의 전차를 보유하고 있으며, 그 중 T-54/55 전차를 가장 많이 보유하고 있고, 그 다음이 천마호로 알려져 있다. 북한은 어려운 경제사정에도 불구하고 T-54 및 T-55 전차를 천마호와 선군호 전차로 교체하는 장비현대화를 지속하고 있다.

[그림 3-11] 왼쪽의 천마호는 중량 40톤에 115㎜ 활강포를 장착하고 있으며, 최고속도는 시속 50㎞, 적외선탐조등을 탑재한 것으로 알려져 있다. 가장 최신형인 [그림 3-11] 오른쪽 선군호 전차의 정확한 실체는 알려져 있지 않으나, 125㎜ 활강포를 갖춘

약 44톤 무게의 전차로 추정되고 있으며, 최고속도는 70㎞/h에 적외선 야간투시장비와 레이저거리측정기가 결합된 사격통제장치가 탑재되었을 것으로 예상된다.

[그림 3-11] 북한 천마호 전차(좌), 선군호 전차(우)

그러나 북한의 기술 수준이나 경제난을 감안하면 전체적인 수준은 뒤떨어질 것으로 추정된다. 야간투시장비도 적외선 조명이 별도로 필요한 1970년대 수준이며, 자동장전장치를 사용하는 125㎜ 활강포를 장착했음에도 선군호에는 자동장전장치가 없이 탄약수가 탑승해 있다는 추정이다. 또 T-72를 기초로 하였지만 상당한 부분에 T-62의 부품이 활용되는 등 북한이 선군호의 생산에 많은 어려움을 겪고 있다는 추측도 있다.

선군호는 전차 자체의 능력부족을 타개하기 위하여 포탑 위에 대전차 미사일을 따로 장착하기도 한다. 하지만 대전차 미사일을 전차에 장착하는 방법은 1960년대에 프랑스 등 여러 나라가 시도했다가 비실용적이라는 이유로 포기한 것으로, 실전에서 충분한 능력을 발휘할지는 의문시되고 있다. 또 포탑에 대전차 미사일이 아닌 지대공 미사일을 장착한 모습도 보이고 있으나 이것 역시 운용상 예상되는 많은 어려움을 감안하면 실용성은 의문시 된다.

### (3) 한국 및 북한의 주력전차 비교

남·북한의 주요 전차 제원을 비교하면 [표 3-3]에서 보는 바와 같다.

[표 3-3] 한국 및 북한의 주력전차 제원 비교

| 구 분 | 한 국 | | | 북 한 | |
|---|---|---|---|---|---|
| | K-1전차 | K1A1전차 | K2(흑표)전차 | 천마호 | 폭풍호 |
| 배치연도 | 1987년 | 2000년 | 2014년 | 1980년 | 2002년 |
| 중 량 | 51.1톤 | 53.2톤 | 55톤 | 40톤 | 44톤 |
| 주 포 | 105㎜/강선 | 120㎜/활강 | 120㎜/활강 | 115㎜/활강 | 125㎜/활강 |
| 포 탄 | APFSDS, HEAT | APFSDS, HEAT | APFSDS, HEAT-MP | | HE-FRAG |
| 엔진출력 | 1,200마력 | 1,200마력 | 1,500마력 | 750마력 | 1,100마력 |
| 항속거리 | 500㎞ | 500㎞ | 450㎞ | 450㎞ | 370~500㎞ |
| 최고속도 | 65㎞/h | 65㎞/h | 70㎞/h | 50㎞/h | 60㎞/h |
| 조준/사격통제 장치 | 광학/열상 포수조준경, 광학전차장 | 광학/열상 포수조준경, 열상전차장 | 전차장/포수조준경(광학/열상), 동적포구감지기, 자동장전장치, 전장정보관리체계 | | 적외선 탐조등 |
| 생존성 | 복합장갑 개인 화생방 방호 | 복합장갑 개인 화생방 방호 | 복합장갑, 반응장갑, 레이저경고장치, 방호용레이더, 집단 화생방방호 | 반응장갑 | 부가장갑, 공간장갑 추정 |
| 승무원 | 4명 | 4명 | 3명 | 4명 | 4명(추정) |

## 나. 주변국 및 선진국 전차

### (1) 미국의 전차

미국의 전차는 M계열로서, 1950년대에는 M47 및 M48 전차, 1960년대에는 M60 전차, 1979년부터 M1 전차, M1A2 전차, M1A2 SEP전차로 발전하였다.

[그림 3-12]의 왼쪽에서 보는 M1A1 전차는 M1 전차의 성능을 개량한 것으로 120㎜ 활강포에 화생방 양압장치를 적용하고, 감손우라늄 장갑재료를 사용하여 방호력을 증가시켰다. 걸프전(1991년)과 이라크전(2003년)에서 미군의 전차는 이라크군의 T-72 전차 등 구소련제 주력전차들을 거의 일방적으로 파괴하는 전과를 올렸으며, 특히 걸프전

[그림 3-12] 미국 M1A2 전차-시가전 키트 부착(좌), M1A2 SEP전차(우)

에서는 3㎞ 이상의 원거리에 있는 이라크군 전차를 초탄부터 명중·파괴시키는 뛰어난 성능을 자랑하기도 하였다.

미국은 이라크전에서 대전차로켓과 급조폭발물(IED)[6] 대응 교훈을 반영하여 [그림 3-12] 왼쪽과 같이 전차측면 좌우에 반응장갑 스커트를 장착하여 측면 방호력을 보강하였으며, 대전차로켓과 대전차지뢰로부터 방호하기 위하여 후방과 전차 하부에도 증가장갑을 장착하였다.

M1A2 전차(Abrams)는 전반적인 성능이 개선되었다. 전차장 열상장비, 자동항법장치, 전장관리시스템, 전차장 및 조종수 통합전시기, 상급부대와 전차 간 정보공유시스템(IVIS)[7] 등 디지털화로 사거리와 정확도가 크게 향상되었으며, 방호력도 향상되었다.

M1A2 SEP전차는 [그림 3-12]의 오른쪽과 같이 M1A2전차의 시스템을 확장시킨 것으로 신형 가스터빈 1,500마력 파워팩을 탑재하고, 장갑재의 교체와 2세대 열영상장비, 보조발전장비, 탄약수 기관총 주변에 방탄판 등이 추가 적용되었다.

미국은 경량소재를 적용하고, 신형전차포, 자동장전장치, 기동력을 향상시킨 M1A3 전차를 개발 중에 있다.



### (2) 독일의 전차

독일은 2차 세계대전 당시 전차를 집중 운용하여 전격전을 수행한 국가이며, 중지되었던 전차개발은 1957년 유럽형 전차의 공동개발을 하면서 재추진하였다. 독일은 1965년부터 레오파드(Leopard)-1 전차를 생산하였으며, 레오파드-1A1에서 레오파트-1A5까지 발전하였다. 1979년에 레오파드-2를 개발하여 배치하였으며, 1995년에 레오파드-2A5, 2001년에 레오파트-2A6, 2010년에는 [그림 3-13]의 레오파드-2A7+ 전차까지 개발하였다.

[그림 3-13] 독일 레오파드-2A7+전차

레오파드-2 전차는 최초로 120㎜ 활강포를 적용하였으며, 기동성에 중점을 두고 고출력 엔진 개발에 주력하여 최초로 1,500마력 디젤엔진과 복합장갑을 적용한 전차이다. 레오파드-2A6 전차는 코소보전의 전훈을 바탕으로 레오파트-2A5 전차의 취약점인 하부 방호력을 보완하여 차체 하부에 3톤급 장갑판을 추가 장착하고, 가장 큰 충격을 받

6) IED : Improvised Explosive Device.

7) IVIS : Intervehicular Information System.

는 조종수석을 차체 상부에 연결하는 현수식 안전시트를 적용하여 아프간전에서 실증하였다.

레오파드-2A7+ 전차는 현존하는 가장 발전된 시스템을 탑재하고 있다. 알루미늄-티타늄 기술과 나노금속복합 세라믹기술 등을 적용한 신형 복합장갑을 적용하여 중량을 감소시키면서 높은 방호력을 구비하고 있다. 주포는 120㎜이지만 관통력은 800㎜인 신형 APFSDS탄으로 대전차전 능력과 관통 후 폭발하는 다목적탄 등으로 대응능력을 크게 향상시켰다.

### (3) 러시아의 전차

러시아의 전차는 T계열로서 T-34, T-54, T-55, T-62, T-64, T-72, T-80, T-90 전차 등이 있다. T-34 전차는 2차 세계대전 당시 독일의 강력한 전차부대에 맞서 개발하여 큰 전과를 올렸으며, 6·25 전쟁에도 참가하여 위력을 과시하였다.

T-55 전차는 1954년 미국의 M48 패턴전차에 대항하기 위하여 100㎜ 강선포 전차를 개발하였으며, 57,000대를 생산하여 현재까지 가장 많이 생산한 전차로 기록되고 있다. T-62 전차는 영국의 치프텐 전차, 독일의 레오파트-1 전차, 프랑스의 AMX-30 전차에 대항하기 위해 신기술을 적용하여 생산된 115㎜ 활강포 전차이다. T-72 전차는 T-64 전차보다 낮은 급으로 대량 배치하기 위하여 1971년부터 생산 배치되었다.

[그림 3-14] 왼쪽의 T-80/80U 전차는 구소련이 몰락하기 전에 개발하여 1985년에 등장한 전차로 당시 세계 최고수준을 가진 3세대 전차로 평가되었던 신형 전차이다. T-64 전차의 부족한 기동성을 보강하기 위해 1,250마력의 가스터빈 엔진을 장착하여 고출력의 기동성과 최고 구경의 125㎜ 활강포에 자동장전장치를 장착하여 분당 9발의 가장 빠른 속도로 사격을 함으로써 최강의 화력을 자랑하였다.

[그림 3-14]의 오른쪽 T-90 전차는 T-80 전차의 지나친 연료소모율 문제를 해소하고 최신예 서방 전차에 맞설 신형전차를 개발하고자 840마력 급의 디젤엔진을 장착한 T-72 전차를 발전시켜 주력전차로 선정하고 T-90 전차로 호칭하였다. 주포는 T-80 전차와 같이 125㎜ 활강포이며, T-80과 마찬가지로 레이저로 운용되는 포발사 대전차미사일을 운용할 수 있어 6㎞ 떨어진 적 전차를 공격할 수 있다. 개량된 열상조준장비, 디지털 탄도계산기와 사격통제장치, 자동장전장치, 미사일 통제장치 등으로 구성되어 있으며, 기본 방호효과에 고경도 강과 세라믹 패널로 구성된 500~700㎜의 반응장갑을 결합하여 1,000~1,200㎜의 방호력을 지닌 것으로 알려지고 있다. 현재 러시아를 포함하여 5개국에서 운용 중이다.

[그림 3-14] 러시아 T-80 전차(좌), T-90 전차(우)

(4) 중국의 전차

[그림 3-15] 중국 Type-99 주력전차

중국의 전차는 1950년대 초 구소련의 T-54 전차를 개조한 Type-59 전차로부터, Type-69, Type-79, Type-80, Type-85, Type-90, Type-98, Type-99 전차로 발전되었다.

전차 보유 수량으로만 보면 아시아 최대의 기갑전력을 자랑할 수 있으나 대부분 1950년대에 개발된 59식 전차의 개량형들이다. 심각한 질적 열세가 1990년대 초반까지 계속되었으며, 걸프전에서 이라크군이 사용한 중국제 전차들이 보인 취약점에 충격을 받은 중국은 이를 타개하기 위해 많은 노력을 기울였다.

1990년대부터 경제가 급속도로 성장하면서 전차 개발에도 상당한 투자를 한 결과 2000년대에 등장한 것이 Type-99 전차이다. [그림 3-15]에서 보는 Type-99 전차는 구소련의 T-72 전차를 기반으로 개발된 전차이며, 무게는 54톤 정도까지 증가되었고 엔진은 1,500마력의 고출력 엔진을 장착하여 기동성을 크게 높였다. 장갑은 중국이 독자적으로 개발한 신형 반응장갑과 신형 복합장갑을 적용하였으며, 사격통제장치 역시 중국이 자체 개발한 디지털 방식이 적용되어 서방측 제3세대 주력전차와 비교하여도 뒤떨어지지 않는 것으로 알려졌다. 주포는 T-72 및 T-80 등 구소련 전차와 같은 125㎜ 활강포이며, 포탄은 중국이 독자기술로 상당한 개량을 거친 것으로 알려졌다. 특히 미군이 걸프전 당시 사용하여 큰 전과를 올린 열화우라늄탄도 자체적으로 개발하여 운용하고 있으며, 러시아로부터 입수한 주포 발사식 미사일을 중국 자체적으로 개량·생산하면서 최대 공격가능 거리도 5㎞까지 늘어난 것으로 알려지고 있다.

### (5) 일본의 전차

일본은 1954년부터 전차를 개발하여 1960년대에 61식 전차를 생산하였으며, 1970년대에 105㎜ 강선포를 장착한 74식 전차를 개발하였고, 1990년대에는 순수 국내기술을 적용한 90식 전차를 개발하였다. 현재 일본 육상자위대의 주력 전차는 90식 전차이다.

[그림 3-16] 일본 10식 신형전차

90식 전차는 1990년부터 2009년까지 340여 대가 생산되었으며, 등장 당시에는 동북아시아 최강의 전차라는 평가를 받았다. 실제로 일본이 자체 개발한 강력한 복합장갑과 자동장전장치가 결합된 120㎜ 활강포, 일본의 첨단전자기술을 집약한 사격통제장치, 1,500마력에 달하는 강력한 엔진을 이용한 최고속도 시속 70㎞와 세계 최고수준의 가속능력 등은 아시아의 그 어떤 전차도 따라오기 어려운 성능이었다.

그러나 90식 전차는 중량을 50톤으로 억제하기 위해 측면 장갑은 35㎜ 기관포탄을 막아내는 빈약한 수준이 되었다. 일본의 도로교통법상 50톤의 중량도 통과 못하는 도로와 교량이 많아 이를 타개하기 위해 2010년부터 10식 전차로 불리는 신형전차를 개발·배치하고 있다.

[그림 3-16]에서 보는 10식 전차는 크기를 최소한으로 억제하여 무게를 44t으로 줄였으며, 이 때문에 엔진을 1,200마력으로 약하게 했음에도 불구하고 기동력은 90식 전차와 동등 혹은 그 이상이다. 또한 현수장치와 사격통제장치를 최첨단으로 갖추면서 세계적으로도 흔치 않은 높은 기동 간 사격 능력을 발휘할 수 있다. 주포는 90식 전차와 같은 규격의 120㎜ 활강포이지만 약실을 강화하여 90식 전차에서는 쏘지 못하는 고압의 철갑탄을 사용할 수 있어 공격능력은 크게 향상되었다. 10식 전차는 2018년까지 약 100대 미만의 조달이 확정되어 있다.

### (6) 주요 선진국 주력전차 비교

주요 선진국 주력전차의 제원을 비교하면 [표 3-4]와 같다.

[표 3-4] 주요 선진국 주력전차 제원 비교

| 구 분 | M1A2 SEP | 레오파드 2A7+ | T-90 | Type-99 | 90식 |
|---|---|---|---|---|---|
| 국 가 | 미국 | 독일 | 러시아 | 중국 | 일본 |
| 연 도 | 1999년 | 2010년 | 1993년 | 1999년 | 1990년 |
| 중 량 | 63톤 | 67.5톤 | 48톤 | 57.5톤 | 50톤 |
| 주 포 | 120㎜활강 | 120㎜활강 | 125㎜활강 | 125㎜활강 | 120㎜활강 |
| 엔 진 | 1,500마력 가스터빈 | 1500마력 디젤엔진 | 840마력 디젤엔진 | 1500마력 디젤엔진 | 1500마력 |
| 항속거리 | 390㎞ | 500㎞ | 500㎞ | 400㎞ | 400㎞ |
| 최고속도 | 67.6㎞/h | 72㎞/h | 60㎞/h | 85㎞/h | 70㎞ |
| 조준장치 | 2세대 열상 | 3세대 열상 | 열상 | 열상 | 열상 |
| 사통장치 | 디지털 탄도계산 | 디지털 탄도계산 | 탄도계산 자동장전 | 제원계산 자동장전 | 디지털 탄도계산 |
| 방호력 | 복합장갑 | 복합장갑 대지뢰판 | 복합·반응 장갑 | 반응장갑 능동방어 | 복합장갑 |

# 제3절 장갑차

## 1. 개 요

### 가. 장갑차의 개념

장갑차는 현대전에서 전차와 함께 입체 고속기동전을 수행하는 핵심 무기체계이다. 특히 현대전은 국가 간의 전면전 외에도 초국가적 집단이나 무장단체에 의해 도발되는 국지적 전투가 빈번하게 발생하고 있으며, 장갑차는 그러한 국지 분쟁에서 효율적으로 투입할 수 있는 무기체계로 인정받고 있다.

장갑차는 전장에서 안전하고 신속하게 요구하는 시간과 장소에 병력을 수송하는 것을 기본적인 역할로 하는 병력수송용 장갑차(APC: Armor Personnel Carrier)에서 출발하였다. 그러나 전장의 변화에 따라 장갑차의 용도가 확대되고 강력한 적과의 조우 시 대응할 수 있는 자체 전투능력이 요구됨에 따라 보병전투장갑차(IFV: Infantry Fighting Vehicle)가 등장하게 되었다. 즉, 병력수송용 장갑차(APC)는 주로 보병의 탑승 이동을 주목적으로 운용되며 적의 소화기탄으로부터 탑승보병을 방호하며 제한된 화력을 지닌 반면, 보병전투장갑차(IFV)는 보다 강화된 방호력과 화력으로 탑승전투와 제한된 대전차 전투가 가능하다.

장갑차는 주행장치 형태에 따라 [그림 3-17]의 왼쪽 및 중앙과 같이 궤도형 장갑차와 차륜형 장갑차로 구분된다. 2차 세계대전 중에는 오른쪽에 보이는 차륜과 궤도가 혼합된 반궤도형 장갑차가 운용되었으나, 6·25전쟁 이후에는 도태되었다.

[그림 3-17] 궤도형 장갑차(좌), 차륜형 장갑차(중앙), 반궤도형 장갑차(우)

궤도형 장갑차는 전투중량의 제한이 적어 방호력 증대가 용이하고, 제자리 선회 및 장애물 통과능력이 탁월하여 야지 기동성이 우수하다. 차륜형 장갑차는 궤도형에 비해 전투중량의 제한이 상대적으로 큼에 따라 방호력 증대도 제한되고 장애물 통과에도 한계가 있는 반면, 평지 및 포장도로 기동성이 우수하고 운용유지 면에서 유리하다.

### 나. 장갑차의 발전과정

최초의 장갑차는 1900년대 초반에 출현하여 [그림 3-18] 왼쪽과 같이 자동차를 개조한 원시적인 모델이 만들어지기도 했지만, 1차 세계대전 중 MARK-1과 같은 궤도형 장비가 등장한 이후 각국에서 유사 무기체계를 개발하면서 '보병탑승'이라는 초기 장갑차 개념이 등장하였다. 그리하여 2차 세계대전 시 독일에서 '전격전' 개념을 도입하면서 전차의 전과확대를 위한 기계화 보병부대의 필요성에 의해 [그림 3-18]의 오른쪽과 같은 차륜과 궤도가 혼합된 반 궤도형, 무개형 APC가 실용화 되었다.

[그림 3-18] 초기 장갑차 모습

2차 세계대전 이후 미국을 비롯한 서구권에서는 M113과 같은 궤도형이, 구소련을 포함한 동구권에서는 BTR-60과 같은 바퀴형 장갑차가 주류를 이루었다.

[그림 3-19]의 왼쪽에서 보는 M113 장갑차는 1960년에 미국에서 개발한 장갑차로서, 단순한 궤도식 주행장치와 상자 형태의 차체로 된 병력수송용 장갑차량이다. 획득비용이 저렴하고 기능이 단순하여 8만 대 이상이 생산되어 세계 여러 나라에서 운용되었으며, 대공포나 박격포 운반차량, 지휘소용차량 등 다양한 용도로 계열화되었다. 한국의 K200 장갑차는 M113 장갑차 개념을 도입하여 국내에서 독자설계한 장갑차이다.

한편, 구소련을 중심으로 동구권에서 차륜형 장갑차를 선호한 이유는 험지 주행능력은 다소 떨어지지만 평지 및 도로 주행능력은 높으며, 유지비용도 저렴하여 도로망이 발달한 적국 서유럽 지역에서 활용성이 높다고 판단했기 때문이다. [그림 3-19]의 오른쪽은 구소련에서 개발한 BTR-40 차륜형 장갑차의 모습이다. 구소련은 BTR-70 등 여러 종류의 차륜형 장갑차를 주력 장갑차로 오랫동안 운영하여 왔으며, BTR-70과 개량형인 BTR-80은 현재 러시아에서 대량으로 운용되고 있고, 북한에도 동일계열 장갑차를 다수 운용하고 있다.

[그림 3-19] 미국 M113 궤도형 장갑차(좌), 러시아 BTR-40 차륜형 장갑차(우)

병력수송용 장갑차(APC)의 전술적 용도를 확대하여 장갑 및 전투능력을 강화하고 실제 전투에 참가토록 한 것이 보병전투장갑차(IFV)이다. 구소련의 BMP계열 보병전투장갑차는 저압포와 기관총, AT-3, 4, 5 대전차 미사일을 장착하여 경전차 수준의 공격력을 갖추었다. [그림 3-20]의 왼쪽은 BMP-1 장갑차의 모습이다.

미국은 구소련의 BMP-1 장갑차에 대응하여 25㎜ 기관포와 토우 대전차미사일을 장착한 M2 및 M3브래들리(Bradley) 보병전투장갑차를 개발하였다. [그림 3-20]의 중앙은 M2브래들리 장갑차의 모습이다. 이외에도 동시대에 개발된 영국의 워리어, 독일의 마더, 스웨덴의 CV90 등이 대표적인 IFV이다. 최근 독일은 신형 IFV인 퓨마를 개발하여 미래전장에 대비하고 있다.

또한 미국은 걸프전 이후 대규모 전쟁보다는 소규모 분쟁과 테러가 증가하는 정세에 맞춰 유지비용이 저렴한 가운데, 자력에 의한 장거리 이동 및 C-130 등에 의한 공중수송의 필요성을 느껴 2002년 스위스의 8륜형 모델 장갑차(LAV-3)를 개량한 [그림 3-20] 오른쪽의 스트라이커(Striker) 장갑차를 개발하여 해외 분쟁에 신속하게 투입할 수 있도록 하였다.

[그림 3-20] BMP-1 장갑차(좌), M2브래들리 장갑차(중앙), 스트라이커 차륜형 장갑차(우)

## 2. 장갑차 체계 구성

장갑차는 차체, 동력발생장치, 현수장치, 포탑, 무장, 기타 장치로 구성되며, K21 보병 전투차량을 중심으로 체계구성을 살펴보면 [그림 3-21]과 같다.

- **장갑차 차체**는 주로 알루미늄 장갑판재를 이용하여 유격장갑 형태로 제작되어 승무원 및 탑재장비를 외부의 공격이나 충격으로부터 보호하는 용접구조물이다. 방호력 증대를 위해 부가장갑이나 반응장갑을 선택적으로 장착하기도 한다.
- **동력장치**는 주 동력의 발생과 전달을 통해 장갑차 기동에 필요한 구동력, 제동력, 조향력을 제공하며, 장갑차 운용에 필요한 전력을 공급한다. 엔진, 변속기, 종감속기 등으로 구성된다.
- **현수장치**는 장갑차의 하중을 분산하여 지지하고, 주행시 접지력을 유지하며, 지면으로부터 전달되는 진동과 충격, 사격시 반동을 흡수하는 기능을 한다. 현수장치는 궤도 및 로드휠, 기동륜, 유동륜 그리고 궤도 장력조절기와 충격흡수장치(토션바, HSU 등)으로 구성된다.
- **포탑**은 적의 공격이나 외부 충격으로부터 승무원과 내부 구성품을 보호하고, 탑재장치를 지지하기 위한 용접구조물로서 주포, 부가장갑, 자동송탄장치, 사격통제장치, 차장 및 포수 조준경 등이 설치된다.
- **무장**의 주포는 20~40㎜급 기관포를 탑재하는 추세이고 부무장으로는 7.62㎜급 기관총을 탑재하고 있다. 일부 장갑차(BMP-3)는 미사일 발사 겸용 100㎜ 주포를 장착하기도 한다.

[그림 3-21] 전투장갑차 체계 구성(예)

- 그 외에도 조종수 열상잠망경, 일부 장갑차에 장착 또는 앞으로 적용하게 될 대전차유도무기, 화생방 상황에서 승무원과 탑승 보병전투원들을 보호하기 위한 양압장치, 적 전차의 조준경에서 발사되는 레이저빔을 자동으로 탐지하여 경고신호를 제공하는 적 위협 경고장치, 수상운행장치, 내장 훈련장치, 냉·난방장치, 소화장치 등이 있다.

## 3. 주요국 장갑차

### 가. 한국의 장갑차

#### (1) K200 장갑차

K200 장갑차는 병력수송용 장갑차로서 국내개발 및 성능개량을 통하여 다양한 용도로 활용되고 있다.

[그림 3-22]의 K200 장갑차는 험지 주행능력이 우수하며, 포장도로에서 고속기동이 가능하고, 도하 및 항공수송도 가능하다.

성능을 개량한 K200A1 장갑차는 엔진출력이 350마력으로 톤당 마력이 26.5hp/t가 되는 동급 장갑차 중 가장 우수한 성능이다. 기본모델을 개량하여 자주발칸포(K263A1), 박격포탑재장갑차(K242/K281), 구난장갑차(K288A1), 지휘소용장갑차(K277), 화생방정찰차(K216) 등 다양한 계열차량으로 활용하고 있다.

[그림 3-22] 한국 K200 장갑차

#### (2) K21 보병전투차량

K21 보병전투차량은 한국지형에서 효과적으로 운용할 수 있도록 설계된 탑승전투 수행능력을 보유한 전투장갑차이다.

[그림 3-23]의 K21 보병전투차량은 장갑으로 보호된 이동수단 및 타격수단으로 운용된다. 전장에서는 적보다 유리한 장소를 선점하거나, 적보다 빠르게 움직이는 것이 절실히

[그림 3-23] K21 보병전투차량

요구되며, K21 전투장갑차는 장갑 차체로부터 방호력을 제공받으면서 요구되는 시간 내에 필요한 장소로 병력을 이동시킬 수 있다. 또한 탑재된 40㎜포와 7.62㎜기관총으로 탑승전투를 수행하거나 탑승한 보병이 하차하여 운용할 경우에는 사격으로 지원하는 수단으로 운용된다.

### (3) 차륜형전투차량(K806/K808)

[그림 3-24]의 K806과 K808은 현대로템이 2016년에 개발 완료하여 2018년부터 우리 군에 전력화되기 시작한 11인승 8×8 차륜형장갑차로, 지휘소용(K877/K870), 30mm 차륜형 대공포(K30W), 의무후송용 등의 계열 모델 등이 있다.

전투중량은 약 20t이며 420마력의 디젤엔진을 장착하여 최고속력 100㎞/h 수준을 확보하였고, 종경사 60% 및 횡경사 30% 등판력과 함께 폭 1.5m의 참호를 통과할 수 있는 능력을 갖추고 있다. 또한, 가혹한 노면 환경에서도 주행할 수 있도록 공기압조절장치(CTIS)를 적용하였으며, 후면에 장착된 워터젯을 통해 필요시 8km/h의 속도로 수상추진 또한 가능하다.

무장은 12.7mm 기관총과 원격사격통제장치(RCWS)를 필요에 따라 장착할 수 있다. 방호성능의 경우 정확한 수치로 공개된 바는 없으나, 대인지뢰에 대한 하부 방호와 중구경 철갑탄에 대한 전·측·후면 방호가 가능한 것으로 알려져 있으며 방호성능 개량을 위한 연구가 진행되고 있다.

[그림 3-24] 차륜형전투차량(K808)

### (4) 한국형 상륙돌격장갑차(KAAV)

한국형 상륙돌격장갑차(KAAV : Korea Amphibious Assault Vehicle)는 한국 해병대의 핵심전력으로, 1998년 미국의 상륙돌격장갑차(AAV)를 기술도입 공동생산 방식으로 생산하여 전력화하였다.

[그림 3-25]의 KAAV는 수륙양용 무한궤도 장갑차량으로 승무원 3명, 완전무장 상륙병력 21명이 탑승할 수 있으며, 병력수송용, 지휘용, 구난용으로 구분된다.

[그림 3-25] 한국 KAAV

KAAV는 차체에 부가장갑 보호킷을 부착하여 방호력을 증대시켰으며, 화생방방어시스템도 갖추고 있어 해상전투뿐만 아니라 육상에서도 전투가 가능하다.

강력한 워터제트 추진장치 및 동력장치로 최대속도는 해상 13.2㎞/h, 지상 72㎞/h의 기동성을 가지고 있다. 무장으로는 40㎜ K4 유탄기관총, 12.7㎜ K6 기관총, 연막유탄발사기 등이 있고, 열상잠망경이 장착되어 있다.

### (4) 한국 장갑차의 주요 제원

한국의 장갑차 주요 제원 및 성능은 [표 3-5]와 같다.

[표 3-5] 한국의 장갑차 주요 제원

| 구 분 | K200A1 | K808 | K21 보병전투차량 |
|---|---|---|---|
| 탑승 인원 | 승무원2/병력9 | 승무원2/병력9 | 승무원3/병력9 |
| 중 량 | 13.2톤 | 20톤 | 25톤 |
| 엔진 출력 | 350마력 | 420마력 | 750마력 |
| 항속거리 | 480㎞ | 480㎞ | 450㎞ |
| 최고속도(㎞/h) | 74(수상6) | 100(수상8) | 70(수상6) |
| 무 장 | 12.7㎜기관총<br>7.62㎜기관총 | 12.7㎜기관총 | 40㎜포, 7.62㎜기관총<br>대전차 유도탄 |
| 사격통제장치 | - | RCWS | 차장/포수조준경, 차장/포수열상장비 |
| 생존성 | - | - | 피아식별장치, 적 위협 경고장치 |

## 나. 북한의 장갑차

북한의 장갑차는 구소련 및 중국제 장갑차를 도입하거나 모방 개발한 것이다. 차량형 장갑차로는 구소련 계열의 BTR-40, BTR-50, BTR-60PA/PB, BTR-80/80A 등이 있으며, 궤도형 장갑차로는 구소련 계열의 BMP-1, BMP-2 그리고 모방 자체개발한 M-1972, M-1973, M-1983 등이 있다.

[그림 3-26] 북한 BTR-60 장갑차(좌), BTR-80 장갑차(우)

북한은 1961년 차륜형 장갑차 BTR-40, 1970년대에 BTR-50, BTR-60P 등을 도입하였다. [그림 3-26] 왼쪽의 6×6 BTR-60계열은 북한의 주력장갑차이며, 오른쪽 8×8 BTR-80A는 최고속도 90㎞/h, 수상속도 10㎞/h이고, 항속거리는 600㎞이다.

[그림 3-27] 왼쪽의 M-1973(통일호) 장갑차는 구소련의 BMP-1과 중국제 M-1967을 모방하여 1973년에 자체 개발한 궤도형 장갑차이다. M-1973 장갑차는 회전포탑에 14.5㎜ 기관총이 장착되어 있으며, AT-3 대전차미사일, SA-7/16 지대공미사일 탑재가 가능하다. M-1973을 개량하여 1980년에 생산한 M-1983(덕천호) 장갑차는 포탑이 없으며 14.5㎜ 고사기관총과 AT-3 대전차유도탄이나 107㎜ 포를 장착할 수 있고, 수륙양용이 가능하다.

[그림 3-27] 북한 M-1973 장갑차(좌), BMP-2 장갑차(우)

[그림 3-27] 오른쪽의 BMP-2 장갑차는 구소련이 BMP-1의 문제점을 개량한 것으로, 73㎜ 포를 30㎜ 기관포로 교체하여 명중률을 향상시키고, AT-4 또는 AT-5 대전차미사일을 장착하였으며, 도하능력을 보유하고 있다.

북한이 보유하고 주요 장갑차의 제원은 [표 3-6]과 같다.

[표 3-6] 북한의 장갑차 주요제원

| 구 분 | 궤 도 형 | | | | 차 량 형 | |
|---|---|---|---|---|---|---|
| | M-1973 | BMP-1 | BMP-2 | BMP-3 | BTR-60PB | BTR-80A |
| 탑승인원 | 승무4/병력10 | 승무3/병력7 | 승무3/병력7 | 승무3/병력7 | 승무2/병력14 | 승무2/병력8 |
| 중 량 | 12.6톤 | 13.2톤 | 14.6톤 | 18.7톤 | 10.3톤 | 14.6톤 |
| 엔진출력 | 디젤 320마력 | 300마력 | 300마력 | 500마력 | 휘발유 90마력 | 디젤 240마력 |
| 톤당마력 | 22.8 | 22.2 | 20.3 | 26.7 | 17.4 | 17.9 |
| 항속거리 | 500㎞ | 550㎞ | 550㎞ | 600㎞ | 500㎞ | 600㎞ |
| 최고속도(㎞/h) | 80 | 65/수상7 | 65/수상7 | 70/수상7 | 80/수상10 | 90/수상10 |
| 무 장 | 14.5㎜<br>SA-7/16<br>AT-3, 4 | 73㎜포<br>7.62㎜기총<br>AT-3 | 30㎜포<br>7.62㎜기총<br>AT-4, 5 | 100㎜포<br>30㎜포 | 14.5㎜포<br>7.62㎜기총 | 30㎜포<br>대전차유도<br>7.62㎜기총 |
| 방호력 | 강철 | 강철 | 강철 | 35㎜ | 강철 | 강철 |

### 다. 미국의 장갑차

미국의 장갑차는 궤도형 병력수송용 장갑차 M113, 8×8 차륜형 병력수송용 장갑차 스트라이커, 궤도형 보병전투차 M2 및 M3 브래들리(Bradly), 궤도형 상륙돌격장갑차 AAV7A1 등이 있다.

1950년대 말에 개발된 궤도형 병력수송용 장갑차 M113은 다양한 계열차량을 포함하여 전 세계적으로 50여 국가에서 운용되었으며, 현재에도 많은 국가에서 운용 중에 있다. 궤도형 보병전투 장갑차 M2 및 M3 브래들리 장갑차는 1981년에 생산을 시작하여 주력 장갑차로 운용하면서 수회에 걸친 개량을 거쳐 2000년 이후 M2A3 및 M3A3를 배치하였으며, 2008년부터는 시가전 생존키트(BUSK)를 적용하여 생존성을 증대시켰다.

브래들리 장갑차는 냉전시대 구소련의 보병전투차 BMP-1에 대응하여 개발되었다. M2브래들리 장갑차는 M113과는 달리 25㎜ 기관포와 토우 대전차미사일을 탑재하여 강력한 화력으로 무장하고 정면 장갑 방호력을 크게 강화하였으며, 브래들리 장군의 이름을 따서 명명하였다. 그러나 측면 장갑이 취약하여 RPG-7 등에 의해 피해를 받게 됨에 따라 측면에 폭발반응장갑을 부착하여 방호력을 개선하는 등 지속적인 성능개량을 추진하고 있지만 공간·중량·동력·냉각 분야가 한계에 도달하였다.

[그림 3-28] 왼쪽의 신형 M2A3 브래들리 장갑차는 기존 장갑차보다 향상된 탐지시스템과 21세기 전투상황에 적합한 화력통제시스템과 전장관리 시스템을 구비하여 지휘관이 전장상황을 지켜보며 장갑차에게 작전지시를 내리는 등 디지털 전투능력이 크게 강화되었다. 중량은 32.7톤이며, 최대속도 61㎞/h, 항속거리는 400㎞이다. 2011년 이후 브래들리의 성능개량을 지속시키고 있다.

[그림 3-28] 미국 신형 브래들리 장갑차(좌), 신형 다목적 장갑차(AMPV)(우)

미국은 브래들리 장갑차 교체를 위한 차기보병전투장갑차 GCV(Ground Combat Vehicle)사업을 과도한 비용과 중량(70톤) 문제로 2014년에 취소하고, M2 및 M3브래들리 장갑차 성능개량을 위한 ECP(Engineering Change Proposals) 사업을 추진하면서 M113 병력수송용 장갑차를 교체하는 신형 장갑 다목적 장갑차량(AMPV: Armored Multi-Purpose Vehicle)사업을 추진하고 있다. [그림 3-28]의 오른쪽은 신형 다목적 장갑차의 형상이다.

### 라. 러시아의 장갑차

러시아의 장갑차는 차륜형 병력수송용 장갑차 BTR시리즈와 궤도형 보병전투장갑차 BMP시리즈가 중심을 이루고 있다. 보병전투장갑차를 본격적으로 등장시킨 것은 구소련이었다. 1967년 구소련은 BMP-1을 공개하여 서방을 놀라게 하였다. BMP-1은 13톤의 중량에 높이 2m 정도 밖에 되지 않는 작은 형상에 약한 장갑을 갖추었지만 73㎜ 활강포와 AT-3 새거(Sagger) 대전차미사일을 탑재하여 전차와 대적할 수 있는 능력을 보유한 것이다. BMP 충격 이후 전 세계의 장갑차들은 병력수송용 장갑차(APC)의 개념에서 보병전투장갑차(IFV)로 발전하게 되었다. [그림 3-29]의 왼쪽에서 보는 BMP-3는 1990년 5월 대독승전기념행사에서 처음 공개되었다.

BMP-3는 100㎜ 활강포, 30㎜ 기관포, 7.62㎜ 기관총, 대전차미사일 8발, 포탑에 연막탄발사기 2개를 장착하였다. 차체는 BMP-1, 2와는 다르게 알루미늄 합금이고, 승무원 3명 외에 전투병력 7명이 탑승할 수 있으며, 수상을 시속 10㎞로 주행이 가능하다.

차륜형 장갑차에는 BTR-60, BTR-70, BTR-80, BTR-90 등이 있다. [그림 3-29]의 오른쪽 BTR-90 장갑차는 30㎜ 포 및 7.62㎜ 기관총, 대전차 유도무기를 탑재하고 있으며, 부가장갑 및 반응장갑, 능동방어체계를 장착할 수 있다. 야지에서 50㎞/h, 포장 도로에서는 100㎞/h, 수중에서도 9㎞/h의 속도로 주행할 수 있다.

[그림 3-29] 러시아 BMP-3 장갑차(좌), BTR-90 장갑차(우)

제4절 **전투차량**

## 1. 개 요

전투차량은 전투 및 전투지원, 전투근무지원을 위하여 병력 및 물자를 수송하는 데 운용되는 차량으로 화기 및 장비 탑재, 지휘, 관측 및 정찰, 사격지휘통제, 통신장비 탑재, 제독, 구난, 의무후송, 급수 등 다양한 용도로 활용되고 있다.

전투차량은 크기 및 적재능력, 기동형태, 임무 및 운용목적 등에 따라 다양하게 분류하고 있다. 크기 및 적재능력에 따라 소형, 중형, 대형 전투차량으로 분류하며, 기동형태에 따라서는 차륜형과 궤도형으로 분류할 수 있다.

한국이 보유하고 있는 전투차량을 적재능력에 따라 분류하면 [표 3-7]과 같다

[표 3-7] 적재능력에 의한 전투차량 분류

| 구 분 | 차량 유형 및 종류 |
|---|---|
| K-131($\frac{1}{4}$톤) | 표준차, TOW차량, 무반동총차량, 구급차 |
| 신형 KM-1 | 지휘차(4인승), 지휘차(8인승), 기갑수색용 차량, 관측반용 차량, 통신장비 탑재차량, 정비용 차량 |
| K-311(1$\frac{1}{4}$톤) | 표준차, K-4탑재차량, 81㎜/4.2″ 탑재차량, 사격지휘차, 통신장비 탑재차량, 정비용샵밴, 특수용도/장비 탑재차량 |
| K-511(2$\frac{1}{2}$톤) | 표준차, 사격지휘차, 샵밴, 덤프, 정비용 샵밴, 급유차, 급수차 |
| K-711(5톤) | 표준차, 확장식 밴, 구난차, 제독차 |
| K-911(10,15톤) | 표준차, 구난차, 제독차, 특수용도 탑재차량 등 |

## 2. 주요 전투차량

본 절에서는 한국의 전투차량을 적재능력에 따라 $\frac{1}{4}$톤, 1$\frac{1}{4}$톤, 2$\frac{1}{2}$톤, 5톤, 10톤 전술차량, 신형 KM-1전술차량, 궤도형인 K-512 다목적 전술차량에 대하여 살펴보기로 한다.

## 가. 차륜형 전술차량

### (1) 소형(¼톤) 전술차량

¼톤 차량 K-131은 기존 K-111을 대체하여 1987년부터 민수용 레토나 차량을 군용으로 개조하여 야전에 배치되었다. [그림 3-30]의 왼쪽에서 보는 K-311 차량은 지휘 및 행정지원, 병력수송 등 다용도로 운용하고 있다. 탑승인원은 6명이며, 야지기동성 향상을 위하여 엔진출력을 139마력으로 증대하였다.

K-131의 취약점을 개선한 신형 소형전술차량 KM-1(그림 3-30의 오른쪽)이 개발 완료되어 시험평가 기준을 통과하였으며, 한국군에 배치되었다.

[그림 3-30] K-131 전술차량(좌), 신형 KM-1 전술차량(우)

### (2) 1¼톤 계열 전술차량

1¼톤 K-311A1 계열 차량은 병력 및 물자 수송용 차량으로 기존 K-311차량의 기동성과 기계식 조향장치 등의 문제점을 개선하여 1978년부터 야전에서 운용되고 있다.

K-311A1 차량은 [그림 3-31]과 같이 다양한 목적에 적합하도록 개발하여 계열화되어 있으며, 대표적인 계열화 차량으로는 사격지휘차, 화생방정찰차, 통신 쉘터차, 통신 가설차, 방탄차량, 정비용 샵밴, 구급차 등이 있다.

[그림 3-31] K-311 기본형(좌), 사격지휘차·샵밴·통신쉘터차·방탄차량·구급차량(우)

### (3) 2½톤 계열 전술차량

2½톤 계열의 표준차량은 K-511이며, 병력 및 물자 수송을 주 용도로 운용된다. K-511 차량은 1970년대 후반부터 미국에서 부품을 도입하여 반조립 상태로 생산하다가 1980년대 중반에 완전히 국산화가 이루어졌다.

그러나 K-511 차량은 엔진출력의 미약으로 기동성 제한, 조작불편 등 성능이 미흡함에 따라 K-511A1으로 성능개량이 이루어졌다. 엔진출력을 183마력으로 증대하였고, 차축 등 동력전달장치의 강도를 보강하였으며, 안전성 등을 향상시켰다.

[그림 3-32]에서 보는 K-511A1 표준차량은 포병 105㎜ 견인포의 포차와 탄약차로 운용하고 있으며, 계열화 차량으로는 샵밴차량(K-512), 유조차량(K-513), 포병사격지휘차량(K-514), 물탱크차량(K-515), 제독차량(K-516), 정수차량(K-517), 크레인장착차량(K-518) 등이 있다.

[그림 3-32] K-511 기본형(좌), K512A1 샵밴(우)

### (4) 5톤 계열 전술차량

5톤 계열의 표준차량은 K-711이며, 병력 및 물자 수송을 주 용도로 운용된다. K-711 차량의 미흡한 성능을 개량한 것이 K-711A1이다. 엔진출력을 204마력에서 270마력으로 증대하였고, 변속기 및 차축의 강도를 보강하였으며, 클러치를 유압식으로 개선하는 등 안전성을 향상시켰다.

[그림 3-33] K-711 기본형(좌), K-716A1 확장식밴(우)

[그림 3-33]의 K-711 차량은 포병 155㎜ 견인포의 포차 및 탄약차량으로 운용하고 있으며, 계열화 차량으로는 구난차량(K-712), 덤프차량(K-713), 트렉터차량(K-715), 확장식밴(K-716), 수리부속 밴(K-717), 신형제독차량(K-721), 대포병레이더 탑재차량, 리본부교 차량, 구난 차량, 장축카고 차량, 정수기탑재 차량, 인명구조용 밴 등이 있다.

### (5) 10톤 및 15톤 전술차량

10톤 및 15톤 전술차량으로는 [그림 3-34] 왼쪽의 K-912 구난차량을 비롯하여, K-915 트랙터, K-916 사격통제체계 및 교전통제체계 발전장치 탑재차량과, [그림 3-38] 오른쪽의 K-917 15톤 카고 차량, K-918 유도탄장전체계 탑재차량 등이 있다.

K-912 구난차량은 전차 및 자주포 등 궤도차량의 중량물 교체와 포탑 정비, 장갑차 및 중형 차량의 구난 및 견인을 목적으로 개발된 차량이다. 엔진 출력은 450마력이며, 구난 능력은 붐 인양능력이 10톤이며, 윈치 최대 견인능력은 주 윈치 3.5톤, 전방윈치 10톤, 후방윈치 20톤이고, 케이블 길이는 65~95m이다.

[그림 3-34] K-912 10톤 구난차량(좌), K-917 15톤 카고(우)

### (6) 소형 전술차량

KM-1 신형 소형전술차량은 미래 군구조 개편 및 작전지역 확대에 따른 효과적인 전투지휘와 수색정찰, 근접정비지원 등을 위해 개발되었다. 기존 차량은 전장 환경에서 적의 소화기 공격에 방호가 불가하여 생존성이 취약하였다.

KM-1은 첨단기술을 집약하여 높은 기동성과 뛰어난 성능을 구비하고 있다. 안전을 높이기 위하여 방탄차체가 적용된 전후, 좌우 측면은 적 소화기탄을 방호하고 차량 상부와 바닥은 포탄 파편과 지뢰를 방호할 수 있으며, 유리에도 방탄 기능이 추가되었다. 탑승자들의 편의성을 높이기 위하여 에어컨과 내비게이션 기능을 갖추었다.

신형 전술차량 KM-1의 기본차체를 활용하여 통신 및 유도무기 탑재차량, 화생방 정찰차량 등으로 개발되고 있으며, 향후 다양한 무기체계에 적용될 수 있을 것으로 판단된다. [그림 3-35]는 신형 8인승 지휘용 차량과 신형 기갑수색정찰 차량의 모습이다.

KM-1은 해외에서 개발된 소형 전술차량보다 성능 및 가격 등에서 유리하여 수출경쟁력 확보가 가능할 것으로 전망하고 있다.[8)]

[그림 3-35] 신형 지휘용 8인승 차량(좌), 신형 기갑수색정찰차량(우)

### (7) 중형 전술차량

2020년에 육군에서 개발을 시작하여 2024년에 개발이 완료되었다. 아군 확보지역에서 보병부대의 기동성 및 생존성을 보장하기 위하여 운용되는 차량이다. 성능은 최대토크 시 125 kgf·m이며 구동방식은 6×6차동잠금장치를 가지고 있다. 8명 이상 동시 승차가 가능하며, 소총탄 방어능력을 갖고 있다.

한국군이 보유하고 있는 주요 전술차량의 제원은 [표 3-8]에서 보는 바와 같다.

[표 3-8] 한국의 주요 전술차량 제원

| 구 분 | K-131 ($\frac{1}{4}$톤) | K-311A1 (1$\frac{1}{4}$톤) | K-511A1 (2$\frac{1}{2}$톤) | K-711 (5톤) | K-912 (10톤) | 신형 전술차량 |
|---|---|---|---|---|---|---|
| 중 량 | 1.58톤 | 4.68톤 | 11.0톤 | 14.5톤 | 36톤 | 5.7/7톤 |
| 전장×전폭 | 4.0×1.74m | 5.46×2.18m | 5.46×2.18m | 7.79×2.5m | 9.75×2.6m | |
| 엔진(cc) | 4기통 가솔린 | 4기통 디젤 | 6기통 디젤 | 6기통 디젤 | 6기통 디젤 | |
| 최대출력 | 139마력 | 130마력 | 183마력 | 270마력 | 450마력 | 225마력 |
| 항속거리 | 530㎞ | 450㎞ | 600㎞ | 600㎞ | 400㎞ | 600㎞ |
| 최대속도 | 144㎞/h | 100㎞/h | 90㎞/h | 85㎞/h | 90㎞/h | 100㎞/h 이상 |
| 최대등판능력 | 60% | 60% | 60% | 60% | 60% | 60% |

8) 방위사업청 보도자료(2015.1.5) "방위사업청, 소형전술차량 개발 성공".

# 제5절 기동 및 대기동지원장비

## 1. 개 요

인류의 전쟁 역사에서 보면 아군의 기동을 보장하고, 적의 기동을 차단하기 위한 노력이 끊임없이 시도되어 왔다. 특히 20세기에 들어와 전쟁의 규모가 비약적으로 확대되고 기계화된 부대에 의한 고속기동전 중심으로 발전하면서 기동로를 확보하려는 노력과 기동을 방해하려는 노력은 더욱 가속화되었으며, 이러한 활동을 위한 무기체계도 크게 발전하였다.

기계화된 부대의 신속한 기동을 위해서는 원활한 통로가 요구되는 데 비해 장애물은 비교적 쉽게 기동을 저지할 수 있다. 특히 하천은 기계화 부대뿐만 아니라 다른 기동부대에도 가장 큰 장애물로 작용하기 때문에 우수한 도하장비를 확보하기 위해 많은 노력을 집중하고 있다. 적이 설치한 장애물을 제거하기 위한 지뢰지대통로개척장비, 전투공병차량 등 다양한 무기체계가 개발되고 있으며, 적의 기동을 저지하기 위해 지상, 포, 공중 살포식지뢰체계 등이 개발되고 있다.

비록 냉전이 끝나고 대규모 기계화 전쟁의 가능성이 희박해지면서 기존의 기동 및 대기동 지원개념의 중요성이 다소 낮아진 면은 있으나, 오늘날 국가 간 분쟁이나 전쟁에서도 여전히 중요한 개념으로 적용되고 있다. 특히 시가전이나 게릴라전 등에서 기동 및 대기동지원체계는 다양하게 운용되고 있다.

기동 및 대기동지원체계는 [표 3-9]에서 보는 바와 같이 분류하며, 기동지원은 아군의 행동의 자유를 보장하고 적의 행동의 자유를 제한하는 것을, 대기동지원은 반대로 적의 기동을 저지 및 지연하여 아군의 기동부대를 지원하는 것을 말한다.

[표 3-9] 기동 및 대기동지원체계 분류

| 구 분 | 개념 및 유형, 주요 운용체계 |
|---|---|
| 기동지원 | • 개념 : 아군의 행동의 자유를 보장하고 적의 행동의 자유를 제한하는 활동<br>• 유형 : 장애물 극복, 간격극복, 도하지원, 기동로 개설<br>• 주요 운용체계 : 지뢰지대통로개척장비, 장갑전투도자, 장애물 개척전차 다목적굴착기, 조립교, 교량전차, 문교, 부교 등 |
| 대기동지원 | • 개념 : 적 기동을 저지, 지연, 전환하여 아군의 기동부대를 지원하는 활동<br>• 유형 : 장애물 운용, 거부작전 지원<br>• 주요 운용체계 : 지뢰살포기, 살포지뢰체계(야포, 공중) |

## 2. 기동지원 장비

### 가. 기동지원의 개념

기동부대가 결정적인 시간과 장소에 적보다 우세한 전투력으로 승리하기 위해서는 아군의 행동의 자유를 보장하고 적의 행동의 자유를 제한하는 활동이 요구된다.

기동지원은 아군부대의 기동에 제한을 주는 각종 장애요소를 극복하기 위해 실시하는 지원활동을 말하며, 기동지원의 유형에는 장애물 극복, 간격 극복, 도하지원, 기동로 개설 등이 있다.

#### (1) 장애물 극복

적은 아군의 기동을 방해하기 위하여 장애물을 운용할 것이며, 적의 장애물은 감시 및 화력과 연계되고 보호될 것이다. 아군부대의 기동에 제한을 주는 적의 장애물은 주로 지뢰지대, 철조망, 방벽 및 단애, 대전차구, 용치, 낙석 등과 같은 폭파 및 구축장애물 등이 있다.

적의 장애물을 파괴하고 제압하기 위해 운용되는 수단으로는 지뢰지대통로개척장비, 지뢰제거 장비, 장갑전투도자(M9ACE), 전투공병차량(CMV), 다목적굴착기(CEMS) 등이 있다.

#### (2) 간격 극복

간격은 전장지역에서 일반차량이나 장비의 자체능력으로는 극복할 수 없는 소하천, 계곡, 협곡 등과 같은 자연적인 것과, 대전차구, 파괴된 교량과 같은 인공적인 지형지물을 말한다. 간격을 극복하기 위해서는 조립교를 구축하거나 교량전차(AVLB)를 운용하는 방법이 있다.

#### (3) 도하지원

도하는 하천장애물을 신속하게 극복하기 위해 수행한다. 도하방법은 도섭, 강습도하, 문교도하, 부교도하 등으로 구분되며, 하천의 상태(유속과 수심), 가용 도하수단, 적 위협정도에 따라 결정한다. 도하지원 장비로는 단정, 수륙양용차량, 문교, 부교 등이 있다.

#### (4) 기동로 개설

기동로는 기동부대가 임무수행을 위하여 전투장비를 이동 및 전개하는 데 사용되는 도로와 통로를 말한다. 기동로 개설은 작전지역 내 기동로를 확보하고 유지하는 것이며, 기동 제한 시에는 추가적으로 기동로를 개설 및 지원해야 한다.

기동로 개설을 위한 기동지원체계에는 전투공병차량(CMV), 장갑전투도자(M9ACE), 다목적굴착기(CEMS), 지뢰지대 통로개척 장비 등이 있다.

## 나. 장애물 극복 및 기동로 개설 장비

### (1) 지뢰지대 개척장비

지뢰지대 개척장비에는 휴대용 지뢰탐지기(PRS-17K), 휴대용 통로개척장비(POMINS-Ⅱ)[9], 지뢰지대통로개척장비(MICLIC)[10] 등이 있다.

지뢰탐지기(PRS-17K)는 [그림 3-36]에서 보는 바와 같이 땅속에 매설되어 있는 대인 및 대전차 지뢰의 위치를 탐지할 수 있는 장비이다. 지뢰탐지는 헤드세트(head set)를 착용한 상태에서 가청음을 청취하거나 지시기 지침의 움직임으로 식별한다. 지뢰탐지기의 무게는 4kg이며, 휴대가 간편하여 1명이 운용 가능하다. 지뢰탐지기의 탐지원리는 탐지기의 발진기에서 순간적으로 변화하는 전류로 탐지판에서 발진주파수(300㎒)를 방출하면 자장이 발생하고, 발생된 자장이 땅속의 금속에 닿으면 반사자장이 발생하며, 반사된 자장을 탐지판이 다시 수신하고 이를 신호처리 모듈로 증폭하여 헤드세트에 가청음을 보내며 지시기의 지침이 움직이게 되는 것이다.

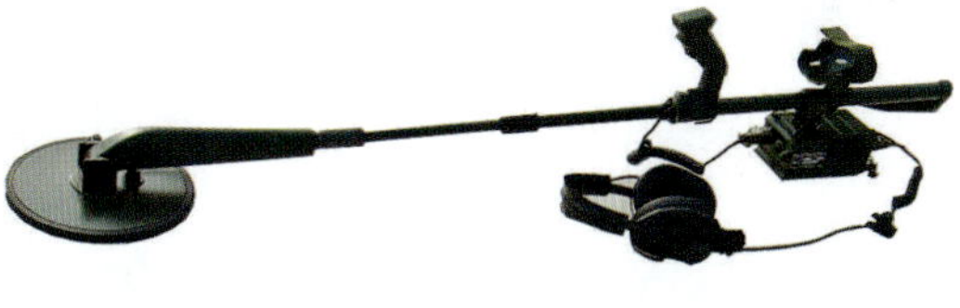

[그림 3-36] PRS-17K 지뢰탐지기

[그림 3-37]의 휴대용 통로개척장비(POMINS-Ⅱ)는 도보부대 통로개척을 지원하고 차량 및 장비투입이 불가능한 지역에서 대인지뢰 및 철조망 등 장애물을 개척하기 위한 장비이다. 통로개척능력은 폭 0.5m, 길이 40m이고, 발사기 결합체의 무게는 25㎏이며, 로켓모터 추진을 통한 지연신관 기폭으로 지뢰 제거율은 85% 정도가 된다. 보병 및 공병부대가 휴대하며 운용인원은 2명이다.

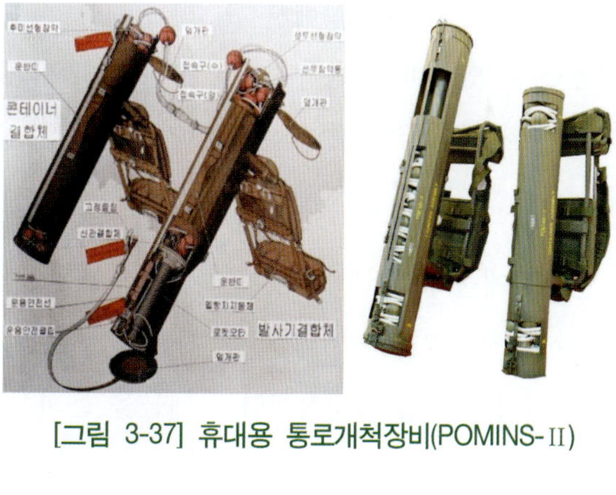


[그림 3-37] 휴대용 통로개척장비(POMINS-Ⅱ)

9) POMINS: Portable Mine Neutralization System.
10) MICLIC: Mine Clearing Line Charge.

지뢰지대통로개척장비(MICLIC)는 기동부대 기동로상의 지뢰지대 통로개척을 위한 장비로 [그림 3-38]과 같다. 로켓모터를 이용하여 선형장약 폭약선(1,540개 마디)을 발사하고, 발사된 폭약선을 폭파시켜 통로를 개척한다.

[그림 3-38] 지뢰지대 통로개척장비(MICLIC)

자료: 국방일보(2011.4.14)

1개 셋으로 폭 6~8m, 길이 100m 범위의 통로를 개척할 수 있으며, 2½톤 트럭이나 전차 및 장갑차, 장갑전투도자 등에 트레일러 형식으로 견인하여 운용한다. 지뢰제거율이 95% 이상으로 단시간에 통로를 개척할 수 있어 선호되고 있으며, 최근에는 광범위한 면적에 강한 폭발을 일으키는 특성에 주목하여 지뢰지대나 장애물 개척뿐만 아니라 적의 방어진지 등 저항 거점을 제압하는 공격 용도로 운용되기도 한다.

### (2) 장갑전투도자(M9ACE : Armored Combat Earthmover)

장갑전투도자는 기동, 대기동 및 생존성 지원을 위해 운용되는 장비이다. 장갑전투도자는 장갑차량 및 전투인원에 필요한 참호 및 보호시설을 구축하고, 장애물 제거 및 기동로 개척, 보조활주로 건설, 도하지점 진·출입로 개척 등으로 운용된다.

[그림 3-39] 장갑전투도자 KM9 ACE

장갑전투도자는 지상에서 최고 48㎞/h 속도로 기동할 수 있으며, 수륙양용으로 수상에서도 4.8㎞/h로 기동할 수 있다. [그림 3-39]에서 보는 바와 같이 전면에 도자 삽날이 부착되어 있어 도자 기능, 스크레이퍼 기능, 구레이더 기능, 낙석제거 기능을 가지고 있다.

### (3) 장애물개척전차

장애물개척전차는 전차 및 장갑차가 기동하기 위하여 적이 구축한 지뢰지대나 장애물을 돌파하기 위해 적의 화력으로부터 방호를 받을 수 있는 전투공병차량의 하나이다.

[그림 3-40] 장애물개척전차

전투공병차량은 전차의 차체에 장애물을 개척할 수 있는 공병 임무수행이 가능하도록 세계 여러 나라에서 개발하여 운용하고 있으며, 굴삭기와 도자 기능, 지뢰제거 등이 있다. 한국에서는 공병장비라는 인식으로 인하여 수많은 논란이 되었다가 K1A1 전차 차체를 이용한 장애물개척전차로 [그림 3-40]과 같은 형상으로 개발되었다.

장애물개척전차는 기동부대 가장 선두에서 고성능 선형폭약을 로켓으로 발사하여 대전차지뢰지역을 파괴하고 확보된 통로를 따라 거대한 쟁기로 밀어내며 전진하는 방식으로 운용된다.

(4) **다목적굴착기**(CEMS : Construction Equipment Multipurpose Section)

다목적굴착기는 기동부대에 장애물 제거, 도로개설 및 복구, 각종 장애물 설치, 진지 및 방호시설 구축 등 다양한 공병지원을 하기 위한 장비이다.

[그림 3-41]의 다목적굴착기는 로더, 굴착기, 지게차, 유압헤머, 체인톱 등의 5가지의 다목적 기능을 가지고 있으며, 아군의 기동성 및 생존성을 증대시키고, 적의 기동을 지연 및 저지하는 임무를 수행한다. 다목적굴착기는 45㎞/h의 주행속도로 기동할 수 있다.

[그림 3-41] 다목적굴착기



## 다. 간격 극복 장비

(1) **간편조립교**(MGB : Medium Girder Bridge)

간편조립교는 계곡이나 소하천 등 자연적으로 형성된 간격이나, [그림 3-42]와 같이 파괴된 교량, 인공적으로 설치한 대화구 등으로 기동이 불가한 지형을 신속하게 극복할 수 있도록 교량자재를 조립하여 구축함으로써 간격을 극복하고 기동을 지원해주는 장비이다.

[그림 3-42] 간편조립교

간편조립교는 영국 FAIREY사에서 제작되었으며, 한국에는 1990년에 도입되어 운용하고 있다. 간편조립교는 M2장간조립교에 비해 경량화되어 있어 구축인원 및 시간 소요가 적으며, 신속한 기동로 복구가 요구되는 경우에 설치하여 원활한 기동을 보장할 수 있다.

가설형태에는 단층교(9.8m), 이단교(31.1m), 보강교(49.4m), 다경간교(2경간교 51.2m,

3경간교 76m) 등이 있다. 교량폭은 4m이며, 60톤의 전차가 통과 가능하다. 다간경교는 교량에 교각을 설치하여 최대 76m까지 교량구축이 가능하다.

간편조립교는 아연과 마그네슘, 알루미늄 합금 등 가벼운 소재로 제작되었으며, 이단교는 24명으로 80분, 보강교는 32명으로 180분 이내에 구축이 가능하다.

### (2) 장간조립교(Bailey Bridge)

장간조립교는 장비의 이동과 병력 및 보급품을 운반하는 등 군사작전 목적에 사용하는 임시교량으로 트러스구조의 주요 부재인 장간을 조립하여 만든 교량이다.

[그림 3-43]의 장간조립교는 다른 교량보다 구축하는 데 인원 및 장비, 시간이 많이 소요되어 적의 위협이 비교적 적은 후방지역에서 운용한다. 공병여단 교량중대에 편제되어 있으며, 교량중대의 기술지원 하에 야전 공병부대에 의하여 설치 운용된다.

[그림 3-43] 장간조립교

자료: 국방일보(2013.9.12)

장간조립교는 장간과 횡골을 조립하여 만들며 1단, 2단, 3단으로 설치할 수 있다. 비록 조립하여 만드는 다리이지만 교각만 받쳐주면 90톤 이상의 하중도 견딜 수 있는 매우 튼튼한 교량이다. 장간 하나의 무게는 약 260kg, 횡골 하나의 무게가 320kg 정도 되는 철골이어서 조립할 때 질서있는 통제와 일사불란한 절차가 요구된다.

### (3) 교량전차(AVLB : Armored Vehicle Launched Bridge)

교량전차는 기갑 및 기계화부대의 고속기동을 보장하기 위하여 선두에서 소규모 간격극복을 위주로 운용하는 장비이다. 교량전차의 설치과정은 [그림 3-44]에서 보는 바와 같다.

[그림 3-44] 교량전차(AVLB)

교량전차는 K1 전차 차체를 이용함으로써 주력전차의 주행속도를 보유함으로 기동부대를 근접지원할 수 있으며, 한국 지형에 맞는 교량장비로 최대 20.5m의 간격을 극복할 수 있다. 유압장치를 이용하여 4~8분 이내에 가설할 수 있으며, 주요 제원은 [표 3-10]과 같다.

[표 3-10] 교량전차의 제원

| 교량장비 | | 추진장비 | |
|---|---|---|---|
| 가설 길이 | 20.5m | 차 체 | K1 전차 |
| 교 량 폭 | 4m | 중 량 | 53.7톤 |
| 통과 하중 | 93톤 | 최대속도 | 65㎞/h |
| 가설/철수 시간 | 4~8/10분 | 항속거리 | 25㎞ |

## 라. 도하지원 장비

### (1) 문교

문교는 하천 장애물을 극복하기 위하여 [그림 3-45]와 같이 몇 개 부주(교절)을 연결하여 뗏목형태로 운용하는 도하수단으로, 적의 직사화력이 제압되었을 때 전술차량 및 장비를 도하시키기 위하여 운용된다.

문교는 경전술문교와 중문교로 구분된다. 경전술문교는 자체 도하능력이 없는 20톤 미만의 전투차량 및 장비 도하를 위하여 운용되고, 중문교는 전차 및 장갑차 등 20톤 이상의 장비 도하를 위하여 운용된다.

[그림 3-45] 문교

자료: 국방일보(2010.11.24)

문교의 한국군 표준장비는 리본부교이며, 리본부교를 문교로 운용할 경우 3교절, 4교절, 5교절, 6교절 문교로 구축할 수 있고, 형태에 따라 45~80톤의 도하 적재능력이 있다. 리본 부주는 알루미늄합금으로 제작되어 강도가 높으면서 경량화 되어 있어 공중수송도 가능하다.

### (2) 부교

부교는 도섭이 불가능한 하천에서 병력 및 장비의 신속한 도하를 위하여 하천의 차안에서 대안까지 부주(교절)을 연결하여 교량형태로 운용한다.

부교는 도하작전간 문교도하 이후 적의 곡사화력의 위협이 제거되었을 때 문교로 대치하여 운용하며, 병력의 도하를 위한 알루미늄 도보교(그림 3-46의 왼쪽)와 차량 및 장비의 도하를 위한 리본부교(RBS: Ribbon Bridge, 그림 3-46의 오른쪽)로 구분된다.

[그림 3-46] 도보교(좌), 리본부교(우)

리본부교(RBS)는 1개 세트가 교량가설단정 14대, 내부교절 30개, 진입교절 12개, 수송차량 36대로 구성되며, 폭 8.1m, 길이 215m까지 구축 가능하고, 통과중량은 유속에 따라 60톤 규모가 가능하다. 리본부교는 운용하던 문교를 연결하여 신속하게 부교로 전환할 수 있으며, 가설시간은 60분이 소요된다. 개선형 리본부교(IRB : Improved Ribbon Bridge)는 70톤까지 통과 가능하여 사실상 모든 기동장비의 통행이 가능하다.

### (3) 자주도하장비, 수룡

자주도하장비는 차량 형태로 이동하다가 군이 하천을 건너는 도하 작전을 벌일 때 다리나 뗏목 형상으로 전환할 수 있는 수륙양용 장비이다.

[그림 3-47]의 수룡은 기존 도하장비 대비 운용 인원을 최대 80% 절감할 수 있고, 설치 시간은 70%까지 줄일 수 있으며, 통과 중량은 기존 54t에서 64t으로 10t 증가했다.

기존 부교 설치 시 6시간 정도의 별도 준비시간이 필요했는데 수룡은 준비 시간이 아예 없다. 육상에서의 최고 속도는 시속 70㎞다.

기존 장비 대비 방호력을 높이고 화생방 방호 장비를 갖춰 승무원 생존 가능성을 높였고, 부품 90%를 국산화했다.

[그림 3-47] 자주도하장비

자료: 한화디펜스(2025.06.03)

# 3. 대기동지원 장비

## 가. 대기동지원 개념

대기동지원은 적의 기동을 저지, 지연, 전환하기 위하여 지뢰를 살포하고 장애물 등을 운용하여 기동부대를 지원하는 것이며, 장애물 운용과 거부작전 지원활동이 있다.

대기동지원은 방어 시에 주로 운용된다. 그러나 공격 시에도 적의 퇴로를 차단하고 증원을 거부하거나 아군의 측방을 보호하며, 확보된 목표를 방호하고자 할 때 운용된다.

### (1) 장애물 운용

장애물 운용은 적의 기동을 지연, 저지시키기 위하여 자연장애물과 인공장애물을 효과적으로 운용하여 아군 작전에 기여하는 활동을 말한다.

장애물은 적을 타격할 수 있는 기회를 조성하고, 적이 장애물을 극복하는 데 전투력 소모를 강요하며, 적을 저지·지연함으로써 아군의 시간을 획득하고 전투력을 절약하고, 특정지역에 대한 적의 침투를 거부할 목적으로 운용한다.

지뢰지대 장애물은 지상지뢰살포장비(FLIPPER), 야포살포식지뢰체계(ADAM/RAAM), 공중살포식지뢰체계(GATOR) 등을 운용하여 설치할 수 있으며, 원격무선폭파장비를 운용할 수 있다.

### (2) 거부작전 지원활동

거부작전은 전술적·전략적으로 가치가 높은 지역이나 목표를 적이 점령하거나 이용하는 것을 방지하기 위하여 실시하는 작전이다. 거부작전 지원활동은 화력 및 장애물 운용을 포함하여 다양한 수단을 활용할 수 있다.

## 나. 장애물 운용 장비

### (1) 한국형지뢰살포기(KM138)

한국형지뢰살포기는 [그림 3-48]과 같으며, 장갑전투도자, 차량 등에 장착하여 대인 및 대전차지뢰를 신속하게 살포하는 장비이다. 지뢰살포기는 근접작전시 주요접근로 돌파를 저지하고 통로간격을 봉쇄하며, 기존지뢰지대를 보강하고 주요지형 이용을 거부하는 데 운용된다.

[그림 3-48] 한국형 지뢰살포기(KM138)

살포거리는 최소 25~40m이며, 살포방식은 수동 및 전기식 동력장치로 추출한다. 살포능력은 최대 6초당 1발(적정 10초당 1발)이다. 무장시간은 살포 후 50~60분이며. 인계철선과 자기감응으로 기폭된다. 자폭시간은 단자폭의 경우 4~5일이며, 장자폭의 경우는 12~15일이다.

미국은 [그림 3-49]와 같이 볼케이노(Volcano) 살포지뢰체계를 운용하고 있으며, 5톤 트럭이나 장갑차, 항공기에 탑재하여 운용한다.

볼케이노 살포지뢰체계는 4대의 지뢰살포기로 구성되며, 각 살포기는 40개의 지뢰발사관이 있고, 각 발사관에는 5~6발의 대전차지뢰와 1발의 대인지뢰가 있어 모두 160개의 지뢰발사관에 960발의 지뢰가 탑재된다.

탑재된 지뢰는 5톤 트럭이나 장갑차를 이용하여 기동하면서 지상 5~150피트에 살포하여 폭 55m, 길이 960m 지역에 지뢰지대를 설치할 수 있으며, 자폭시간은 4시간, 48시간, 15일 등 3가지 모드가 있다.

[그림 3-49] 미국 볼케이노 지뢰살포

자료: 미국 육군(http://www.army.mil)

### (2) 야포 살포식지뢰체계(ADAM/RAAM)

야포 살포식지뢰체계는 이동 중인 적 공격전면에 긴급 살포하여 조기 전개를 강요하고 공격을 차단하며, 적지종심작전지역에 투발하여 후방을 차단하기 위하여 화포를 이용하여 지뢰지대를 설치하는 개념이다.

야포 살포식지뢰체계는 155㎜ 화포에 의해 사거리 17.5㎞까지 투발 가능하며, 15분 내에 350×350m의 지뢰지대를 설치할 수 있다. [그림 3-50]와 같이 대인탄두는 대인지뢰(ADAM) 36발이 내장되어 있고, 대전차탄두에는 9발의 대전차지뢰(RAAM)가 내장되어 있다.

ADAM은 지면에 낙하한 후 25초 후에 7개의 인계선이 설치되며, 1.2m 높이로 유탄을 도약 폭발시켜 살상효과를 증대한다. RAAM은 지면에 낙하한 후 자기감응식 기폭장치에 의해 전차의 밑판을 관통하여 파괴한다. 무장시간은 2분 이내, 자폭시간은 단자폭 4시간, 장자폭 48시간이며, 주요 제원은 [표 3-50]에서 보는 바와 같다.

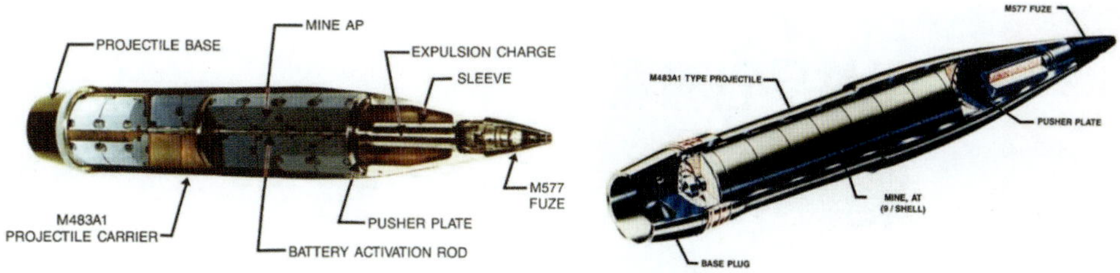


[그림 3-50] 야포살포식지뢰 ADAM(좌), RAAM(우)

| 구 분 | 대인지뢰(ADAM) | 대전차지뢰(RAAM) |
|---|---|---|
| 지뢰내장 수 | 36발 | 9발 |
| 기폭 형태 | 인계철선(7개) | 자기감응 |
| 자폭 시간 | 단자폭 4시간, 장자폭 48시간 | |
| 무장 시간 | 45초 ~ 2분 이내 | |

### (3) 공중 살포식지뢰체계

공중 살포식지뢰체계는 지상살포식지뢰를 헬기에 탑재하여 운용하는 개념이다. 적 지휘소 및 집결지, 적 중요 기동로에 신속하고 효과적으로 대량의 지뢰를 살포하여 기동을 지연하고 화력으로 격멸할 수 있는 여건을 조성하며, 아군의 중요지역을 방어하기 위하여 운용된다.

## 제6절 지상무인체계

### 1. 지상무인체계

#### 가. 지상무인체계 개요

지난 10년 사이에 지상 무기체계의 발전에서 가장 주목할 만한 분야 중 하나가 무인체계이다. 대부분의 지상무인체계는 1970년대까지만 해도 상상 속에서나 가능하였으며, 1980년대에도 개념연구가 시작되는 수준이었다. 본격적으로 지상무인체계가 연구개발되고 실용화되기 시작한 시기는 1990년대이다.

1990년대부터 디지털 기술과 IT기술이 민간 분야에서 폭발적인 속도로 발전하고, 특히 디지털 네트워크 기술의 발달로 대량의 정보가 단시간에 송수신 가능해지면서 무인체계에 필수적인 실시간 원격통제 및 정보교환이 실현될 수 있었다. 여기에 산업 분야를 중심으로 정밀 제어기술이 발달하면서 무인체계를 보다 정밀하게 제어할 수 있게 되었고, 무인체계의 운용에 필수적인 각종 센서류도 급속도로 개발되면서 무인체계의 운용효율이 비약적으로 높아졌다.

21세기에 들어서 주요 국가에서 지상무인체계를 도입하거나 도입을 적극적으로 추진하고 있으며, 민간분야의 무인체계 개발과 활발히 연동되면서 기술개발이 놀랄만한 수준으로 진척되고 있다. 현재 이 분야의 최선도 국가는 미국이지만 유럽, 러시아, 중국, 일본 등이 활발하게 개척 중이며, 한국도 상당한 수준의 연구개발을 추진하고 있다.

#### 나. 주요 지상무인체계

##### (1) 폭발물탐지/제거 로봇

지상무인체계 중 가장 먼저 실용화되고 발전한 분야가 폭발물처리 로봇으로, 가장 널리 사용되는 지상무인체계이며, 다수의 군용로봇이 폭발물처리 로봇을 기반으로 발전하였다.

폭발물처리 로봇은 폭발물 등의 위험물을 직접 들어 옮기거나 현장에서 파괴하는 것을 주 임무로 하며, 처음 개발된 것은 1970년대 영국이었다.

영국은 테러단체인 IRA[11]의 잦은 폭탄 테러로 큰 피해를 입고 있었으며, 이로 인해 폭발물처리 장비의 개발과 생산에 많은 노하우를 쌓게 되었다. 영국군 폭발물처리반은 폭발물의 간단한 처리에도 인원이 직접 접근하여 작업함으로써 희생이 크다는 사실을 깨닫고 대안 마련에 나섰으며, 원격조종 방식의 무인 차량에 주목하게 되었다. 1972년에는 [그림 3-51] 왼쪽의 물포총[12]을 탑재한 원격조종 로봇인 휠배로우(Wheelbarrow)가 개발되어 사람이 직접 폭발물에 접근하지 않고 안전한 장소에서 폭발물을 무력화하는 원시적인 폭발물처리 로봇이 실용화되기 시작하였다.

[그림 3-51] 영국의 휠배로우 로봇(좌), 싸이클롭스 로봇(우)

1980년대부터 산업용 로봇기술이 급속도로 발전하면서 관련기술이 빠르게 폭발물처리 로봇에 적용되기 시작하였다. 이 분야의 선두주자는 영국이었으며, 1980년대 중반에 영국에서 최초로 현대적 개념의 소형 폭발물처리 로봇으로 [그림 3-51] 오른쪽의 싸이클롭스가 개발되어 실용화되었다. 싸이클롭스는 폭발물을 직접 들어 옮길 수 있는 로봇팔, 현장 상황을 실시간으로 전달할 수 있는 카메라와 마이크, 스피커 등을 장착하고 필요에 따라 X선 탐지기 등의 다른 임무장비도 탑재할 수 있는 높은 다용도성을 보유하고 있다. 싸이클롭스는 한국을 포함하여 여러 나라에 수출되어 운용되었으며, 개량형은 아프가니스탄 등에서 활약하고 있다.

독일, 미국 등 다른 국가에서도 폭발물처리 로봇을 개발·생산하였으며, 영국과 함께 폭발물처리 로봇 분야에서 경쟁을 벌이는 가운데 한국을 포함한 다른 국가들도 점점 독자 모델을 연구 중에 있다.

폭발물 테러가 늘어나면서 폭발물처리 로봇의 수요도 늘어났으며, 테러와의 전쟁이후 전장에서 가장 위협적인 요소가 급조폭발물(IED)로 바뀌면서 정규군에서도 폭발물

11) IRA : Irish Republican Army, 아일랜드공화국 군대

12) 물포총(disruptor) : 물을 순간적으로 고압 방출하여 수압으로 폭발물을 안전하게 해체하는 장비이다.

처리 로봇의 수요가 급증하고 있다. 미국에서는 병사 1인이 휴대할 수 있을 정도로 작으면서도 폭발물처리 임무에 동원할 수 있는 소형 로봇으로 [그림 3-52]에서 보는 팩봇(Packbot)과 그보다는 약간 크지만 탤론(Talon) 등이 폭발물처리 장비를 탑재해 사용되고 있다.

[그림 3-52] 미국의 팩봇 로봇

폭발물처리 로봇은 근본적으로 폭발물처리 및 폭발물 주변의 정보수집에 사용되지만, 물포총이나 산탄총 등의 무장을 탑재할 수 있으며, 실시간으로 음성 및 영상정보를 교환할 수 있는 장점이 있기 때문에 군이나 민간의 대테러 작전용으로도 활용된다. 인질범이 있는 장소에 사람 대신 들어가 정보를 수집하고 범인과 대화 수단으로 활용되거나 필요할 경우 로봇의 자체 무장을 이용하여 인질범을 제압하는 것이다.

(2) **원격사격통제체계**(RCS : Remote Control System)

실용화된 지상무인체계로는 장갑차량 및 각종 시설, 차량 등에 부착하는 원격사격통제체계가 있다. 원격사격통제체계는 원격조종으로 작동하는 총탑으로, 총탑은 외부에 노출되어 있어도 조작인원은 차내에 안전하게 위치할 수 있기 때문에 훨씬 안전하게 전투를 수행할 수 있다.

차륜형장갑차 원격사격통제체계
복합화기형 원격사격통제체계
함정용 원격사격통제체계


[그림 3-53] 다양한 형태의 원격사격통제체계

원격사격통제체계의 발상은 2차 세계대전 당시에도 있었으나 현재의 무인 총탑은 첨단 제어기술과 고성능 감시센서를 결합하여 단순한 공격·방어수단이 아닌 주변 감시수단으로까지 활용할 수 있다. 특히 외부감시 및 무장 조준이 고성능 디지털 카메라와 열상장치에 연결되어 있어 원거리 적에 대한 감시 및 교전이 육안보다 유리하며, 전술네트워크를 통하여 전투상황을 실시간으로 전송할 수 있어 지휘통제면에서도 훨씬 유리하다. [그림 3-53]은 한국에서 개발된 원격사격통제체계로서 12.7㎜ 기관총이나 40㎜ 유탄기관총 등의 무장을 장착할 수 있으며, 미국의 스트라이커 장갑차에 주 무장으로 탑재되면서 전 세계의 주목을 받았다.

원격사격통제체계의 또 다른 장점은 기존 총탑이나 기관총보다 장착위치의 제약을 덜 받는다는 것이다. 기존의 유인 총탑은 운용자를 위한 공간을 필수적으로 고려하였으나, 무인 총탑은 융통성있게 장착위치를 선정할 수 있으며 기존 차량의 성능개량에도 유리하게 적용할 수 있다.

### (3) 무인경전투차량

미래 무인화체계장비로 보병부대에 편성되는 2톤급 차량이다. 위험한 전장환경에서 병사 대신 원격 또는 자율 운행하며 감시·정찰, 통신중계, 물자 수송, 부상병 이송, 근접전투 등 다양한 임무를 수행할 수 있는 미래형 국방로봇체계이다.

군 시범운용에 투입되고 있는 [그림 3-54]의 다목적무인경전투차량은 6륜구동 플랫폼의 지능형 다목적무인차량으로, 적재중량과 항속거리 등 주요 성능이 대폭 강화된 성능을 갖추고 있어 우리 군의 전력화뿐만 아니라 향후 해외수출도 기대된다.

적재중량은 기존 4륜구동 모델 대비 2배 이상 증가한 500kg 이상으로, 고하중 전투물자 수송과 부상자 후송 등 전투지원능력을 향상시켰다. 1회 충전으로 100km 이상 주행이 가능해져 기존 항속거리보다 4배 이상의 운용이 가능해졌다. 원격운용 중 통신이 끊기면 1분간 스스로 통신 재연결을 시도하고, 복구가 안 되면 최초 출발점으로 돌아오는 '스마트 자율복귀' 기능도 갖추고 있다. RCWS(원격사격통제체계)를 장착하고 있으며, 총성을 감지하여 스스로 화기를 지향하여 공격할 수 있는 AI기능이 강점이다.

[그림 3-54] 개발 중인 무인경전투차량

# 제 4 장

# 화력무기체계

## 제1절 화력운용 개요

### 1. 화력 개요

화력(Fire Power)은 살상 및 비살상 무기체계에 의하여 적에게 투사되는 사격량이나 타격 능력을 말하며, 화력의 범주에는 작전(전투)부대 편제화기, 포병화기(대포, 로켓, 유도탄), 공격헬기, 함포, 전술공군 및 비살상무기 등이 포함된다.

화력은 소총, 화포, 로켓 및 유도무기, 공격헬기, 해군 및 공군 화력 등을 단독 또는 통합적으로 운용하여 적에게 전투력 손실을 강요하고 전투의지를 저하시킴으로써 작전 목적을 달성하는 중요한 역할을 한다. 따라서 가용한 화력의 효율적 운용은 각종 전투에서 우세를 달성하는 관건이 되며, 작전(전투)부대 지휘관은 공격 및 방어작전 등 다양한 형태의 작전실시 전 단계에 걸쳐 화력을 주도적으로 운용하여야 한다.

화력의 기능은 작전(전투)부대 근접지원을 통하여 기동 여건을 조성하며, 적의 기동을 방해 및 저지하고, 화력타격을 수행하여 적 중심 파괴 및 화력우세를 달성하는 것이다. 화력은 독립적인 기능을 수행하기도 하지만 기동과 상호 보완적인 역할을 하여 전투 효과를 증대시킨다.

작전(전투)부대 지휘관은 타격 대상인 표적 수와 가용한 화력 자산을 고려하여 타격할 표적 및 타격 우선순위 등을 결정하고, 표적 성질에 부합된 최적의 화력 자산이 적시에 운용되도록 노력해야 한다. 그리고 작전(전투)부대 편제화기와 지원되는 각종 화력 자산의 능력[1])을 고려하여 이들을 적절히 통합 운용함으로써 다양한 표적을 효과적으로 타격하여야 한다.



1) 전투지휘관은 자체 편제화기, 상·하·인접부대가 운용하는 무기체계의 능력 및 제한사항을 숙지하여야 전장상황에 적합한 화력을 운용할 수 있다.

## 2. 화력운용 개념 및 통합화력 운용

### 가. 화력운용 개념

화력운용이란 공격작전, 방어작전 등 각종 형태의 작전목적 달성을 위하여 가용한 화력이 운용되는 전반적인 작전활동을 말한다. 화력운용은 작전을 수행함에 있어 화력의 역할에 따라 화력지원과 화력타격으로 구분된다. 화력지원[2)]은 피지원부대의 작전활동과 연계하여 피지원부대가 요구하는 시간과 장소에 화력으로 표적을 타격하는 활동을 말하며, 화력타격은 화력을 주수단으로 운용하여 특정한 과업을 수행하는 행동이다. 화력전투는 기동과 별도로 화력 자산을 운용하여 적의 중심을 타격하는 활동과 대화력전[3)], 적 증원부대 차단사격 등 화력 위주로 수행되는 작전 활동이 포함된다.

### 나. 통합화력 운용

#### (1) 통합화력 운용 전례

2010년 11월 23일 2시 30분경 북한군이 연평도에 170여 발의 포격을 함에 따라 한국군은 북한의 해안포 사격에 대응하여 K9 자주포로 대응사격을 하였으며, 이어서 공군 전투기 F-15K와 KF-16이 출격하였다. 비록 공군 전력은 북한에 대한 위협 수준에 그쳤으나 일련의 한국군의 대응은 지상화기인 포병사격만으로 실시하는 작전이 아닌 통합(합동)화력운용 측면에서 대응하였음을 알 수 있다.

북한군의 연평도 포격에 대한 한국군의 대응을 분석해 보면, 포병의 사격만으로는 요망하는 효과를 달성할 수 없으므로 공군 자산을 투입하였다. 포병화력은 근접전투를 주로 수행하는 기갑 및 보병 전력에 비하면 장거리 화기로 분류할 수 있으나 정밀도와 지형적 제한사항으로 북한의 해안포[4)]를 공격하기에는 제한사항이 있다. 따라서 이러한 단점을 극복하기 위하여 정밀 및 종심표적 공격 능력을 보유한 공군력을 운용하려고 하였다.

걸프(Gulf)전에서는 지상전투 양상이 기동 위주의 전투에서 화력 위주 전투로 변화되는 계기가 되었다. 지금까지 우리는 화력을 단순히 기동을 보완해 주는 전투지원 요소로 인식하였으나 걸프전은 화력만의 단독전투도 가능하며 오히려 우군의 피해는 최소화하면서 전쟁을 단기간 내에 종결하는 수단이 바로 화력임을 인식시켜 주었다.

---

2) 화력지원은 화력이 수단으로 운용되며, 화력운용은 지휘관이 화력자산을 활용하는 측면이다.
3) 대화력전이란 적의 화력자산과 이를 지휘통제 및 지원하는 부대와 시설을 타격하여 파괴 및 무력화시키기 위한 화력운용을 말한다. 공세적 대화력전과 대응적 대화력전으로 구분한다.
4) 북한군의 해안포는 주로 절벽의 동굴에 설치되어 있다.

### (2) 통합화력 운용 개념

통합화력 운용을 이해하기 위해서는 표적처리를 먼저 이해하여야 한다. 작전(전투)부대 지휘관은 표적처리 절차를 통하여 공격 대상인 핵심표적 또는 긴급표적에 대하여 어떻게 아군 자산(화력 포함)을 운용하여 타격할 지에 대한 다양한 방법을 검토해야 하며, 이러한 다양한 대응 방법 중 통합화력 운용이 하나의 방안이다. 즉, 표적 처리란 작전을 성공적으로 수행하기 위하여 타격해야 할 적의 핵심 요소가 무엇인가를 식별하여 이것을 공격할 표적으로 선정하고, 그 표적을 효과적으로 탐지 및 타격하는 전반적인 과정이다.

통합화력 운용의 유형은 공격 대상 표적의 특성(인원, 장비, 규모, 위치 등)에 따라 다양하게 운용할 수 있다. 즉 소규모의 적 인원에 대해서는 개인화기와 기관총을 통합운용하여 제압할 수도 있다. 적 전차(기갑 및 기계화 부대)에 대해서는 규모, 위치 등 표적의 특성에 따라 대전차 화기, 육군항공 전력, 포병화력, 해·공군 전력 등을 단독 또는 통합운용함으로써 제압할 수도 있다. 통합화력을 운용하는 지휘관은 표적의 상태(성질, 규모, 크기 등), 작전(전투)부대 지휘관 지침(제압, 무력화, 파괴 등)[5], 가용한 화력자산 등을 고려하여 어떤 형태로 통합화력을 운용할 것인지를 결정하여야 한다.

## 3. 전장편성과 연계한 화력운용



전장이란 공격 또는 방어작전 등의 작전이 수행되는 지역을 의미하며, 전장편성은 작전을 효율적으로 수행하기 위하여 전장을 식별 및 구분하고, 여기에 적절한 전투력을 할당하는 것이며, 어떻게 전투력을 운용할 것인가를 가시화하는 방법이다.

전장은 관심지역과 작전지역으로 구분하며, 관심지역이란 현행 및 장차작전에 영향을 미칠 수 있는 적 부대가 위치한 지역으로 작전지역의 전·후·측방으로 확장된 지역을 말한다. 작전지역은 작전을 수행하기 위하여 지휘관에게 권한과 책임이 부여된 지역으로서 통상 상급부대로부터 부여되고, 지리적 공간상의 전·후·측방 경계선으로 정면과 종심이 결정되며, 방어작전 시에는 적지종심지역, 근접지역, 후방지역으로 구분된다.

---

5) 제압은 3%까지의 피해(특정표적이 일시적으로 전투력 발휘가 제한), 무력화는 약 10%의 피해(특정표적을 짧은 기간 동안 무능화), 파괴는 30%의 피해(특정표적이 영구히 활동하지 못하거나 장기간 무능화) 수준으로 구분한다.

### 가. 적지종심지역에서의 화력운용

적지종심지역이란 투입되지 않은 적지종심상의 적 부대와 자원을 적이 원하는 시간과 장소에 운용하지 못하도록 방해하기 위하여 작전을 수행하는 지역이다.

적지종심지역에서의 화력운용은 정찰 및 감시자산으로부터 획득된 핵심표적을 가용한 화력자산으로 타격하여 적의 전투력을 저하시킴으로써 근접작전의 유리한 여건을 조성하는 데 주안을 둔다. 통상 사단급 이상 부대에서는 적지종심지역에서 감시 및 타격에 주안을 두고 작전을 실시한다. 적지종심지역에서는 신뢰성 있는 표적획득과 적시적인 타격이 작전성공의 필수조건이므로 해당제대에 편제되어 있는 감시 및 표적획득자산과 가용한 상급부대의 자산을 통합운용하고, 이와 연계하여 화력자산을 운용함으로써 실시간 타격이 가능하도록 해야 한다.

### 나. 근접지역에서의 화력운용

근접지역이란 투입된 적 부대와 근접전투를 수행하는 지역으로서 접촉하고 있는 투입된 적 부대를 격멸할 목적으로 전투를 실시하며, 결정적 시간과 장소에 상대적 전투력 우세를 달성하기 위하여 아군의 주공방향이나 적의 주 타격방향에 지상기동부대 위주로 전투력(화력 포함)을 할당한다.

근접지역에서의 화력운용은 병력 및 장애물과 통합된 운용은 물론, 포병·공격헬기·전술공군 등 가용한 모든 화력자산을 통합운용함으로써 그 효과가 결정적 작전의 승리달성에 기여하는 데 주안을 둔다. 따라서 화력지원부대는 결정적인 시간과 장소에 아군이 상대적 전투력 우세를 달성할 수 있도록 아군의 주공방향이나 적의 주 타격방향에 가용한 화력자산을 집중적으로 운용해야 한다.

## 4. 화력지원 절차

화력지원은 [그림 4-1]와 같이 탐지→결심→타격 순의 절차로 진행되며, 각 절차별로 작전부대 지휘관의 지휘통제 및 화력지원 관련 요소의 상호 긴밀한 협조로 수행된다.

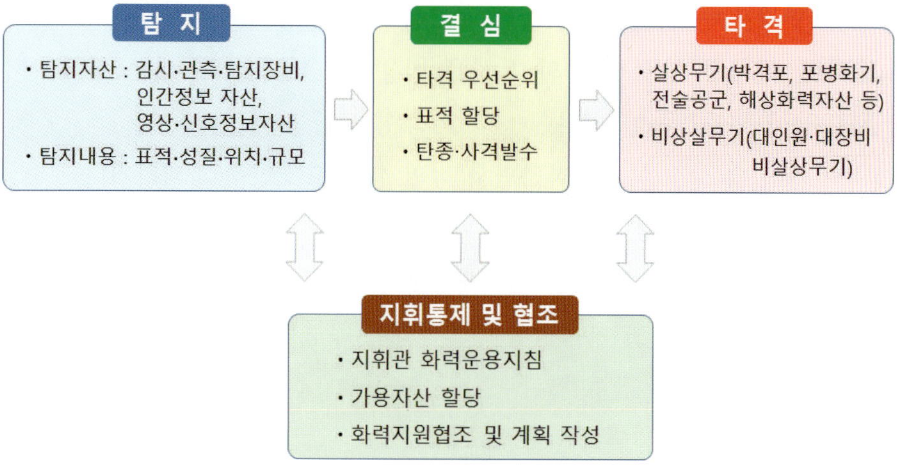


[그림 4-1] 화력지원절차

### 가. 탐지

표적획득을 위한 감시 및 탐지는 지상 또는 공중에서 운용하는 각종 감시·탐지 자산에 의해 수행되며, 획득되는 표적의 가치가 상실되지 않도록 가용한 모든 통신수단을 이용하여 실시간으로 화력지원부대에 전파되어야 한다.

지상에서 운용되는 감시·탐지 자산은 적의 지휘통신시설, 화력자산, 표적획득장비 등에 대한 정확한 위치를 탐지 및 식별하는 데 사용되며, 가용자산으로는 표적탐지레이더(ARTHUR-K, AN/TPQ-74K), 수색 및 특공부대가 있다. 공중운용 자산에는 인공위성, 공중정찰기, 무인정찰기 등이 있으며, 통신 및 전자정보 자산으로는 미군의 EA-6B, J-STARS 등이 운용된다.

### 나. 결심

결심은 표적처리 회의를 통하여 결정된 타격 표적에 대하여 타격 우선순위, 표적할당, 탄의 종류 및 발수 등을 작전(전투)부대 지휘관의 지침에 따라 결정하는 절차이다.

### 다. 타격

타격에 운용되는 자산에는 적 무기 및 장비, 시설을 파괴하고 전투원을 살상하여 전투 능력을 상실시키는 살상무기와 적에게 혼란 야기 및 일시적인 전투행위의 중단을 강요하여 조직적 전투임무수행을 제한시키는 비살상무기로 구분된다.

살상 무기는 포병화기, 박격포, 공격헬기, 함포, 전술공군 등이 있다. 포병화기에는 대포(105㎜, 155㎜ 곡사포), 로켓(130㎜ 다련장, MLRS, 천무), 유도탄(현무, ATACMS[6])

제4장 화력 무기체계

등이 있으며, 박격포는 60㎜, 81㎜, 4.2″, 120㎜ 박격포 등이 있다. 공격헬기는 고도의 기동력과 화력, 민첩성, 융통성 등의 특성을 이용하여 타격할 수 있는 화력 자산으로 AH-1, AH-64, LAH-1 등이 있다.

비살상무기는 인명 살상을 최소화하면서 적의 핵심 요소만을 파괴하거나 무력화시키는 수단으로 적의 작전 수행을 제한하기 위하여 사용한다. 특정 지역에 인원의 접근을 거부하거나 특정시설을 이용하는 인원을 대상으로 무능력화 할 경우, 장비를 이용한 특정지역 사용을 제한하거나 또는 특정한 무기체계를 무능력화 또는 중립화하고자 할 경우에 사용하는 무기이다.

### 라. 지휘통제 및 협조

지휘통제 및 협조는 실시간에 화력을 통합운용하기 위하여 작전부대 지휘관의 화력운용지침, 가용자산의 할당, 화력지원계획 작성 및 협조 등이 포함된다. 화력의 지휘 및 협조 책임은 작전(전투)부대 지휘관에게 있으며, 그 수행은 각급제대의 관련 참모와 화력지원협조관의 긴밀한 협조를 통하여 이루어진다. 효과적인 화력지원을 위하여 적정감시 및 탐지수단, 타격수단, 지휘통제 및 협조기구 등은 항상 지휘통제 및 통신(C4I)체계가 유지되어 실시간 타격이 가능하여야 한다.

## 5. 화력무기체계 분류

화력무기체계 중 '총'과 '포'를 구분하는 기준은 일반적으로 다음과 같은 3가지 기준을 적용하고 있다.

- 첫째, 구경이 20㎜ 이하이면 '총'으로, 그 이상은 '포'로 분류한다.
- 둘째, 탄 자체에 폭발물이 들어있어 충격, 근접 신관 등에 의해 표적에서 폭발하게 되어 있으면 '포'로 분류하고, 탄자가 표적에서 충돌할 때 폭발하지 않으면 '총'으로 분류한다. 그러나 전차포탄 중 운동에너지탄 등 예외적인 경우도 있다.
- 표적을 직접 조준하여 직선에 가까운 탄도로 사격하면 '총'으로 분류하고, 곡선 탄도를 이용하여 장애물을 넘어서거나 원거리의 넓은 지역을 공격하면 '포'로 분류한다. 무반동총은 구경이나 자탄의 파열여부 측면에서는 '포'에 해당하지만, 사수가 직접 조준 및 사격하기 때문에 '총'으로 분류한다.

---

6) ATACMS(Army Tactical Missile System, 육군전술미사일체계)는 탄도식으로 발사되는 관성유도 방식 미사일로서 대량의 자탄을 내장하고 있으며, 대형표적 및 종심표적 공격 시 주로 운용된다.

화력무기체계 분류는 「국방전력발전업무훈령」에 따르면, [표 4-1]과 같다.

[표 4-1] 화력무기체계의 분류

| 구 분 | | 내 용 |
|---|---|---|
| 소화기 | 개인화기 | 38·45구경 권총, K5권총, M16A1, K1A·K2(C1)소총, K13, 수중권총, M203·K201유탄발사기 등 |
| | 기관총 | K-3·K-4·M60·K-6기관총, K15 · K16기관총 등 |
| 대전차 화기 | 대전차 로켓 | M72LAW, PZF-Ⅲ 등 |
| | 대전차유도무기 | METIS-M, TOW, 현궁 등 |
| | 무반동총 | 90㎜, 106㎜ 무반동총 등 |
| 화 포 | 박격포 | 60㎜, 81㎜, 120㎜, 4.2"박격포 등 |
| | 야 포 | 105㎜(M101, K105A1), 155㎜(M114A1, KH-179, K55A1, K9A1) 등 |
| | 다련장·로켓 | 230㎜급 다련장, MLRS, 130㎜ 다련장 등 |
| | 함 포 | 20㎜, 30㎜, 40㎜, 76㎜, 127㎜, 5“ 함포 등 |
| 화력지원 장비 | 표적탐지·화력통제레이더 | AN/TPQ-36, AN/TPQ-37, ARTHUR-K(1K), 대포병탐지레이더-II 등 |
| | 전차 및 화포 사격통제장비 | 전차장 열상조준경, 전차 포수조준경, BTCS(A1) 등 |
| | 그 밖의 화력지원장비 | 측지제원계산기, 광파거리측정기, 자동측지장비, 복합화기원격사격통제체계 등 |
| 탄 약 | 지 상 탄 | 기관총탄, 박격포탄, 포병탄, 전차포탄, 로켓탄, 지뢰, 폭약 등 |
| | 함 정 탄 | 20㎜, 30㎜, 40㎜, 76㎜, 127㎜, 5″, 기뢰, 폭뢰 등 |
| | 항 공 탄 | 일반폭탄, 유도폭탄, 확산탄, 조명탄 등 |
| | 특수탄약 | 전자기펄스탄, 정전탄 등 |
| | 유도탄 능동유인제 | 대유도탄기만체(DECOY), CHAFF, R-BOC 등 |
| 유도무기 | 지상발사 유도무기 | 지대지유도무기(현무, ATACMS), 지대함유도탄(HARPOON), 대공제압무인기, 전술지대지유도무기(KTSSM), SPIKE, 2.75″유도로켓(비궁) 등 |
| | 해상발사 유도무기 | 함대지 · 함대함 · 함대공 유도탄, 잠대함 유도탄 등 |
| | 공중발사 유도무기 | 공대지 · 공대함 · 공대공 유도탄 등 |
| | 수중 유도무기 | 경어뢰, 중어뢰, 장거리대잠어뢰 등 |
| 특수무기 | 레이저무기 | 고에너지 레이저무기, 고출력 마이크로파 무기, 초저주파 음향무기 등 |

## 6. 여단급 부대 화력무기체계

### 가. 한국군 여단급 이하 화력무기체계

한국군 여단급 이하 부대의 주요 화력무기체계는 [표 4-2]에서 보는 바와 같다.

[표 4-2] 한국군 여단급 이하 부대 주요 화력무기

| 구 분 | | 주요 화력무기체계 |
|---|---|---|
| 분·소대급(보병) | | K2 소총, K3 기관총, K201 유탄발사기 |
| 중대급 | 보 병 | 60㎜ 박격포, PZF - Ⅲ 대전차화기 |
| 대대급 | 보 병 | 81㎜ 박격포, K4고속유탄기관총, 현궁 |
| 여단급 | 보 병 | 120㎜, 4.2인치 박격포 |
| | 포 병 | 105㎜ 곡사포(자주) 또는 155㎜ 곡사포(견인) |

### 나. 북한군 연대급 이하 화력무기체계

북한군도 [표 4-3]과 같이 한국군과 유사하게 연대급 이하 부대에 주요 화기를 운용하고 있다.

[표 4-3] 북한군 연대급 이하 부대의 주요 화력무기

| 구 분 | 주요 화력무기체계 |
|---|---|
| 소대·중대급 | AK-68(68년식 자동보총), AK-88(88년식 자동보총), 73형 기관총, 74형 기관총, 저격수용 보총, 자동보총투척기, 40㎜ 신형투척기, 열압력탄 발사기 등(소대에는 기관총 미편제, 중대에는 박격포 미편제) |
| 대대급 | 82㎜ 박격포, 14.5㎜ 기관총, 82㎜ 비반충포, 30㎜ 기관포 등 |
| 연대급 | 122㎜ 자주포, 120㎜ 박격포, 107㎜ 방사포, 76.2㎜ 평사포, SA-7 화승총, RPG-7 발사관 등 |

# 제2절 소화기

## 1. 개 요

소화기는 적의 인원 및 경장갑 차량, 근접용 공격기 등을 손상하거나 제압하고 최종 돌격사격 지원과 저격수 임무수행 등에 운용되는 무기체계이며, 전투원 자신을 보호하고 소부대 전술임무를 수행하는 데 필요한 무기체계이다.

소화기는 개인 기본화기, 2~3인이 운용하는 공용화기로 구분되며, 권총과 같은 개인 방어화기, 소총으로 대표되는 개인전투화기, 기관총 및 유탄기관총 등의 공용화기, 특수화기 등으로 분류된다.

소화기의 세부 분류는 [표 4-4]와 같다.

[표 4-4] 소화기 분류

| 구 분 | 내 용 |
|---|---|
| 권 총 | 허리 휴대와 신속한 사격이 가능한 개인방어 화기로 리볼버, 피스톨 등 |
| 소 총 | 높은 명중률과 우수한 살상능력이 요구되는 개인전투화기로 돌격소총, 저격소총 등 |
| 기관총 | 완전 자동사격이 가능한 20㎜ 이하의 구경을 가진 화기<br>• 경(輕)기관총(LMG : Light Machine Gun) : 5.56㎜ 구경의 분대급 자동화기<br>• 중(中)기관총(MMG : Medium Machine Gun) : 양각대·삼각대를 거치하여 2인이 운용하는 7.62㎜급 구경의 자동화기<br>• 중(重)기관총(HMG : Heavy Machine Gun) : 지상 및 대공표적에 대한 제압 및 방어를 위해 각종 전투차량에 탑재 운용되는 12.7㎜ 구경 이상 자동화기<br>※ 다목적 기관총(GPMG : General Purpose Machine Gun) : 하나의 기관총으로 상황에 따라 경기관총 및 중(中)기관총 역할 수행, 차량탑재·항공기용 등 다목적으로 사용 |
| 유 탄<br>기관총 | 대인·대경장갑 능력을 갖추고 소총, 기관총 등의 소화기와 박격포의 중간 사거리의 전술적 공간을 담당하는 지원화기 |

## 2. 소총의 발전과정

소총은 9세기경 중국에서 흑색화약이 발명된 후 12세기경에 [그림 4-2] 왼쪽의 수총이 발명되었으며, 중동과 유럽에 전파되었다. 이후 화약을 이용하여 소총의 기원이라 할 수 있는 화승총이 15세기경 유럽에서 개발되었으며, 화승총은 화약을 점화시키기 위하여 [그림 4-2]의 오른쪽과 같이 불씨를 가지고 다니면서 심지에 불을 붙여서 사격하였다.

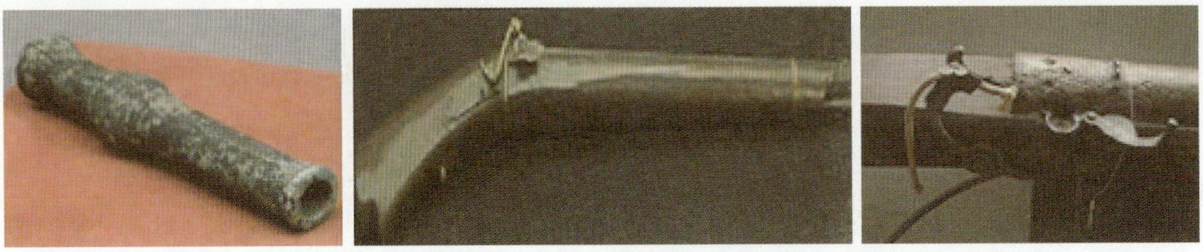

[그림 4-2] 수총(좌), 화승총(중앙), 화승총 심지(우)

[그림 4-3]에서 보는 바와 같이 16세기에는 우천 시 불씨의 보관이 어려운 단점을 극복하기 위하여 쇠를 마찰시켜 불씨를 얻는 차륜식 방아틀총이 개발되었고, 부싯돌의 마찰을 이용하여 불씨를 얻는 라이터의 원리를 이용한 수석총이 발명됨으로써 현대적인 소총의 형태로 발전되었다. 1825년에는 충격식 총이 발명되었는데 충격식 총은 장전이 쉽고 외부 날씨의 영향이 적으며, 특히 수석총보다 신뢰성이 높아서 수석총은 충격식 총으로 교체되었다. 이후 1861년에는 후미장전식 총이 발명되었다.

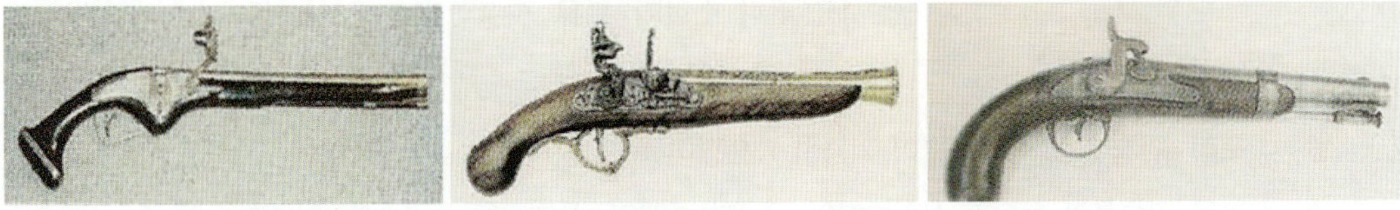

[그림 4-3] 차륜식 방아틀총(좌), 수석총(중앙), 충격식총(우)

그 뒤 소총은 [그림 4-4]와 같이 연발총으로 발전하였으며, 미국은 M1소총을 제작하여 제2차 세계대전과 6·25전쟁에서 주요 소화기로 사용하였다. M16소총은 월남전에서 시험을 거쳐 1969년부터 미군의 표준화기로 채택되었으며, 한국은 M16소총을 면허생산하여 장비하다가 더욱 발전된 개념의 K2 소총을 국내 개발하여 표준장비로 사용하고 있다.

세계 각국은 기존의 소총을 개량하여 사격통제장치 및 레이저거리측정기를 장착하고, 기존의 운동에너지탄 이외에 폭발탄을 사격할 수 있는 복합형 소총을 개발하고 있으며, 한국이 세계 최초로 복합소총 K11을 개발하였으나 전력화에는 실패하였다.

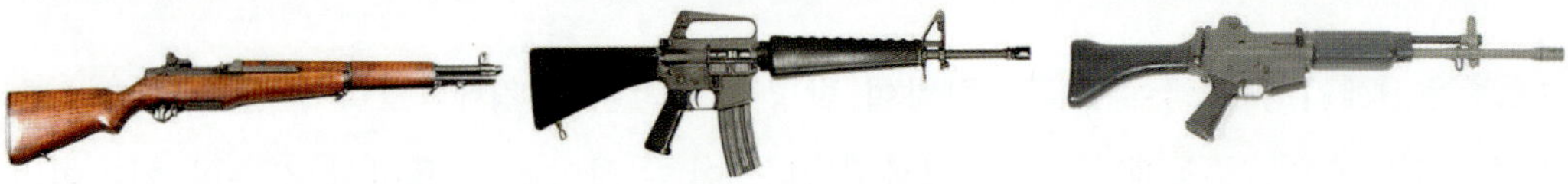

[그림 4-4] M1 소총(좌), M16 소총(중앙), K2 소총(우)

## 3. 한국의 개인화기

### 가. M16A1 소총

미국은 제2차 세계대전과 6·25전쟁에서 사용되었던 M1 소총의 한계(사거리, 중량, 수동식)를 극복하고자 자동소총 개발에 몰두하여 1955년 AR-10(구경 7.62㎜, 무게 3.3㎏)을 거쳐 1958년 소형화된 AR-15(구경 5.56㎜)을 개발하였다. AR-15는 1962년 베트남 군사지원물자로 보내 시험평가를 거쳤으며, 1963년 M16 소총으로 명명되었다. [그림 4-5]에서 보는 M16 소총은 1967년에 미국 표준소총으로 채택되었고, 베트남 전쟁을 계기로 주력 소총으로 자리잡았다.

1967년 한국군 장비현대화의 일환으로 M16 소총을 도입하였으며, 1971년 한국과 미국 콜트(COLT)사 간 생산기술협정을 체결하고, 1974년부터 1985년까지 M16A1 소총을 면허생산하여 한국군의 주력 소총으로 장비되었으며, K2 소총 보급 이후 예비군용 소총으로 전환하였다.

참고로 소총의 유효사거리는 과거 전쟁의 통계적 수치와 적을 조준하여 철모를 관통하는 데 필요한 에너지를 고려하여 결정하며, M16 소총의 유효사거리는 460m이다. 먼저 통계적 수치는 제2차 세계대전, 한국전 및 베트남전 등의 전쟁에 대한 기록을 분석한 결과 대부분 소총의 교전사거리는 400m 이내라는 결론을 얻었다.

두 번째 고려사항으로, 총구를 출발한 탄환의 속도는 공기의 저항을 받아 계속 감소하며 그에 따라 운동에너지도 감소하게 되는데, 표적이 너무 멀리 떨어져 있으면 탄환이 표적에 도달하더라도 관통하기에 충분한 에너지를 갖지 못한다. M16A1 소총의 총구속도는 초속 990m이며, 탄환의 질량은 3.6g이다. 운동에너지 $Ev=\frac{1}{2}mv^2$을 사용하여 총구에너지를 계산하면 탄환이 계속 비행하여 460m에 도달할 때 속도는 초속 480m 정도로 철모를 관통하는 데 필요한 에너지 정도가 된다. 이렇게 하여 M16 소총의 유효사거리가 460m로 결정된 것이다.

한국의 K2 소총의 경우도 M16과 동일한 실탄을 사용할 경우에는 460m의 유효사거리를 갖지만, 무게가 4.0g인 성능 개량된 신형탄(M100)을 사용하면 유효사거리는 600m로 증가하게 된다.

[그림 4-5] M16 소총

| | | | |
|---|---|---|---|
| 구 경 | 5.56㎜ | 최대사거리 | 2,653m |
| 무 게 | 3.1㎏ | 유효사거리 | 460m |
| 길 이 | 99㎝ | 최대발사속도 | 700~800발/분 |

## 나. K2 소총

K2 소총은 M16A1 소총을 대체하기 위하여 한국이 국내 개발한 자동소총이다. 1985년부터 전력화되어 1990년 이후 한국군의 기본 개인화기로 운용하고 있다. 명중률이 높고 휴대가 용이하며, 신속히 조준할 수 있는 등의 장점이 있는 소총이다.

[그림 4-6]의 K2 소총은 한국인의 신체조건을 고려하여 소총의 길이를 98㎝로 짧게 하였으며, 접철식 개머리판(접었을 때 길이 73㎝)을 적용하여 휴대를 용이하게 하고 기동성을 높였다. 사격방식은 단발, 3발 점사, 연발사격이 가능하며, 3발 점사장치를 추가하여 연발사격으로 인한 탄약의 낭비를 방지하였다. 빠르고 정확한 조준이 가능하도록 가늠쇠 구멍과 가늠자 구멍을 맞추는 동심원리를 적용하였으며, 총구들림억제 소염기를 개발하여 연발사격 시에도 명중률을 높였다. K201 유탄발사기를 장착하여 40㎜ 유탄 발사가 가능하다.

[그림 4-6] K2 소총

| | | | |
|---|---|---|---|
| 구 경 | 5.56㎜ | 최대사거리 | 2,653m |
| 무 게 | 3.26㎏ | 유효사거리 | 600m |
| 길 이 | 98㎝ | 최대발사속도 | 700~900발/분 |

2016년부터 각종 광학장비 부착과 체형에 따른 개머리판 조절 필요성으로 K2 소총을 수축식 개머리판, 피카티니 레일, 접이식 가늠쇠, 탈부착식 가늠자를 개량한 K2C1 소총을 보급하고 있다.

[그림 4-7] K2C1 소총

| | | | |
|---|---|---|---|
| 구 경 | 5.56㎜ | 최대사거리 | 2,653m |
| 무 게 | 3.5㎏±5% | 유효사거리 | 600m |
| 길 이 | 101㎝ | 최대발사속도 | 700~900 발/분 |

## 다. K1A 소총

[그림 4-8]의 K1A 소총은 M3 기관단총을 대체하기 위해 특수부대용으로 1981년 한국이 국내 개발한 최초의 소총이다. K2 소총처럼 5.56mm 탄을 사용하고, 연속발사와 3발 점사가 가능하며, 매우 작고 가벼운 무게(3kg 이하)

[그림 4-8] K1A 소총

| | | | |
|---|---|---|---|
| 구 경 | 5.56㎜ | 최대사거리 | 2,453m |
| 무 게 | 2.9㎏ | 유효사거리 | 250m |
| 길 이 | 64.5㎝ | 최대발사속도 | 700~900발/분 |

로 근접한 거리에서 간편하게 사용할 수 있는 용도로 제작되었다.

K1A는 주로 특수부대, 전차병, 통신병, 포병 사격지휘병, 행정병 등 비교적 짧은 총기가 필요한 병과에서 운용한다.

### 라. K7 소음기관단총

[그림 4-9]의 K7 기관단총은 탄알집 장전식이고, 권총탄을 사용하며, 어깨받침쇠를 조정하여 휴대 및 사격할 수 있다. 총구들림 억제와 소염효과를 높인 소염기가 부착되어 있으며, 야간 조준사격용 야광 유리관이 설치되는 등 특수부대 임무에 적합한 특성을 갖추고 있다.

K7 소음기관단총은 1980년대 대테러 등 특수목적 작전에 활용하기 위하여 1980년대 독일제를 구입하여 사용하였으나 수리부속 조달 등의 문제로 2001년 한국 국내에서 개발한 것이다.

[그림 4-9] K7 소음기관단총

| | | | |
|---|---|---|---|
| 구 경 | 9㎜ | 유효사거리 | 100/200m |
| 무 게 | 3.4㎏ | 최대발사속도 | 700~900발/분 |
| 길 이 | 61㎝ | 소음기 소음 | 110-115㏈ |

K7 소음기관단총은 K1A 소총 아랫총몸과 K2 소총 윗총몸의 가늠자와 가늠쇠를 활용하여 외적인 모습은 K1A 소총과 비슷하다. 소염기가 합쳐진 총열은 새로이 개발되었으며, 탄창 삽입구와 노리쇠 뭉치 등 내부구조가 개조되어 진흙과 빗물과 같은 악조건에서도 고장 없이 작동되도록 개발되었다.

소음기를 장착하여 화기의 반동과 소리를 분산시켜 명중률을 향상시켰다. 사격 시 소음은 115㏈ 미만으로 M16 소총의 165㏈에 비해 상당히 낮은 수준이며, 사수의 사격위치 노출을 최소화할 수 있다.

### 바. K14 저격용 소총

현대전에서 저격수의 역할이 증대되고 있다. 원샷원킬로 적의 지휘관이나 핵심요원을 사살함으로써 적군에서 공포감을 심어주고 치명적인 피해를 줄 수 있기 때문이다. K14 저격용 소총은 SNT 모티브에서 개

[그림 4-10] K14 저격용 소총

| | | | |
|---|---|---|---|
| 구 경 | 7.62x51㎜ | 유효사거리 | 800m |
| 무 게 | 5.5~7.0㎏ | 작동방식 | 볼트액션 |
| 총 열 | 609.6㎜ | 탄창 | 매거진 5/10발 |

제4장
화력
무기체계

발한 볼트액션식 저격소총으로 2014년부터 전방 각 보병대대 및 수색대 등에 전력화되고 있다. 주요 성능은 100야드(91.4m)에서 1인치 원 안의 표적을 정확하게 명중시킬 수 있고 주간 3~12배율, 야간 최대 4배율까지 관측이 가능하며 주·야간 조준경 및 정확도가 높은 탄약으로 구성돼 있다. 유효사거리 약 800m에서 1.0 MOA로 M24 SWS나 레밍턴 M700과 맞먹는데 실제로는 약 0.5 MOA의 명중률을 보인다고 하니 1MOA 이하의 소수점대 집탄율을 보이는 타국 저격소총들과 비슷한 수준이라고 보아야 한다.

### 바. K201 유탄발사기

K201 유탄발사기는 미국의 M203 유탄발사기를 기본 모델로 하여 1987년 한국형으로 개발하여 K2 소총에 장착하여 사용하는 유탄발사기이다.

[그림 4-11]에서 보는 K201 유탄발사기는 비교적 근거리에 인원이 밀집한 지역에 유탄을 사격하여 피해를 주기 위한 화기이며, K2 소총에 장착하여 분대급 화기로 운용되고 있다. K201 유탄발사기는 경량, 총미장전식, 펌프작동식, 단발 사격식으로 주간사격, 급사 및 야간사격이 가능하다. 가늠자는 2개가 있는데, 사다리형 가늠자는 200m 이내의 돌연표적을 조준하는 근거리용이며, 호형 가늠자는 시간적 여유가 있고 정확한 사격이 필요할 때 조준하는 장거리용이다.

[그림 4-11] K201 유탄발사기

| 구 경 | 40㎜ | 최대사거리 | 400m |
|---|---|---|---|
| 무 게 | 1.88㎏ | 길 이 | 38.2㎝ |

### 사. 권총

권총(Pistol)은 한 손으로 조작할 수 있는 근접전투 및 호신용 총기이며, 한국군에는 [그림 4-12]에서 보는 미국에서 개발한 구경45 권총과 한국군의 체형에 맞게 개발한 K5 권총이 있다.

[그림 4-12] 구경45 권총(좌), K5 권총(우)

구경45 권총은 1926년 미국에서 개발되었으며, 리코일 방식을 이용한 총열후좌 반동이용식, 반자동식, 탄알집장전식, 파지사격식이고, 공이격발은 관성식이다. 단순하고 튼튼하며 강한 파괴력을 가지고 있어 지금까지 사용되고 있다.

K5 권총은 1989년부터 생산하여 야전에 보급하여 운용하고 있다. K5 권총은 가벼운 방아쇠와 정확성을 가진 싱글액션(single action) 방식7)과 연발사격 및 안정성을 가진 더블액션(double action) 방식을 혼합한 패스트 액션(fast action) 방식을 세계 최초로 적용한 권총이다. 구경45 권총과 K5 권총의 유효사거리는 50m이다.

## 5. 기관총(Machine Gun)

### 가. M60 기관총

M60 기관총은 미국이 2차 세계대전 당시 경이적인 위력을 발휘했던 독일의 MG42 기관총을 벤치마킹하고 6·25전쟁 경험을 바탕으로 1957년에 개발한 다목적 기관총이다.

[그림 4-13] M60 기관총

| 구 경 | 7.62㎜ | 최대사거리 | 3,725m |
|---|---|---|---|
| 무 게 | 10.4㎏ | 유효사거리 | 1,100m |
| 길 이 | 110.5㎝ | 최대발사속도 | 550발/분 |

6·25전쟁에서 미군은 2차 세계대전에서 사용하였던 M1 소총과 분대지원화기인 BAR 기관총으로 무장하고 있어 중공군의 대규모 병력을 반자동과 부족한 장탄량을 가진 자동소총만으로는 신속하게 제압하기에 역부족이었다. M60 기관총은 이러한 경험을 반영하여 탄생하였다.

한국은 [그림 4-13]의 M60 기관총을 M16 소총과 함께 1968년에 도입하였으며, 국내 생산으로 분대지원 공용화기, 전차, 헬기 등에 운용하고 있다.

### 나. K3 기관총

K3 기관총은 5.56㎜탄을 사용하는 경기관총으로 국내 개발하여 1991년부터 분대 지원화기 등으로 운용하고 있다.

개인화기 탄약과 호환되며, 다량의 사격이 가능하고 개인화기가 미치지 못하는 원거리 표적에 대한 사격을 할 수 있어 각종 전술상황에서 단일 및 지역표적을 효과적으로 제압할 수 있다.

---

7) 자동권총의 방아쇠 동작 방식은 두 가지가 있다. 싱글액션(Single Action)은 방아쇠를 당기면 공이치기를 해제하는 동작만을 수행하여 발사가 되게 하는 방식으로 공이치기가 뒤로 젖혀지지 않으면 방아쇠를 당겨도 총알이 발사되지 않는다. 더블액션(Double Action)은 방아쇠를 당기면 공이치기가 뒤로 젖혀졌다가 해제되는 2가지 동작이 동시에 수행되는 방식으로, 방아쇠를 당기면 공이치기도 후퇴하였다가 해제되면서 총알이 발사된다.

[그림 4-14]의 K3 기관총은 한 사람이 운반 및 운용 가능하며, 소총처럼 개머리판이 있어 견착사격이 가능하고, 양각대를 이용하여 고정사격이 가능하다. 탄띠 송탄 및 탄알집을 삽입하여 사격할 수도 있다.

[그림 4-14] K3 기관총

| 구 경 | 5.56㎜ | 유효사거리 | | 800m |
|---|---|---|---|---|
| 무 게 | 6.85㎏ | 발사속도 | 최 대 | 700~1,000발/분 |
| 길 이 | 103㎝ | | 유 효 | 150~200발/분 |

## 다. K15 기관총

[그림 4-15]의 K15 기관총은 기능고장이 자주 발생하는 K3 경기관총을 대체할 목적으로 총기와 조준장비가 함께 개발된 점이 특징이다. 개방형 소염기를 적용하여 야간사격 시 총구 화염 발생을 최소화했으며, 총열은 측면에 골을 파서 냉각효과를 증대시켰다. 가스조절기와 열영상을 포함한 광학조준경을 사용한다. 피카티니 레일을 사용하여 다양한 부수기재 부착이 가능하다. K15의 정확도는 100야드(91.44m) 밖에서 2.16인치 원 안에 탄착군 형성이 가능하고, K3에 비해 정확도, 신뢰도, 운용 편의성 등을 향상시켰다. 미래전 개인 전투체계와 연동도 가능하다.

[그림 4-15] K15 기관총

| 구 경 | 5.56㎜ | 최대사거리 | 6,800m |
|---|---|---|---|
| 무 게 | 6.85㎏ | 유효사거리 | 1,828m |
| 길 이 | 104.1㎝ | 최대발사속도 | 700~1000발/분 |

## 라. K6 기관총

K6 기관총은 한국군이 1962년에 미군으로부터 인수하여 사용해오던 구경 50 M2 중기관총을 신속한 총열교환이 가능토록 개선하여 국내 개발한 기관총으로 1989년부터 전군에 보급된 한국군의 주력 기관총이다. 미군의 M2 중기관총은 나사회전식 총열교환방식이었으나 K6 기관총은 잠금턱 방식을 적용하여 5초만에 총열교환이 가능하다.

[그림 4-16] K6 기관총

| 구 경 | 12.7㎜ | 최대사거리 | 6,800m |
|---|---|---|---|
| 무 게 | 37㎏ | 유효사거리 | 1,828m |
| 길 이 | 165.1㎝ | 최대발사속도 | 450~600발/분 |

[그림 4-16]의 K6 기관총은 분리식 철제 탄띠에 의해 장전되고 총열 후좌 반동이용

식으로 작동된다. 사격 시 자동 및 반자동이 가능하고 삼각대에 의한 지상거치와 차량 거치대, 전차 및 장갑차에 장착되어 운용되고 있다.

K6라는 명칭은 한국의 독자개발한 화기의 모델 순번으로, K1 기관단총, K2 소총, K3 기관총, K4 유탄기관총, K5 권총에 이어 6번째라는 의미이다.

### 마. K16 기관총

K16 기관총은 KUH-1 수리온 개발 과정에서 헬기 탑재용 기관총으로 노후된 M60 기관총 대신 동일 구경의 M240 기관총 수입을 추진하였으나 취소되고 국내 개발하였다. K16은 K3 경기관총을 기반으로 하지 않고 완전히 새롭게 설계되었다. 한마디로 기본적으로 분대급 지원화기로 개발된 K3와 체급 차가 있는 기관총이며, 일반형(보병형), 승무원형, 공축형으로 분류되며 기관총 열상조준경도 동시에 개발되었다.

| 구 경 | 7.62mm | 최대사거리 | 미정 |
|---|---|---|---|
| 무 게 | 11kg | 유효사거리 | 1,200m |
| 길 이 | 101cm | 최대발사속도 | 650~950발/분 |

[그림 4-17] K16 기관총(삼각대 거치형)

| 구 경 | 7.62mm | 최대사거리 | 미정 |
|---|---|---|---|
| 무 게 | 10.4kg | 유효사거리 | 1,200m |
| 길 이 | 125.5cm | 최대발사속도 | 650~950발/분 |

[그림 4-18] K16 기관총(기본형)

| 구 경 | 7.62mm | 최대사거리 | 미정 |
|---|---|---|---|
| 무 게 | 12kg | 유효사거리 | 1,200m |
| 길 이 | 101cm | 최대발사속도 | 650~950발/분 |

[그림 4-19] K16D 기관총(승무원용)

### 바. K4 유탄기관총

[그림 4-20]에서 보는 K4 유탄기관총은 적 밀집부대나 장갑차를 제압하기 위한 중대급 지원화기로 개발되었다. 유탄발사기는 수류탄을 손으로 멀리 날려 보내는 시도에서

개발된 무기이며, 고속유탄기관총은 단발로만 발사되는 유탄발사기의 한계를 극복한 무기로, 보병이 보유한 무기 중 가장 강력한 화력을 자랑한다.

[그림 4-20] K4 유탄기관총

| 구 경 | 40㎜ | 최대사거리 | 2,212m |
|---|---|---|---|
| 무 게 | 34.4㎏ | 유효사거리 | 1,500m |
| 길 이 | 107.3㎝ | 발사속도 | 지속 : 40발/분<br>급속 : 60발/분 |

미군은 M79 유탄발사기에서 발사되는 유탄의 느린 속도와 사거리 및 관통력을 개선하여 고속유탄기관총을 개발하였으며, Mk19 고속유탄기관총은 세계 20여 개국에서 사용하고 있다

한국은 1985년 미군의 Mk19 Model3 고속유탄기관총에 영향을 받고 개발에 착수하여 1993년에 K4 고속유탄기관총을 배치하였다. K4 유탄기관총 1정의 위력은 보병 1개 중대의 화력과 맞먹는 수준이며, 도수운반이 가능하나 주로 5/4톤 차량에 탑재하여 운용한다.

## 6. 북한의 소화기

### 가. 소총

북한군의 소총은 [그림 4-21]와 같이 58식 보총(AK-47), 68식 보총(AK-47개량), 88식 보총(AK-74)을 주력 소총으로 보유하고 있다.

[그림 4-21] 북한 58식 보총(좌), 88식 보총(우)

| 구 분 | 58식 보총(AK-47) | 68식 보총(AK-47개량) | 88식 보총(AK-74) |
|---|---|---|---|
| 구 경 | 7.62㎜ | 7.62㎜ | 5.45㎜ |
| 길 이 | 89㎝ | 87㎝ | 94.3㎝ |
| 중 량 | 4.3㎏ | 3.61㎏ | 3.03㎏ |
| 발사속도 | 600발/분 | 600발/분 | 650발/분 |
| 유효사거리 | 300m | 350m | 500m |

## 나. 기관총

북한군의 기관총은 [그림 4-22]과 같이 73형 기관총, 74형 기관총 등을 보유하고 있다. 73형 기관총은 탄창을 총몸 윗부분에 결합하도록 되어 있으며, 74형은 아래에 결합하도록 되어 있다. 북한군은 소대급에는 기관총이 편성되어 있지 않다.

[그림 4-22] 북한 73형 기관총(좌), 74형 기관총(우)

| 구 분 | 73형 기관총 | 74형 기관총 |
| --- | --- | --- |
| 구경 / 길이 / 중량 | 7.62㎜ / 119㎝ / 10.6㎏ | |
| 발사속도 | 최대 600, 유효 150발/분 | 최대 650발/분 |
| 사거리 | 최대 3,600, 유효 1,000m | 유효 800m |

제4장
화력
무기체계

# 제3절 대전차무기

## 1. 개 요

대전차무기는 적 전차 및 장갑차량을 파괴하거나 무력화시키기 위한 무기들을 말한다. 1차 세계대전 당시 교착된 전선을 타개하기 위하여 등장한 M1전차는 전장의 양상을 바꾸어 놓았다. 전차의 위력에 놀라 전차에 대응하기 위하여 대전차소총, 총류탄, 고폭탄 등이 사용되었다. 초기 대전차무기는 기관총탄에 텅스텐 철심을 넣어 사용하였으며, 이어 대전차총과 대전차포가 개발되었다. 이후 무반동총, 대전차로켓, 대전차미사일 등이 등장하였다.

전차의 기동력, 화력, 충격력에 대응하기 위하여 보병, 기갑, 항공 등 여러 병종에서 다양한 형태의 대전차무기를 발전시켜 왔다. 특히 한국은 6·25전쟁 당시 한국군이 단 1대의 전차도 보유하지 못한 상태에서 북한군이 구소련제 T-34전차 242대를 앞세우고 기습남침을 감행함으로써 남한 전역이 점령당하고 낙동강 전선까지 후퇴하는 경험이 있다. 유엔(UN) 결의에 의해 투입된 미군은 T-34전차를 파괴하기 위하여 대전 전투에서 처음으로 대전차포인 3.5인치 로켓포를 투입하였다. 이러한 전차에 대한 트라우마(trauma)로 인하여 한국군은 보병의 대전차무기를 비롯하여 전차의 대전차공격 및 방어 능력, 포병, 공병, 육군항공, 전술공군까지 다양한 대전차 전력을 보유하고 있다.

본 절에서는 보병용 대전차무기를 중심으로 소개하기로 한다.

## 2. 대전차무기 분류

### 가. 개 요

대전차무기는 [표 4-5]와 같이 운용중량에 따라 경(輕)대전차무기, 중(中)대전차무기, 중(重)대전차무기로 분류하며, 사거리에 따라 단거리 대전차무기, 중거리 대전차무기, 장거리 대전차무기로 분류한다. 또 화기의 종류에 따라 무반동총, 대전차 로켓, 대전차 미사일로 분류하며, 운반수단으로는 휴대용, 차량탑재형, 헬기탑재형으로 분류한다.

[표 4-5] 대전차무기 분류

| 구 분 | 내 용 |
|---|---|
| 운용중량 | 경(輕)대전차무기, 중(中)대전차무기, 중(重)대전차무기 |
| 사거리 | 단거리 대전차무기, 중거리 대전차무기, 장거리 대전차무기 |
| 화기종류 | 무반동총, 대전차로켓, 대전차미사일 |
| 운반수단 | 휴대용, 차량탑재형, 헬기탑재형 |

- **단거리 및 중거리 대전차무기**는 휴대하여 운용하므로 우수한 파괴력뿐만 아니라 경량화가 요구된다. 휴대용으로 로켓, 유도탄을 사용하지만, 후폭풍과 후방화염으로 인하여 엄폐된 호나 건물 내에서 사격이 불가능하고 적에게 발사 위치가 노출되기 쉽다. 이에 따라 사격장소 선정 시 화기 후방에 장애물이 없는 곳을 선택하여야 한다.
- **단거리 대전차무기**는 보병중대급 무기로 최근접거리인 500m 내·외에서 대전차공격 이외에도 벙커, 견고한 요새 등의 표적도 공격하는 다목적무기로 운용되므로 소형·경량화가 요구된다.
- **중거리 대전차 유도무기**는 사거리 1~2㎞ 내외의 대대급 편제무기로 보병에 의한 대전차방어 및 공격의 핵심무기체계이다.
- **장거리 대전차 유도무기**는 사거리 2㎞ 이상으로 차량, 헬기 등에 탑재되어 운반된다. 탑재장비의 생존성을 위하여 사거리 증대가 요구되고 사거리 증대에 따라 전장정보 획득기능과 비가시선 공격개념도 적용되는 추세이다.

한국군은 대전차로켓으로 PZF-Ⅲ를 운용하고 있으며, 대전차 유도미사일로는 현궁을 운용하고 있다.

### 나. 대전차로켓과 대전차 유도미사일

대전차로켓과 대전차 유도미사일의 가장 큰 차이점은 발사 후 유도 여부에 달려 있다. 대전차 유도무기는 발사 후 목표에 명중될 때까지 지속적으로 유도되지만, 로켓은 유도되지 않으므로 발사되기 전에 탄자를 목표에 정확히 조준시켜야만 명중시킬 수 있다.

또한 대전차 유도무기는 사거리가 수㎞ 정도이나 대전차 로켓의 경우는 500m 내·외 정도이다. 이와 같이 사거리도 짧고 장갑 방호력이 증대된 전차에 대한 파괴력이 약한 대전차로켓이 지금까지 사용되고 있는 이유는 구조가 유도미사일보다 훨씬 간단하고 구매 가격이 상대적으로 저렴하며 근접전에서 사용이 간편하기 때문이다.

## 다. 대전차 유도미사일 유도방식

대전차 유도미사일은 유도방식에 따라 [표 4-6]과 같이 1세대, 2세대, 3세대로 구분할 수 있다.

1세대 대전차 유도무기는 [그림 4-23]와 같이 수동식 유선유도방식의 대전차 유도무기로서 사수가 조준경을 통하여 목표를 추적하면서 동시에 유선유도방식을 이용하여 수동으로 미사일을 조작한다. 따라서 사수의 많은 훈련이 필요하고 명중률이 낮은 단점이 있다. 대표적인 무기로는 구소련의 AT-3 Sagger와 프랑스의 SS-11 등이 있다.

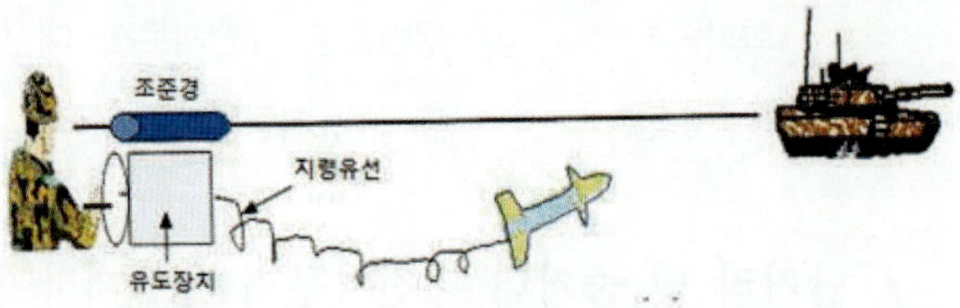

[그림 4-23] 1세대 수동식 지령유도방식

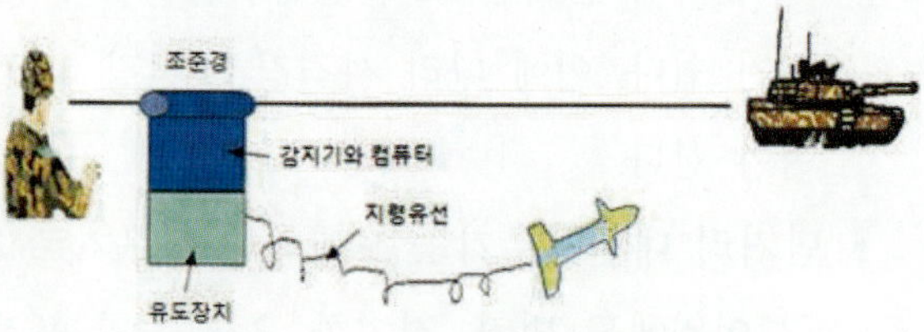

[그림 4-24] 2세대 반자동 지령유도방식

2세대 대전차 유도무기는 [그림 4-24]과 같이 반자동 유선유도방식으로, 사수가 조준경을 통하여 목표를 추적하면 자동적으로 미사일 내의 컴퓨터에 의하여 유도신호가 유도탄에 보내져 목표에 유도되도록 하는 개념이다. 대표적인 무기로는 미국의 TOW, 프랑스와 독일이 공동 개발한 밀란(Milan), 러시아의 AT-4, 메티스 엠(METIS-M) 등이 있다.

2.5세대 대전차 유도무기는 [그림 4-25]와 같이 반능동 호밍유도방식으로 관측자가 레이저지시기를 이용하여 표적을 지시하면 미사일이 반사된 빔을 따라 목표를 타격하는 방식이다. 제1세대 및 제2세대 미사일에서는 사수가 미사일을 목표에 유도하는 동안 계속 집중해야 하므로 정신적 압박감을 주거나 주의가 산만하여 실패할 우려가 있으나, 2.5세대 유도무기는 1, 2세대보다는 비교적 조작이 쉽다. 그러나 2.5세대 대전차 유도무기의 단점은 지상에 잠복해서 유도하는 보병과 전투차량은 물론, 유도를 위하여 공중에서 노출될 수밖에 없는 헬기가 피격당할 위험이 있다는 것이다. 대표적인 무기로는 미국의 Hellfire나 이스라엘의 LAHAT 등이 있다.

[그림 4-25] 2.5세대 반능동 호밍유도방식

3세대 대전차 유도무기는 [그림 4-26]와 같이 사수가 유도탄 발사 전에 지정 및 포착한 표적을, 발사 이후 유도탄의 탐색기가 자동으로 추적, 명중하는 발사 후 망각 방식(Fire & Forget)의 유도무기이다. 발사 후 망각 방식을 적용함으로서 사수가 유도탄 발사 이후 진지 이동을 통해 생존성을 확보함은 물론, 1~2.5 세대 유도무기와 달리 지상에서 발사할 경우에도 전차의 취약부인 상부를 타격할 수 있다. 대표적인 무기로는 국내의 현궁, 미국의 재블린 및 이스라엘의 스파이크 등이 있다.

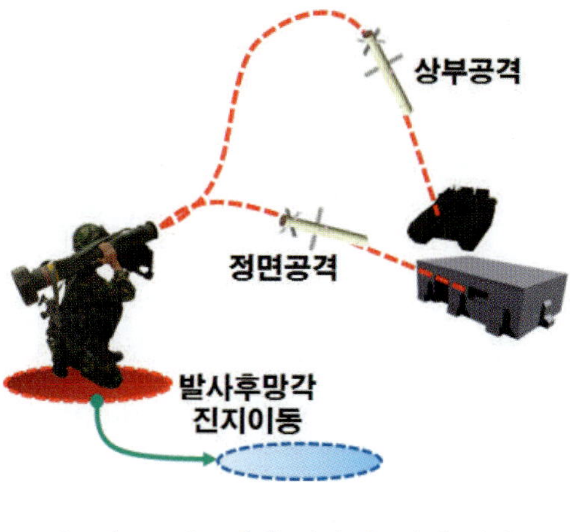

[그림 4-26] 3세대 발사 후 망각 방식

[표 4-6] 대전차미사일 유도방식

| 구 분 | 내 용 | 대표적인 무기 |
|---|---|---|
| 1 세대 | 수동식 유선유도방식의 대전차 유도무기 | AT-3 Sagger(러시아) |
| 2 세대 | 반자동 유선유도방식, 조준경으로 표적을 추적하면 유도신호가 미사일로 전파되어 목표에 유도 | TOW(미국)<br>METIS-M(러시아) |
| 2.5 세대 | 반능동 호밍유도방식, 레이저지시기로 표적을 지시하면 미사일이 반사된 빔을 따라 목표를 타격 | 헬파이어(미국)<br>LAHAT(이스라엘) |
| 3 세대 | 발사 후 망각방식, 사수가 최초 지정한 표적을 유도탄의 탐색기가 자동추적, 표적에 유도 | 현궁(한국), 재블린(미국),<br>스파이크(이스라엘) |



## 3. 한국의 대전차무기

### 가. PZF-Ⅲ (Panzerfaust -Ⅲ)

PZF-Ⅲ는 500m 이내의 전차 및 장갑차량을 파괴시킬 수 있는 휴대용 대전차무기이다. 한국군에는 경대전차무기로 1990년대 초 독일로부터 도입하였다.

PZF-Ⅲ는 [그림 4-27]와 같이 소형이며, 휴대용으로 견착사격이 가능하다. 발사기에 탄두와 발사관이 결합되어 적 반응장갑

[그림 4-27] PZF-Ⅲ

| 구 경 | 110㎜ |
|---|---|
| 길이/중량 | 길이 120㎝ / 12㎏ |
| 사거리 | 고정표적 500m,<br>이동표적 300m |
| 장갑관통력 | 700㎜ / 텐덤탄 |

에 대응할 수 있으며, 표적획득 후 3 ~ 4초 이내에 발사할 수 있다. 관통능력이 우수하며 사격 시 후폭풍의 위험은 있으나 건물 내에서도 발사 가능하다.

## 나. 현궁

현궁은 현재 운용 중인 대전차무기의 관통력과 사거리를 보강하고 아군의 생존성 보장을 극대화하여 한국에서 개발된 중거리 대전차 유도무기이다.

[그림 4-28]에서 보는 현궁은 빛과 같은 화살(晛弓), 스마트(smart)한 유도무기(賢弓)에 비유되며, 영문명으로는 Raybolt (Ray+bolt)로 명명되었다.

현궁은 휴대 또는 소형전술차량에 탑재하여 사수의 생존성 보장 및 명중률 향상을 위하여 발사 후 망각형(Fire & Forget) 자율 유도방식, 즉 유도탄 발사 후 열영상을 추적하여 목표물을 타격하며, 가시·열영상 일체식 발사장비가 적용되어 주·야간 운용이 가능하다. 전차 취약부를 공격하도록 상부공격 유도기법이 적용되었으며, 사격 후 후폭풍이 적어 실내 사격이 가능하다.

[그림 4-28] 현궁 발사장면

| | |
|---|---|
| 최대유효사거리 | 3.7km |
| 관통력 | 900mm |
| 발사속도 | 음속 1.7배 |
| 운용방식 | 파이어 앤 포캣, 탑어택 |
| 탄약 종류 | 텐덤탄 |

현궁은 북한이 보유한 모든 전차를 파괴할 수 있는 탁월한 관통력을 가지고 있다.

## 다. 대전차미사일 스파이크

한국군은 이스라엘에서 개발된 3세대 대전차미사일인 스파이크 미사일을 도입하여 운용하고 있다. 특히, 북한의 해안포 위협에 대응하기 위해 백령도와 연평도에 차량 탑재형 스파이크 미사일을 배치했으며, 해병대와 해군에서 운용 중이다. 또한, 해군의 AW159 헬기에 탑재되어 대수상함 타격 임무를 수행할 수 있다. 전자광학(EO)과 적외선영상장비(IIR)를 이용해 목표물을 정밀타격할 수

[그림 4-29] 스파이크 발사장면

| | |
|---|---|
| 무 게 | 70kg |
| 길 이 | 1670mm |
| 직 경 | 170mm |
| 사거리 | 25km, 탑어택 |
| 탄약 종류 | 텐덤탄 |

있고, 야간사격도 가능하다. 수십cm 크기의 작은 표적도 파괴한다. 사거리가 매우 길어 사수는 안전한 곳에서 미사일을 쏠 수 있다. 미사일 발사 직후에도 비행을 통제할 수 있어 표적을 잘못 인지했거나 상황이 급변했을 때 미사일의 목표를 바꿀 수 있으며 지면으로 떨어뜨리는 것도 가능하다. 운용모드는 발사 후 망각(Fire & Forget), FOAU (Fire, Observation & Update), FAS(Fire & Steer) 등 세 가지가 있다.

## 4. 북한의 대전차무기

### 가. RPG 계열

북한의 RPG 계열 대전차무기는 [그림 4-30]와 같이 RPG-7, RPG-18, RPG-22 등이 있다.

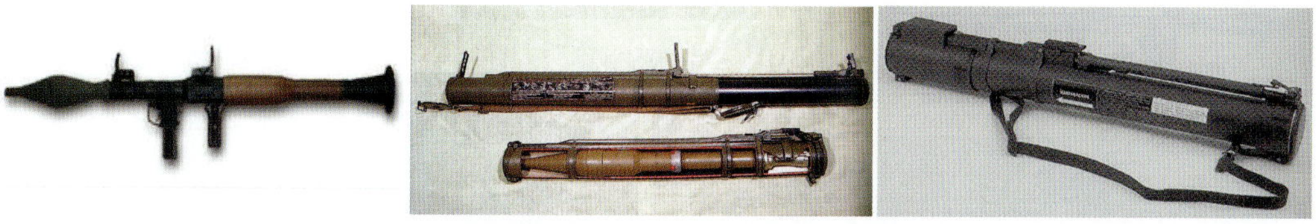

[그림 4-30] 북한 대전차무기 RPG-7(좌), RPG-18(중앙), RPG-22(우)

| 구 분 | RPG-7 | RPG-18 | RPG-22 |
|---|---|---|---|
| 구경(직경) | 40mm | 64mm | 72.5mm |
| 무 게 | 7kg | 2.8kg | 2.8kg |
| 길 이 | 95cm | 105cm | 85cm |
| 유효사거리 | 200m | 200m | 150~200m(최대 250m) |



### 나. 대전차 미사일

북한은 다양한 대전차 미사일을 운용하고 있으며, 대표적인 예시로는 불새 시리즈가 있다. 이 중 불새-2는 소련제 파곳 미사일을 역설계하여 개발되었고, 불새-4는 러시아제 미사일을 개량한 것으로 추정된다. 최근에는 우크라이나 전쟁에서 북한산 불새-4 미사일이 사용된 정황이 포착되기도 했다. 불새 미사일의 특징에서 불새-2는 와이어 유도 방식을 사용하며, 불새-4는 레이저 유도 방식일 가능성이 제기된다. 또한 기존의 대전차미사일은 [그림 4-31]에서 보는 바와 같이 AT-4 Spigot 등이 있다.

[그림 4-31]대전차 미사일 AT-4

| 구 분 | AT-4(Spigot) |
| --- | --- |
| 직 경 | 120㎜ |
| 무 게 | 12.5㎏ |
| 길 이 | 110㎝ |
| 유효사거리 | 70~2,500m |
| 유도방식 | 반자동 유선유도 |

# 제4절 화 포

## 1. 화포 개요

화포는 넓은 의미로 소화기로부터 박격포, 곡사포 등의 대구경화기를 포함하며, 크기 및 중량 때문에 여러 명의 전투원이 다루는 포열을 가진 화기로 정의된다.

화포체계는 제병협동작전에 통합되어 적을 제압, 무력화 또는 파괴하는 화력지원 주체로 운용되며, 요구되는 표적 효과를 달성하기 위하여 표적획득, 포술, 화기 및 탄약, 지휘 및 통제 등의 요소로 구성된다.

[그림 4-32]에서 보는 바와 같이 유럽에서는 13세기경 가죽이나 밧줄 등의 탄성을 이용하는 투석기로 커다란 돌을 적지에 날려 보냈으나 화약을 발명한 중국에서는 그 이전부터 창끝에 포를 달아 포탄을 쏘아 날리는 포를 사용하였다. 중국의 후한시대에 발명한 초석과 유황 가루로 만든 화약이 터키인과 아랍인에 의하여 13세기에 유럽으로 전파되었으며, 활강포가 최초로 전투에 사용된 것은 100년 전쟁 3년째인 1346년 크레시(Crécy)전투[8]였다.

[그림 4-32] 투석기(좌, 중앙), 초기 중국의 포

14 ~ 18세기에는 [그림 4-33]와 같이 구형탄(毬形彈)을 포구에 장전하는 전장포(前裝砲)가 출현하여 화포가 처음으로 전투에 사용되었고, 차륜에 포를 장착하여 이동하는

8) 프랑스 왕위계승권 문제로 촉발된 영국과 프랑스의 전쟁으로 1337년부터 1453년까지 약 116년간 지속되었으며, 프랑스는 이 전쟁을 통하여 중앙집권체제의 기틀을 마련하였다.

견인포가 출현하였다. 이 당시에는 포신의 길이와 사거리는 비례하는 것으로 생각하여 일부 포는 포신이 3m에 달하여 그 무게가 9톤을 넘는 포신도 있었다. 이러한 포로 다량의 화약을 이용하여 돌로 제작된 포탄을 수백m까지 날려 보내기도 하였다.

[그림 4-33] 중세의 견인포

15세기에는 탄두를 포미에 장전하는 포미장전식 화포가 출현하여 전장포와 혼용하였으며, 개량된 화약과 돌 대신 주철로 제작된 포탄을 사용하여 화포의 중량을 줄인 경량의 소형포를 개발하였으나 여전히 이동에는 제한이 되었다. 이 당시 독일은 고각사격을 하는 박격포를 개발하여 성을 공격하는 데 사용하였으며, 네덜란드는 화약을 내부에 넣은 포탄을 개발하였다.

19세기에 강선포 출현으로 포탄에 회전력을 부여하여 사거리가 증대되고 파괴력이 향상되었으며, 회전나사식 및 수평회전식 폐쇄기의 출현으로 분당 발사속도가 증가되었다.

2차 세계대전에는 대부분 견인포를 운용하였으나 사격 후 신속한 진지변환을 위하여 자주포로 전환되고 있으며, 시대별 화포의 발전 내용은 [표 4-7]과 같다.

[표 4-7] 화포의 시대별 발전

| 구 분 | 내 용 |
|---|---|
| 1850년대 | • 크리미아 전쟁 후 포병역할 증대, 기병대 해체 |
| 1860년대 | • 강선포, 철제 포신등장, 포미 밀폐기구 개발(프랑스)<br>• 금속제 포가 사용, 고각 증가로 사거리 연장 |
| 1880년대 | • 무연화약 발명으로 발사속도 증대(프랑스) |
| 1910년대 | • 4문 형(프랑스), 6문 형(독일) 포대 편성 |
| 1930~1960년대 | • 전투지역 운용 곡사포 개발 : 미국<br>* 105㎜ 곡사포(11㎞), 155㎜ 곡사포(14.7㎞) |
| 1970~1980년대 | • 155㎜ 견인포 (M198) 개발 : 미국<br>• 한국 곡사포 개발 및 생산 : 105㎜ 곡사포, 155㎜ 곡사포(KH179) |
| 21C | • 화포의 첨단 자주화 : Shoot & Scoot 적용 |

## 2. 박격포

### 가. 개 요

박격포는 단위 보병부대의 공격 및 방어 시 전투 현장에 있는 보병 지휘관의 판단에 따라 다양한 탄종으로 즉각적이고 융통성 있는 화력지원을 제공해 주며, 재래식 화포에 비하여 구조가 단순하고 사용이 간편하며, 포구장전 방식을 사용하여 발사속도가 빠르고, 고사각으로 고지 후방이나 참호에 대한 효과적인 공격이 가능하며, 제작비용이 저렴하고 유지보수가 용이하여 보병부대에서 근접 화력지원에 유용한 무기체계이다.

또한, 박격포는 야포에 비하여 상대적으로 우수한 기동성과 접근성, 비교적 강력한 대인 살상능력을 보유하고 있어 그 가치를 인정받고 있다.

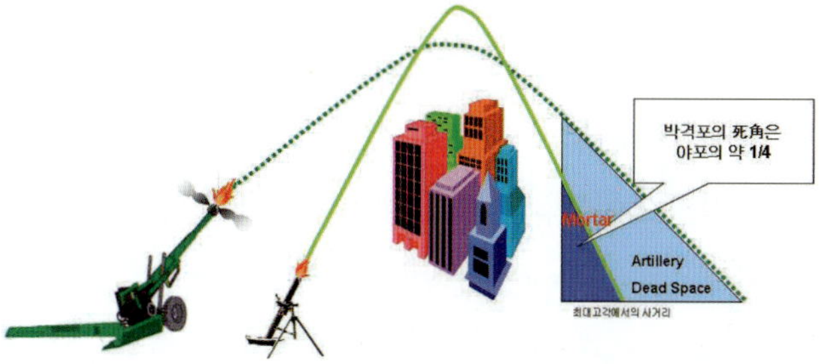


[그림 4-34] 화포와 박격포의 시가전 능력 비교

자료: 국방기술품질원(2013), 『국방과학기술조사서』, 제7권

그 외에도 박격포는 사격 탄도의 특성이 [그림 4-34]과 같이 45° 이상의 고사각으로 사격할 수 있어 야포에 비해 사각지역(dead space)이 적고 고지 후방이나 참호공격, 시가전에서 효과적이다. 현대전에서 시가전에 대한 중요성이 대두됨에 따라 박격포의 고사각 탄도 특성은 그 효용성을 높이 평가받고 있다.

박격포는 이동 수단에 따라 도수형, 차량 견인형, 자주형으로 분류되고, 장전방식에 따라 포구장전식 및 포미장전식으로 구분되며, 포강 내의 강선 유무에 따라 강선형과 활강형으로 분류된다. 강선형과 활강형의 차이점은 다음과 같다.

- **강선식 박격포**는 강선형 박격포탄(회전 안정탄)을 사용함으로써 분산도[9]가 상대적으로 우수하여 초탄 명중률을 증대시키고, 상대적으로 적은 수량으로 표적 지역을 제압할 수 있는 장점을 갖고 있다. 그러나 강선식은 탄두비행 특성상 65° 고각까지만 사격이 가능하므로 산악전투 및 시가전에서 불리하고, 최소사거리가 약 1,100m로서 근접화력지원에 제한을 받는다.
- **활강식 박격포**는 비행탄도가 안정적인 활강형 박격포탄(날개 안정탄)을 사용하므로 85° 고각까지 사격이 가능하여 산악전투 및 시가전에서 유리하고, 최소사거리

9) 통계학에서 관찰된 자료가 흩어져 있는 정도를 말하며, 여기서는 포탄이 표적을 중심으로 흩어져 있는 정도를 의미한다.

가 약 200m 수준으로서 근접화력지원 능력을 제공할 수 있다. 반면에 비행 중 공기의 영향을 상대적으로 많이 받아 강선식보다는 분산도가 떨어지는 단점이 있다.

박격포는 2차 세계대전 이후 급속히 발전하여 60㎜, 81㎜(동구권 82㎜), 120㎜, 160㎜ 등으로 표준화되었으며, 81㎜급 이하 박격포의 경우 서방 국가를 중심으로 사거리 연장 및 경량화 중점으로 성능개량이 이루어지고 있다. 현대의 전장환경에서 요구되는 전술의 변화로 화력집중은 물론 기동성, 방호력 등의 필요성으로 인하여 [그림 4-35]과 같이 자주박격포가 개발·운용되고 있으며, 무인 박격포도 개발되고 있다.

박격포 사격방법에서 직접사격은 포수가 표적을 바라보고 가늠자를 통하여 표적에 직접 조준하고 사각을 장입하여 사격하는 방법이며, 간접사격은 적으로부터 보호받을 수 있는 은폐·엄폐된 곳에 포진지를 준비하고, 관측자가 획득된 표적에 대하여 사격제원을 산출하여 박격포에 장입하여 사격하는 방법이다.

[그림 4-35] 자주형 박격포[차량탑재형(좌) 및 포탑형(우)]

자료: Jane's Armour and Artillery(2013)

## 나. 박격포 사격절차

사격절차는 무기체계 특성상 포병의 사격절차와 유사하며 [그림 4-36]와 같이 ① 전방관측자(FO: Forward Observer) 사격요청 및 각종 첩보 획득수단으로부터 표적위치를 결정하며, ② 사격지휘소에 전달된 표적위치에 대하여 기상제원, 진지좌표 등을 반영하여 사거리, 탄종, 사격 고각 및 편각 등의 사격제원을 산출하고, 사격포반에 사격임무를 부여한다. ③ 사격포반에서는 포를 방열한 다음, 하달된 사격제원에 따라 조준하여 사격을 실시하며, ④ 전방관측자는 사격결과를

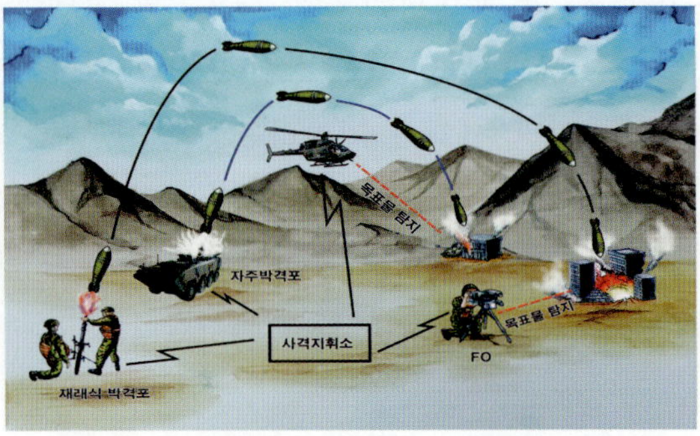


[그림 4-36] 박격포 사격절차

확인하여 포탄을 유도한다.

관측-사격지휘-발사에 이르는 박격포 사격체계는 수동식 방식과 디지털 데이터 통신을 활용한 자동화된 체계로 이루어지고 있다.

## 다. 한국군 박격포

### (1) 60 / 81㎜ 박격포

60㎜ 박격포는 1950년대 미국 군원장비를 인수하여 사용하였으며, 1970년대 방위산업 육성의 일환으로 모방생산하였고, 1984년 국방과학연구소에서 신형박격포를 개발하였다. (그림 4-37 왼쪽)

박격포는 포신, 포다리, 포판으로 구성되어 있으며, 40~85°까지 사격할 수 있다. 포열은 강선이 없는 활강식이며, 포탄을 포구로 장전하는 포구장전식이다. 사용 포탄은 고폭탄, 백린연막탄, 조명탄 등이 있다.

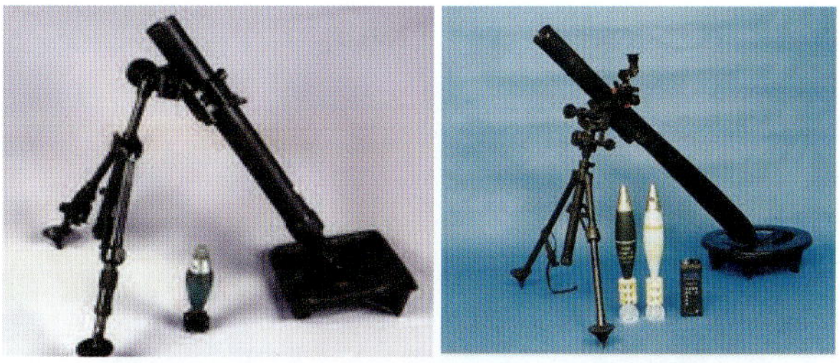

[그림 4-37] 60㎜ 박격포(좌), 81㎜ 박격포(우)

| 구 분 | 60㎜ 박격포 | 81㎜ 박격포 |
|---|---|---|
| 중량/길이 | 17.8㎏/98.7㎝ | 48.53㎏/129.54㎝ |
| 사거리 | 67~3,590m | 72~4,737m |
| 최대발사속도 | 최대 30발/분 | 30발/분 |
| 살상범위 | 고폭탄 27m | 고폭탄 34m |

박격포 사격은 포구로 장전된 포탄이 포신의 경사에 의해 밑으로 떨어지면 포탄의 뇌관을 치게 되며, 뇌관의 충격으로 점화약통이 폭발하여 추진장약을 연소시키고 추진장약 연소 시 발생하는 가스압력에 의하여 포탄이 발사된다.

81㎜ 박격포(그림 4-37 오른쪽)는 제1차 세계대전 이후에 미국에서 개발하여 제2차 세계대전 및 한국전에서 사용된 장비이며, 1950년대 주한미군 철수 시 장비를 인수하였고, 1980년대에 미군이 사용 중인 M29 박격포를 M29A1 총열부, M23A3 마운트, M53A1 조준기와 M3 알루미늄 플레이트 등으로 KM187 81mm 박격포를 개발하였다.

KM187 81mm 박격포는 무겁고 수동식 사격기재를 사용하여 화력지원의 효율성이 떨어져 2018년부터 KM114 81mm 박격포-Ⅱ를 전력화했다. 개량형 박격포는 경량화 및 자동화한 사격체계를 구축하여 장병들의 편의성이 향상돼 신속하고 정확한 임무 수행이 가능하다. 이 박격포에는 각종 센서를 활용해 정북을 지향하도록 설계된 디지털 가늠자를 군 최초로 활용하여 사격임무를 수행함으로써 신속하고 정확한 사격임무 수행이 가능하였다.

### (2) 4.2인치 박격포

4.2인치 박격포는 제2차 세계대전 중 미국이 개발하여 한국전에 사용된 장비이다. 한국은 1950년 미국 군원으로 구형 박격포(M2A1)를 획득하여 운용하였으며, 1978년 미국으로부터 대외군사판매(FMS)로 도입되었고, 1990년 국내에서 모방 생산한 박격포(KM30)를 장비하였다. [그림 4-38]에서 보는 4.2인치 박격포는 포열 형태가 활강포가 아닌 강선포로서 포구장전식이며, 강선은 24조 우선으로 사거리를 연장하여 6,850m까지 사격 가능하다.

4.2인치 박격포는 무게가 278㎏이며, 분리하여 도수 운반하거나 차륜차량에 탑재, K242A1 장갑차 및 K542 다목적전술차량에 탑재하여 운용된다. 장갑차에 탑재되어 운용할 때 별도의 포가를 설치하여 장착되며, 포가 주변 장갑을 설치하여 승무원 생존성을 높였다.

[그림 4-38] 한국 4.2인치 박격포(좌), 장갑차 탑재(중앙), K532 다목적전술차량 탑재(우)

| | | | |
|---|---|---|---|
| 중 량 | 298.7㎏ | 강 선 | 24조 우선 |
| 포열길이 | 152.4㎝ | 사각범위 | 45~85° |
| 사거리 | 6,850m | 발사속도 | 최대 18발, 유효 5발/분 |

### (3) 120mm 자주 박격포

기존에 4.2인치 박격포는 장기간(27~43년) 운용으로 노후화가 심각하고 사거리가 5.65km에 불과해서 신형 81mm 박격포의 6.4km 사거리보다 짧아 운용상의 한계가 있다. 이에 따라 보병여단급의 4.2″ 박격포는 105mm 차륜형 자주포로, 기계화부대 기보대대급은 120mm 자주박격포로 대체하기로 결정하여 2022년부터 전력화되고 있다.

120mm 자주박격포는 현용 4.2인치 박격포에 비해 사거리가 최대 2.3배, 화력이 1.9배 늘어났다. 또 박격포가 탑재된 상태로 360도 회전할 수 있어 차량의 회전 없이도 목표 변경에 빠르게 대응할 수 있어 변화되는 작전환경에서 효과적인 화력지원이 가능하다. 또 자동화사격지휘체계 구축에 따라 타 체계와 연동하여 실시간 임무를 수행할 수 있고, 유

사시 개별 포마다 구축된 독자적인 지휘시스템으로도 화력지원을 지속할 수 있다. 특히 120mm 자주박격포는 기존 박격포 운용 인원의 75% 수준인 32명에서 24명으로 운용이 가능하여(중대 기준) 미래 군 구조개편에 따른 운용 병력 감소에도 대비할 수 있게 됐다.

| | |
|---|---|
| 중량 | 14,000kg |
| 포신 | 120㎜ 강선포 |
| 사거리 | 12km |
| 최대/지속 발사속도 | 최대: 8발/분<br>지속: 3발/분 |
| 장전방식 | 반자동 |
| 사격통제장치 | 자동 |

[그림 4-39] 120㎜ 자주 박격포

### 라. 북한군 박격포

북한군은 중대급에는 박격포가 편성되어 있지 않으며, 대대급에는 [그림 4-40]에서 보는 61㎜ 및 82㎜ 박격포를 운용하고, 연대급에는 120㎜ 박격포가 편성되어 있다.

[그림 4-40] 북한 61㎜ 박격포(좌), 82㎜ 박격포(중앙), 120㎜ 박격포(우)

| 구 분 | 61㎜ 박격포 | 82㎜ 박격포 | 120㎜ 박격포 |
|---|---|---|---|
| 구 경 | 61 | 82 | 120 |
| 최대사거리 | 1,500m | 3,040m | 5,700m |
| 최대발사속도 | 20발/분 | 25발/분 | 15발/분 |

## 3. 야 포

### 가. 개 요

포병의 주요 임무는 적 종심공격, 대화력전, 적 전투차량 제압, 아군 보병부대 직접지원 등이 있으며, 이를 위하여 '보다 멀리, 보다 정확하게, 보다 신속하게, 보다 강력하게,

보다 적은 인력으로, 보다 생존성 높게'의 6대 성능이 요구된다.

한국은 1970년대에 구형·견인곡사포를 처음으로 모방 생산하였고, 1980년대 초에 개량·견인곡사포(KH179)를 한국형 독자 모델로 개발하였으며, 1983년에 155㎜ 자주포(K55)를 미국으로부터 기술도입 생산하여 현재 야전에서 주력 화포로 운용되고 있다. 또한 155㎜ 신형 K9 자주포는 1999년에 국내 자체기술로 개발된 장비로서 세계적으로 인정받고 있는 우수한 성능을 보유하고 있으며, 여러 국가에 수출되고 있다.

야포는 [표 4-8]과 같이 기동형태에 따라 견인포와 자주포로 구분되며, 포신 형태에 따라 평사포, 곡사포, 다련장 및 로켓으로 구분된다.

[표 4-8] 야포의 분류

| 구 분 | 유 형 | 한국의 화포 | 북한의 화포 |
|---|---|---|---|
| 기동형태 | 견인포 | 105㎜, 155㎜ | 76.2㎜, 122㎜, 152㎜ |
| | 자주포 | 105㎜, 155㎜ | 170㎜ |
| 포신형태 | 평사포 | | 130㎜ |
| | 곡사포 | 105㎜, 155㎜ | 122㎜, 152㎜, 170㎜ |
| | 로켓포 | 130㎜, 227㎜, 230㎜급 | 240㎜, 300㎜ 방사포 |

## 나. 포병사격 절차

포병사격은 관측, 사격지휘, 전포, 통신, 측지 등의 5개 분야가 유기적인 연계를 통하여 이루어지며, 사격절차는 [그림 4-41]과 같다. ① 전방관측자(FO)가 표적을 관측하여 ② 대대 및 포대 사격지휘소(FDC: Fire Direction Center)에 유·무선 및 데이터 통신으로 사격을 요청하면 ③ 사격지휘소에서 사격제원을 산출하여 전포대로 사격임무를 하달하고 ④ 전포대에서 사격을 실시하는 순으로 이루어진다. 이러한 사격절차는 수동식에서 정보통신기술을 적용한 대대전술사격지휘체계(BTCS)10)를 이용하여 자동화되었으며, 표적획득수단도 주·야간 관측장비, 인공위성, 표적탐지레이더, 무인항공기 등을 이용하고 있다.

관측은 포병부대가 기동부대 후방에 위치하여 대부분 보이지 않는 표적에 대하여 사격을 실시하므로 관측반 편

[그림 4-41] 포병 사격절차

10) BTCS : Battalion Tactical Computer System, 대대전술사격지휘체계.

성은 표적획득에 필수적이다. 최근에는 대대전술사격지휘체계(BTCS)를 활용하여 관측제원 입·출력기(DMD)[11]로 사격을 요청하고 있다. 또한, 관측반 미운용시에는 GPS를 이용하는 방법, 무인항공기(UAV) 및 항공정찰에 의한 표적획득, 상급부대에 의한 표적할당, 기동부대 요원들에 의한 사격요구, 표적탐지레이더(Arthur-K, 대포병탐지레이더-II 등)를 이용하는 방법 등 다양한 방법이 있다.

사격지휘는 사람의 두뇌와 같은 역할을 수행하며 사격지휘소(FDC)에서 관측반으로부터 사격요구를 접수하여 대대전술사격지휘체계(BTCS)를 이용하여 편각, 사각 등의 사격제원을 산출하며, 전포대에 사격명령을 하달한다.

전포대는 사격지휘소에서 하달된 사격제원을 화포에 장입하고 포탄을 장전하여 사격임무를 수행한다. 전포대는 전포대본부, 6개의 곡사포반, 탄약반으로 구성되며, 전포반은 진지를 점령하여 포를 표적지역으로 지향시키는 '방열'을 실시한다.

통신의 역할은 포술 제 분야가 원활하게 임무를 수행할 수 있도록 연결해 주는 것이며, 사람의 신경조직과 유사한 역할을 수행한다. 포병의 각 분과는 효과적인 임무수행을 위하여 유선·무선(AM/FM), 디지털(digital)통신체계로 연결되어 있다. 또한 통신은 인접 및 상급 포병부대, 기동부대와도 연결되어 있으며, 다른 병과 및 타군과 협동 및 합동작전을 수행하기 위하여 가용한 통신수단을 통합하여 운용해야 한다.

측지는 사격제원을 결정하는 데 필요한 화포 및 관측소, 표적지역 위치를 신속하고 정확하게 결정하여 본대에 제공하는 중요한 요소이다. 측지반은 자동측지장비(PADS), 광파거리측정기 등의 장비를 이용하여 제원을 결정하며, 어느 지점의 위치를 측정하기 위해서는 정확한 기준점(측지통제점 : SCP)이 있어야 하고, 이 지점으로부터 전이나 삼각측지 기법을 이용하여 표직 및 진지지역의 좌표를 측정한다. K9 자주포는 자동측지장비(MAPS)를 장착하고 있어 별도의 측지 절차를 거치지 않고 포의 위치를 자동으로 결정할 수 있다.



### 다. 한국의 화포

#### (1) 105 / 155㎜ 견인곡사포

105㎜ 견인곡사포(M101)는 제2차 세계대전과, 6·25전쟁에서 운용되었으며, 현재 한국군 동원사단에 편성·운용되고 있다. 105㎜ 곡사포는 정확도와 발사속도가 우수하며, 경량으로 운용이 용이하고, 공중투하가 가능하여 기동부대를 효과적으로 근접지원할

11) FO DMD : Forward Observer Digital Message Device, 관측제원 입·출력기.

수 있는 화포이다. 또한, 1978년부터 곡사포의 포신부분을 개량하여 사거리를 연장하고 발사속도를 증가시킨 한국형 105㎜ 곡사포(KH-178)를 독자 개발하기도 하였다.

구경 155㎜는 세계 여러 국가에서 가장 많이 적용하고 있는 표준 구경이다. 155㎜ 견인곡사포(M114)는 1942년에 개발된 화포로서 사거리는 14.6㎞이다. 한국에는 6·25전쟁 중 미국으로부터 지원받아 처음으로 155㎜급 화포를 운용하였다. 미국은 'M114' 곡사포를 대체하기 위하여 'M198' 곡사포를 개발하여 1978년부터 배치하였다. 한국은 1979년부터는 'M114' 곡사포를 대체하기 위한 개발에 착수하여 1983부터 신형 155㎜ 곡사포(KH-179)를 양산하여 실전 배치하였다. [그림 4-42] 오른쪽의 신형 155㎜ KH-179 곡사포는 RAP[12)]탄으로 사격 시 사거리는 31㎞에 달한다.

[그림 4-42] 한국 105㎜ 견인곡사포(M114)(좌), 155㎜ 견인곡사포(KH-179)(우)

| 구 분 | 105㎜ 곡사포(M101) | 155㎜ 견인곡사포 (KH-179) |
|---|---|---|
| 구경장(포신길이/구경) | 22 | 39 |
| 최대사거리 | 11.27㎞ | HE탄 18.1㎞, RAP탄 31㎞ |
| 발사속도 | 최대 10발/분, 지속 3발/분 | 최대 4발/분(최초 3분), 지속 2발/분 |
| 총 중량 | 2,258㎏ | 6,855㎏ |

### (2) K105A1 자주포(풍익)

2017년에 기존의 105mm 견인곡사포를 차량에 자동화 사격체계를 적용해 성능을 개량한 사업을 성공하였다. 포병에서 도태되는 105mm 견인곡사포를 차량탑재형 자주포로 개조하여 기존 4.2인치 박격포를 대체하는 한국판 MOBAT[13)]이다. 105mm 견인포를 대체해 대포병사격 생존성과 지원화력으로서의 기동성을 높이며 기동 중 실시간으로 표적을 획득 후 사격과 신속한 진지변환(shoot & scoot)이 가능하다. 기존 견인곡사

12) RAP: Rocket Assisted Projectile, 로켓보조추진탄.
13) MOBAT: MOBile ArTillery (포가를 표준 군용트럭에 장착하여 기동성을 높인 야포)

포 대비 화력지원 능력이 크게 향상되어 보병여단의 독자적 작전수행을 보장하고 전투원의 생존성 향상에 기여했으며, 자동화체계 운용으로 기존 9명에서 5명으로 병력이 절감되었다. 또한 기존의 105mm 탄약과 견인포를 재활용함으로써 획득 및 운용비용을 절감할 수 있었다.

[그림 4-43] K105A1 자주포

| 구 분 | K105A1 자주포 |
|---|---|
| 전투중량 | 19톤 |
| 최대사거리 | 최대 11.3km |
| 발사속도 | 최대 10발/분, 지속 3발/분 |
| 탄적재량 | 60발 |
| 부무장 | K6 중기관총 |

### (2) K55 / K9 자주포

자주포의 주요 임무는 적 종심타격, 대화력전, 적 전투차량 제압, 기동부대 및 보병부대의 직접지원을 들 수 있으며, 이와 같은 임무수행을 위하여 요구되는 현대화 성능은 일반적으로 사거리 연장, 사격통제장치 자동화, 발사속도 증대 및 운용성 향상으로 집약되고 있다.

자주포는 자체 성능 이외에도 탄약운반차, 표적획득, 사격지휘, 탄약 등과 유기적으로 연결되어야 최대 효과를 발휘하며, 일반적인 자주포 성능 수준은 다음과 같다.

- 자주포 체계는 기동 중에도 표적 제원을 통보받으면, 탑재된 위치확인장치를 이용하여 포의 위치를 확인하며, 탄노계산기로 사격제원을 계산하여 포신을 자동 또는 반자동으로 표적 위치로 향하고 탄을 자동으로 장전하여 1분 이내에 초탄 발사가 가능하다.
- 발사속도가 크게 증대됨에 따라 표적획득 초기에 대량사격이 가능하고, 지능형 탄약의 사용으로 타격 효과를 높이며, 사격실시 후 신속한 진지변환(shoot & scoot) 개념으로 발전되고 있다.

K55A1 자주포는 K9 자주포 기술을 활용하여 성능개량한 장비이며, 현대전에 적합한 기동성과 생존성, 사격지휘 능력을 갖춘 우수한 화포로 평가받고 있으며, 한국적 작전환경에 적합한 자주곡사포이다.

K55A1 자주포는 특수 알루미늄으로 제작된 차체에, 완전 궤도식으로 산악 및 늪지에서의 기동성이 뛰어나며, 자동화된 사격통제장치로 신속하고 정확한 사격제원 산출

이 가능하여 명중률이 우수하다. 신속한 사격과 양호한 방호력, 궤도에 의한 야지의 기동성은 포병의 생존성과 직결되며, 장갑으로 보호되고 뛰어난 기동력은 사격을 지속적으로 가능케 해준다. 적의 사격과 악조건의 기상에서도 승무원과 탄약을 보호함으로써 신뢰성을 높여주고 있다.

K9 자주포는 최신의 자동화된 시스템과 자동사격통제장치를 갖추고 있으며, 다양한 특수탄약을 사용함으로써 뛰어난 화력을 제공할 수 있고 고성능 장갑궤도차량으로 기동성이 탁월하여 산악 및 각종 장애물 극복 능력이 뛰어나 한국적 지형에서 운용하기에 적합한 화포이다.

[그림 4-44] 한국 K55A1 자주포(좌), K9 자주포(우)

| 구 분 | K55A1 자주포 | K9 자주포 |
|---|---|---|
| 최대사거리 | HE: 18㎞ RAP: 30㎞ | RAP: 30㎞ BB: 40㎞ |
| 주행속도, 항속거리 | 54㎞/h, 360㎞ | 60㎞/h, 360㎞ |
| 발사속도 | 1~4발/분(3분간) | 급속 3발/분, 최대 6발/분 |
| 전투중량 | 27톤 | 47톤 |
| 엔진출력(마력) | 405 | 1,000 |
| 특 징 | 자동위치확인 등 | 자동사격통제, 자동장전 등 |
| 승무원 | 5명 | 5명 |

특히, K9 자주포는 내장된 자동사격통제장치(AFCS)[14]를 이용하여 하나의 표적에 동시 3발을 사격할 수 있어 단독 TOT[15]가 가능하여 3발의 포탄을 동시에 한 표적에 집중시킬 수 있고, 자동화된 방열, 자동장전시스템에 의하여 K55 자주포 대비 3배의 높은 사격 효율로 K9 자주포 1문은 K55 자주포 3문의 사격효과를 달성할 수 있다.

14) AFCS : Automatic Fire Control System, 자동사격통제장치.

15) TOT : Time on Target, 동일표적에 여러 문의 포가 사격을 하여 동일시간에 집중시키는 사격방법이며, K9 자주포의 경우는 1문의 포가 각각 다른 3개의 사각으로 사격을 실시하여 3발의 포탄이 같은 시간에 표적에 명중시키는 사격방법이다. 이는 포탄이 날아가는 비과시간의 차이를 적용한 것이다.

K9A1 자주포는 1차 성능개량된 화포로 DOS 기반 운영체제를 윈도기반 운영체제로 교체하였으며 보조발전기(APU), 적외선 영상시스템과 후방카메라를 설치하였다. 2차 성능개량을 준비 중인 K9A2는 사거리 연장을 위한 구경장 연장, 둔감장약 개발 등을 추진 중이며, 3차 성능개량 시에는 MUM-T 적용을 위한 무인화기술을 도입할 예정이다.

### 라. 북한의 주요 화포

전방에 배치된 170㎜ 자주포와 240㎜ 방사포는 수도권 지역에 대한 기습적인 대량 집중 공격이 가능하고, 최근 사거리 신장 및 정밀유도가 가능한 300㎜ 방사포와 북한이 초대형방사포로 주장하는 600㎜급 단거리탄도미사일을 개발하여 한반도 전역을 타격할 수 있는 방사포 위주로 화력을 보강하고 있다.

북한의 화포는 견인포로 122㎜, 130㎜, 152㎜ 등 다양한 구경을 보유하고 있으며, 자주포는 [그림 4-45]과 같이 122㎜, 130㎜, 152㎜, 170㎜ 등이 있다.

170㎜ 자주포는 T-54 전차 차체에 구소련의 170㎜ 해안포의 긴 포신(15m)을 탑재하여 개조한 M-1978 자주포와 T-62 전차 차체에 긴 포신(15m)을 탑재하여 개량한 M-1989 자주포가 있다.

[그림 4-45] 북한 122㎜ 자주포(좌), 170㎜ 자주포(우)

| 구 분 | 122㎜ 자주포 (M-1977) | 130㎜ 자주포 (M-1975) | 152㎜ 자주포 (M-1974) | 170㎜ 자주포 (M-1989) |
|---|---|---|---|---|
| 최대사거리 | 15.3/21㎞ (HE/RAP) | 27.1㎞ | 17.2㎞ | 40/53.4㎞ (HE/RAP) |
| 발사속도 | 8발/분 | 5발/분 | 4발/분 | 2발/분 |
| 비 고 | M-1981: 23.9㎞<br>M-1991: 24㎞ | M-1981:27㎞ | | M-1978: 36.2/53.4㎞ |

## 4. 다련장 로켓

### 가. 개 요

다련장 로켓은 냉전시대에 막강한 화력을 보유하고 있던 구소련의 포병화력에 대응하기 위하여 미국에서 GSRS(General Support Rocket System)이라는 이름으로 개발에 착수하여 미국·영국·프랑스·독일·이탈리아 등에 의해 공동 개발된 무기체계이다.

다련장 로켓의 운용개념은 정확도가 미흡한 단점을 빠른 발사속도와 대량화력 집중으로 적 집결지, 경장갑 및 물자, 인원표적 등을 제압함으로써 화포를 보완하는 일반 화력지원 무기로 설정되었다.

1990년대 이후 300㎞급의 전술유도탄(ATACMS : Army Tactical Missile System)이 개발됨에 따라 다련장 로켓은 단순한 대량 화력무기체계가 아닌 정밀 화력무기체계의 역할을 담당하게 되었고, 최근의 다련장 로켓은 고기동·장사정·고위력화 추세로 대량파괴와 더불어 치명타를 가할 수 있는 정밀파괴 능력을 보유하고 있다.

### 나. 다련장 로켓 운용개념

다련장 로켓의 운용개념은 [그림 4-46]과 같이 무인항공기(UAV), 대포병탐지레이더 및 전방 특수부대로부터 실시간으로 획득한 상급부대의 표적정보를 C4I체계 또는 대포병탐지레이더와 사격지휘체계가 직접 연동되어 운용된다.

생존성 확보(Shoot & Scoot), 작전반응시간 및 장전시간 단축 등을 위하여 탄약운반차를 운용하며, 크레인을 장착하여 자동으로 탄약을 공급할 수 있다.

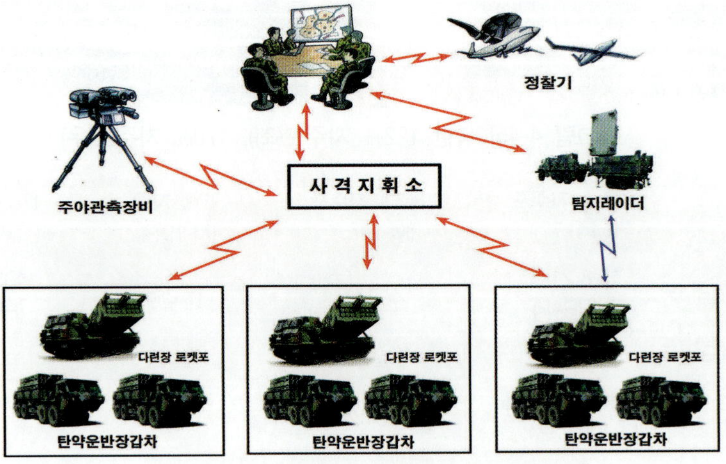


[그림 4-46] 다련장 로켓포 운용개념도

## 다. 한국의 다련장 로켓

### (1) K-136 다련장 구룡

K-136 다련장(구룡, 九龍)은 한국이 개발한 최초의 로켓으로, 북한이 대량으로 보유한 방사포에 대응하기 위하여 국방과학연구소에서 독자적으로 개발한 구경 130㎜ 다련장 로켓이며, 형상은 [그림 4-47]과 같다.

K-136 구룡은 간접사격으로 지역표적을 제압할 수 있는 무기체계로, 단시간에 강력한 화력을 집중시킴으로써 기동력을 갖춘 적의 중요 표적이나 밀집된 표적 공격에 큰 효과를 발휘할 수 있다.

K-136 구룡은 36연장으로 회전이 가능하고, 트럭(KM809A1)에 탑재되며, 로켓운반용으로는 72발을 탑재하는 보급차량을 사용한다. 로켓탄은 기본형과 개량형의 두 종류가 있으며, 기본형은 재래식 고폭탄두이고, 개량형은 16,000개의 성형파편으로 구성된 개량형 고폭탄두이다.

사격은 운전석 또는 발사대 차량 밖에서 발사통제기를 사용하여 단발, 부분 일제사 또는 완전 일제사를 할 수 있으며, 일제사의 발사간격은 0.5초이다. 사격제원 계산은 사표나 사격제원 계산기를 사용하며, 정확도를 위하여 저공풍측정기를 이용하여 10.25m 높이에서 저공풍을 측정하여 사격제원 계산에 반영한다. 천무 전력화 시 도태장비이며 탄약은 천무에서 활용 중이다.

[그림 4-47] K136 다련장 로켓

| | | | |
|---|---|---|---|
| 구 경 | 130㎜ | 로켓장전수 | 36발 |
| 사거리 | 23/36㎞ | 탄약 적재 | 72발 |
| 연속발사시간 | 18초 | 살상면적 | 250×250m |

### (2) MLRS(Multiple Launch Rocket System) / ATACMS

MLRS는 '다련장 로켓'이라고도 하며, 미국을 비롯한 선진 5개국이 합작하여 개발한 지대지 로켓 및 유도탄 사격체계로서, 한국은 1999년에 도입하여 실전배치되었다.

[그림 4-48]에서 보는 MLRS와 ATACMS는 M270(A1) 발사대로 사격하며, MLRS는 2개 6열 로켓발사관으로 구성된 12발의 지대지 로켓이 POD로 장전되어 있고, ATACMS는 2발이 POD로 장전되어 있다. 발사대는 변형된 브래들리 장갑차 차체를 이용하였고, 고성능의 사격통제체계를 이용하여 목표에 대한 정확도가 매우 높고 다량

의 탄약을 집중할 수 있는 자동화된 시스템이다. M270 발사대는 MLRS, M270A1은 MLRS와 ATACMS 모두 사격이 가능하다.

[그림 4-48] MLRS(좌), 로켓탄 및 ATACMS 사격 모습(중앙, 우)

| 중 량 | 25톤 | 최대사거리 | MLRS : 45㎞, ATACMS : 300㎞ |
|---|---|---|---|
| 최고 속도 | 64㎞/h | 발사 속도 | MLRS : 12발/분, ATACMS : 2발/분 |

MLRS의 로켓탄 사거리는 45㎞이며, 로켓탄두는 자탄이 644개가 내장되어 있고 지연신관을 이용하여 목표 상공에서 분리되어 살포된다. 살포된 자탄은 인마살상과 76~102㎜의 장갑 관통력을 가지고 있어 장갑이 얇은 전차의 윗면 장갑을 관통할 수 있다. 1회에 발사하는 화력은 155㎜ 곡사포 16문이 동시에 발사하는 것과 동등한 위력을 발휘하며, 단시간에 집중공격할 수 있어 적 포병화력, 로켓부대, 장갑차량, 지원부대 등 집결된 목표 공격에 효과적이다. AT2 자탄을 활용하여 대전차지뢰를 살포할 수 있으며, ATACMS는 300㎞까지 정밀사격이 가능하다.

### (3) K-239 다련장 로켓(천무)

천무 다련장은 북한의 방사포와 장사정포 위협에 대응하기 위하여 개발되었으며, 기존 130㎜ 구룡과 227㎜ MLRS를 대체할 차기 포병의 주력 무기체계로서 탄의 위력과 사거리를 증가시키고 정밀타격이 가능한 무기체계이다. '천무'라는 이름은 국민공모전을 통해 선정되었으며, '하늘(天)을 뒤덮다(戊)'는 의미이다.

[그림 4-49]에서 보는 천무는 표적의 성질, 형태 및 사거리에 따라 다양한 탄종을 사격가능하며, 신속한 기동과 단시간에 다량의 화력을 집중하여 넓은 지역을 타격할 수 있는 효과적인 무기체계로서 북한의 장사정포를 무력화하기 위한 장사거리, 고정밀 유도능력을 보유한 무기이다.

천무는 다양한 탄종을 사격할 수 있는 발사대와 신속하고 지속적인 탄약지원이 가능한 탄약운반차, 로켓으로 구성된다. 천무는 무인항공기 및 대포병 레이더로부터 획득된 적의 표적정보를 전술지휘통제체계(C4I)와 연동하여 포병대대사격지휘체계(BTCS)로 표적정보 및 사격임무 데이터를 송신하면 포대 및 사격대는 수신된 표적정보와 사격명령을 바탕으로 천무체계의 위치결정·항법장치 및 사격통제장치 등을 이용해 적의 종심을 타격한다. 천무 다연장로켓체계는 하나의 플랫폼에서 서로 다른 탄종(유도 로켓과 무유도 로켓)을 운용할 수 있는 장점이 있다.

[그림 4-49] K239 다련장 로켓(천무)

| | | | |
|---|---|---|---|
| 구 경 | 239㎜ | 전 장 | 394㎝ |
| 최대사거리 | 80㎞ | 탄 종 | 유도 로켓, 무유도 로켓 |

## 라. 북한의 다련장

북한은 다양한 구경의 방사포를 개발 및 보유하고 있으며, 특히 초대형 방사포(KN-25)는 600mm 구경으로 사거리가 380km에 달하는 것으로 알려져 있다. 최근에는 300mm 방사포 개발과 240mm 방사포를 개량하여 수출하려는 시도도 하고 있다. 북한의 다련장은 [그림 4-50]과 같이 240㎜와 300㎜ 방사포, 600㎜ 방사포가 있다.

[그림 4-50] 600mm(좌), 300mm(중앙), 240mm 방사포(우)

| 구 분 | KN-25 방사포(600㎜) | KN-9 방사포(300㎜) | 240㎜ 방사포 |
|---|---|---|---|
| 사거리 | 400㎞ | 200㎞(추정) | 43, 60㎞ |
| 발사관수 | 2열 4개형 | 8개형 | 12개형, 22개형 |
| 비고 | 이동식 발사대 탑재 | 유도로켓 사용 가능(추정) | 12발/20분, 22발/33분 |

## 5. 함 포

함포(naval gun)는 함정에 탑재된 대포를 말하며, 강력한 화력으로 함정의 근접방어 및 원거리 해상표적 타격과 지상표적에 대한 함포지원으로 운용된다.

함포는 백년전쟁 당시 영국 함대가 대인용으로 사용하였으며. 1571년 레판토 해전에서 대함 전투용으로 처음 사용되었다. 2차 세계대전까지 함포는 군함의 주무기였으며, 주포의 구경과 관통력, 사거리 등 함포의 성능이 전투의 승패를 좌우하였다. 이에 따라 함포의 구경은 전함의 경우 16인치와 18인치 등 대구경이 사용되었고 순양함은 그보다 작았으며, 구축함은 5인치 이하의 함포가 주로 사용되었다.

2차 세계대전 시 항공모함과 항공기 중심의 해전이 수행되면서 함포의 역할이 많이 축소되었고, 어뢰 또는 항공폭탄에 의한 화력투사가 해전의 중심이 되었으며, 거함의 대구경포는 해전보다는 오히려 상륙작전의 지원사격에 활용되었다.

현대전에서는 레이더와 미사일의 발달로 함포의 중요성이 줄어들어 무거운 대구경의 함포 대신 자동화된 중·소구경의 함포와 미사일이 사용되고 있다. 그러나 초정밀 유도로 표적을 명중시킬 수 있는 함대지 미사일이 비용대효과면에서 고가임에 따라 미국은 신개념의 함포로 155㎜ AGS(Advanced Gun System)를 개발하고 있다. 최대 사정거리는 40㎞, 장거리유도포탄(ERGM)[16]의 경우 185㎞이며, GPS유도에 의해 50m 이내의 오차로 정밀타격이 가능하다. 아울러 전기포, 전열포, 레이저포도 개발되고 있다.

함포는 비록 사거리와 파괴력, 명중률이 우수한 대공미사일에 주역이 밀리기는 하였으나 여전히 중요 무기체계이다. 함포는 유도탄에 비해 획득 및 유지비가 상대적으로 저렴하고 경제적이며, 대공 및 대해, 대지 지원사격 등 전술적 운용의 다양성과 다목적성을 가지고 있다. 함정의 좁은 공간에 탑재 시 공간이용의 효율성과 신뢰성이 좋으며, 근거리 교전능력, 신속대응능력, 집중공격능력을 보유하고, 전자교란에 강하다.

함포의 종류는 국가마다 다양하며, 76㎜, 100㎜, 114㎜, 127㎜, 130㎜ 함포 등이 있으며, 한국 해군에서 운용하는 함포는 40㎜(노봉), 76㎜, 5인치, 127mm 함포 등이 있다.

### 가. 40㎜ 함포 노봉

40㎜ 함포 노봉은 쌍열포로 1990년대 초 해군이 새로 건조되는 함정에 탑재할 국내 고유 모델의 함포 개발 요구에 따라 1995년 한국이 국내 개발한 함포이다. '노봉'이라는 명칭은 장수말벌을 뜻하는 '노봉(露蜂, Vespa)'에서 따왔다.

16) ERGM: Extended Range Guided Munition, 사거리 연장 유도탄.

[그림 4-51] 왼쪽의 노봉은 호위함이나 초계함, 고속정에 탑재되며, 사격통제장치와 연동하여 원격으로 조종되고 고속 발사가 가능하며 근거리에서 공격하는 전투기에 대응하는 것은 물론 대함공격도 가능하다.

유효사거리는 대공 4㎞, 대함 6㎞이며, 발사속도는 분당 620발(포신당 310발)로, 국방과학연구소가 개발한 탄도계산기법을 적용하여 명중률이 높다. 또한 제어장치에 최신 전자기술이 적용되어 음속의 2배 속도로 공격해 오는 표적도 대응할 수 있다.

## 나. 76㎜ 함포

76㎜ 함포는 초계함의 주포로 운용하고 있는 함포이다. 한국 해군은 이탈리아 오토멜라라(OTO Melara)사의 76㎜ 함포를 면허생산하여 울산급·동해급·포항급 함정에 장착하였다.

[그림 4-51] 오른쪽의 76㎜ 함포는 최대사거리 16.3㎞이며, 최대발사속도는 800~100발이고, 전자동으로 사격가능하다. 한국형 76㎜ 함포는 크롬도금 기술을 적용하여 포신수명을 증가시키고, 포신 강내 마모를 방지하여 함포사격의 정확성을 유지할 수 있다.

[그림 4-51] 40㎜ 함포 노봉(좌), 76㎜함포(우)

| 구 분 | 40㎜ 함포 | 76㎜ 함포 |
|---|---|---|
| 구 경 | 40㎜ 쌍열 | 76㎜ |
| 최대사거리(대함) | 6㎞ | 16.3㎞ |
| 유효사거리(대공) | 4㎞ | 대함 8km, 대공 4km |
| 발사속도 | 620발/분(포신당 310발) | 80~100발/분 |

## 다. 5인치 함포(KMk45 Mod4)

5인치 함포 KMk45는 미 해군의 주력함포 Mk45를 면허생산으로 국산화하였다. 기존의 54구경 함포를 장포신으로 개량하였고, 함포 전면에 레이더파 반사면적을 감소시키는 쉴드(shield)를 적용하여 스텔스(stealth) 기능을 갖춘 완전 자동함포체계이다.

[그림 4-52] 왼쪽의 5인치 함포는 세계에서 가장 가볍고, 소요 면적이 적으며, 완전 자동화된 함정용 주포로서 대공, 대함, 대지의 모든 작전에 운용이 가능하다. 발사속도는 분당 20발이며, 사거리는 기본탄이 36㎞, 사거리연장 정밀유도포탄(ERGM)은 116.7㎞이다. 5인치 함포는 DDH-Ⅱ, DDG구축함, FFX차기호위함 등의 주포로 선정되어 한국 해군의 주포로 역할하고 있다.

### 라. 127㎜ 함포

127㎜ 함포 오토멜라라는 DDH-Ⅰ 광개토대왕급 구축함용으로 이탈리아에서 도입한 함포이다. 포탑 중량이 40톤으로 5인치 함포보다 무겁다.

[그림 4-52] 오른쪽의 127㎜ 함포는 완전자동화 함포로서 헬기와 같은 저속항공기에 대한 대공사격도 가능하다. 수냉식으로 최대발사속도는 분당 40발이며, 최대사거리는 24㎞이다.

[그림 4-52] 5인치 함포(좌), 127㎜ 함포(우)

자료: 국방일보(2012.3.23)

| 구 분 | 5인치 함포 | 127㎜ 함포 |
|---|---|---|
| 구 경 | 5인치 62구경장 | 127㎜(5인치) 54구경장 |
| 총 중량 | 24톤 | 40톤 |
| 최대 사거리 | 36㎞, ERGM 117㎞ | 24㎞ |
| 최대 발사속도 | 20발/분 | 40발/분 |
| 탑재 함정 | 충무공이순신함(DDH-II) 등 | 광개토대왕함(DDH-I) |

# 제5절 화력지원장비

## 1. 개 요

현대전 및 미래전에서 승리하기 위해서는 먼저 보고(先見), 먼저 결심하고(先決), 먼저 타격(先打)해야 하므로 장거리 정찰 및 감시, 통제 및 타격할 수 있는 무기체계가 요구되고 있다. 작전부대 지휘관은 이와 같은 작전목적 달성을 위하여 적의 중심 파괴 및 증원부대 차단, 대화력전 등 적시·적절하게 화력을 운용하여 아군의 기동에 유리한 여건을 조성하여야 한다.

화력지원을 위한 주요 장비로는 표적을 획득하는 무인정찰기(UAV), 적 박격포 및 포병사격을 조기에 탐지하는 대포병레이더, 사격지휘를 위한 사격지휘차량 및 사격지휘소용 장갑차, 정확한 사격제원 산출을 위한 사격통제장비인 BTCS, 신속 정확한 위치결정을 위한 측지장비로 광파거리측정기 및 자동측지장비(PADS), 자주포에 탄약을 신속하고 안정적으로 공급하는 탄약운반장갑차 등이 있다.



## 2. 표적획득장비

### 가. AN/TPQ-36·37 레이더

대포병 탐지레이더(AN/TPQ-37)는 적 곡사화기(박격포, 곡사포, 로켓 등)의 포탄을 탐지하는 장비로서, 1990년과 1996년에 미국에서 도입하였다. [그림 4-53]에서 AN

| 구 분 | AN/TPQ-36 | AN/TPQ-37 |
|---|---|---|
| 탐지 대상 | 박격포, 야포, 로켓 | |
| 탐지율 | 박격포 : 90%<br>야포 : 70%<br>로켓 : 80% | 박격포·야포·<br>로켓 : 85% |
| 탐지 거리 | 최소 : 750m<br>최대 : 24㎞ | 최소 : 3㎞<br>최대 : 50㎞ |
| 동시 탐지 | 5~10개 | |

[그림 4-53] TPQ-36(좌), TPQ-37(우)

/TPQ-36은 경량 대박격포 탐지레이더로 탐지거리가 24㎞이며, AN/TPQ-37의 탐지거리는 최대 50㎞이며, 동시 표적탐지는 10개이다.

대포병 탐지레이더는 전자식 레이더이며, 90도 각도의 영역을 스캔(scan)하여 날아오는 로켓, 야포, 박격포 사격을 탐지한다. 발사된 포탄이나 로켓은 최고점에 도달하기 전인 최초의 발사 궤도를 레이더로 추적하여 데이터를 분석하고 발사 위치를 역추적하여 계산 결과를 포병 사격지휘소에 전파한다.

### 나. 아서(ARTHUR-K) 대포병레이더

아서(ARTHUR)는 스웨덴에서 개발한 대포병레이더를 도입한 것으로, 대화력전 수행능력 향상을 위하여 종심지역에 대한 적 포병사격을 탐지할 수 있다.

최대 탐지거리는 60km에 달하고 적의 전파방해에 대응할 수 있는 대전자전(ECM) 능력을 갖춘 장비이다. 박격포탄은 55km, 곡사포탄과 로켓탄은 최대 60km 거리에서 탐지할 수 있다. 또한, 아군 사격의 탄도를 관측해서 탄착 예측 정보를 전달해 주는 역할도 할 수 있다.

### 다. TPQ-74K 대포병레이더(천경)

2022년에 전력화된 TPQ-74K 대포병레이더 천경은 최신 AESA 레이더를 장착하였으며, 70km의 탐지거리를 가졌다. 천경은 환웅이 지상에 강림하기 전 환인에게 받은 천부인(칼, 거울, 방울) 중 거울에서 따왔으며 천지 만물을 비추는 하늘의 거울이라는 뜻이다. 체계 중량은 4.5톤으로 비교적 경량이며, 레이더와 차량이 일체화돼 기동성이 우수하고 운용도 편리하다.

[그림 4-54] ARTHUR-K(좌), TPQ-74K(우)

| 구분 | ARTHUR-K | TPQ-74K |
|---|---|---|
| 최대 탐지거리 | 60㎞ | 70㎞ |
| 표적처리 능력 | 100개/분 이상 | 100개/분 이상 |
| 기타 | 전자전 능력보유 | 능동위상배열레이더 |

## 3. 사격통제장비

### 가. 개 요

박격포와 포병의 사격지휘 및 통제를 위하여 박격포 사격제원계산기 및 포병대대 사격지휘체계(BTCS) 등 현대식 사격통제체계를 운용하고 있다.

자동화된 사격통제장비는 신속하고 정확한 사격제원 산출이 가능할 뿐만 아니라 디지털 통신체계와 연동하여 실시간으로 사격제원을 전파할 수 있다.

### 나. 포병대대 사격지휘체계(BTCS)

포병대대 사격지휘체계(BTCS : Battalion Tactical Commnd System)는 관측반 장비(FO DMD) 및 대포병 탐지레이더 등 표적획득체계와 연동되어 표적을 접수받아 신속·정확하게 사격제원을 산출하여 실시간으로 사격지휘 및 통제를 수행하는 체계로서 [그림 4-55]과 같다.

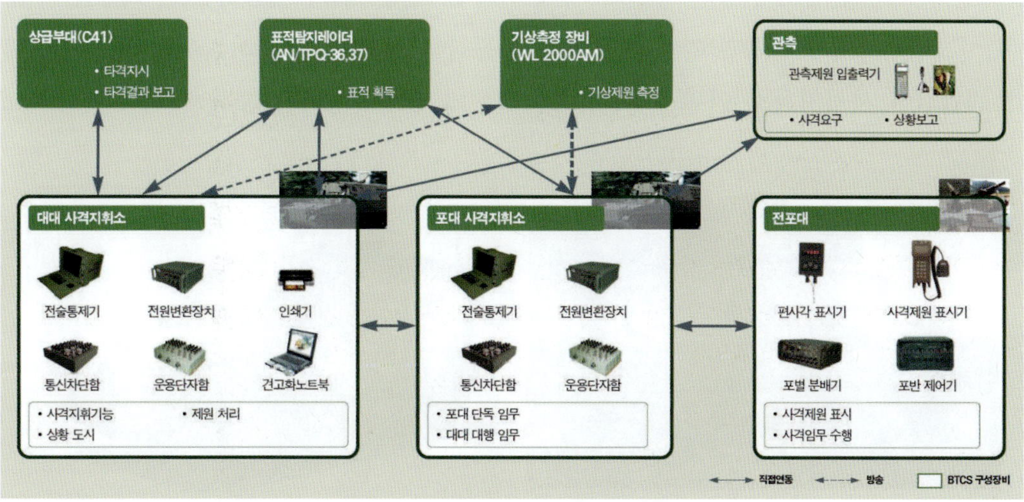


[그림 4-55] BTCS A1 사격지휘체계

BTCS는 사격제원을 산출하는 기술적 사격지휘와 표적할당 및 분배 등 전술적 사격지휘를 수행할 수 있으며, 디지털지도를 활용하여 화력계획을 작성하고 전장을 가시화함으로써 지휘통제 능력을 향상하고 있다. BTCS는 대대전술계산기(BTC[17]), 포대통제기세트(BCC[18]), 포반제원표시기세트(GDU[19]), 관측제원입출력기(FO-DMD[20]) 등의

17) BTC : Battalion Tactical Computer.

18) BCC : Battery Control Computer.

장비로 구성되어 있다. BTC는 포병대대의 전투작전 수행을 위한 기술적·전술적 사격지휘절차를 디지털(digital)화하여 실시할 수 있고, BCC는 포대가 대대의 일부로서 또는 포대 단독으로 사격계획을 작성하고 표적탐지장비와 연동하여 사격임무를 수행하는 장비이다. GDU는 전포대 간 사격임무 수신, 사격 간 사격명령 및 사격결과 보고를 유·무선을 이용하여 FDC와 전포대장 및 포반 간 음성통신을 할 수 있다.

## 4. 사격지휘 및 탄약운반 장갑차

### 가. 사격지휘차량

사격지휘차량은 사격지휘소로 운용하는 차량을 말한다. 사격지휘소는 표적정보 및 사격요청을 접수하고 사격제원을 산출하며, 화력을 통합하고 분배하여 사격을 효과적으로 지휘 및 통제하기 위하여 포술과 통신요원 및 장비로 구성되는 지휘소이다.

견인포 부대에는 [그림 4-56] 왼쪽처럼 박스카(Box Car) 형태의 사격지휘차량이 도입되면서 이동 간에도 원활한 통신과 함께 신속한 사격지휘가 가능하였고, 자주포 부대에는 [그림 4-59] 오른쪽과 같이 자주포와 동등한 기동력을 갖춘 사격지휘장갑차(K77)가 개발되어 사격지휘소 인원을 보호하는 가운데 임무수행이 가능하게 되었다.

[그림 4-56] 포병 사격지휘차량(좌), K77 사격지휘용 장갑차(우)

사격지휘차량(K-716 샵밴)은 차량내부에 사격도판, 통신장비 등이 설치되어 차량내부에서 사격지휘가 가능하며, K77 사격지휘용 장갑차는 화생방 방호를 위한 양압장치가 설치되어 있어 화생전하에서도 사격지휘 임무수행이 가능하다.

---

19) GDU : Gun Display Unit.

20) FO-DMD : Forward Observer-Digital Message Device.

## 나. 탄약운반 장갑차

한국군 포병은 $2\frac{1}{2}$톤 또는 5톤 차륜형 탄약차를 운용하였다. 자주포의 경우에는 탄약 차량으로부터 탄약을 내려서 자주포에 탄약을 운반해야 함으로써 자주포의 신속한 사격을 위한 탄약을 공급할 수 없을 뿐만 아니라, 차륜차량으로 자주포의 야지기동을 따라 신속한 탄약공급이 곤란하여, 이러한 문제를 해결하기 위하여 자주포와 동등한 기동력을 가지고 신속하게 탄약을 공급할 수 있는 탄약운반장갑차의 필요성이 제기되었다.

탄약운반장갑차는 자주포와 동등한 수준의 기동성을 보유하고 장갑으로 방호됨으로써 대포병전을 수행하는 급박한 상황에서도 안전하고 지속적으로 탄약을 보급할 수 있으며, 탄약공급 시간을 단축시켰다. 또한, 자주포와 동시 이동이 가능하므로 사격이후에는 생존성 보장차원에서 신속한 진지변환을 실시하는 'shoot & scoot' 개념 적용을 가능하게 하였다.

K10 탄약운반장갑차는 분당 10발 이상의 탄이송능력을 갖추고 있으며, 탄약집적소 또는 차륜형 탄약차량에 적재된 탄약을 장갑차 내부에 적재한 후 사격진지로 이동하여 K9 자주포에 탄약을 보급하는 자동화 로봇형 장비이다.

[그림 4-57]의 K10 탄약운반장갑차는 104발의 탄약을 적재할 수 있으며, 탄약적재장치는 경사진 곳에서도 포탄을 공급할 수 있다. 자동제어시스템에 의해 탄약 재고관리, 자체 고장탐지 및 진단, 신속·정확한 탄약 적재·보급이 가능하다.

K9 자주포와 K10 탄약운반장갑차에 세계 최초로 적용된 완전 자동화 제어시스템은 우수한 성능으로 포병운용 개념에 혁신적인 변화를 가져왔으며, 전투력 향상은 물론 뛰어난 경쟁력을 지닌 수출 상품으로 국가경제 발전에도 기여하고 있다.

[그림 4-57] K10 탄약운반장갑차(좌), K10이 K9 자주포에 탄약공급 하는 모습(우)

## 5. 측지장비

### 가. 개 요

표적을 직접 보고 조준하여 사격하는 직사화기와 달리 박격포 및 야포 등은 간접사격 화기이다. 원거리에 있는 표적을 타격하기 위해서는 포의 위치와 표적의 위치를 측정하여 사격제원을 산출하며, 산출된 사격제원을 포에 장입하여 사격을 실시한다. 따라서 포와 표적의 정확한 위치를 산출하는 것이 매우 중요하며, 이러한 역할을 수행하는 것이 측지분야이다.

정확한 측지제원을 사용함으로써 관측자의 수정없이 여러 부대의 화력을 통합하여 효과적으로 집중할 수 있고, 수정사격 없이 무관측 사격이 가능하기 때문에 기습효과를 달성할 수 있다. 이와 같은 기능을 수행하는 측지장비로는 광파거리측정기, PADS장비 등이 있다.

### 나. 광파거리측정기

광파거리 측정기는 4급[21] 이상의 정확도로 측지 작업을 수행할 수 있으며, 측정하고자 하는 지점에 반사경을 설치하고 송신된 빔(beam)의 반사파를 이용하여 경사거리를 측정하는 장비로서 씨오드라이트(theodolite)와 함께 결합되어 수평각, 수직각, 경사거리를 동시에 신속하게 측정할 수 있다. 특히 광파거리측정기는 사용되는 반사경의 수에 따라 최대 5㎞까지 측정할 수 있어 재래식 측지 세트를 사용하는 것보다 훨씬 빠르고 정확한 측지가 가능하다.

반면에 광파거리측정기는 크기가 작아 측정거리가 멀수록 반사경 조준이 어렵고 정확도가 떨어지며, 악천후 시 표시창 화면의 반응속도가 늦어지거나 정상적으로 작동되지 않을 수 있고 좌표측정 오차가 발생할 수 있다. 특히 야간에는 측각기로부터 반사경 식별이 어려워 측지 속도가 늦다는 단점과 노후 장비라는 취약점이 있다.

### 다. 자동측지장비(PADS)

자동측지장비(PADS : Positioning and Azimuth Determining System)는 차량에 장착·운용하여 야전포병부대에 신속한 측지제원을 제공함으로써 신속한 사격 및 진지변환을 구현할 수 있는 장비로서 1990년부터 한국군에 도입되어 사용되고 있다. PADS는 신속하게 측지통제점[22]을 확장함으로써 포병의 신속한 사격을 지원할 수 있으며, 1명

---

21) 4급 측지 정확도는 1/3,000이며 5급 측지 정확도는 1/1,000이다.

이 작동하므로 인원 절감 효과도 거둘 수 있다.

해외로부터 도입하여 운용해 온 구형 자동측지장비(PADS)는 측지점에 대한 좌표 및 방위각 제원만 제공하여 야전의 요구사항 충족이 미흡함에 따라 2007년부터 국방과학연구소가 주관하여 [그림 4-58]에서 보는 신형 자동측지장비를 국내 개발하였으며 2014년부터 양산 배치하고 있다.

[그림 4-58] 신형 자동측지장비

신형 자동측지장비는 신속하고 정확한 측지정보 제공을 통해 포병의 대화력전 능력을 극대화 시킬 수 있는 기동성이 보장된 고정밀 측지 장비이다. 고정밀 관성센서 및 항법 알고리즘(algorithm)을 적용한 관성항법장치와 광학장비 적용으로 원격측지, 진지측지, 표적측지 등 다양한 형태의 임무수행이 가능하며, 무선통신을 이용한 연동 장비와 상호운용성 확보로 화력무기체계 간 종합적인 지원이 가능해진다. 또한 신속한 국내 정비 및 유지보수 등 종합군수지원에 기여할 수 있다.

22) 측지통제점은 위치가 정확하게 계산된 측지의 기준점을 의미한다.

## 제6절 탄 약

### 1. 개 요

탄약은 인원 및 장비, 물자 및 시설에 피해를 줄 목적으로 제작된 폭발물, 폭발장치, 점화용 화합물, 화생방작용제 등을 총칭하며, 탄환·포탄, 폭탄, 지뢰 및 기뢰, 뇌관 및 점화화약, 추진제, 신관, 화생방물질을 충진한 장치들을 포함한다.

탄약은 18세기 중엽 포탄에 회전을 주기 위하여 포신의 내벽에 나선형의 강선을 형성하고, 강선과 맞물리는 탄약을 개발함으로써 탄의 정확도를 향상시켰다. 19세기 초에는 손으로 휴대하는 무기의 격발식 점화장치가 개발되었고, 후미장전식 대포에 사용되는 포탄의 모든 성분을 탄피에 담아 포미에 장전하고 발포하게 되었다. 19세기 말에는 무연화약이 개발되었으며, 종래의 유연화약에 비하여 화력이 3배나 증가되었고, 포의 위치를 노출시키는 섬광과 연기를 감소시켰다.

탄약은 자체적으로 사용되는 경우도 있지만 대부분은 무기체계와 결합 및 장착하여 사용된다. 무기체계에 의한 탄약분류는 [표 4-9]과 같이 대분류, 중분류, 소분류로 구분하며, 본 절에서는 화력무기체계와 관련된 탄약만 소개하기로 한다.

[표 4-9] 무기체계에 의한 탄약 분류

| 대분류 | 중분류 | 소분류 |
|---|---|---|
| 기동무기체계 | 대기동장비 | 한국형 지뢰살포기, 살포식 지뢰체계(야포, 공중) |
| 화력무기체계 | 탄 약 | 지상탄약, 함정탄약, 항공탄약, 특수탄약, 유도탄 능동유인체 |
| | 유도무기 | 지상발사 유도무기, 해상발사 유도무기, 공중발사 유도무기, 수중 유도무기 |
| 방공무기체계 | 방 공 | 미스트랄, 스팅어, 신궁, 천궁 |

### 2. 지상 탄약

#### 가. 소화기탄

소화기탄은 5.56㎜ 소총탄(보통탄, 예광탄, 공포탄 등), 7.62㎜ 소총탄(보통탄, 예광탄 등), 구경50 기관총탄(보통탄, 철갑탄 등), 38·45구경 권총탄(보통탄)이 있으며, 탄종별 형상은 [그림 4-59]과 같다.

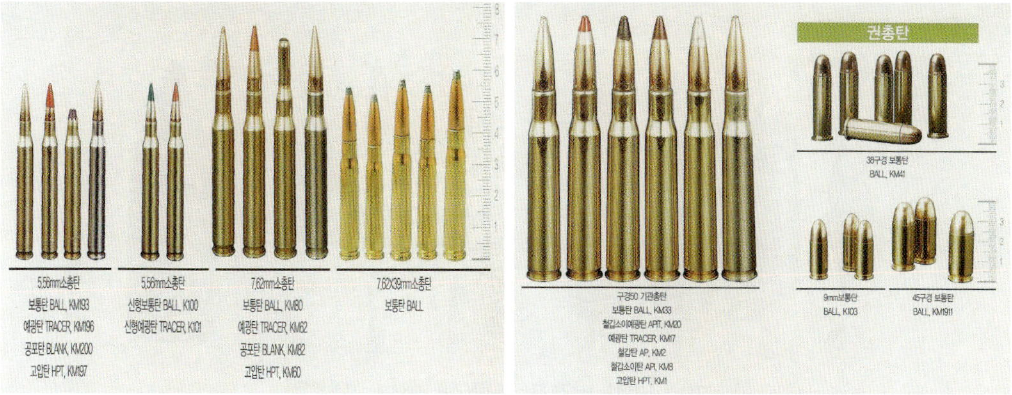


[그림 4-59] 소화기탄 형상

## 나. 직사화기 탄약

직사화기 탄약에는 105㎜ 전차포용 고폭탄(HE), 고폭예광탄, 날개안정철갑예광탄(APFSDS-T), 대전차고폭예광탄(HEAT-T), 120㎜ 전차포용 날개안정철갑예광탄(APFSDS-T), 다목적 대전차고폭예광탄(HEAT-MP-T) 등이 있다. 탄종별 형상은 [그림 4-60]과 같다.

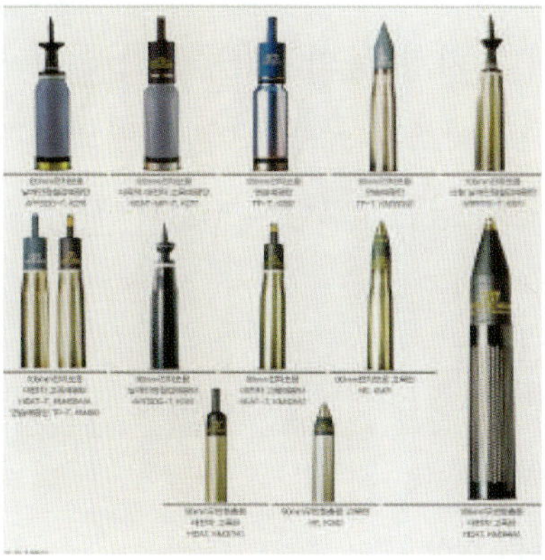

| 구 분 | 탄 종 | 비 고 |
|---|---|---|
| 전차 포탄 | 고폭탄(HE), 고폭예광탄 | 105㎜ 120㎜ |
| | 대전차고폭예광탄(HEAT-T) | |
| | 날개안정철갑예광탄(APFSDS-T) | |
| | 다목적대전차고폭예광탄(HEAT-MP-T) | 120㎜ |

[그림 4-60] 직사포탄(전차포)

## 다. 곡사화기 탄약

곡사화기 탄약은 [그림 4-61]와 같이 박격포탄과 포병탄약으로 구분되며, 박격포탄은 60㎜, 81㎜, 120mm, 4.2인치 박격포의 고폭탄(HE), 조명탄(ILL) 등이 있다.

포병탄약으로는 105㎜, 155㎜, 곡사포의 고폭탄(HE), 조명탄(ILL), 연막탄(HC), 백린 연막탄(WP), 사거리연장탄(RAP), 개량고폭탄(ICM), 이중목적개량고폭탄(DP-ICM), 항력감소탄(HE BB, DP-ICM BB) 등이 있다.

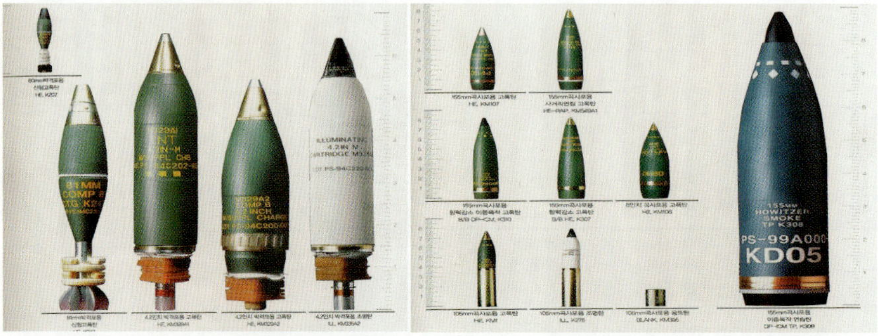


[그림 4-61] 박격포 포탄(좌), 포병 포탄(우)

| 구 분 | 탄 종 | 비 고 |
|---|---|---|
| 박격포탄 | 고폭탄(HE), 조명탄(ILL) | 60㎜, 81㎜, 120㎜, 4.2인치 |
| 포 병 포 탄 | 고폭탄(HE), 조명탄(ILL) | 105㎜, 155㎜ |
| | 사거리연장탄(RAP), 이중목적고폭탄(DP-ICM) | 155㎜ |
| | 항력감소고폭탄(HE BB) 항력감소 이중목적 고폭탄(DP-ICM BB) | |

## 라. 지뢰

지뢰는 땅속, 땅 표면 또는 수중에 설치되며 사람이나 차량 등의 접근 및 접촉에 의해 폭발하여 사람을 살상 또는 장비를 파괴할 목적으로 제조된 폭발물이다. 지뢰는 용도 및 설치수단에 의하여 [표 4-10]과 같이 분류하며, 형상은 [그림 4-62]과 같다.

[표 4-10] 지뢰의 분류

| 구 분 | | 용도 및 유형 | 비 고 |
|---|---|---|---|
| 용도에 의한 분류 | 대인지뢰 | 인원 살상·상해 | |
| | 대전차 지뢰 | 차량·전차 파괴/승무원 살상 | |
| | 특수 지뢰 | 조명제공, 오염지대 형성 | |
| 설치수단에 의한 분류 | 재래식 지뢰 | · 대인지뢰 : M14, M16A1<br>· 대전차 지뢰 : M15·19, K442<br>· 특수지뢰 : 조명지뢰, 크레모아 | 설치수단 : 인력 |
| | 살포식 지뢰 | 야포살포기, 지상살포기, 헬기·항공기 | 설치수단 : 투발기 |

지뢰의 폭발과정은 초기작용, 휴즈(fuze)작용, 뇌관폭발, 기폭약 폭발, 주장약 폭발의 과정을 거친다. 초기작용은 사람의 발 또는 차량바퀴의 누르는 힘에 의한 압력식, 설치된 선을 당기는 힘에 의한 인력식, 기타 해제식·전기식·주파수식·진동식·시한식 등이 있다.

[그림 4-62] 대인지뢰(좌상), 대전차지뢰(좌하), 크레모아(우)

## 3. 함정 탄약

### 가. 기뢰

기뢰는 항만이나 해역을 봉쇄하기 위하여 폭약과 기폭장치로 구성된 폭발물로서 해중과 해저에 부설하여 함정에 접촉 또는 감응하여 폭발함으로써 손상을 주는 무기이며, 지상에서의 지뢰와 유사한 기능을 수행한다. 기뢰는 실전에서 비용 대비 효과가 매우 큰 위협적인 무기이며, 형상은 [그림 4-63]에서 보는 바와 같다.

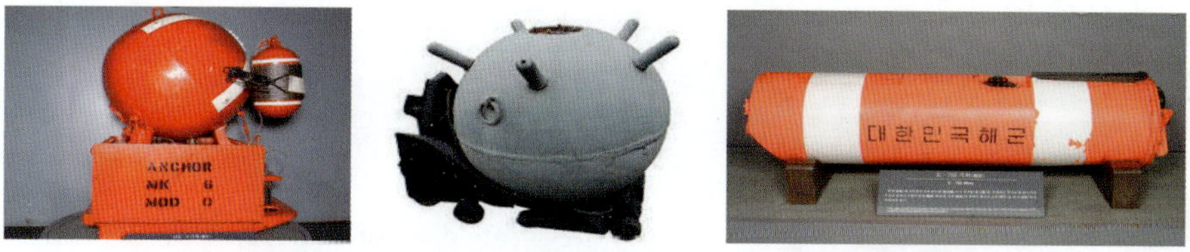


[그림 4-63] MK-16 계류기뢰(좌), K-702 감응기뢰(우)

기뢰는 폭발방식에 따라 조종기뢰, 접촉기뢰, 감응기뢰로 구분되며, 부설위치에 따라 해저기뢰, 계류기뢰, 부유기뢰로 구분되고, 부설수단에 따라 수상함 부설용, 잠수함 부설용, 항공기 부설용 기뢰로 구분된다. 기뢰의 운용개념은 [그림 4-64]과 같다.

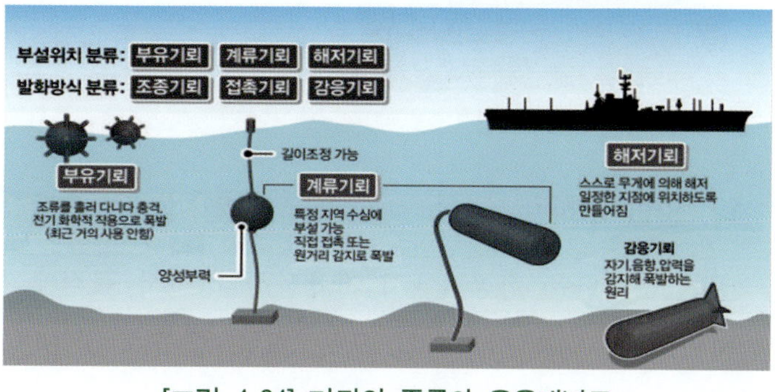


[그림 4-64] 기뢰의 종류와 운용개념도

### 나. 폭뢰

폭뢰는 수중의 적 잠수함을 파괴하기 위한 대잠수함 무기로, 1차 세계대전 당시 독일 잠수함을 공격하기 위하여 연합군 측에서 개발하였다. 일반적인 폭뢰는 드럼통형에 폭약 및 기폭장치 등이 내장되어 있는 형태이며, 별도의 추진장치는 없다.

폭뢰는 수상함의 함미에 있는 투하장치를 이용하거나 항공기에서 투하한다. 수중에 투하된 폭뢰는 자체 무게로 가라앉다가 일정한 심도에 도달하면 수압을 이용한 기폭장치의 작동으로 자동적으로 폭발하게 되며, 그 폭발압력으로 근처의 잠수함을 손상 및 파괴시킨다. 폭뢰의 치명적인 위협거리는 10m 내외이며, 드럼통형 폭뢰는 수중에서 하강속도가 초속 3m 정도이므로 감지하기만 하면 쉽게 피할 수 있다.

## 4. 항공 탄약

### 가. 확산탄

확산탄(Cluster Bomb)은 탄 내부에 수백 개의 자탄을 내장하여 투하되면 표적상공의 일정한 거리에 도달시 탄이 폭발하면서 안에 있던 자탄들이 지상에 분산하여 떨어져 넓은 지역에 산재되어 있는 병력, 차량, 보급소 등을 공격하는 데 사용된다.

한국 공군의 대표적인 확산탄은 [표 4-11]와 같이 MK-20, CBU-105 등이 있다.

[표 4-11] 확산탄

| 형 상 | 명 칭 | 주요 성능 및 제원 |
|---|---|---|
|  | MK-20 (Rockeye) | • 직경 33 × 길이 241㎝, 무게 : 216㎏<br>• 자탄 : 240개, 확산범위 : 177m<br>• 파편효과 : 7.5m, 장갑 관통능력 : 22㎝ |
|  | CBU-105 | • 직경 40 × 길이 233㎝<br>• 주 표적 : 전차, 자탄 : 소폭탄 4개<br>• 11.5㎝ 철판 관통, 16개 파편 발생 |

### 나. 일반 투하탄

일반 투하탄은 항공기에서 자유낙하 하면서 표적에 투하되어 폭발하는 항공폭탄을 말하며, 주로 적의 산업시설, 도로, 교량, 활주로, 군 방호시설 등을 공격하는 데 광범위하게 사용된다.

일반 투하탄에는 건물·교량·벙커 파괴 및 살상용으로 사용하는 MK-82, MK-83, MK-84 등이 있으며, 저고도 투하로 두꺼운 콘크리트 관통 및 파괴를 목적으로 개발된 관통형 일반폭탄 BLU-100시리즈가 있다. 이중 BLU-107 폭탄은 주로 활주로를 폭파시키는 데 사용된다. 한국 공군이 주로 사용하는 일반 투하탄으로는 [표 4-12]의 MK-82/84, BLU-109 등이 있다.

[표 4-12] 일반 투하탄

| 형 상 | 명 칭 | 주요 성능 및 제원 |
| --- | --- | --- |
| 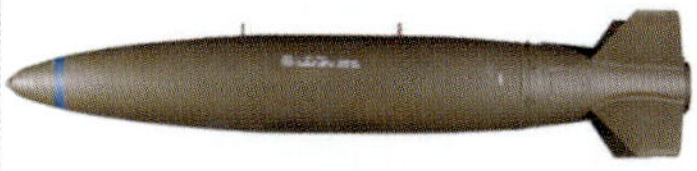 | MK-84 | • 직경 59 × 길이 326㎝, 무게 : 893㎏<br>• 표적 : 벙커, 스커드 기지, 항공기 엄체호 등<br>• 콘크리트 60㎝ 관통 |
|  | BLU-109 | • 직경 38 × 길이 377㎝, 무게 : 884㎏<br>• 표적 : 지상 및 지하 견고한 목표물<br>• 콘트리트 1.8 × 2.4m, 장갑 8.5㎝ 관통 |

## 다. 정밀 유도폭탄

정밀 유도폭탄은 정확하게 공격하기 위하여 일반목적 폭탄에 광학장비나 적외선레이저 등의 감지기와 유도키트를 부착한 폭탄이다. 즉 재래식 폭탄의 탄체에 위치추적 장치인 GPS와 관성항법장치인 INS, 방향조정용 플랩 등을 추가해서 포탄의 낙하위치를 조절할 수 있게 만든 유도폭탄이다. 정밀 유도폭탄은 미사일과 같이 자체 추진장치가 없으며, 자유낙하하면서 날개만을 조종하여 자기위치를 수정하여 표적에 접근한다.

정밀 유도폭탄은 운용목적, 적용되는 탄종, 유도방식에 따라 구분할 수 있다. 유도방식에는 유도폭탄의 자체 항법장치와 인공위성의 GPS 신호를 이용하는 GPS/INS 유도방식, 유도폭탄의 앞부분에 유도용 레이저 반사파를 수신하는 센서를 부착하여 레이저파가 감지되는 방향으로 낙하하면서 표적에 접근하는 레이저 유도방식, 탄두에 TV나 적외선 영상 카메라를 부착시켜서 목표지역의 영상자료를 데이터링크를 통해서 전송받으면서 유도하는 전자광학 유도방식이 있다.

한국 공군의 정밀 유도폭탄에는 GBU-10, GBU-12, GBU-15, GBU-24, GBU-31 등이 있으며, 한국이 개발한 KGGB 중거리 GPS 유도폭탄이 있다. 특히 GBU-31 JDAM (Joint Direct Attack Munition)은 북한의 갱도 포병을 타격하기 위해서 도입된 정밀유도폭탄으로 Mk.80 시리즈의 무유도 항공 폭탄에 정밀타격 능력을 부여하는 업그레이드 키트를 부착하여 [표 4-13]와 같이 항공 투하 후 자체적으로 목표 지점까지 정밀하게 유도되어 표적을 타격할 수 있고, 악천후 속에서도 정확한 타격이 가능하다.

[표 4-13] 정밀 유도폭탄

| 형 상 | 명 칭 | 주요 성능 및 제원 |
|---|---|---|
| 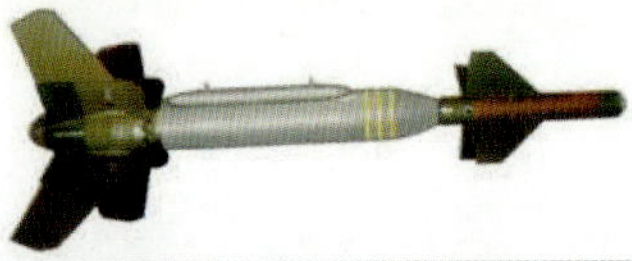 | GBU-12 | • 직경 46 × 길이 333㎝, 무게 : 275㎏<br>• 표적 : 고정 연성표적, 이동 표적<br>• 반 능동레이저 유도, CEP 8m |
| 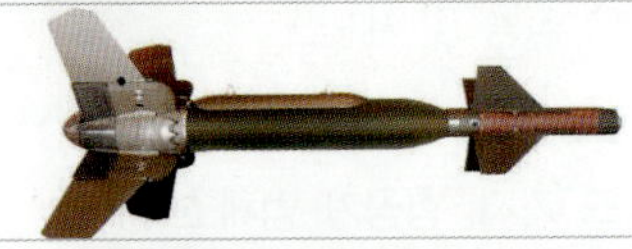 | GBU-24 | • 직경 46 × 길이 439㎝, 무게 : 900㎏<br>• 표적 : 지상 고정 경성표적, 이동 표적<br>• 반 능동레이저 유도, 콘크리트 1.8~2.4m 관통 |
|  | GBU-31 | • 날개폭 483~635㎜, 길이 377㎝, 무게 925㎏<br>• 표적 : 지상 갱도형 진지 입구, 최대사거리 28㎞<br>• 레이저, GPS, INS 유도방식 |
|  | KGGB | • 직경 42 × 길이 244㎝, 무게 : 310㎏<br>• 표적 : 지상 갱도형 진지 입구, 최대 사거리 70㎞<br>• Fire & Forget 방식, 180° 선회 가능 |

### 라. 유도탄 능동유인체

유도탄 능동유인체는 대유도탄 기만체(decoy), 채프(chaff), R-BOC 등이 있다.

디코이(decoy)는 미끼, 가짜 등을 의미하며, 서양에서 오리사냥 시 정교하게 만든 가짜 오리를 이용하는데 오리들이 이 가짜 오리가 동료인줄 알고 근처에 날아오면 사냥꾼이 근처에 잠복해 있다가 오리를 사냥한다. 이러한 오리를 한국어로는 후림새, 영어로는 디코이(decoy)라고 한다.

미사일을 피하는 방법 중에도 기만체(decoy)를 사용하는 방법이 있다. 미사일이 목표물을 추적하는 것이 아니라 미끼 표적을 쫓아가므로 미사일을 속이는 표적도 목표물 흉내를 내야 하며, 이렇게 미사일을 속이는 미끼를 기만체라고 한다.

[그림 4-65] 채프(chaff) 투하 모습

채프(chaff)와 플레어(flare)는 투하형 기만체로 [그림 4-65]에서 보는 채프는 레이더를 속이는 것이며, 플레어는 적외선탐색기를 속이는 기만체이다.

# 제7절 유도무기

## 1. 개 요

유도무기는 가용한 센서로부터 획득된 정보를 활용하여 표적지역으로 유도되어 확보한 표적정보를 바탕으로 지상·해상·공중의 다양한 목표물을 정밀하게 타격하는 무기체계이다.

로켓은 자체추진력을 가진 유도기능이 없는 탄약임에 비하여, 유도무기는 비행궤도를 자율적으로 제어하는 무기체계이며, 표적으로 인도하는 유도조종장치, 비행체계, 추진체계, 탄약으로 구성되어 있다.

유도무기는 2차 세계대전 중인 1942년 독일이 개발한 VI과 V2(그림 4-66)가 시초라고 할 수 있으며, 이들은 간단한 기계적인 조종장치로 사전에 선정된 경로를 따라 비행할 수 있게 설계되었다. 2차 세계대전 이후 냉전시대에 미국과 구소련의 우주선 개발 경쟁에 따라 유사한 기술을 사용하는 유도무기체계도 함께 발전하였다. 구소련은 1957년에 [그림 4-67]과 같이 세계 최초의 ICBM인 SS-6 Sapwood(R-7 Semyorka)를 발사하였고, 미국은 1958년에 Atlas-B ICBM을 발사하였다.

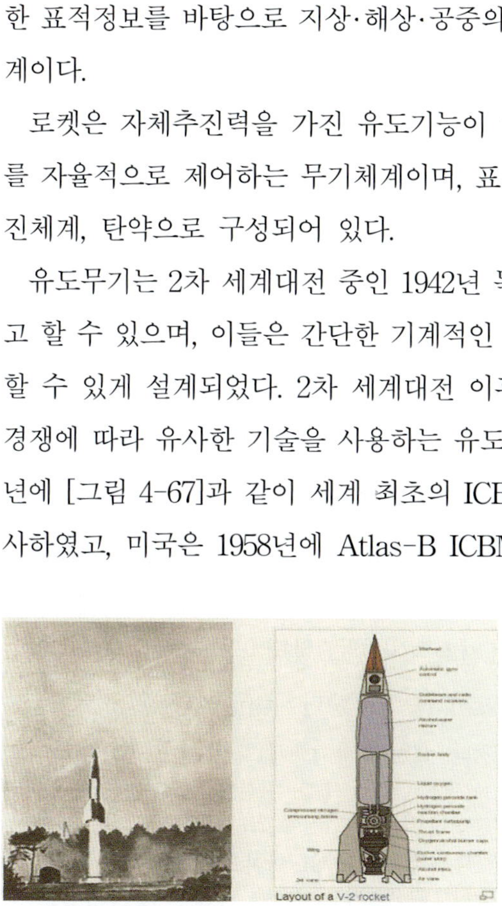


[그림 4-66] 독일의 V2 로켓 및 Layout

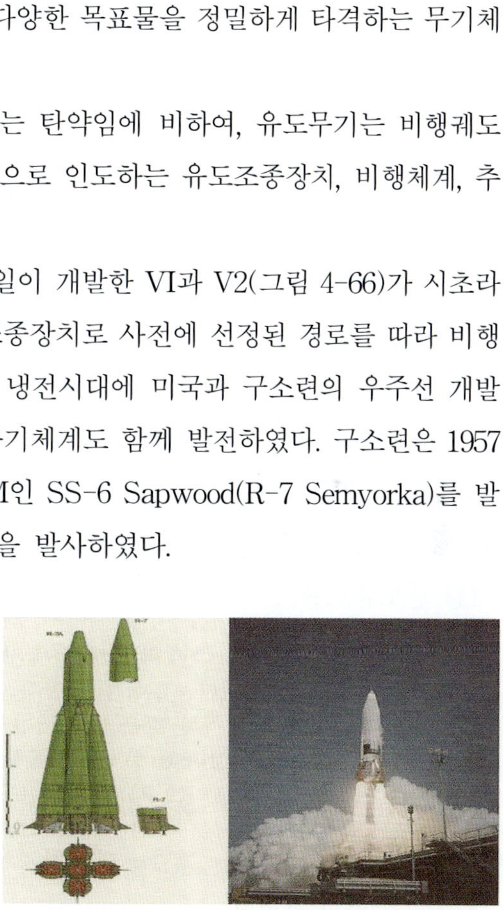

[그림 4-67] 구소련 Sapwood 및 미국 Atlas-B

유도무기는 지상, 함정, 공중 및 수중 플랫폼(platform)에 탑재하여 대지·대함·대공 등의 전략·전술표적을 공격하는 다양한 형태로 운용되며, 유도무기의 발사체계를 기준으로 분류하면 지상발사 유도무기, 해상발사 유도무기, 공중발사 유도무기로 구분된다.

## 2. 지상발사 유도무기

### 가. 개 요

지상발사 유도무기는 발사차량, 고정형 발사대 등의 지상 플랫폼에서 발사하여 지상, 해상 및 공중 표적을 공격하는 무기체계이다. 지상발사 유도무기에는 지상의 표적을 대상으로 하는 지대지 유도무기, 해상의 표적을 대상으로 하는 지대함 유도무기, 방공을 목적으로 공중표적을 요격하는 지대공 유도무기로 구분할 수 있다.

지상발사 유도무기는 비행형태에 따라 [표 4-14]와 같이 탄도유도탄과 순항유도탄으로 분류하며, 지대지 유도무기에는 전차를 주요 표적으로 하는 대전차 유도탄도 포함된다. 지대함 유도무기는 주로 순항유도탄 형태로 개발되어 해안·도서지역에 배치되어 적의 함정을 공격하는 형태로 운용되고 있다.

[표 4-14] 지상발사 유도무기 분류

| 구 분 | | 내 용 |
|---|---|---|
| 지대지 유도무기 | 탄도 유도탄 | 발사 플랫폼에서 발사된 후 발사단계, 중기비행 및 종말 비행단계가 탄도(포물선) 형태를 그리며 표적을 공격하는 유도탄 |
| | 순항 유도탄 | 추진기관에서 지속적으로 추력을 발생시켜 다양한 고도 및 비행경로를 가진 순항비행으로 목표물을 타격하는 유도탄 |
| 지대함 유도무기 | | 지상에 설치된 경사형 발사대 또는 수직발사대를 통해 발사 가능하고 기동성을 보장하기 위하여 주로 이동식 발사장비에 장착되어 운용 |

#### (1) 탄도유도탄

탄도유도탄은 발사 시 초기 추진력으로 목표지점까지 탄도형태로 비행하는 무기체계이며, [그림 4-68]과 같이 발사단계(boost phase), 중기비행단계(midcourse phase) 및 종말비행단계(terminal phase)로 운용되며, 발사단계에서는 액체나 고체로켓모터에 의한 자체 추진력으로 초기 유도되어 특정 고도까지 상승하고 중기비행단계에서는 관성에 의하여 탄도비행하며, 종말비행단계에서는 재진입 후 목표지점으로 비행한다.

사거리에 따라 단거리탄도탄(600㎞ 이내), 준중거리탄도탄(600~1,300㎞), 중거리탄도탄(1,300~5,500㎞) 및 대륙간탄도탄(5,500㎞ 이상)으로 분류되며, 탄도유도탄은 순항유도탄에 비해 장거리 타격이 가능하고, 중거리급 이상은 핵탄두나 큰 재래식 탄두를 탑재할 수 있다.

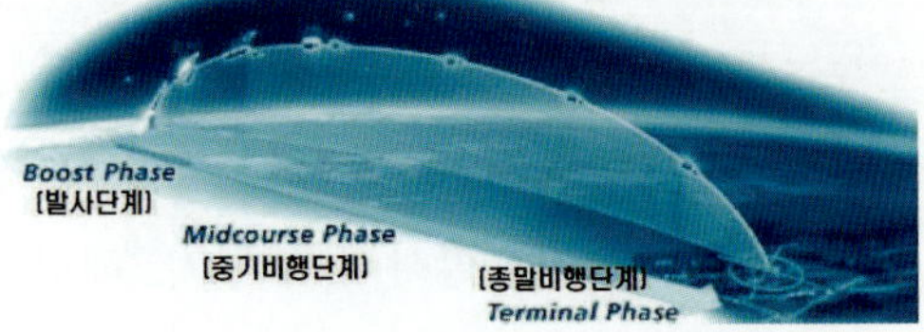

[그림 4-68] 탄도유도탄 운용개념

### (2) 순항유도탄

순항유도탄은 탄도유도탄과는 달리 추진엔진을 사용하여 전 비행경로에 걸쳐 지속적으로 발생되는 추력으로 순항비행하여 목표물을 타격하는 유도무기이다.

순항유도탄의 비행형태는 아음속 유도탄의 경우에는 일반적으로 지면에서 일정한 높이를 유지하는 형태로 비행경로를 선택하는 반면, 초음속 순항유도탄은 항력이 지면근처보다 낮아 사거리 연장이 가능한 고고도로 비행한 뒤 적 감시장비에 탐지될 수 있는 거리 이내부터는 저고도 비행하여 은밀하게 종말 공격하는 형태를 가지고 있다.

순항유도탄은 탄도유도탄에 비하여 사거리 내의 임의 표적을 쉽게 공격 가능하고, 다양한 종말공격 비행경로를 가지므로 공격 형태에 따라 여러 종류의 탄두를 활용할 수 있으며, 동시공격, 장애물 우회공격 등 다양한 공격전술로 운용이 가능하다.

## 나. 한국의 지상발사 유도무기

### (1) 현무 유도탄

현무는 1977년 6월에 국가전략무기로 개발 성공 및 전력화된 단거리 전술지대지 유도탄이다. 현무는 2단 로켓 방식으로 사거리는 180㎞이며, 탄두는 고폭분산탄이고, 명중률은 1mil 이내의 정확도이다.

2001년 및 2012년 한·미 미사일협정의 개정으로 사거리를 연장할 수 있게 됨에 따라 사거리 300㎞인 현무-2A를 개발하였으며, 사거리 500㎞인 현무 2B와 800㎞인 현무-2C를 개발하여 시험발사에 성공하였다. 현무4 미사일은 2017년 탄두중량 제한이 사라지면서 2022년 개발을 완료하여 800km 사거리에 탄두중량은 2.5톤, 콘크리트 관통능력은 24m로 추정한다. 현무5 미사일은 중량 1톤의 탄두 모듈이 장착되면 사거리가 5,500km이며, 중량 2톤의 탄두 모듈을 장착하면 사거리 3,000km의 중거리탄도미사일의 성능이 되므로 주변국을 견제할 수 있는 전략무기이다. 중량 8톤의 탄두 모듈을 장착 시에는 사거리 300~600km의 벙커버스터 역할을 한다.

[그림 4-69] 현무유도탄 발사장면

(2) 전술지대지 미사일 ATACMS

ATACMS(Army TACtical Missile System)는 구소련 전차부대를 제압하기 위하여 제작된 기존의 랜스(LANCE) 단거리미사일을 대체하기 위하여 1985년 미국이 개발하였다. 1991년도에 미국 부시 대통령이 발표한 전술핵 전면 폐기 조치에 따라 재래식 중(단)거리 유도무기로 본격 양산되고 있는 비핵탄두 미사일이다.

사거리가 짧은 Block I 형과 사거리를 2배로 확장한 Block II 형이 있다. Block I 형의 사거리는 35~140㎞이며, Block II-A형은 사거리가 100~300㎞이다. 자탄탑재형인 Block I 형은 950개의 자탄이 내장되어 550㎡의 범위를 타격할 수 있다.

1991년 걸프전에 최초로 배치 및 운용되었으며, 이라크군의 SA-2/3 지대공미사일 발사기지 30곳 이상을 초토화하고, 약 200대의 장갑차량을 파괴하였다.

## 3. 해상발사 유도무기

### 가. 개 요

해상발사 유도무기는 수상함에서 발사하여 지상·해상·공중의 표적을 공격하기 위한 무기체계로 함대지·함대함·함대공 유도탄과 잠수함에서 발사하여 지상, 해상 및 공중, 수중의 표적을 타격하는 잠대지·잠대함·잠대공·잠대잠 유도탄으로 구분된다.

함대지 유도무기의 운용개념은 연안표적의 경우 발사 후 초기비행과 해상에서의 저고도 순항비행 후 종말단계에 지상표적을 감지하여 공격하게 되며, 내륙표적은 해상비행단계 후 중기육상비행 단계로 전환하여 비행하며, 종말단계에서 지상표적을 공격한다.

함대공 유도무기는 적 항공기 및 유도탄의 공격으로부터 함정·함대를 보호하거나, 장거리탄도탄의 공격에 대한 방공망을 제공하는 역할을 수행한다. 유·무인 항공기, 유도폭탄 및 유도탄 등 공중표적의 요격으로 개함방공 및 함대방공 임무를 수행할 수 있는 함상운용형 방공무기체계이다. 함대공 유도무기는 요격범위에 따라 단거리(10 ~ 20㎞), 중거리(20~75㎞) 및 장거리(75㎞ 이상)형으로 분류하며, 단거리형은 골키퍼, 팔랑스 등의 근접방공포와 함께 개함방공용으로, 중거리형 이상은 함대방공 목적으로 활용된다.

함대함 유도무기는 함정에서 발사하여 적 함정을 공격하는 무기체계로 유도탄의 속도에 따라 아음속과 초음속 함대함 유도무기로 분류하고 있다.

### 나. 한국의 해상발사 유도무기

한국의 해상발사 유도무기는 함대함 유도탄으로 해성, 하푼 등이 있으며, 함대공 유도탄으로 시 스패로(Sea Sparrow)와 스탠더드(Standard) 미사일 등이 있다.

#### (1) 함대함 미사일 하푼(Harpoon)

하푼(Harpoon)은 1975년 미국이 개발한 대함 유도무기로 수상함, 항공기, 잠수함 등에 탑재하여 함대함·공대함·잠대함으로 운용한다.

[그림 4-70] 함대함 미사일 하푼

[그림 4-70]의 하푼은 능동호밍과 관성유도를 병행하여 110-150㎞ 사이의 수상목표물을 타격할 수 있으며, 하푼 BlockⅡ형은 연안에 숨어있는 함정들을 육상과 구별하여 타격할 수 있는 최신형 미사일이다.

#### (2) 함대함 미사일 해성

함대함 미사일 해성(SSM-700K)은 한국이 개발한 아음속 함대함 유도탄으로 사정거리는 150㎞이며, 순항속도는 마하 0.85이다. 변침점 유도방식으로 초저고도 해면 밀착비행함에 따라 적이 요격하기가 어렵다.

[그림 4-71] 함대함미사일 해성

자료: 국방일보(2010.6.28)

해성은 회피기동, 해면 밀착기동, 팝업(Pop up) 기동, 새공격 등 현대전에서 대함미사일이 갖추어야 할 능력을 모두 가지고 있다.

#### (3) 함대공 미사일 시 스패로 및 스탠더드

함대공 미사일 시 스패로(Sea Sparrow, RIM 7P)는 NATO의 주요 동맹국들의 전투함에 탑재하는 표준 함대공 미사일로, 함정이 10m 내외의 저고도 비행표적에 대응할 수 있는 능력을 갖추고자 개발되었다. BlockⅠ과 Block Ⅱ 버전이 있으며, BlockⅠ은 저고도로 비행하는 표적을 요격할 수 있도록 설계되었고, BlockⅡ는 향상된 후미 수신기와 컴퓨터를 탑재하였다. [그림 4-72]은 시 스패로 미사일의 발사 모습이다.

함대공 미사일 스탠더드(Standard, SM-2) MR은 시 스패로보다 사거리가 길어 최대 사정거리는 70㎞이며, 3차원의 대공감시 레이더(MW-08)와 장거리 대공감시를 위한 2

차원 대공레이더(AN/SPS-49(V)5)를 함께 운용하고 있다.

[그림 4-72] 함대공 미사일 시 스패로

자료: 위키피디아(https://ko.wikipedia.org)

(4) 함대공 미사일 해궁

함대공 미사일 해궁은 한국형 근접방어용 미사일이다. [그림 4-73] 해궁 미사일은 국방과학연구소 주관으로 2015년에 개발을 완료하고 2022년부터 전력화하였다. 현재 해군에서 운용 중인 RIM-116 RAM을 대체하기 위해 개발된 유도탄으로, 프랑스의 VL-MICA와 흡사한 수직 발사체계를 채택하였고 사거리는 20km로 추정된다. 터렛 방식의 RIM-116이 탑재 위치에 따라 표적에 대응할 수 없는 사각이 나오는 반면, 수직발사 방식은 어느 방향으로 날아오건 대응이 가능하다는 장점이 있다. 유도방식은 액티브 레이더 유도방식, 적외선 탐지기를 사용한다. 현재의 대함미사일은 점차 대형화, 초음속화 되기 때문에 요격을 하더라도 관성에 의해 날아와 선체에 피해를 줄 가능성이 높다. 500m 내에서 맞으면 피해를 입을 가능성이 큰 만큼, CIWS를 대체한다고 볼 수 있다.

[그림 4-73] 함대공 미사일 해궁

## 4. 공중발사 유도무기

### 가. 개 요

공중발사 유도무기는 항공기에서 발사하여 요구되는 임무를 수행하는 유도무기체계로 크게 공중표적을 요격하기 위한 공대공 유도탄과 지상 및 해상표적을 공격하기 위한 공대지·공대함 유도탄으로 구분된다.

공대지·공대함 유도탄은 탑재된 센서 및 유도 조종장치를 이용하여 지상의 목표물을 공격하는 유도무기로, 공중으로 은밀히 침투하여 적의 전략목표에 대한 정밀공격이 가능하며, 적의 대공화기 사정거리 밖에서 공격이 가능한 장사정 유도무기를 활용하는 경우에는 발사 플랫폼인 항공기의 생존성을 확보할 수 있다.

공대공 유도탄은 단거리 및 중거리 공대공 유도탄으로 구분된다. 단거리 공대공 유도탄은 일반적으로 적외선(IR)탐색기에 의한 수동형 호밍유도방식이 사용되고 고체추진제를 사용하는 단일로켓모터로 구동되며, 중거리 공대공 유도탄은 주로 고체연료를 이용한 로켓모터에 의해 고속으로 추진되며, 관성유도에 의해 표적에 접근하고 유도탄의 탐색기를 통해 표적을 포착·추적하여 격추시키는 유도무기이다.

## 나. 한국의 공중발사 유도무기

### (1) 공대공미사일

공대공미사일은 빠른 속도로 기동할 수 있도록 몸통이 길게 설계되어 있으며 한국의 공대공미사일은 [표 4-15]과 같이 AIM-9(Sidewinder), AIM-120(AMRAAM) 등이 있다.

[표 4-15] 공대공미사일

| 명 칭 | 형 상 | 주요 성능 및 제원 |
|---|---|---|
| AIM-9<br>(Sidewinder) |  | • 유도방식 : IR추적<br>• 최대사거리 : 7.1km<br>• 파편 374개(10m 이내 철갑관통 1cm) |
| AIM-120<br>(AMRAAM) |  | • 유도방식: 관성/지령, 능동레이더<br>• 최대사거리: 64km<br>• 파편 1,296개 |

- AIM-9P/L/M/X(Side winder) 공대공미사일은 F-15K에서 운용한다.
- AIM-120(AMRAAM) 공대공미사일은 KF-16 전투기 배치와 함께 도입하였다.

### (2) 공대지·공대함 미사일

공대지 유도무기는 공중에 있는 항공기에서 지상이나 해상의 표적을 공격하는 미사일로서 사거리가 길고 자체 추진력과 유도장치를 갖추고 있어 일반폭탄에 비해 사거리가 길고 명중률이 높다. 유도방식은 GPS/INS, 지형대조, 영상기반항법 등을 사용한다.

한국에 공대지·공대함 미사일에는 AGM[23]-65(Maverick), AGM-84G/L(Harpoon), AGM-84H(SLAM-ER), TAURUS 등이 있으며, [표 4-16]과 같다.

---

23) AGM : Air to Ground Missile, 공대지미사일.

[표 4-16] 공대지·공대함 미사일

| 명 칭 | 형 상 | 주요 성능 및 제원 |
|---|---|---|
| AGM-65 (Maverick) |  | • 공대지·공대함 미사일<br>• 유도 : 수동호밍유도<br>• 최대사거리 : 24㎞<br>• 표적 : 전차, 기동차량, 함정 |
| AIM-84G/L (Harpoon) |  | • 공대지·공대함 미사일<br>• 유도 : INS(중간), 능동레이더(최종)<br>• 최대사거리 : 148㎞, 콘크리트 1.5m 관통<br>• 표적 : 지상 경성표적, 대형 함정 |
| AIM-84H (SLAM-ER) | 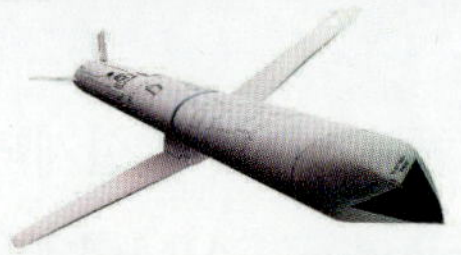 | • 공대지·공대함 미사일<br>• 유도 : INS/GPS(중간), IR(최종)<br>• 최대사거리 : 278㎞, 콘크리트 1.2m 관통<br>• 표적 : 지상 경성표적, 함정 |
| TAURUS | 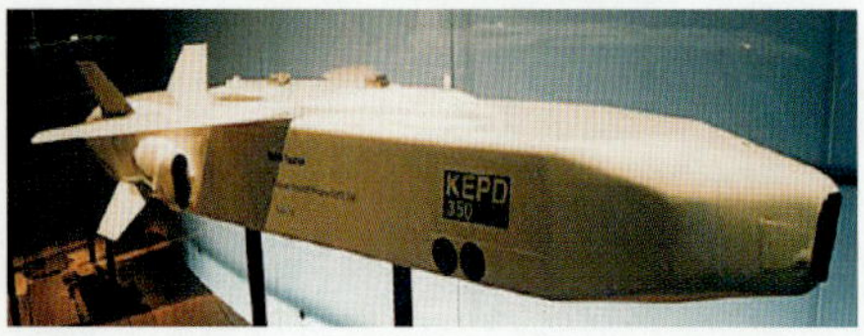 | • 고성능 장거리 공대지미사일<br>• 유도 : INS/GPS(중간), IR(최종), 지형대조<br>• 항속거리 : 500㎞ 이상<br>• 표적 : 지상·지하 견고표적, 고가치 표적 |

- AGM-65A/B/D/G(Maverick)은 주로 대전차 및 대함용으로 사용되는 전술유도미사일이다.
- AGM-84(Harpoon)은 함정을 표적으로 사용되는 전천후 공대함미사일이다.
- AGM-84H(SLAM-ER)는 AGM-84(Harpoon)을 개량한 것으로 사정거리가 278㎞나 되어 적 대공화기 사정거리 밖에서 타격할 수 있는 전략무기이다.

## 5. 수중 유도무기

### 가. 개 요

수중 유도무기는 잠수함, 수상함, 항공기 등에서 수상함이나 잠수함을 공격할 수 있는 무기체계이며, 수중 유도무기의 대표적인 것이 어뢰이다.

어뢰는 자체의 추진장치를 이용하여 자력으로 추진하여 수중에서 수상함이나 잠수함을 공격하는 유도무기이며, 수상함, 잠수함, 항공기 등 다양한 플랫폼으로 운용된다.

함포나 대함 미사일은 함정의 상부 구조물에 주로 피해를 주지만, 어뢰는 함체에 직접 충돌하거나 함정 선저에서 폭발하여 함정의 용골에 직접적인 피해를 준다. 버블제트 효과(Bubble jet effect)로 불리는 선저에서의 폭발은 함체에 직접 명중되는 것이 아니고 함정의 아래쪽을 지나가며 폭발하면서 발생하는 현상이다. 어뢰에 탑재된 폭약이 함정 밑에서 폭발하면 엄청난 가스압력이 발생하여 함정이 수면 위로 솟구쳐 올랐다가 가스압력이 소멸되면서 다시 수면 아래로 떨어지게 되는데, 이러한 현상이 반복되면 그 충격으로 인하여 함정의 용골이 완전히 부러지게 되는 것이다. 따라서 단 1발의 중어뢰로도 10,000톤 이상의 함정을 격침시킬 수 있는 것이다. 어뢰는 탐지하기 힘들 뿐만 아니라 피하거나 요격하기도 쉽지 않아 함정들이 가장 두려워하는 무기이다.

어뢰는 [표 4-17]과 같이 중어뢰와 경어뢰로 구분된다. 한국이 보유하고 있는 경어뢰는 K-735 청상어, Mk26 어뢰, Mk32 3연장 대잠어뢰, K744 대잠어뢰 등이 있다.

중어뢰는 잠수함에 탑재하여 원거리의 수상함과 잠수함을 목표로 운용되며, 직경 21인치 이상의 어뢰를 말한다. 중어뢰는 유선유도방식을 사용하여 명중률을 향상시키고 있다. 한국형 장거리 대잠어뢰 청상어, SUT(Surface and Underwater Target) 중어뢰, K731 백상어 등이 있다.

[표 4-17] 어뢰의 분류

| 구 분 | 경어뢰 | 중어뢰 |
|---|---|---|
| 직 경 | 32~40㎝ | 48~55㎝ |
| 길 이 | 2.5~3.5m | 3.5~6.1m |
| 중 량 | 200~400㎏ | 1,000~2,000㎏ |
| 최대속도 | 30~45노트 | 30~35노트 |
| 탑재함정 | 수상함, 대잠헬기, 대잠초계기 | 잠수함 |
| 목 표 물 | 잠수함 | 수상함, 잠수함 |

## 나. 한국의 수중 유도무기

### (1) 경어뢰 청상어

청상어는 1995년에 개발을 시작하여 2004년에 개발을 완료하였다. [그림 4-74]의 경어뢰 청상어는 초계함급 이상의 수상함과 대잠헬기, 해상초계기(PC-3) 등에서 발사가 가능하다.

청상어는 천해작전 능력과 35노트급의 원자력잠수함에 대응할 수 있도록 최대 운용심도 600m, 최고 45노트(시속 83㎞)의 속도로 능동소나에 의해 목표물을 탐지하여 타격한다. 길이 2.7m, 직경 32㎝, 무게 280㎏, 1.5m의 철판을 관통할 수 있다.

| 명 칭 | K745어뢰 |
|---|---|
| 별 칭 | 청상어 |
| 직 경 | 32㎝ |
| 길 이 | 2.7m |
| 중 량 | 280㎏ |
| 최대운용심도 | 600m |
| 최고속도 | 45노트(83㎞) |
| 유도방식 | 능동소나 유도 |

[그림 4-74] 경어뢰 청상어

(2) 중어뢰 백상어, 흑상어

백상어는 미국의 Mk-37 어뢰를 개량하는 방향으로 개발되었으며, 중어뢰로는 특이하게 무선유도방식이다. 백상어는 최고속도가 35노트로 빠르지 않지만 정숙하며 무선유도의 장점을 살려 잠수함이 어뢰공격 후 즉시 회피기동을 할 수 있고, 동시에 여러 개의 목표를 조준하는 데 유리하다. 형상 및 제원은 [그림 4-75]와 같다.

또한, 중어뢰 흑상어는 독일 AEG사에서 직수입한 SUT Mod2를 대처하기 위해서 개발되었으며 기존 백상어의 35노트의 속도에 비해 50노트의 속도로 핵추진 잠수함 공격이 가능하며, 웨이크호밍 유도방식으로 적 수상 함정의 항적을 추적할 수 있다.

| 명 칭 | K731 중어뢰 |
|---|---|
| 별 칭 | 백상어 |
| 직 경 | 48㎝ |
| 길 이 | 6m |
| 중 량 | 1,100㎏ |
| 사정거리 | 30㎞ |
| 최고속도 | 35노트(63㎞) |
| 동 력 | 전지식 |

[그림 4-75] 중어뢰 백상어

## 다. 한국의 대잠 유도무기

대잠 유도무기는 잠수함을 공격하고 파괴하기 위한 무기체계이다. 수상함에서 잠수함으로 발사하는 대잠 유도무기에는 한국형 장거리 대잠어뢰 홍상어가 있다.

홍상어는 경어뢰 청상어의 사정거리(6㎞)를 극복하고 수상함에 탑재하여 원거리에서 대잠수함전을 수행하기 위하여 한국이 독자적으로 개발한 대잠유도무기이며, 미국에 이어 세계에서 두 번째로 개발하여 전력화하였다.

홍상어는 수직발사대를 이용하여 로켓방식으로 발사되기 때문에 사정거리가 30㎞까지 가능하다. 공중으로 10여 ㎞를 날아간 뒤 바다 속으로 표적을 추적하여 타격하는 대잠 유도무기이다.

발사과정은 [그림 4-76]에서 보는 바와 같이 수직발사→비행→유도탄과 추진기관 분리→유도탄 기체와 탑재어뢰 분리→낙하산으로 경어뢰 기동→경어뢰 입수 후 낙하산 분리→물속 항주→적 잠수함 탐지 및 타격 순으로 진행된다.

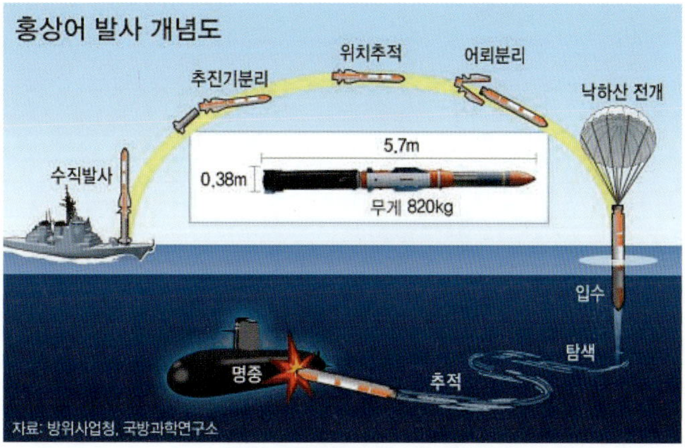

[그림 4-76] 홍상어 발사과정

제4장
화력
무기체계

# 제 5 장
# 함정무기체계

# 제1절 해군작전 개요

## 1. 해양의 중요성

해양은 지구 표면의 70%를 차지하며, 인류의 생존과 번영의 핵심적 요소이다. 자원 공급과 국제 무역의 주요 통로로서 국가 경제에 큰 영향을 미치고 있으며, 역사적으로 강대국의 경제적·군사적 영향력은 해양력과 밀접한 관련이 있었다.

한국은 삼면이 바다로 둘러싸인 지정학적 요충지로, 주변 강대국들의 해양 주도권 경쟁, 북한의 위협, 도서 영유권 문제 등 복잡한 안보 환경 속에 있다. 또한 2023년 기준 GDP 대비 수출입 비율이 88.9%, 수출입 물동량의 99.7%, 원유 수입 물량의 100%가 해양 운송에 의존해 해양 의존도가 매우 높다.[1] 따라서 국가 안보와 경제적 번영을 위해 해양 관할권 확보와 해상 교통로 보호는 필수적인 전략적 과제이다.

## 2. 해군의 임무와 목표

해군은 바다를 활동 무대로 국가를 방위하고, 해양에서의 국가 이익을 확보·증진함으로써 국가 발전에 이바지하는 것을 목적으로 하는 군사 조직이다.[2] 상륙작전을 포함한 해상 작전을 주 임무로 하고, 이를 위하여 편성되고 장비를 갖추며 필요한 교육·훈련을 한다.[3]

평시에는 전쟁을 억제하고 해양 주권 및 권익을 보호하며, 국가 대외 정책을 지원하고 국위 선양에 이바지한다. 전시에는 해양을 통제하고 군사력을 투사하며 해상 교통로 보호 임무를 수행한다.

해군의 목표는 전쟁 억제 및 해양전의 승리, 국가 이익 수호 및 세계 평화 기여 등 네 가지로 구분된다. 첫째, 입체적 해군력을 건설하고 보복적·거부적 억제력을 갖춘다. 둘째, 해양 우세를 달성하고, 지상·해양·공중·우주·사이버·전자기 스펙트럼 영역으로 확장

1) 관세청 및 해양수산부 보도자료(2024. 4. 29.)

2) 한국학중앙연구원, "해군(海軍)", 한국민족문화대백과사전(encykorea.aks.ac.kr).

3) 법령정보센터, 「국군조직법」 (법률 제10821호, 2011), 제3조.

된 해양전에서 승리하여 국가를 방위한다. 셋째, 대한민국의 국가 이익을 위하여 해양 주권을 수호한다. 넷째, 해양을 통한 다양한 군사 외교, 국제 평화 유지 활동, 인도적 지원 등 국가 대외 정책을 힘으로 뒷받침하여 지역의 안정과 세계 평화에 이바지한다.

## 3. 해군작전의 특성

해군작전은 바다라는 광대하고 특수한 환경에서 이루어진다. 해상, 수중, 공중을 포함하는 작전 구역에서 다양한 위협으로부터 국가를 지키며, 국민 경제 활동과 직결되는 임무를 수행한다. 해군작전의 주요 특성은 다음과 같다.

첫째, 광대한 작전 해역이다. 대한민국의 해안선 길이는 1,667 ㎞로 휴전선의 약 6.7배에 해당하며, 작전지역은 30만 8천 ㎢로서 한반도 남쪽 육지 면적의 약 3배에 달하는 광대한 해역에서 이루어진다.

둘째, 다차원 전투 공간이다. 해군작전은 해상, 수중, 공중, 지상 및 우주를 망라한 다차원 전투 공간에서 적 수상함, 잠수함, 해안포나 미사일, 기뢰 등 다중 위협에 동시 대응이 요구된다.

셋째, 다양한 전력을 운용한다는 점이다. 해군작전은 잠수함, 수상함, 항공기, 상륙 전력, 특수전 전력 등 다양한 수단을 활용하여 작전을 수행하는 특성이 있다. 이는 복합적인 위협에 대응하고, 다양한 임무를 수행하기 위함이다.

## 4. 해군작전 구분

해군작전은 [표 5-1]과 같이 대함작전, 대잠작전, 방공작전, 상륙작전, 강습작전, 특수작전, 기뢰작전, 구조작전, 해양차단작전, 정보작전 등으로 분류된다.[4)]

해군작전에 운용되는 한국 해군의 함정 무기체계로는 전투함(구축함, 호위함, 초계함, 유도탄고속함, 고속정 등), 기뢰전함(기뢰부설함, 소해함, 기뢰탐색함 등), 상륙함(대형수송함, 상륙함, 고속상륙정 등), 잠수함(정), 전투근무지원정, 해상전투지원장비, 함정 무인체계 등이 있으며, 작전별로 해당하는 무기체계를 운용한다.[5)]

4) 해군기본교리(제4장 해군작전), pp. 4-10.
5) 국방부, 「국방전력발전업무훈령」, (국방부훈령 제3007호, 2025. 1. 10.), 별표4.

[표 5-1] 해군작전 구분

| 구 분 | 주요 내용 |
|---|---|
| 대함작전 | 아군의 해양 사용을 거부하려는 적의 수상 전투 세력 및 군수지원 선박 등을 파괴 또는 무력화시키는 작전 |
| 대잠작전 | 적 잠수함의 자유로운 활동을 거부하고, 조기에 탐색·격멸함으로써 적의 잠수함 공격으로부터 우군 함정이나 선박, 항구 등을 보호하여 해상에서 자유로운 활동을 보장하는 작전 |
| 방공작전 | 영공 또는 아군 작전지역으로 침입을 기도하거나 침투한 적 공중세력을 탐지, 식별, 경보 전파, 격멸(요격)하는 작전 |
| 상륙작전 | 상륙작전부대가 연안에서 상륙군의 작전을 수행하기 위해 바다로부터 발진하는 군사작전 |
| 강습작전 | 적 항만, 유류저장소, 발전소, 비행장 등 육상 핵심 표적을 파괴 또는 무력화하는 작전 |
| 특수작전 | 적·아 지역 및 국외 분쟁지역에서 국가 및 군사목표를 달성하기 위하여 특별히 편성, 훈련된 군사 및 준군사 요원이 실시하는 작전 |
| 기뢰작전 | 기뢰를 사용하여 전략적·전술적 목적을 달성하거나, 적이 기뢰를 사용하여 목적을 달성하지 못하도록 하는 작전 |
| 구조작전 | 위험한 상태에 처한 인원, 선박 또는 항공기를 구조하는 작전 |
| 해양차단작전 | 적성국가에 출입항하는 선박에 대하여 식별 및 추적, 정선, 검색, 항로 변경 조치 또는 나포하는 작전 |
| 정보작전 | 군사작전 간 아군의 의사결정체를 보호함과 동시에 적의 의사결정체계에 영향을 미치기 위하여 다른 작전과 협력하여 정보작전 관련 능력을 통합 운용하는 작전 |

## 제2절 수상함

### 1. 함정의 일반사항

함정은 병력과 무장을 탑재하고 해상에서의 군사작전, 전투 및 전투지원 임무 수행을 주목적으로 하는 선박을 말하며, 군사용 배를 통틀어 함정 또는 군함이라 한다. 함정은 이동성, 지속성, 다목적성을 갖춘 선박 형태의 무기체계로, 선박으로서의 특성과 무기체계로서의 특성을 동시에 가지고 있다. 함정은 크게 수상함과 잠수함으로 구분된다.

#### 가. 함정의 분류 및 명칭 부여

함정의 분류는 전통적인 관습과 워싱턴, 런던 조약 등 국제조약에 따라 이루어졌다. 분류의 가장 중요한 기준은 '상대적인 크기'로, 함정 건조 기술과 무기체계가 발전한 오늘날에도 이 기준이 적용되고 있다.[6] 북대서양조약기구(NATO) 분류 기준은 함정의 배수량과 탑재 무기체계, 추진 방식, 함정의 기능 등을 혼합하여 설정하고 있다. 기본 임무와 기능 임무를 적용한 함정 분류 기준은 [표 5-2]와 같다.

[표 5-2] 함정 분류 기준

| 기본 임무 | | |
|---|---|---|
| 항공모함(CV) | CV | Aircraft Carrier |
| 순양함 | C | Cruiser |
| 구축함 | DD | Destroyer |
| 호위함 | FF | Frigate |
| 초계함 | P | Patrol, Corvette |
| 고속정 | P | Patrol Boat |
| 상륙함 | L | Amphibious Ship |
| 기뢰전함 | M | Minewarfare Ship |
| 지원함 | A | Auxiliary Ship |
| 잠수함(정) | SS | Submarine |

| 기능 임무 | | | |
|---|---|---|---|
| A | 공기부양정(Air Cushion) | K | 화물 수송 |
| B | 탄도유도탄(Ballistic Missile) | L | 톤수가 적은 함정(Light) |
| C | 연안(Costal)<br>지휘(Command) | M | 중형, 소형 |
| D | Dock 보유 | N | 원자력추진기관 |
| E | 탄약 수송 호위(Escort) 임무 | O | 대양작전(Ocean)<br>유류수송(Oil) |
| F | 고속(Fast) | S | 구조, 소해, 조사 |
| G | 유도탄(Guided Missile) | T | 훈련(Training)<br>수송(Transport) |
| H | 헬기 탑재(Helo)<br>기뢰 탐색(Mine Hunting) | X | 개발시험 중 |

6) 대한민국해군(2018), 『간단하고 편하게 읽을 수 있는 해군』, p. 68.

한국 해군의 함정 이름을 제정하는 기준은 다음과 같다. 잠수함에는 바다와 관련하여 국난 극복에 공이 있는 역사적 인물 또는 항일 독립운동에 공헌하거나 광복 후 국가 발전에 크게 기여하여 존경받는 인물의 이름을, 구축함에는 과거부터 현대까지 국민으로부터 영웅으로 추앙받는 역사적 인물이나 국난 극복에 크게 기여한 호국 인물의 이름을, 호위함에는 도, 특별·광역시, 도청 소재지 지역 이름, 초계함에는 시 단위급 중·소도시 지역 이름, 대형수송함에는 대한민국 영해 수호 의지를 담아 한국 해역 최외곽에 있는 도서의 이름을 부여하고 있다. 기타 함정 이름의 제정 기준은 [표 5-3]과 같다.7)

[표 5-3] 한국 해군 함정 명칭 부여 기준

| 구 분 | 명칭 부여 기준 | 명칭(예) |
|---|---|---|
| 잠수함 | 국난 극복, 항일 독립운동,<br>광복 후 국가 발전에 기여한 인물 | 도산안창호, 안중근, 손원일, 김좌진,<br>장보고 |
| 구축함 | 국민으로부터 추앙받는 역사적 인물,<br>국난 극복에 크게 기여한 호국 인물 | 세종대왕, 충무공이순신, 광개토대왕,<br>을지문덕 |
| 호위함 | 도, 특별·광역시, 도청 소재지 | 경기, 부산, 대구, 광주, 제주 |
| 초계함 | 시 단위급 중·소도시 | 순천, 원주, 안동, 부천, 제천, 남원 |
| 유도탄고속함 | 해군 창설 이후 전투와 해전에서<br>희생정신 발휘한 인물 | 윤영하, 한상국, 조천형, 황도현,<br>박동혁 |
| 고속정/<br>고속상륙정 | 고속 기동 특성 고려, 민첩한 조류 | 참수리(고속정), 솔개(고속상륙정) |
| 대형수송함 | 한국 해역 최외곽 도서 | 독도, 마라도 |
| 상륙함 | 고지 탈환 의미, 주요 산봉우리 | 고준봉, 성인봉, 천왕봉, 노적봉 |
| 기뢰부설함 | 6·25전쟁 시 기뢰전을 수행한 북한 지역 | 원산, 남포 |
| 기뢰탐색함/<br>소해함 | 해군기지에 인접한 군·읍 지역 | 강경, 김포, 양양, 해남 |
| 군수지원함 | 함 특성 고려, 담수량이 큰 호수 | 천지, 대청, 화천, 소양 |
| 잠수함구조함 | 해양력 확보 관련 역사적 지역 | 청해진 |
| 수상함구조함 | 해안지역 대표적 공업도시 | 통영, 광양 |

7) 대한민국해군(2018), 앞의 자료, pp. 72-73.

함정 명칭의 예를 보면 [그림 5-1]과 같이, 개발 중인 경우 KDX-1은 국가부호(K), 기본 임무(D), 기능문자(X), 개발 일련번호(1)로 구성하여 KDX-1으로 부르며, 개발이 완료되면 기본 임무(DD)와 기능 임무(H), 일련번호(1)를 적용하여 DDH-1로 부여한다. 또 함형, 톤수 및 기능이 비슷하고 연속적으로 건조된 함정의 경우에는 1번 함 이름에 급(class)을 붙여 도산 안창호급, 정조대왕급, 충남급, 윤영하급 등으로 분류한다.

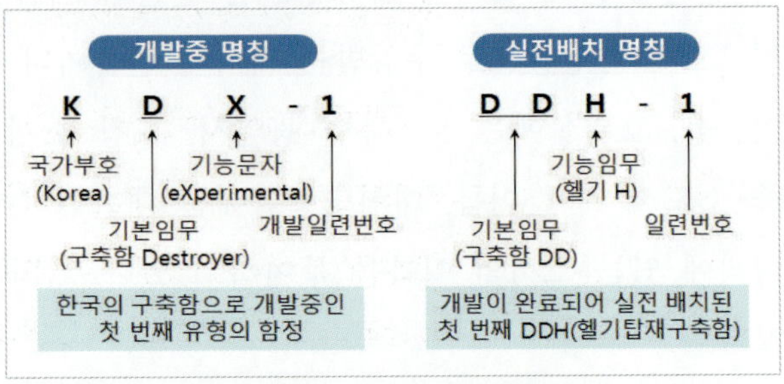


[그림 5-1] 함정 명칭 부여(예)

## 나. 함정무기체계의 특성

함정은 주 임무를 수행할 수 있는 선박체계(기동성, 내항성, 거주성 등 담당)와 전투체계(무장, 센서, 지휘통제, 통신 등)의 결합으로 이루어진 복합체계이다. 함정은 민간 선박과 달리 고속 운항과 다양한 탑재 장비를 위해 길고 날씬한 선형을 가지며 더 큰 공간이 필요하다.

함정무기체계의 특성에는 [표 5-4]에 제시한 것처럼 무기체계의 일반적 특성과 함정무기체계만이 가지는 고유한 특성이 있다.

[표 5-4] 함정무기체계 특성

| 무기체계의 일반적 특성 | | 함정무기체계의 고유특성 |
|---|---|---|
| • 다양성<br>• 진부화 특성<br>• 수요의 제한성<br>• 높은 실패 위험성 | • 복잡성 및 정밀성<br>• 은밀성<br>• 고가성<br>• 기술 및 경제적 파급효과 | • 대형 복합체계<br>• 단위부대 특성<br>• 시제함 실전배치·운용<br>• 표준화 및 규격화 제한<br>• 다종 소량 주문 건조 |

- **대형 복합체계** : 함정은 [그림 5-2]와 같이 대형 구조물인 선체구조, 추진기관 및 추진장치, 기계장비체계, 레이더 및 소나 등 탐지센서체계, 항해통신체계, 함포 및 미사일 등 무장체계, 지휘통제체계 등 다양한 체계의 결합으로 이루어진 대형 복합체계이다.
- **단위부대** : 승조원이 함정 내에 상시 거주하며, 일과 생활 및 행정, 정비업무 등을 수행한다. 따라서 함정은 병력이 생활하는 병영시설과 무기체계가 통합된 단위부대의 특성을 가지고 있다.

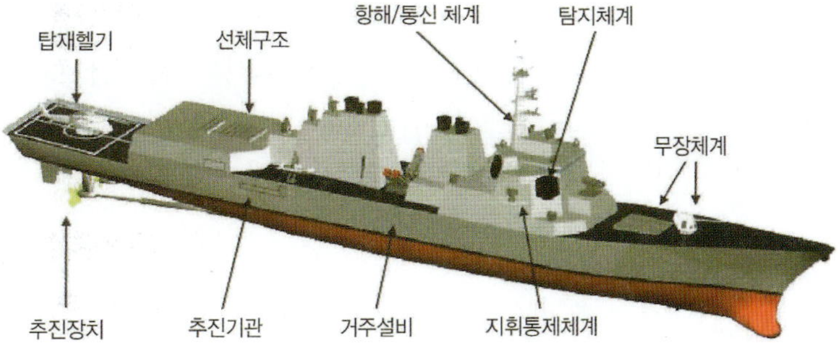


[그림 5-2] 대형함정의 구성 체계(예)

자료: 대한조선학회(2012), 『함정』 p.24.

- **시제함 실전배치 및 운용** : 함정은 막대한 건조비와 건조에 오랜 시간이 요구되기 때문에, 첫 번째로 개발 및 건조한 함정이 바로 시제함이 되며, 이 시제함을 실전에 배치하여 운용하게 된다.
- **표준화 및 규격화 제한** : 함정은 건조에 오랜 시간이 걸리고, 소량 제작되므로 표준화가 어렵고 제한적이다. 다만, 일부 최신 함정은 생산 효율성을 위해 모듈러 설계를 적용하는 등 부분적 표준화를 시도하는 변화의 움직임도 있다.
- **다종 소량 주문 건조** : 함정은 작전 임무와 요구에 따라 다양한 유형을 소량 건조하는 특성이 있다.

## 다. 함정의 역사

해전에 가장 큰 영향을 미친 함정의 역사는 여러 기준으로 분류할 수 있으나, 주로 함정을 움직이는 동력을 중심으로 구분된다. 노를 사용한 노선시대, 풍력을 이용한 범선시내, 증기의 힘을 이용한 추진기 및 철선시대, 항공기의 발전이 적용된 해군항공시대로 나눌 수 있다.[8)]

- **노선(갤리선)시대** : 고대부터 16세기까지 사람의 힘으로 노를 저어 충돌과 백병전을 수행하였다.
- **범선시대** : 풍력을 이용한 범선이 등장하여 정교한 기동과 함포 화력이 중요해졌고, 조함술과 포술이 발달하였다.
- **추진기 및 철선시대** : 산업혁명 이후 증기기관과 스크루(screw) 추진기가 개발되어 기뢰부설함, 소해함, 어뢰정, 구축함 등 다양한 군함이 등장하였고, 거함거포주의가 발전하였다.



8) 함정의 역사는 대한조선학회(2012), 『함정』, pp. 30-37의 내용을 참고하였다.

- **해군항공시대** : 잠수함과 항공기, 항공모함의 등장으로, 해전 양상은 공중, 수상, 수중에서 입체적으로 변화하였고, 냉전시대 이후에는 인공위성과 장거리 정밀유도무기가 해전의 핵심으로 자리 잡았다.

## 2. 수상함 체계

수상함은 [표 5-5]와 같이 크게 전투함과 지원함으로 구분된다. 전투함에는 거포를 사용하여 함포지원을 통해 지상 목표를 타격하는 전함, 함재기를 탑재하여 강력한 공격능력을 갖추고 있는 항공모함, 그리고 순양함, 구축함, 호위함(프리깃함), 초계함, 고속정, 상륙함, 기뢰전함 등이 있다. 지원함에는 수송함, 지원함, 구조함 등이 포함된다.

[표 5-5] 수상함 분류

| 구 분 | | 배수량 | 내 용 |
|---|---|---|---|
| 전투함 | 전함 | 3만 톤 이상 | 다수의 대구경 함포를 탑재하고 두꺼운 장갑으로 공격 및 방어력을 갖춘 주력 함정. 항공모함 등장 이후 쇠퇴함. |
| | 항공모함 | 3만 톤 이상 (3만 톤 이하: 경항공모함) | 항공기 탑재 및 이착륙, 정비·보급, 관제·통신시설 등을 갖춘 바다 위의 비행장 역할을 하는 군함. |
| | 순양함 | 1만 톤 이상 | 전함과 구축함의 중간 크기. 원거리에서 단독 임무 수행 가능. 함포에서 유도탄을 주무장으로 전환. |
| | 구축함 | 3,000~7,000 톤 | 함포, 대공·대함유도탄, 어뢰, 폭뢰, 대잠 헬기 등 무장. 대공·대함·대잠작전을 독자적으로 수행하는 다목적 전투함. |
| | 호위함[9] | 1,500 톤 이상 | 대공·대함유도탄, 다기능 레이더, 소나, 헬기, 유도탄·어뢰 기만체계 등 탑재. 수송함·상륙함 등 호위 임무 수행. |
| | 초계함 | 1,000 톤 내외 | 호위함보다 작은 함정. 해상 순시, 초계 임무, 연안 경비, 대함·대공·대잠전, 대기뢰전 등 수행. |
| | 고속정 | 200~500 톤 | 뛰어난 기동력으로 기습 공격, 항만방어 등 임무 수행. 유도탄정, 어뢰정, 순찰정 등 다양한 유형 운용. |
| | 상륙함 | 9,000~25,000 톤 | 상륙작전의 지휘통제, 인원 수송, 군수보급 지원, 전쟁 외 다목적 지원 임무 수행. |
| | 기뢰전함 | 400~3,000 톤 | 기뢰 부설, 탐색, 소해 목적의 함정. 기뢰부설함, 기뢰탐색함, 탐색소해함 등으로 구분. |
| 지원함 | 지원함 | 2,000~4,000 톤 | 해상 작전을 위한 유류, 식품, 탄약, 수리부속 등 지원. 보급유조함, 수리지원함, 해난구조함, 예인함, 병원선 등. |

9) 한국은 호위함(프리깃함: Frigate)이라 하며, 일본은 구축함과 프리게이트를 호위함이라 한다.

## 가. 전투함

### (1) 항공모함(航空母艦, aircraft carrier)

항공모함은 항공기를 탑재하고 이·착륙시킬 수 있으며, 항공기 운용을 위한 정비·보급 및 관제시설을 갖춘 항공기지 역할을 수행하는 군함이다. 고속 항해(30노트 이상), 장기 작전 수행 능력, 높은 내해성 등이 특징이며, 현대 항공모함은 주로 8~10만 톤급의 대형함으로 발전하였다.

항공모함은 추진 방식에 따라 디젤-전기 추진과 원자력 추진으로 구분되고, 크기에 따라 대형(8만 톤급), 중형(4만 톤급), 경(3만 톤급 이하) 항공모함으로 나뉜다. 항공모함 전단은 항공모함을 중심으로 순양함, 구축함, 보급함, 잠수함 등으로 구성되며, 항공모함 자체 무장은 주로 방어용으로 대공유도탄과 대공포를 운용한다.

2025년 초 기준 미국(11척), 중국(3척), 영국, 인도, 일본, 프랑스, 러시아 등 총 12개국이 항공모함을 보유하고 있으며, 충분한 항공기를 탑재한 정규 항공모함전단을 운용하고 있는 국가는 미국뿐이다.

(가) 미국의 항공모함

미국의 항공모함은 니미츠급과 제럴드 R. 포드급이 있다. 1970년대부터 운용되기 시작한 니미츠급은 현재 미국 해군의 주력이며, 2030년대까지 점진적으로 퇴역할 예정이다. 제럴드 R. 포드급은 니미츠급을 대체하기 위해 2010년대부터 개발되어 2017년에 1번 함이 취역하였다. 2025년에는 제럴드 R. 포드급 항모 1척(CVN-79, 존 F. 케네디)이 취역할 예정이며, 추가 1척(CVN-80, 엔터프라이즈)은 건조에 착수한 상태이다. [그림 5-3]은 니미츠급과 제럴드 R. 포드급 항공모함의 모습이다.

[그림 5-3] 미국 항공모함 니미츠급(좌), 제럴드 R. 포드급(우)

자료: 미국 해군(www.navy.mil)

미국의 항공모함 종류와 주요 제원은 [표 5-6]에서 보는 바와 같다.

[표 5-6] 미국의 항공모함 및 주요 제원

| 항공모함 | | 주요 제원 | | |
|---|---|---|---|---|
| 급 | 함 명칭 | 구분 | 니미츠급 | 포드급 |
| 니미츠급 | 니미츠(CVN-68) | 만재 배수량 | 약 10만 톤 | 약 10만 톤 |
| | 드와이트 D. 아이젠하워(CVN-69) | | | |
| | 칼 빈슨(CVN-70) | 길이 | 약 340 m | 약 332 m |
| | 시어도어 루즈벨트(CVN-71) | 선폭 | 약 78 m | 약 78 m |
| | 에이브러햄 링컨(CVN-72) | 속도 | 30+ 노트 | 30+ 노트 |
| | 조지 워싱턴(CVN-73) | 승선인원 | 약 6,000명 | 약 4,300명 |
| | 존 C. 스테니스(CVN-74) | 항공기 | 80여 대 | 75대 이상 |
| | 해리 S. 트루먼(CVN-75) | | | |
| | 로널드 레이건(CVN-76) | 항공기 이함장치 | 증기식 캐터펄트 | 전자기식 캐터펄트 |
| | 조지 H. W. 부시(CVN-77) | | | |
| 포드급 | 제럴드 R. 포드(CVN-78) | 건조 대수 | 10척 | 1척 (1척 취역 예정, 1척 건조 중, 1척 계약 체결) |
| | 존 F. 케네디(CVN-79) (취역 예정) | | | |
| | 엔터프라이즈(CVN-80) (건조 중) | | | |
| | 도리스 밀러(CVN-81) (계약 체결) | | | |

자료: Naval Vessel Register (www.nvr.navy.mil).

(나) 중국의 항공모함

중국은 1998년 우크라이나로부터 구소련 해군이 건조한 바랴크호를 인수하여 개조한 뒤, 2012년 첫 항공모함인 랴오닝함(약 5만 5천 톤)을 취역시켰다. 이후 자체 기술로 건조한 산둥함(약 6만 톤)을 2019년에 취역시켰으며, 2022년에는 최신식 전자기식 캐터펄트를 탑재한 푸젠함(약 8만 톤)을 진수하였다. 푸젠함은 2025년 중 정식 취역할 예정이며, 중국은 2035년까지 총 6척의 항공모함 확보를 목표로 하고 있다.

[그림 5-4] 중국 푸젠 항공모함

자료: 중국 국방부(eng.mod.gov.cn)

(다) 영국·일본·러시아의 항공모함

- 영국은 길이 284m, 배수량 65,000톤급의 정규 항공모함 HMS 퀸 엘리자베스(Queen Elizabeth)와 HMS 프린스 오브 웨일스(Prince of Wales)를 운용하고 있다.

- 일본은 제2차 세계대전 이후 항공모함을 운용하지 않다가 최근 항공모함급 헬기 호위함(이즈모급 2척, 만재배수량 27,500톤)을 F-35B 스텔스 전투기를 탑재하는 경항공모함으로 개조 중이다.
- 러시아는 과거 여러 척의 항공모함을 운용했으나, 현재는 1991년 취역한 6만 톤급의 '아드미랄 쿠즈네초프(Admiral Kuznetsov)' 한 척만을 유지하고 있다. 현재 쿠즈네초프함은 개보수 작업 중이며, 러시아는 추가 항공모함 건조 계획을 발표했으나, 비용과 기술적 문제로 실현 가능성은 불확실한 상황이다.

[그림 5-5] 일본 이즈모(DDH-183)
자료: 일본 해상자위대(www.mod.go.jp/msdf/)

[그림 5-6] 러시아 쿠즈네초프
자료: 미국 국방부(commons.wikimedia.org)

(라) 주요국 항공모함 비교

미국, 러시아, 중국의 항공모함을 비교해 보면 [표 5-7]과 같으며, 규모와 추진 방식, 성능에 상당한 차이가 있다.

[표 5-7] 미국, 중국, 러시아 항공모함 비교

| 구 분 | 미국 제럴드 R. 포드 | 중국 푸젠함 | 러시아 쿠즈네초프함 |
|---|---|---|---|
| 길이×폭 | 333m × 7 m | 316m × 76m | 305m × 72m |
| 배수량 | 약 10만 톤 | 약 8만 톤 | 약 6만 톤 |
| 항공기 이함장치 | 전자기식 캐터펄트 | 전자기식 캐터펄트 | 스키점프 방식 |
| 추진력 | 원자력 추진 | 증기터빈 | 증기터빈 |
| 최고속도 | 30+노트 | 32노트 (추정) | 29노트 |
| 탑승 인원 | 4,539명 | 1,960명 (추정) | 1,690명 |
| 작전 거리 | 전 세계 | 13,000~15,000km (추정) | 15,700km |
| 탑재 항공기 | F-35C, F/A-18E/F, EA-18G, E-2D, 헬기 등 75대 이상 | J-15 등 고정익 40대 이상, 헬기 12대 이상 (추정) | Su-33, MiG-29K 전투기, 헬기 등 40대 |

### (3) 순양함(巡洋艦, cruiser)

순양함은 전함과 구축함의 중간 크기를 가진 다목적 수상 전투함이다. 주로 항공모함 전단 보호, 상륙작전 지원, 대잠수함전, 대지 미사일 공격 등 다양한 임무를 수행하며, 배수량은 1만 톤 이상이다. 과거에는 함포 중심이었으나, 현재는 유도탄이 주 무장이다.

제2차 세계대전 이후 순양함의 역할은 변화하였으며, 현대에는 주로 미국과 러시아만이 순양함을 운용하고 있다. 러시아는 원자력 추진의 대형 키로프급(표트르 벨리키 1척 운용 중), 미국은 9,900톤급 타이콘데로가(Ticonderoga, 이지스(Aegis)[10] 전투체계 탑재)급 순양함을 운용하고 있다. 미국은 타이콘데로가급 순양함을 점차 알레이 버크(Arleigh Burke)급 구축함으로 대체하는 추세이다.

[그림 5-7] 미국 타이콘데로가급 미사일 순양함

### (4) 구축함(驅逐艦, destroyer)

구축함은 대양에서 독립적으로 작전을 수행할 수 있는 중형 수상 전투함으로, 대함, 대잠, 방공 등 다양한 임무를 수행한다. 현대 구축함은 스텔스 설계, 고성능 센서, 유도탄, 어뢰, 대잠 헬기 등 첨단 무장을 갖추고 있다.

구축함은 19세기 말 어뢰정에 대응하기 위해 개발된 어뢰정 구축함(torpedo-boat destroyer)에서 발전한 것이다.

#### (가) 한국의 구축함

한국은 1980년대 초부터 한국형 구축함사업(KDX)을 추진하였으며, 1998년 광개토대왕급(DDH-I) 구축함 건조를 시작으로 총 3척의 광개토대왕급 구축함(3,200톤급)이 취역하였다. 이후 한국 최초로 스텔스 설계가 적용된 4,400톤급 충무공이순신급(DDH-II) 구축함이 건조되었으며, 현재 총 6척이 운용 중이다. 이지스 전투체계를 탑재한 7,600톤급 세종대왕급(DDG) 구축함은 총 3척이 운용되고 있으며, 한국 해군은 차세대 이지스 구축함으로 8,200톤급 정조대왕급(DDG) 구축함 3척을 운용할 예정이다. 정조대왕급 구축함은 함대지 탄도유도탄과 장거리 함대공 유도탄을 갖추고 있어 주요 표적에 대한

---

10) 이지스(Aegis)는 고대 그리스신화에서 제우스가 그의 딸 아테네에게 준 신의 방패이다. 이지스는 배 이름이 아니며, 함에서 사용되는 전투시스템의 이름으로 방어를 목적으로 하는 시스템이다.

원거리 타격과 탄도미사일 요격이 가능하다. 또한 완전 국산 기술로 개발 중인 6,000톤급 한국형 차기 구축함(KDDX) 사업도 진행 중이다.

| 주요 제원 | 경하 톤수 | 길이×폭 | 최대속도 | 항속거리 |
|---|---|---|---|---|
| | 8,200톤 | 170m × 21m | 30노트(55km/h) | 10,200km |
| 무장 | 함포, 대공·대함미사일, 장거리 대잠어뢰, 함대지 탄도유도탄, 탄도탄요격미사일, 대잠헬기 등 | | | |

[그림 5-8] 한국의 이지스 구축함 정조대왕함 (CG 이미지)

자료: 방위사업청(www.dapa.go.kr) 보도자료(2024. 11. 27.)

(나) 북한의 구축함

북한은 2025년 5,000톤급 신형 다목적 구축함 '최현호'를 진수하였다. 이 함정은 북한이 자체 건조한 함정 중 가장 큰 규모로 알려져 있으며, 대공, 대함, 대잠, 대탄도탄 요격 능력을 갖춘 것으로 보도되었다.

(다) 미국의 구축함

미국 해군의 주력 구축함은 만재 배수량 9,000톤급 알레이 버크(Arleigh Burke)급 구축함(2025년 74척 운용 중)이다. 알레이 버크급 구축함은 이지스 전투체계, SM-2/SM-3 대공유도탄 발사체계와 대함유도탄 방어체계를 갖추고 있어 함대 방공 및 탄도탄 요격 임무 수행과 대함유도탄의 동시다발 공격에 대응할 수 있다. 또한 토마호크 순항유도탄을 이용한 원거리 지상 표적 공격이 가능하다.

2025년 기준 2척이 운용 중(1척 추가 취역 예정)인 줌왈트(Zumwalt)급 스텔스 구축함(DDG)은 혁신적인 설계를 통해 레이더 반사 단면적(RCS, Radar Cross Section)을 대폭 줄인 것이 특징이다. 만재 배수량은 약 16,000톤으로, 현재 운용 중인 구축함 중 가장 크다. 고출력 전자기 무기(레일건) 운용을 염두에 두고 설계되었으나, 대신 155㎜ 함포와 극초음속 유도탄을 운용할 예정이다.

[그림 5-9] 미국 알레이버크급 이지스 구축함

[그림 5-10] 미국 줌왈트(DDG-1000) 스텔스 구축함

자료: 미국 해군 박물관(commons.wikimedia.org)

(라) 중국의 구축함

중국 해군은 지난 10년간 구축함 전력을 대폭 확장하여, 2025년 현재 39척의 현대식 구축함을 운용하고 있다. 주요 구축함으로는 7,500톤급 Type 052D (NATO 코드명: Luyang III) 쿤밍급 '이지스형' 구축함 25척, 13,000톤급 Type 055(Renhai급, 그림 5-11) 난창급 구축함 8척 등이 있으며, 대형화·첨단화가 지속적으로 진행되고 있다.

[그림 5-11] 중국 Type-055 난창급 구축함

자료: 중국 국방부(eng.mod.gov.cn)

(마) 일본의 구축함

일본 해상자위대는 2025년 현재 18척의 구축함을 운용하고 있다. 이 중 이지스 시스템을 탑재한 구축함은 총 8척으로, 콩고(Kongo)급 4척, 아타고(Atago)급 2척, 신형인 마야(Maya)급(그림 5-12) 2척으로 구성된다. 현재 이지스 구축함 2척이 추가로 건조되고 있다.

[그림 5-12] 일본 마야급(DDG-179) 구축함

자료: 일본 해상자위대(www.mod.go.jp/msdf/)

### (5) 호위함(護衛艦, escort ship), 프리깃함(frigate)

호위함(프리깃함)은 항공모함 전투단, 함대, 선단, 개별 선박 등을 적의 다양한(공중·수상·수중) 공격으로부터 보호하는 중소형 군함이다. 일반적으로 배수량 3,000~6,000톤급에 함포, 유도탄, 어뢰, 다기능 레이더, 소나, 헬리콥터 등을 탑재하며, 최신 프리깃함은 스텔스 설계와 첨단 센서를 적용해 생존성과 작전 능력을 높이고 있다.

- 한국은 1970년대 후반부터 호위함(FF)을 건조해 왔으며, 인천급(울산급 Batch-I)과 대구급(울산급 Batch-II) 호위함을 운용하고 있다. 3,600톤급 충남급(울산급 Batch-III, 그림 5-13) 호위함은 스텔스 설계와 국산 다기능 위상배열 레이더를 갖추고 있다. 이 레이더는 전방위 대공·대함 표적 탐지·추적 및 다수 대공 표적 동시 대응이 가능하며, 충남급은 총 6척이 건조될 예정이다. 2030년 초반까지 울산급 Batch-IV 사업을 통해 6척의 호위함을 추가로 확보할 계획이다.
- 북한은 과거 나진급(배수량 약 1,500톤) 호위함을 주력으로 운용하다가, 최근에는 압록급, 두만급 등 1,500톤급 신형 호위함을 도입하였다. 이들 함정은 레이더 반사단면적(RCS) 저감 설계를 적용하고 유도무기를 탑재하여 현대화된 함정이다.

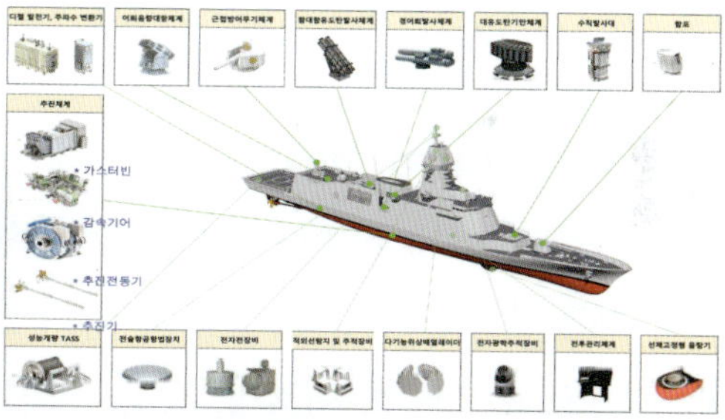

| 주요 제원 | 배수톤수 | 길이×폭 | 최대속도 | 승조원 |
|---|---|---|---|---|
| | 3,600톤 | 129m × 14.8m | 30노트(55.5km/h) | 125명 |
| 무장 | 5인치 함포, 한국형 수직발사체계, 대함유도탄방어유도탄, 함대함유도탄, 전술함대지유도탄, 장거리 대잠어뢰 등 | | | |
| 성능 및 특성 | 전투체계를 비롯한 주요 탐지 장비와 무장의 국산화, 국산 4면 고정형 다기능 위상배열 레이더 및 복합센서 마스트 탑재, 스텔스형 설계 적용, 국내 개발 선체 고정형 소나 및 예인형 선배열 소나 운용을 통한 대잠전 역량 강화, 수중 방사 소음 최소화 | | | |

[그림 5-13] 한국 충남함(FFG-828)

자료: 방위사업청(www.dapa.go.kr) 보도자료(2024. 12. 18.)

### (6) 초계함(哨戒艦, patrol corvette)

초계함은 호위함보다 작은 500~2,000톤급 소형 전투함으로, 연안 경비 및 해상 초계가 주 임무이다. 제한적인 대함·대공 무장을 갖추고 있으며, 최근에는 스텔스 설계와 무인 시스템이 적용된 현대화된 함정도 등장하고 있다.

- 한국 해군의 주력 초계함은 포항급 초계함(PCC)으로, 총 24척이 건조되었다. 2010년 3월 26일 피격된 천안함도 포항급 초계함이다.

| | |
|---|---|
| 배수톤수 | 1,220톤 |
| 길이×폭 | 89m × 10m |
| 최대 속도 | 32노트 (57㎞/h) |
| 승조원 | 106명 |
| 무장 | 76㎜ 2문, 40㎜ 4문,<br>하푼 대함유도탄, 어뢰, 폭뢰 |

[그림 5-14] 한국 포항급 초계함

- 북한 해군은 과거 소련제 소해함을 개조한 트랄급, 자체 설계한 서호급, 소형 사리원급 초계함 등을 운용하였으나, 현재 이들 함정은 대부분 노후화되어 운용 현황이 불분명하다.

### (7) 고속정(patrol boat)

고속정[11]은 만재 배수량 500톤 이하, 속도 30노트(약 55㎞/h) 이상의 소형 전투함정으로, 빠른 속도를 활용해 기습 공격, 항만 방어, 연안 경비 등의 임무를 수행한다. 전 세계적으로 유도탄정, 어뢰정, 순찰정 등 다양한 유형으로 운용되고 있다.

- 한국은 차기고속정사업(PKX)을 통해 현대화된 고속정을 도입하고 있으며, 스텔스 설계와 강력한 무장을 적용해 은밀성과 생존성을 높였다. 일반 고속정(PKM)과 유도탄 고속정(PKG)으로 구분된다.
- 북한은 러시아제 스틱스(Styx) 유도탄을 탑재한 오사급, 소주급, 서호급 유도탄정과 화력지원정, 경비정, 공기부양정 등을 운용하고 있다. 최근에는 스텔스 설계와 신형 대함유도탄을 장착한 해삼급, 농어급 등 신형 고속정도 선보이고 있다.

11) 일반적으로 함정은 만재 배수량 500톤 이상을 함(艦), 이하를 정(艇)으로 분류

| 구 분 | 고속정(PKM) | 유도탄 고속정(PKG) |
|---|---|---|
| 배수톤수 | 350톤 | 440 / 570톤 |
| 길이×폭 | 37m × 6.9m | 63m × 9m |
| 최대속도 | 38노트 | 40노트 (74km/h) |
| 승조원 | 28명 | 40여 명 |
| 무장 | 함포 40mm 1문, 20mm 2문 | 함포 76mm 1문, 40mm 1문, 대함유도탄 4발 |
| 성능·특성 | 사격통제장비, 대함레이더 | 대공/대함/추적레이더, 전자전, 스텔스화, 방탄 능력 강화 |

[그림 5-15] 한국의 차기고속정(PKG)

자료: 방위사업청 보도 자료(2014. 3. 28.)

### (8) 상륙함(amphibious warfare ship)

상륙함은 상륙작전을 위한 병력과 장비의 수송, 군수 지원, 지휘통제 임무를 수행하는 함정이다. 상륙주정과 헬기 등 다양한 상륙 수단을 탑재할 수 있도록 설계된다.

제1차 및 제2차 세계대전 중에는 다양한 상륙함(LST: Landing Ship Tank, LSD: Landing Ship Dock 등)이 개발되었으며, 이후 헬기 운용이 가능한 LPD(Landing Platform Dock)형 상륙강습함으로 발전하였다.

한국 해군은 기존 2,900톤급의 상륙함과 4,500톤급 차기 상륙함을 운용해 왔으며, 2005년 진수된 대형수송상륙함 독도함(LPH)과 2021년 취역한 마라도함 등 대형 상륙함이 상륙작전, 지휘통제, 재난구호 등 다양한 임무를 수행하고 있다.

| | | |
|---|---|---|
| 주요 제원 | 배수톤수 | 4,500톤 |
| | 길이 × 폭 | 126m × 19m |
| | 최대 속도 | 23노트 |
| | 승조원 | 120명 |
| 수송 능력 | 상륙 병력 300여 명, 상륙정(LCM), 전차, 상륙돌격장갑차 동시 탑재 가능, 상륙헬기 2대 이착륙 가능 | |

[그림 5-16] 한국 상륙함 천왕봉함

| | | |
|---|---|---|
| 주요 제원 | 배수톤수 | 19,000톤 |
| | 길이 × 폭 | 200m × 32m |
| | 최대 속도 | 22노트 |
| | 승조원 | 400명 |
| 수송 능력 | 병력 700명, 탱크 10대, LSF 2척, 수륙양용차 6대, 트럭, 야포, 헬기 12대 | |

[그림 5-17] 한국 독도함

(9) 기뢰전함(mine warfare ship)

기뢰전함은 해상 기뢰를 부설하거나 탐지·제거하는 임무를 수행하는 함정이다. 유형에는 기뢰부설함, 기뢰탐색함, 소해함, 탐색소해함 등이 포함된다.

기뢰는 적은 비용으로 큰 피해를 유발할 수 있어 해군에서 매우 중요한 무기체계로 간주된다. 20세기에 들어 전용 소해함과 기뢰탐색함이 도입되었으며, 오늘날에는 유리섬유강화플라스틱(Glass Reinforced Plastic, GRP) 등 복합재 함체가 널리 활용된다. 또한 공중 소해(헬기) 등 다양한 플랫폼도 적용되고 있다.

한국 해군은 창군 초기 미국 등에서 연안소해정을 도입해 운용하였으며, 1988년 이후에는 무인 기뢰처리기를 장착한 한국형 기뢰탐색함(Mine Hunter Craft, MHC)과 최신형 양양급 소해함(1999년 취역)을 운용 중이다. 기뢰부설함으로는 원산함과 2017년 취역한 남포함 [그림 5-18]이 있다.

| | | |
|---|---|---|
| 주요 제원 | 배수톤수 | 3,300톤 (경하) |
| | 길이 × 폭 | 114m × 17m |
| | 최대 속도 | 23노트 |
| | 승조원 | 120명 |
| 기뢰 부설 | 기뢰 400여 발 부설 능력 | |
| 무장·성능 | 76㎜ 함포, 기뢰, 어뢰, 대유도탄 기만체계 등 | |

[그림 5-18] 한국 남포함

자료: 방위사업청(www.dapa.go.kr) 보도자료(2017. 6. 9.)

## 나. 지원함(支援艦, auxiliary ship)

지원함은 해상에서 작전 중인 함정에 연료, 식량, 탄약, 부품 등 각종 보급과 정비를 지원하는 함정이다. 해군의 대표적인 지원함으로는 천지급 군수지원함(9,200톤급)과 통영급 수상함구조함(대형 구조, 예인, 잠수·수중 탐색 등 다목적 지원 기능)이 있다.

| | | |
|---|---|---|
| 주요 제원 | 배수톤수 | 3,500톤 (경하) |
| | 길이 × 폭 | 107.54m × 16.8m |
| | 최대 속도 | 21노트 (38km/h) |
| 구조 능력 | 인양 능력 : 300톤 이상(PKG급 인양 가능)<br>이초 능력 : 400톤 이상<br>예인 능력 : 13,000톤 이상(독도함까지 가능)<br>잠수 구조 능력 : 최대 91m | |

[그림 5-19] 한국 수상함구조함 통영함

## 제3절 잠수함(정)

### 1. 잠수함의 일반 사항

#### 가. 잠수함 구조와 원리

잠수함은 수중에서 잠항하여 적의 수상함과 잠수함을 탐지 및 공격하는 군함이다.

잠수함의 기본 구조는 [그림 5-20]에 제시되어 있다. 선체는 강한 수압을 견디기 위해 두꺼운 강재의 원통형 내압 구조로 설계되어 있다. 갑판 위 함교탑(세일, sail)에는 잠망경, 레이더, 무선안테나 등이 설치된다.

추진은 선미에 위치한 프로펠러를 통해 이루어지며, 방향 조정은 선미타(함미타)를 이용한다.

잠수함의 잠항 및 부상 원리는 [그림 5-21]에 나타나 있다. 잠수함에는 부력탱크(ballast tank)가 설치되어 있으며, 이 탱크에 물을 채우면 무게가 증가하여 잠수하고, 물을 빼고 공기를 주입하면 부력이 증가하여 부상한다. 전후 균형은 앞뒤 트림 탱크의 물을 조절하여 유지한다.

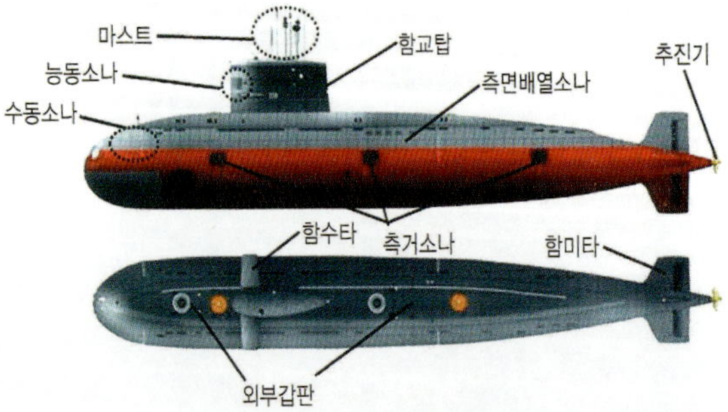


[그림 5-20] 잠수함 구조

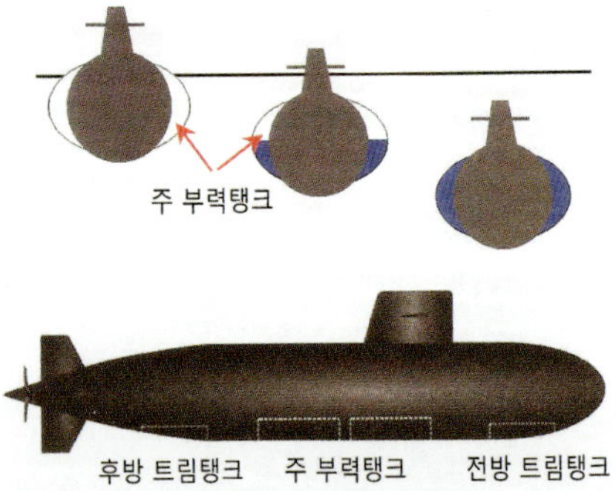


[그림 5-21] 잠항 및 부상 원리

#### 나. 잠수함의 분류

잠수함의 분류는 [표 5-8]에 제시되어 있다. 함정의 기본 임무 분류에서 잠수함의 약어는 SS(Submarine)이며, 여기에 기능 임무를 나타내는 문자인 탄도유도탄 B, 유도탄 G, 원자력 추진 기관 N을 조합하여 잠수함 유형을 약어로 식별한다. 예를 들어, SSB는 탄도유도탄 잠수함이며, SSBN은 원자력 추진 탄도탄 잠수함, SSGN은 원자력 추진 순항유도탄 잠수함이다.

[표 5-8] 잠수함 약어와 유형

| 약어 | 원 어 | 잠수함 유형 | 비고 |
|---|---|---|---|
| SS | Submarine | 잠수함 | 손원일급(한) |
| SSM | Midget Submarine | 소형 잠수함, 잠수정 | |
| SSB | Ballistic Missile Submarine | 탄도유도탄 잠수함 | |
| SSN | Nuclear Powered Submarine | 원자력 추진 잠수함(전술잠수함) | |
| SSG | Guided Missile Submarine | 순항유도탄 잠수함 | 오스카급(러) |
| SSBN | Ballistic Missile Nuclear Submarine | 원자력 추진 탄도탄 잠수함<br>(전략잠수함) | 오하이오급(미)<br>타이푼급(러) |
| SSGN | Guided Missile Nuclear Submarine | 원자력 추진 순항유도탄 잠수함 | |

잠수함은 추진 방식, 크기, 임무와 역할에 따라 분류된다. 추진 방식에 따라 디젤-전기 추진 잠수함, AIP[12] 추진 잠수함, 원자력 추진 잠수함으로 구분된다.

크기에 따른 분류는 배수톤수와 길이를 기준으로 하며, [그림 5-22]에 제시되어 있다. 대양 잠수함은 2,000톤 이상, 연안 및 대양 겸용 잠수함은 1,000~1,700톤, 연안 잠수함은 300~800톤, 잠수정은 50~200톤으로 구분한다. 현재까지 건조된 잠수함 중 가장 큰 것은 구소련이 건조한 아쿨라급 잠수함이며, NATO에서는 이를 타이푼급(Typhoon-class)으로 분류한다. 이 잠수함은 모두 퇴역하여 더 이상 운용되지 않는다.

삼수함의 임무와 역할에 따라서는, 어뢰나 대함유도탄을 주 무장으로 하여 적의 잠수함이나 수상함을 공격하는 전술잠수함과, 핵전쟁에 대비해 잠수함발사탄도유도탄(SLBM, Submarine Launched Ballistic Missile)을 탑재한 전략잠수함으로 구분할 수 있다.

SSBN은 사거리 수천~1만 ㎞ 수

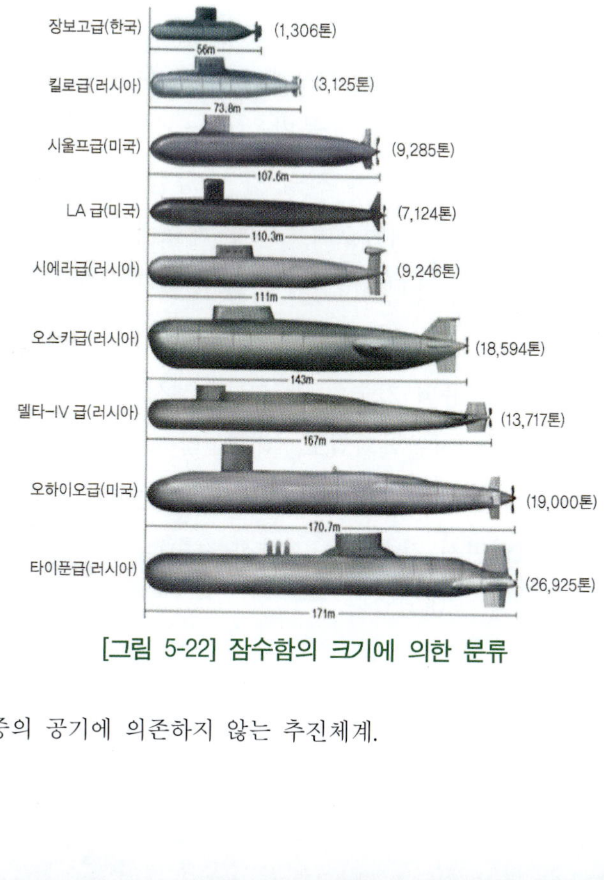

[그림 5-22] 잠수함의 크기에 의한 분류

12) Air Independent Propulsion : 대기 중의 공기에 의존하지 않는 추진체계.

제5장 함정 무기체계

준의 전략 핵탄두 탑재 탄도유도탄을 발사할 수 있는 원자력 추진 잠수함으로, 가장 크며 장기간 은밀한 작전 수행이 가능하다.

### 다. 잠수함 발전 과정

잠수함은 오랜 세월에 걸쳐 발전해 왔다. 고대에는 잠수에 대한 아이디어만 존재하였으나, 실제 수중 항해는 1624년 네덜란드의 발명가 코르넬리우스 드레벨(Cornelis Drebbel)이 제작한 잠수정에 의해 처음 실현되었다.

최초로 전투에 투입된 잠수정은 1776년 미국 독립전쟁 당시 사용된 1인용 잠수정 '터틀(Turtle)'이다. 1801년에는 증기선 발명으로 알려진 로버트 풀턴(Robert Fulton)이 수상에서는 돛을 사용하고, 수중에서는 돛을 접은 후 수동으로 프로펠러를 돌려 추진하는 '노틸러스(Nautilus)'라는 잠수정을 건조하였다.

19세기 들어 축전지, 전동기, 내연기관, 잠망경, 어뢰 등의 기술이 도입되면서 실용 잠수함이 등장하였다. 1898년 미국의 존 홀랜드(John Holland)는 가솔린 엔진과 전기 모터, 잠망경, 어뢰 발사관 등 현대 잠수함의 기본 구조를 갖춘 '홀랜드호'를 개발하였으며, 이 구조는 러시아, 영국, 일본, 네덜란드 등 여러 국가에서 채택되었다.

20세기 초에는 디젤 기관과 무선 통신이 도입되었고, 제1차 세계대전에서 독일의 U-보트가 잠수함의 전투적 가치를 실증하였다. 제2차 세계대전 이후에는 수중 성능을 향상시키기 위해 눈물방울(tear drop) 선형, 고래 선형, 시가 선형 등 다양한 선체 설계가 적용되었으며, 선체 재료에는 고장력강이 사용되어 잠항 심도가 증가하였다.

아울러 컴퓨터 기술의 발전으로 센서 및 전투체계가 첨단화되었고, 대함 및 대지 유도탄을 탑재하여 장거리 정밀 타격 능력이 부여되면서 잠수함의 전략적·전술적 가치는 크게 증대되었다.

[그림 5-23] 잠수함 선형

## 2. 잠수함 추진체계

### 가. 디젤-전기 추진 잠수함

디젤-전기 추진 잠수함은 디젤 기관으로 전기를 생산하여 대형 축전지에 저장하고, 이 전력으로 전기 모터를 구동하여 추진하는 방식의 잠수함이다. 추진 체계도는 [그림 5-24]에 제시되어 있다.

1906년 프랑스 해군이 최초로 디젤 기관을 잠수함에 탑재하면서, 디젤 기관은 가솔린 엔진보다 안전하고 신뢰성이 높은 추진 기관으로 자리 잡았다. 평상시(수상 항해)에는 디젤 기관을, 수중에서는 축전지 전기로 작동하는 디젤-전기 추진 잠수함은 1940년대부터 스노클(snorkel) 기술[13]이 도입되면서 수면 아래에서도 디젤 기관을 사용할 수 있게 되었다.

디젤-전기 추진 잠수함은 수중에서 약 4 노트의 속력으로 100시간 정도 항해할 수 있으며, 최대 속력으로 약 1시간 가량 작전이 가능하다. 이로 인해 주기적으로 축전지를 재충전하기 위해 스노클 마스트(snorkel mast)를 수면 위로 노출해야 하는 제한점이 존재한다. 그러나 디젤-전기 추진 잠수함은 소형이고 저소음 특성을 갖추고 있어 연안 해역 등 제한된 수역에서 매우 위협적인 존재로 평가된다. 또한 초기 건조 비용과 운용·유지 비용이 비교적 저렴하며, 핵 문제와 관련한 정치적 논란이 없다는 장점이 있다. 현재 디젤-전기 추진 잠수함은 독일, 러시아, 중국, 일본 등 40여 개국에서 운용되고 있다.

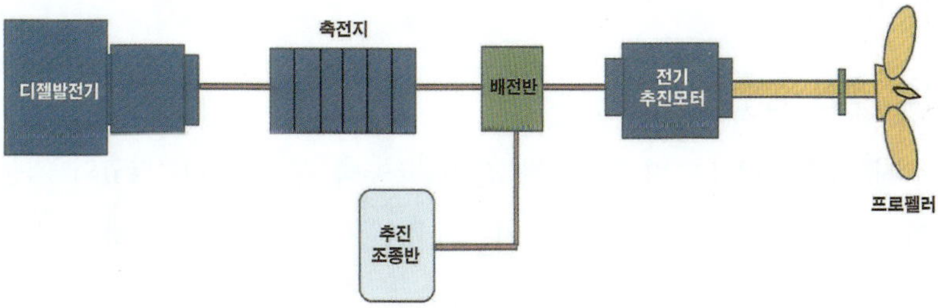


[그림 5-24] 디젤-전기 추진 체계도

### 나. AIP 추진 잠수함

AIP(Air Independent Propulsion) 추진 잠수함은 대기 중 산소에 의존하지 않고 수중에서 오랜 시간 작전할 수 있는 잠수함이다. 일반적인 디젤-전기 추진 잠수함은 수중

13) 잠수함의 수중통기장치(水中通氣裝置), 잠항 중인 잠수함이 디젤 기관을 작동하기 위하여 흡입관과 배기관을 해상에 내밀어 해상의 공기를 빨아들이고 배기가스를 밖으로 내보내는 장치이다.

제5장
함정
무기체계

잠항 시간이 경제 속도로 약 2~3일에 불과하지만, AIP 추진체계를 탑재하면 2~3주까지 잠항이 가능하다.

AIP 추진체계는 함 내부에 저장된 산소와 연료를 이용해 전기를 생산하고, 이를 축전지 충전 또는 직접 추진에 활용한다. 이로 인해 스노클을 수면 위로 노출할 필요가 없어 은밀성이 크게 향상된다. AIP 추진 체계도는 [그림 5-25]에 제시되어 있다.

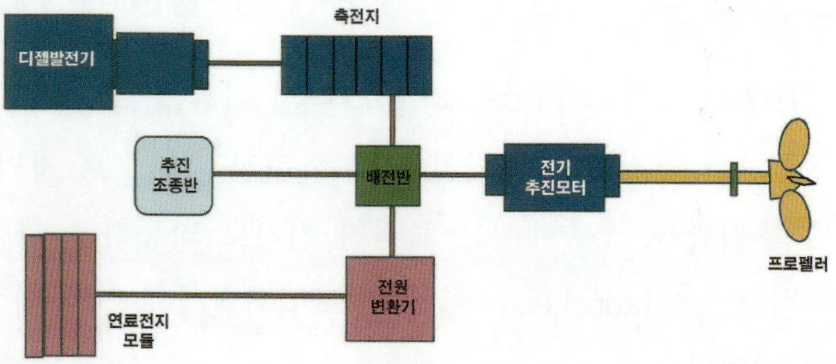

[그림 5-25] AIP 추진체계도

AIP 추진 기관은 크게 두 가지로 구분된다. 첫째는 AIP만으로 함 내 모든 동력을 공급하는 AIP 전용 시스템으로, 축전지 충전과 추진 동력을 모두 AIP로 해결하는 방식이다. 둘째, AIP와 기존 디젤 기관을 함께 탑재하여 상황에 따라 선택적으로 운용하는 하이브리드(hybrid) 시스템이다. 하이브리드 시스템은 적에게 노출될 위험이 없는 상황에서는 디젤 발전기와 축전지를 사용하고, 적의 탐지가 우려되는 상황에서는 AIP를 활용하여 저속으로 은밀하게 잠항한다.

현재까지 대부분 잠수함은 AIP를 디젤발전기-축전지 기반의 기존 시스템을 보조하는 하이브리드 시스템 형태로 채택하고 있으며, 수중에서 저속으로 장시간 운항할 때 AIP를 사용하고 있다.

### 다. 원자력 추진 잠수함14)

원자력 추진 잠수함은 [그림 5-26]과 같이 고농축 우라늄(U-235)의 핵분열로 발생한 열을 이용하여 증기를 생성하고, 이 증기로 터빈을 구동하여 추진하는 방식의 잠수함이다. 산소 공급이 필요하지 않으므로 수중에서도 장기간 고속(30 노트 이상) 작전이 가능하며, 사실상 무제한에 가까운 잠항이 가능하다. 1954년에 건조된 미국의 노틸러스(Nautilus)호가 세계 최초의 원자력 추진 잠수함이다.

초기에는 터빈과 감속기어에서 발생하는 소음이 약점으로 지적되었으나, 최근에는 소음 저감 기술의 발전으로 디젤-전기추진 잠수함보다 더 조용한 원자력 추진 잠수함이 건조되고 있다.

14) 원자력 추진 잠수함을 핵잠수함이라고도 하는데, 핵무기를 싣고 다니는 잠수함으로 오해할 소지가 있어 원자력 추진 잠수함이라는 표현이 적절하다.

[그림 5-26] 원자력 추진 잠수함 추진 원리

원자력 추진 잠수함은 무제한에 가까운 잠항이 가능하며, 뛰어난 은밀성을 바탕으로 전략탄도유도탄(SLBM) 발사 플랫폼으로 적합하다. 원자력 추진 잠수함의 발전은 미국과 구소련이 주도적으로 경쟁하며 이끌어 왔으며, 이후 영국(1963년), 프랑스(1971년), 중국(1974년), 인도(2009년)가 차례로 원자력 추진 잠수함의 개발 및 운용국에 합류하였다.

현재 미국, 영국, 프랑스는 원자력 추진 잠수함만을 운용하고 있으며, 러시아, 중국, 인도는 디젤-전기 추진 잠수함과 원자력 추진 잠수함을 모두 운용하고 있다.

## 3. 세계 각국의 잠수함

### 가. 한국의 잠수함

한국 해군의 잠수함 전력은 1980년대 독자적으로 개발한 소형 돌고래 잠수정(150톤급)에서 본격적으로 시작되었다. 이후 1987년 독일로부터 최신 잠수함 기술을 도입하였으며, 1993년에는 1,300톤급 장보고함(209급)을 실전 전력으로 편입함으로써 잠수함 운용 역량의 기초를 확립하였다.

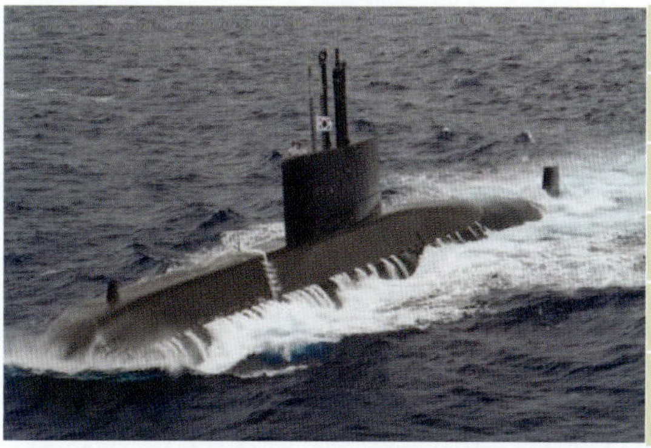

| | |
|---|---|
| 배수톤수 | 1,200톤 |
| 길이×폭 | 56m × 6m |
| 최대 속력 | 22노트(40㎞/h) |
| 승조원 | 40여 명 |
| 엔진 | 디젤-전기 추진 |
| 무장 | 533㎜(21인치) 어뢰, 기뢰,<br>대함유도탄 |

[그림 5-27] 장보고급(209급) 잠수함

2007년 취역한 손원일급(214급, 장보고-Ⅱ, 1,800톤급) 잠수함은 연료전지 기반 AIP 추진 체계를 적용한 함정으로, 기존 장보고급 잠수함 대비 수중 잠항 지속 능력이 3~5

배 향상되었다. 손원일급 잠수함은 수중에서 300여 개의 표적을 동시에 추적 및 처리할 수 있으며, 국산 대함 순항미사일 '해성'과 중어뢰, 기뢰 등으로 무장해 대함전, 대잠전, 공격기뢰부설 등 다양한 임무 수행이 가능하다.

2024년에 3척 모두 전력화가 완료된 도산안창호급(장보고-Ⅲ Batch-Ⅰ) 잠수함은 국내 최초로 독자 설계·건조된 3,000톤급 잠수함으로, 연료전지 기반 AIP 추진 체계를 갖추고 있다. 또한 전투 및 음향탐지 체계 등 주요 핵심 장비를 국산화하였을 뿐만 아니라, 잠수함발사탄도유도탄(SLBM) 수직발사관 6기를 장착해 전략 타격 능력을 확보하였다. 2022년 9월에는 세계에서 7번째로 SLBM 수중 시험발사에 성공하였다.

| | |
|---|---|
| 배수톤수 | 3,000톤 |
| 길이×폭 | 83.3m × 9.6m |
| 최대 속력 | 20노트(37㎞/h) |
| 승조원 | 50여 명 |
| 엔진 | 디젤-전기 + AIP 추진 |
| 무장 | 533㎜(21인치) 어뢰, 기뢰, 유도탄 |

[그림 5-28] 도산안창호급 잠수함(신채호함)

자료: 방위사업청(www.dapa.go.kr) 보도자료(2024. 4. 4.)

최근 장보고-Ⅲ Batch-Ⅱ 사업에 따라 3,600톤급 잠수함이 건조되고 있다. 전투 및 음향 탐지 체계의 성능이 개선되어 표적 탐지 및 처리 능력이 향상되었으며, 수직 발사관의 수가 최대 10기로 증가하여 은밀 타격 능력이 강화되었다. 또한 AIP와 리튬 전지 체계를 탑재하여 잠항 일수가 증가하였으며, 관통형 잠망경과 보조 추진기를 장착함으로써 비상 상황에서도 표적 탐색과 기동이 가능하여 작전 간 은밀성과 생존성이 크게 향상되었다.

### 나. 북한의 잠수함

북한은 1960년대 초부터 구소련의 잠수함을 도입하고 자체 개발을 시작하였다. 현재 로미오급(633형), 상어급, 유고급, 연어급 등 다양한 잠수함과 잠수정을 포함하여 약 70척을 운용하고 있다. 이 중 상당수는 소형이거나 노후된 편이나, 연안 침투, 특수 작전, 기뢰 부설 등 비대칭 전력으로서 여전히 위협적이다.

대표적으로 로미오급 잠수함은 북한 해군의 주력으로, 구소련과 중국의 기술을 기반으로 도입 및 건조되었으며, 상어급과 유고급 잠수정은 주로 특수부대 침투용으로 활용되고 있다. 최근 북한은 SLBM 발사관을 탑재한 신형 잠수함을 공개하는 등 잠수함 전력의 현대화를 시도하고 있으나, 실질적인 작전 능력에 대해서는 평가가 엇갈린다.

| | |
|---|---|
| 배수톤수 | 1,859톤 |
| 길이×폭 | 76.6m×6.7m |
| 최대 속력 | 13노트 |
| 승조원 | 54명 |
| 무장 | 어뢰 8, 기뢰 28발 |
| 장비 | 능동/수동 소나, 항해 레이더 |

[그림 5-29] 북한 로미오급 잠수함

### 다. 미국의 잠수함

미국의 잠수함은 모두 원자력 추진 잠수함으로, 공격, 감시, 특수작전(특공대 투입), 핵 억제 등 다양한 임무를 수행한다. 미국 해군의 원자력 추진 잠수함은 [표 5-9]와 같이 공격잠수함(SSN), 탄도미사일 잠수함(SSBN) 등으로 구분된다.

[표 5-9] 미국의 원자력 추진 잠수함

| 구 분 | 공격잠수함(SSN) | | | 순항유도탄 잠수함(SSGN) | 탄도탄 잠수함 (SSBN) |
|---|---|---|---|---|---|
| | 로스엔젤레스급 | 씨울프급 | 버지니아급 | 오하이오급 | 오하이오급 |
| 전 장 | 110m | 108/138m | 115m | 171m | 171m |
| 배수톤수 | 7,124톤 | 9,138/12,158톤 | 7,925톤 | 19,000톤 | 19,000톤 |
| 최대 속력 | 33노트 | 25/28노트 | 34노트 | 24노트 | 24노트 |
| 승무원 | 143명 | 140명 | 134명 | 159명 | 155명 |
| 무장 | 토마호크 미사일, MK48 어뢰 | 토마호크 미사일, MK48 어뢰 | 토마호크 미사일, MK48 어뢰 | 토마호크 미사일, MK48 어뢰 | 트라이던트 II 잠수함발사 탄도미사일, MK48 어뢰 |

공격잠수함(SSN)은 적 잠수함과 수상함을 탐지 및 파괴하기 위하여 토마호크 미사일과 MK 48 어뢰로 무장되어 있다. 현재 미국 해군은 로스엔젤레스급(Los Angeles-class), 시울프급(Seawolf-class), 버지니아급(Virginia-class) 등 총 50여 척의 공격잠수함을 운용하고 있다.

탄도미사일 잠수함(SSBN)은 전략적 핵 억제 임무를 수행하며, 오하이오급(Ohio-class) 잠수함이 대표적이다. 미 해군은 14척의 SSBN과 4척의 순항유도탄 잠수함(SSGN)을 포함하여 총 18척의 오하이오급 잠수함을 운용하고 있다.

[그림 5-30] 미국 원자력 추진 잠수함 로스엔젤레스급(좌), 오하이오급(우)

자료: 미국 해군(www.navy.mil)

## 다. 중국의 잠수함

### (1) 원자력 추진 잠수함

중국은 한급(漢, Han, Type 091, 5,500 톤), 샤급(夏, Xia, Type 092), 샹급(商, Shang, Type 093, 7,000 톤), 진급(晉, Jin, Type 094, 11,000 톤) 등 다양한 원자력 추진 잠수함을 보유하고 있으며, 2025년 기준 약 12~14척이 운용되고 있다. 한급은 대부분 퇴역하였으며, 샤급은 1척만이 훈련용으로 남아 있다.

2000년대 중반 이후, 진급 원자력 추진 잠수함은 미국 본토까지를 사정권에 둔 핵탄두 장착 SLBM을 탑재하고 상시 해상 억제 순찰을 수행하고 있다. 또한 중국은 신형 공격형 원자력 추진 잠수함인 탕급(Type 096, 唐)을 개발 중이며, 2025년 현재 시험 단계에 있다.

| 구 분 | 샹 급 | 진 급 |
|---|---|---|
| 길이×폭 | 107m×11m | 135m×12.5m |
| 배수톤수 | 수중 7,000톤 | 수중 11,000톤 |
| 최대속력 | 30노트 | 12(수상) / 20(수중) 노트 |
| 승무원 | 100명 | 140명 |
| 무장 | 어뢰, 기뢰, 대지/대함유도탄 | 어뢰, 기뢰, SLBM |
| 취역 시기 | 2006년 | 2007년 |

[그림 5-31] 중국 원자력 추진 잠수함 샹급(좌), 진급(우)

### (2) 디젤 잠수함

중국은 재래식 디젤 잠수함으로 로미오(Romeo)급, 밍(明, Ming)급, 송(宋, Song)급, 킬로(Kilo)급, 위안(元, Yuan)급 등 약 50척을 운용하고 있는 것으로 알려져 있다.

중국은 송급 잠수함을 자체적으로 건조하는 한편, 러시아로부터 킬로급 잠수함을 도입하였다. 송급은 노후화된 로미오급을 대체하기 위해 개발되어 1999년에 전력화되었다. 위안급은 중국 해군 최초의 AIP 추진 잠수함으로 2006년 1번 함이 취역한 이후 지속적으로 성능 개량이 이루어지고 있다. 위안급은 향후 중국 해군 디젤 잠수함의 주력 전력으로 자리잡을 것으로 평가된다.

## 라. 일본의 잠수함

일본은 20세기 초부터 잠수함 연구와 개발을 시작하여, 다양한 형태와 성능을 가진 독자적인 잠수함을 꾸준히 생산해 왔다.

현재 일본 해상자위대는 오야시오급(Oyashio, 기준 배수량 2,750톤), 소류급(Soryu, 기준 배수량 2,950톤), 최신형인 타이게이급(Taigei, 기준 배수량 3,000톤) 잠수함을 운용하고 있다. 오야시오급은 디젤-전기 추진 잠수함이며, 소류급은 스털링 엔진 기반의 AIP 추진 기관을 탑재하였으나, 일부 함정은 AIP에서 리튬이온 배터리로 전환되었다. 타이게이급 역시 리튬이온 배터리를 장착한 최신형 디젤-전기 추진 잠수함이다.

일본 정부는 2010년 잠수함 보유 목표를 22척으로 상향 조정하였으며, 신형 타이게이급 잠수함의 건조를 지속하고 있다.

[그림 5-32] 일본 잠수함 소류급(좌), 타이게이급(우)

자료: 일본 해상자위대(www.mod.go.jp/msdf/)

## 제4절 해상전투지원장비

### 1. 함정전투체계

함정전투체계는 감시정찰(ISR), 정밀타격(PGM), 지휘·통신·정보 체계(C4I) 등 첨단 기술의 발전에 힘입어 꾸준히 진화해 왔다. 오늘날의 함정전투체계는 함정에 탑재된 모든 센서, 무장, 지원 장비를 네트워크로 통합하여, 표적 탐지부터 위협 분석, 무장 할당, 교전, 명중 여부 평가에 이르기까지 대부분의 절차를 자동화하고 있다.

이러한 체계는 원거리에서 표적을 신속하게 탐지·식별하고, 대공·대함·대잠·전자전 등 다양한 작전을 효율적으로 수행할 수 있도록 고성능 컴퓨터와 실시간 데이터 처리 기능을 활용한다. 과거에는 지휘통제체계와 무장통제체계가 분리되어 있었으나, 정보통신기술의 발달로 통합형 자동화 시스템으로 발전하였다.

전투 절차는 일반적으로 탐지(detect), 통제(control), 교전(engage)으로 구성되며, 위협 우선순위와 계층방어 개념에 따라 표적에 가장 적합한 무장을 자동으로 할당한다. 예를 들어, 대함유도탄 위협에 대해서는 원거리에서는 하드킬(hard-kill) 무장으로 요격하고, 중·단거리에서는 소프트킬(soft-kill) 무장으로 무력화하며, 근접 단계에서는 근접방어무기체계(CIWS, Close-In Weapon System)로 다중 방어가 이루어진다.

최근에는 인공지능(AI) 기술이 함정전투체계에 도입되고 있으며, 무인 함정과 결합된 미래형 전투체계의 개발도 활발히 진행되고 있다. AI 기반 전술 제어와 자동화 기능은 운용자의 개입을 줄이고, 해상 전장에서 전략적 우위를 확보하는 핵심 요소로 주목받고 있다.

### 2. 이지스 전투체계

이지스 전투체계(Aegis Combat System, ACS)는 미국 해군이 개발한 첨단 통합 무기체계로, 표적 탐지부터 격파까지의 전 과정을 하나의 체계 내에서 자동으로 처리한다. '이지스' 명칭은 그리스 신화에서 아테나에게 주어진 신의 방패에서 유래하였다.

이지스 전투체계의 핵심 구성 요소는 3차원 위상배열 레이더(phased-array radar)인

SPY-1이다. 기존의 기계식 회전 레이더와 달리, SPY-1 레이더는 전자적으로 전 방위에 대해 동시에 전자파를 조사함으로써, 최대 200개의 표적을 실시간으로 탐지 및 추적할 수 있으며, 이 중 24개 표적에 대하여 동시 교전이 가능하다.

레이더, 고속 컴퓨터, 수직발사대(VLS), 다양한 유도무기가 유기적으로 통합되어 있어 대공·대함·대잠 등 다양한 위협에 신속하게 대응할 수 있다.

이지스 전투체계는 미국 해군의 타이콘데로가급 순양함과 알레이 버크급 구축함을 비롯하여, 대한민국(세종대왕급, 정조대왕급), 일본(콩고급, 아타고급, 마야급), 스페인, 노르웨이 해군 등에서 운용되고 있다. 특히 이지스함은 다수의 위협을 동시에 탐지 및 교전할 수 있다는 점에서, 해군 방공 및 함대 방어작전의 핵심 전력으로 평가된다.

[그림 5-33] 이지스 전투체계 구성



## 3. 근접방어무기체계

근접방어무기체계(Close-in Weapon System, CIWS)는 함정을 대함 유도탄이나 고속 공격정 등 근거리 위협으로부터 방어하기 위해 탑재하는 자동화 기관포 시스템이다. CIWS는 탐지·추적 레이더, 사격통제장치, 고속 연사포, 단거리 유도미사일 등으로 구성되며, 위협이 2~3㎞ 이내로 접근하면 자동으로 포탄을 집중 발사하여 요격한다.

계층방어 개념에서 CIWS는 마지막 방어선의 역할을 수행하며, 앞선 단계 방어체계에서 요격에 실패한 위협에 신속히 대응한다. 대표적인 시스템으로는 미국의 팔랑스(Phalanx, 20㎜ M61A1 6연장 개틀링 기관포), 네덜란드의 골키퍼(Goalkeeper, 30㎜ GAU-8 7연장 기관포), 독일·미국의 램(RAM, Rolling Airframe Missile, 최대사거리 9,600m, 수동 RF 및 IR 2중 유도 방식, 유도탄 21발), 러시아의 카쉬탄(Kashtan, 30㎜ 6연장 기관포 2문 + 유도탄 8발) 등이 있다.

한국 해군 또한 이러한 시스템을 도입하여 운용 중이며, 최근에는 자체 개발한 CIWS-II의 도입을 추진하고 있다. CIWS-II는 Ku-밴드 추적 레이더와 적외선 추적장비(FLIR) 등을 적용해 탐지 능력을 강화하였으며, 울산급 Batch-III, KDDX 등 최신 구축함에 탑재될 예정이다.

[그림 5-34] 팔랑스 (좌), 골키퍼 (우)

[그림 5-35] 램(독일·미국) (좌), 카쉬탄(러시아) (우)

# 제5절 함정무인체계

## 1. 수상무인체계(Unmanned Surface Vehicle, USV)

### 가. 개요

수상무인체계(USV)는 사람이 탑승하지 않고 원격 조종 또는 자율 운항 방식으로 임무를 수행하는 무인 선박이다. 유인 함정이 갖는 위험 지역 진입의 한계, 승조원의 피로 누적, 장시간 작전의 어려움 등을 극복하기 위하여 개발이 활발히 이루어지고 있다. USV에는 자율 운항 알고리즘, 실시간 장애물 인식 및 회피, 원격 제어 및 통신, 다양한 센서 융합 등 첨단 기술이 적용된다. USV는 해상 감시·정찰, 기뢰 탐색 및 제거, 대잠전, 해양 순찰, 구조 활동 등 다양한 임무에 활용되고 있다.

### 나. 임무별 수상무인체계

- 해상 감시정찰(ISR) 및 해양환경 정보 수집 임무는 USV의 가장 기본적인 활용 분야 중 하나이다. USV는 장시간 한 해역에 머물며 감시·정찰 임무를 지속적으로 수행할 수 있다. 예를 들어, 한국의 LIG넥스원이 개발한 '해검' 시리즈는 고성능 EO/IR 카메라와 레이더를 탑재하여 연안 감시, 불법 행위 탐지, 해상 표적 정보 수집 등에 운용될 수 있다. 한화시스템의 'M-Searcher', 현대중공업의 '아라곤' 역시 유사한 임무를 수행한다.
- 기뢰전 분야는 USV의 활용 가치가 매우 높은 대표적 사례로, 유인함정 대신 위험 해역에서 기뢰 탐색 및 제거 임무를 수행할 수 있다. 기뢰전용 USV는 탑재 센서를 활용해 기뢰를 탐지하며, 필요시 소형 무인잠수정을 투입해 기뢰 제거를 실시한다.
- 해상 경계, 전투 및 전투지원 임무를 위해 USV에 안정화된 원격사격통제체계(RCWS), 기관포, 유도무기 등을 장착할 수 있으며, 소형 고속정, 테러 등 다양한 위협에 대응할 수 있다. LIG넥스원의

[그림 5-36] 수상무인정 해검 (LIG넥스원)

'해검-III'는 70㎜ 비궁 유도로켓을 탑재하여 전투지원 및 교전 임무 수행이 가능하다.

## 2. 수중무인체계(Unmanned Underwater Vehicle, UUV)

### 가. 개요

수중무인체계(UUV)는 인간의 직접적인 개입 없이 원격으로 조종되는 수중이동체(Remotely Operated Vehicle, ROV) 또는 사전 프로그래밍된 경로 및 임무 계획에 따라 자율적으로 항행하며 임무를 수행하는 자율무인잠수정(Autonomous Underwater Vehicle, AUV)을 포괄하는 개념이다. UUV는 인간의 접근이 제한되거나 극도의 위험이 수반되는 수중 환경에서의 작전, 특히 심해(deep-sea)나 적의 위협이 상존하는 해역에서 그 가치가 매우 크다. 장시간 지속적인 수중 감시·정찰, 기뢰 탐색 및 제거, 대잠전 지원, 해양과학 조사 등 다양한 분야에서 활용된다. 정밀 수중항법, 효율적인 수중통신, 고성능 센서, 장시간 운용을 위한 에너지 기술 등이 필수적이다.

### 나. 임무별 수중무인체계

- 수중 기뢰 탐색 및 제거 임무는 UUV의 대표적인 활용 분야이다. 자율무인잠수정(AUV) 형태의 UUV는 사전 계획된 경로를 따라 이동하며, 고해상도 음향 센서를 이용하여 수중에 부설된 기뢰를 탐지하고 그 위치 정보를 제공한다. 이는 유인 전력의 위험을 최소화하면서 효율적인 기뢰 대응 작전을 가능하게 한다. 한국에서는 한화오션과 LIG넥스원 등이 자율항해 기반의 기뢰탐색용 AUV를 개발 중이며, 노르웨이의 'HUGIN' AUV가 다양한 국가에서 운용되고 있다.

[그림 5-37] 수중자율기뢰탐색체 개념도 (LIG넥스원)

- 수중 감시·정찰(ISR) 및 해양 환경 정보 수집 또한 UUV의 중요한 임무 영역이다. UUV는 은밀하게 적 해역 깊숙이 침투하여 장기간 체류하며 음향·영상·환경 정보를 수집할 수 있다. 한국은 대형급 정찰용 무인잠수정의 확보를 위한 연구개발을 시작하였다. 미국 보잉사가 개발한 미 해군의 'Orca' XLUUV(초대형급 무

인잠수함정)는 수개월에 달하는 장기 작전 능력과 다양한 페이로드 탑재가 가능하다.

[그림 5-38] 미국 초대형급 무인잠수정 Orca(보잉)

- 특수 임무 및 전투 지원 역할로도 UUV의 활용 범위가 확장되고 있다. 이는 해저 시설물 감시 및 보호, 특정 물체 회수, 기뢰 부설, 대잠전 센서망 구성, 제한적인 공격 임무까지 포함한다. 스웨덴 Saab사의 'AUV-62 AT'는 대잠전 훈련용 표적체로 개발되었으나, 센서 또는 소형 무장 탑재를 통해 다양한 전투 지원 임무 수행 잠재력을 가진다. 'Orca'와 같은 XLUUV 플랫폼은 향후 어뢰나 기뢰와 같은 무장을 탑재하여 직접적인 전투 임무를 수행할 수 있는 수단으로 발전할 가능성이 있다.

제5장 함정 무기체계

# 제 6 장
# 항공무기체계

# 제1절 항공우주작전 개요

## 1. 공군의 임무와 역할

공군은 항공작전을 주 임무로 하며, 이를 위하여 편성되고 장비를 갖추며, 필요한 교육·훈련을 하고 다음과 같은 임무를 수행한다.[1)]

평시에는 전쟁 억제를 위하여 적의 징후를 감시하고, 고도의 전투 준비 태세를 유지하며, 항공우주작전 수행 능력을 갖추는 동시에 세계 평화 유지와 재난 구조 활동에도 적극 참여한다. 전시에는 적의 영공 및 우주 공간 사용을 거부하고, 아군의 군사작전 환경을 보장하며, 공중·우주·사이버·정보 우세를 확보하고, 적의 군사력과 전쟁 의지 및 잠재력을 파괴 및 무력화시키며, 아군의 지상·해양 작전을 지원하는 임무를 수행한다.[2)]

따라서 공군은 항공우주력[3)]을 운영하여 전쟁을 억제하고 영공을 방위하며, 전쟁에서 승리하고, 국익 증진과 세계평화에 기여하는 것을 목표로 하고 있다.

[그림 6-1] 한국 영공 초계비행 모습

1) 국군조직법(법률 제10821호, 2011. 7. 14.) 제3조.
2) 대한민국 공군 사이트(rokaf.airforce.mil.kr)
3) 공군은 항공력의 범위를 우주 공간으로 확대하여 항공우주력으로 표현하고 있으며, 항공작전도 항공우주작전으로 정립하고 있다.

## 2. 항공우주작전 구분

공군은 지상, 해상, 우주 및 사이버 공간 등 모든 영역에서 항공우주력을 운용한다. 항공우주작전은 공군의 임무 수행에 필요한 주요 작전들을 포함하며, [표 6-1]과 같이 제공작전, 전략공격작전, 항공차단작전, 근접항공지원작전, 공수작전, 감시·정찰작전, 우주작전 등으로 분류된다.

[표 6-1] 항공우주작전 구분

| 구 분 | 내 용 |
|---|---|
| 제공작전 | 공중우세를 확보·유지하기 위하여 적의 항공력과 방공 체계를 파괴·무력화하는 작전으로 공세제공작전과 방어제공작전이 있음<br>* 공중우세(air superiority): 특정 공중 작전지역에서 아군이 적의 간섭 없이 자유롭게 공중작전을 수행할 수 있는 상태 |
| 전략공격작전 | 적의 중심인 전쟁 지휘부, 전쟁지속능력, 전략에 영향을 가함으로써 가장 직접적인 효과를 창출하는 전략목표 공격작전 |
| 항공차단작전 | 적의 군사적 잠재력이 아군에 대하여 효과적으로 사용되기 이전에 차단·교란, 지연·파괴하여 적 증원 및 재보급, 기동을 제한하는 작전 |
| 근접항공지원작전 | 아군과 근접하여 대치하고 있는 적 전투력을 공격하여 유리한 작전 여건을 조성하거나, 아군의 공격 및 방어작전을 지원하는 작전<br>* 임무 수행 방식에 따라 기계획 근접항공지원 또는 긴급 근접항공지원으로 분류 |
| 공수작전 | 공중수송 수단을 이용하여 인원, 장비·물자를 이동시키기 위한 작전 |
| 감시·정찰작전 | 국가전략 수립 및 군사작전 수행에 요구되는 정보를 제공하기 위하여 수집 자산을 운용하고, 정보를 개발하여 전파하는 작전 |
| 우주작전 | 우주 체계를 활용하여 정치·군사적 목적을 달성하기 위해 수행되는 제반 군사 활동으로, 항공우주작전 수행에 필요한 모든 정보의 제공을 포함 |
| 그 밖의 여러 작전 | 정보작전, 탐색구조작전, 특수작전, 국지도발대비작전, 기지방호작전, 화생방방호작전, 안정화작전, 평화작전 등 |

## 3. 항공무기체계 특성

항공무기체계는 지상과 해상, 공중의 3차원 공간을 활용하여 신속한 기동과 높은 파괴력을 발휘하며, 다른 무기체계로는 구현하기 어려운 작전 효과를 달성할 수 있다. 이러한 항공무기체계의 고유한 특성은 다음과 같다.

- **기동의 용이성** : 항공무기체계는 지형적 제약을 받지 않고 다양한 공간으로 이동하여 임무를 수행할 수 있다.

- **대응의 용이성** : 위협의 형태와 강도에 따라 다양한 대응 방식과 수준을 선택할 수 있으며, 위협의 초기 단계부터 신속하게 대응할 수 있다.
- **효과성** : 공격 대상이 선정되면 단시간 내에 최적의 무장을 선택하여 화력을 집중시켜, 선택적으로 또는 광범위하게 적을 무력화할 수 있다.
- **융통성** : 다양한 상황과 긴박한 여건 하에서도 포괄적인 능력으로 다양한 임무를 신속하게 수행하며, 임무 형태의 전환도 쉽다.
- **감시성** : 공간 매체를 통하여 상호 활동을 감시할 수 있으며, 광범위한 공중 전투 및 지원 기능을 수행할 수 있다.
- **침투성** : 고도와 속도를 활용하여 기습적으로 적의 방어망을 돌파하고, 적 지역에서 다양한 작전을 수행할 수 있다.
- **생존성** : 속도, 고도, 거리를 결합한 기동성과 융통성 등의 특성을 활용하여 적의 공격으로부터 피해를 최소화하면서 임무를 수행할 수 있다.

## 4. 항공무기체계 분류

항공무기체계의 세부 분류는 [표 6-2]에서 보는 바와 같다.[4]

[표 6-2] 항공무기체계 분류

| 구 분 | 세부 분류 |
|---|---|
| 고정익 항공기 | 전투임무기, 공중기동기, 감시통제기, 훈련기, 해상초계기, 그 밖의 고정익 항공기 |
| 회전익 항공기 | 기동헬기, 공격헬기, 정찰헬기, 탐색구조헬기, 지휘헬기, 훈련헬기 |
| 무인항공기 | 무인전투기, 무인정찰기 등 |
| 항공전투지원장비 | 항공기 사격통제장비, 항공전술통제장비, 정밀폭격장비, 항공항법장비,<br>항공기 피아식별 장비, 그 밖의 지원 장비 |

## 5. 군용 항공기 명명법

군용 항공기의 명칭은 기체의 임무, 특성, 개발 국가를 명확히 반영하기 위해 체계적인 규칙에 따라 부여된다. 미국, 한국, 러시아, 중국 공군은 각기 상이한 명명법을 적용하며, 이를 통해 항공기의 역할과 정체성을 구분한다.

4) 국방부, 「국방전력발전업무훈령」, (국방부훈령 제3007호, 2025. 1. 10.), 별표4.

## 가. 미국 공군의 항공기 명명법

미국 공군은 1962년 제정된 통합 명명법(Tri-Service Aircraft Designation System)을 사용한다. 이 체계는 상태 접두사, 개량 임무 부호, 기본 임무 부호, 기체 유형, 일련번호, 형식 문자를 조합하여 명칭을 구성한다. 상태 접두사는 기체의 운용 상태를 지칭하며, YF-22의 'Y'는 프로토타입을 의미한다. 개량 임무 부호는 추가 임무를 반영하며, EA-18G에서 'E'는 전자전 기체로 개량되었음을 나타낸다. 기본 임무 부호는 주 임무를 알파벳으로 표기하며, 'F'는 전투기를, 'B'는 폭격기를 의미한다. 기체 유형은 헬리콥터(H) 또는 수직이착륙기(V)와 같은 특수 형태를 지칭하며, 일련번호는 개발 순서를 숫자로 표기한다(예: F-15는 15번째 전투기). 형식 문자는 동일 기종의 개량형을 구분하며, F-15E는 F-15A/B/C/D 제공전투기의 다목적 개량형임을 나타낸다.

[표 6-3] 미국 공군의 주요 임무 부호 및 기체 유형

| 임무 부호 | 의미 | 대표 기체 |
|---|---|---|
| A | 공격기 (Attack) | A-10 Thunderbolt II |
| B | 폭격기 (Bomber) | B-2 Spirit |
| C | 수송기 (Cargo/Transport) | C-130 Hercules |
| E | 전자전기 (Special Electronic Installation) | E-3 Sentry |
| F | 전투기 (Fighter) | F-16 Fighting Falcon |
| H | 탐색구조 (Search & Rescue), 헬리콥터 (Helicopter) | HH-60, UH-60, AH-64 |
| K | 공중급유기 (Tanker) | KC-135 Stratotanker |
| O | 관측기 (Observation) | O-1 Bird Dog |
| P | 초계기 (Patrol) | P-3 Orion |
| Q | 무인기 (Unmanned Aerial Vehicle) | QF-16 |
| R | 정찰기 (Reconnaissance) | RQ-4 Global Hawk |
| S | 대잠기 (Anti-Submarine Warfare) | S-3 Viking |
| T | 훈련기 (Trainer) | T-38 Talon |
| U | 범용기 (Utility) | U-2 Dragon Lady |
| V | 수직이착륙기 (Vertical Takeoff & Landing) | V-22 Osprey |

## 나. 한국군의 군용 항공기 명명법

한국의 무기 명칭은 「국방전력발전업무훈령」 제9조(무기체계 명칭)에 의거하여 전력명, 통상명칭, 고유명칭으로 구분된다. 전력명은 합동참모본부가 무기체계 소요결정 과정에서 부여하는 사업명이다. KF-21 보라매의 경우, 전력명은 KF-X(Korean Fighter eXperimental)이며, 고유명칭은 KF-21, 통상명칭은 보라매이다. 한국 공군은 미국 공군의 항공기 명명법을 기반으로 삼으면서도, 국내 개발 기체에 대한 강조를 위해 'K' 접

두사를 사용한다. 이때 ‘K’는 ‘Korea’를 의미한다. 기본 임무 부호와 일련번호는 미국 공군과 유사하게 조합되며, KT-1은 한국형 훈련기를 지칭한다. 통상명칭(별칭)은 상징적 의미를 부여하며, 전투임무기는 자연현상 또는 맹금류의 특징을, 지원기는 우주 현상 또는 맹금류를 제외한 조류의 특징 등을 본떠 명명한다.

### 다. 러시아의 군용 항공기 명명법

러시아(구소련 포함)의 항공기 명명법은 설계국을 중심으로 구성된다. MiG (Mikoyan-Gurevich)나 Su(Sukhoi)와 같은 설계국 약자 뒤에 일련번호가 부여되며, 이 숫자는 설계 순서를 나타낸다. 예를 들어, MiG-29는 미그 설계국의 29번째 설계이며, Su-34는 수호이 설계국의 34번째를 의미한다. 전투기는 통상 홀수를, 폭격기나 수송기는 짝수를 사용하는 경향이 있으나, Su-30과 같은 예외도 존재한다. NATO는 러시아 항공기에 보고명(reporting name)을 부여하는데, 전투기는 ‘F’로 시작하며(예: MiG-29 Fulcrum), 폭격기는 ‘B’로 시작한다(예: Tu-95 Bear).

### 라. 중국의 군용 항공기 명명법

중국은 임무 부호와 숫자를 조합하여 항공기 명칭을 부여한다. 임무 부호는 기체의 주 역할이나 유형을 나타내며, 숫자는 설계 순서를 의미한다. 수입 기체에는 자체 명칭을 부여하지 않고, 주로 국내 개발 기체에 이러한 명명법을 적용한다. NATO는 중국 항공기에도 보고명을 부여하며, 예를 들어 J-20은 ‘Fagin’으로 명명되었다.

[표 6-4] 중국군의 주요 임무 부호 및 기체 유형

| 임무 부호 | 중국어 | 의미 | 대표 기체 |
|---|---|---|---|
| J | 歼 / 殲 / Jiān | 전투기 | J-20 (NATO: Fagin) |
| Q | 强 / Qiáng | 공격기 | Q-5 (NATO: Fantan) |
| Y | 运 / 運 / Yùn | 수송기 | Y-20 (Kunpeng) |
| KJ | 空警 / Kōng Jǐng | 공중조기경보기 | KJ-2000 |

## 제2절 고정익 항공기

### 1. 고정익 항공기 개요

고정익 항공기(fixed wing aircraft)는 동체에 날개가 고정된 구조를 갖추고 고정된 날개 면에서 발생하는 양력을 통해 비행하는 항공기를 지칭하며, 회전익 항공기를 제외한 대부분의 항공기가 이에 해당한다.

고정익 항공기는 일반적으로 임무 유형에 따라 전투임무기, 공중기동기, 감시통제기, 훈련기, 해상초계기, 기타 고정익 항공기로 분류된다. 이 중 전투임무기는 전투기(fighter aircraft), 공격기(attack aircraft), 폭격기(bomber), 전자전기(electronic warfare aircraft) 등으로 구성되며, 공중기동기는 수송기(transport aircraft)와 공중급유기(aerial refueling aircraft)로 구분된다. 또한 감시통제기는 정찰기(reconnaissance aircraft)와 공중조기경보통제기(airborne early warning and control aircraft)로 이루어진다.

### 2. 전투기

#### 가. 개요

전투기(fighter aircraft)는 적 항공기와의 공중전 수행 또는 지상 목표물 타격을 주요 임무로 수행하는 군용 항공기이다. 주요 사용 목적에 따라 제공전투기, 요격기, 전투폭격기 등으로 분류되며, 각 유형은 고유한 임무와 상이한 기술적 특성을 지닌다. 현대에는 다목적 전투기(MRF, Multi-Role Fighter)의 개념이 보편화됨에 따라 단일임무 전투기의 비중은 감소하고 있다.

- **제공전투기**(air superiority fighter)는 제공권 확보를 목표로 공중전을 수행한다. 뛰어난 기동성, 빠른 가속, 민첩한 선회, 높은 상승 성능을 특징으로 하며, 주로 공대공 미사일과 기관포로 무장한다. 공중 우위를 확보하고 전장 주도권을 장악하는 역할을 담당한다.

• **요격기**(interceptor)는 침투하는 적의 고고도·고속 항공기, 특히 폭격기나 정찰기를 신속하게 탐지 및 격추하는 데 특화된 전투기이다. 고속 비행과 우수한 상승 성능, 장거리 탐지 및 무장 시스템을 특징으로 하지만, 기동성과 항속거리는 상대적으로 제한적이다. 현대에는 다목적 전투기의 발전으로 요격기의 활용이 감소하였다.
• **전투폭격기**(fighter-bomber)는 공중전과 지상 공격 임무를 모두 수행할 수 있는 전투기로, 전폭기 또는 전투공격기(fighter attack aircraft)로도 지칭된다. 현대에는 다목적 전투기로 발전하여 공대공, 공대지, 공대해 임무를 모두 수행 가능하다. 대표적인 기종으로는 F-35 Lightening II가 있다.

전투기는 기술 발전과 시대적 배경에 따라 세대별로 구분된다. 1세대는 제트 엔진의 도입을 특징으로 하며, 5세대는 스텔스, 첨단 전자장비, 네트워크 중심 작전 능력을 주요 특징으로 한다. 6세대 전투기는 인공지능, 유·무인 복합 운용, 초음속 순항 등 첨단 기술이 적용된다. 미국의 F-47, 유럽의 FCAS(Future Combat Air System), 그리고 영국·일본·이탈리아의 GCAP(Global Combat Air Programme) 등이 대표적인 개발 프로그램으로 꼽힌다.

### 나. 한국의 전투기

#### (1) F-35A 프리덤 나이트(Freedom Knight)

F-35A는 미국 록히드 마틴사가 개발한 5세대 스텔스 전투기이며, 한국 공군에서는 '프리덤 나이트'라는 통상명칭을 사용하고 있다. 이 기종은 2016년부터 미국과 동맹국에 실전 배치되었고, 2025년 현재 F-35 계열은 약 1,200대가 생산되었다. F-35는 A형(공군용, 일반 활주로), B형(해병대용, 단거리 이착륙 및 수직 착륙), C형(해군용, 항공모함 캐터펄트 운용)의 세 가지 모델로 구분된다. 한국 공군이 운용하는 F-35A는 공군용 기본형으로 스텔스, 첨단 센서 융합, 네트워크 중심 작전 능력을 기반으로 공중우세, 지상 공격, 전자전 등 다양한 임무를 수행한다.

F-35A는 레이더 반사 단면적(RCS)을 최소화하기 위한 스텔스 설계, 내부 무장창, 그리고 레이더 흡수 소재를 적용하였다. 주익은 삼각형 주날개에서 양 끝을 절단한 형태(cropped delta)를 채택하여 고속 비행 성능과 더불어 저속 기동성 및 실속 특성을 개선함으로써 조종 안정성을 향상시킨다. F135-PW-100 엔진은 후기연소기 작동 시 190 kN(약 43,100 lbf)의 추력을 발생시켜 현존하는 전투기용 엔진 중 가장 강력한 성능을 자랑하며, 마하 1.6의 최고속도와 우수한 기동 성능을 가능하게 한다.

주요 항공전자장비로는 AN/APG-81 AESA(Active Electronically Scanned Array) 레이더, 전자광학 표적추적장치(EOTS, Electro-Optical Tracking System), 분산 개구부 센서(DAS, Distributed Aperture System), 그리고 전자전 시스템(AN/ASQ-239) 등이 탑재되어 360도 위협 탐지 및 미사일 조기 경보 기능을 제공한다. 또한 전용 다기능 데이터 링크인 MADL(Mutifuction Advanced Data Link)을 통해 스텔스 환경에서도 전장 상황을 공유할 수 있다. 무장 체계는 내부 무장창에 AIM-120 AMRAAM, AIM-9X, JDAM 등 다양한 공대공 및 공대지 무기를 탑재하며, 외부 무장을 포함할 경우 최대 8.2톤까지 장착 가능하다.

한국 공군은 2014년 F-X III 사업에서 F-35A를 선정하여 2018년부터 40대를 도입 및 운용하고 있으며, 추가로 20대를 더 도입하여 총 60대 체제를 구축할 예정이다. F-35A는 북한의 핵 및 미사일 위협과 주변국의 최신 위협에 대응하는 한국 공군의 핵심 전력으로 평가된다.

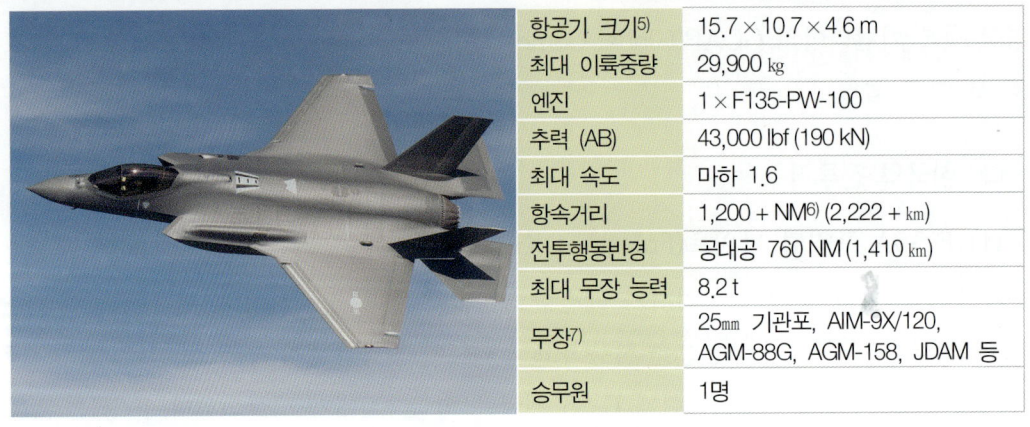

| | |
|---|---|
| 항공기 크기[5] | 15.7 × 10.7 × 4.6 m |
| 최대 이륙중량 | 29,900 ㎏ |
| 엔진 | 1 × F135-PW-100 |
| 추력 (AB) | 43,000 lbf (190 kN) |
| 최대 속도 | 마하 1.6 |
| 항속거리 | 1,200 + NM[6] (2,222 + ㎞) |
| 전투행동반경 | 공대공 760 NM (1,410 ㎞) |
| 최대 무장 능력 | 8.2 t |
| 무장[7] | 25㎜ 기관포, AIM-9X/120,<br>AGM-88G, AGM-158, JDAM 등 |
| 승무원 | 1명 |

[그림 6-2] F-35A 전투기

### (2) F-15K 슬램 이글(Slam Eagle)

F-15K는 미국 보잉사가 한국 공군의 요구에 맞춰 개발한 F-15E 스트라이크 이글의 개량형으로, 한국 공군에서는 '슬램 이글'이라는 통상명칭을 사용한다. 2005년부터 실전 배치되어 2025년 현재 50여 대가 운용 중이다.

기체는 고강도 합금과 복합재료로 제작되었으며, 초도 도입분에는 F110-GE-129 엔

5) 항공기 크기는 기장×기폭×기고 형태로 표기하였다.
6) NM: Nautical Mile, 해상 및 항공 분야에서 사용되는 길이 단위로, 1 NM은 1,852 m이다.
7) 항공 무장은 제4장 화력 무기체계 제6절, 제7절 참조 바람.

진이, 이후 도입분에는 F100-PW-229 EEP 엔진이 장착되어 KF-16과의 정비 호환성을 확보하였다. 레이더는 현재 AN/APG-63(V)1 기계식 레이더를 사용하고 있으나, 향후 AN/APG-82(V)1 AESA 레이더로 교체될 예정이며, 전자전 체계는 AN/ALQ-250 EPAWSS로 업그레이드될 예정이다. 또한 헬멧 조준 시스템(JHMCS, Joint Helmet Mounted Cueing System)을 통해 조종사의 상황 인식과 전투 효율성이 향상되었다.

F-15K는 19개의 외부 무장 장착대에 최대 10.5 톤의 무장을 탑재할 수 있다. 공대공 무장으로는 AIM-120 AMRAAM, AIM-9X 사이드와인더 등을, 공대지 무장으로는 타우러스, AGM-84H SLAM-ER, GBU-28 벙커버스터, 레이저·GPS 유도폭탄 등을 운용한다.

F-15K는 전천후 장거리 정밀 타격 능력을 갖춘 한국 공군의 핵심 전력으로서, 북한의 핵 및 미사일 위협 대응에 운용되고 있다.

| | |
|---|---|
| 항공기 크기 | 19.4 × 13.1 × 5.6 m |
| 최대 이륙중량 | 36,742 ㎏ |
| 엔진 | 2 × F110-GE-129 / F100-PW-229 |
| 추력 (AB) | 2 × 29,100 lbf (130 kN) |
| 최대 속도 | 마하 2.5 |
| 페리 항속거리[8] | 2,100 NM (3,900 ㎞) |
| 전투행동반경 | 공대지 597 NM (1,105 ㎞) |
| 최대 무장 능력 | 10.5 t |
| 무장 | 20㎜ 기관포, AIM-9X/120, SLAM-ER, Taurus, SDB 등 |
| 승무원 | 2명 |

[그림 6-3] F-15K 전투기

### (3) KF-16 파이팅 팰콘(Fighting Falcon)

KF-16 전투기는 한국 공군이 한국형전투기사업(KFP)을 통해 도입한 F-16C/D Block 52 기반의 다목적 전투기이다. 이 기종은 미국 록히드 마틴사가 개발하였으며, 한국 공군에서는 '파이팅 팰콘'이라는 통상명칭을 사용한다. 1994년 첫 도입 이후 총 140여 대가 전력화되었으며, 이 중 일부는 국내에서 면허 생산 및 조립되었다.

KF-16은 기존 F-16에 비해 F100-PW-229 엔진을 탑재하여 추력이 향상되었고,

8) Ferry Range(페리 항속거리): 항공기가 최대 연료를 탑재하고 최소한의 장비만을 탑재한 상태에서 비행할 수 있는 최대 거리를 의미한다. 이는 작전 수행이 아닌, 항공기 자체를 이동시키는 목적에 해당하는 비행 거리이다.

AN/APG-68 기계식 레이더, LANTIRN(Low Altitude Navigation and Targeting Infrared for Night) 주야간 저고도 항법 및 적외선 표적 추적 시스템, 내장형 전자전 시스템(ASPJ, Airborne Self-Protection Jammer), 그리고 국산 외장형 전자전 포드(ALQ-200K) 등을 갖추고 있다.

최대 6.9 톤의 무장을 탑재할 수 있으며, 공대공 미사일로는 AIM-120 AMRAAM, AIM-9 사이드와인더 등을, AGM-88 HARM, AGM-84 하푼, AGM-65 매버릭 등 대레이더·공대함·공대지 미사일과 레이저 및 GPS 유도폭탄 등을 운용한다.

KF-16은 AESA 레이더를 포함한 최신 항전 장비로 성능 개량이 진행 중이며, 2030년대까지 한국 공군의 핵심 전력으로 운용될 예정이다.

| | |
|---|---|
| 항공기 크기 | 14.8×9.8×5.0 m |
| 최대 이륙중량 | 19,742 ㎏ |
| 엔진 | 1×F100-PW-229 |
| 추력 (AB) | 1×29,100 lbf (130 kN) |
| 최대 속도 | 마하 2.0 |
| 페리 항속거리 | 1,740 NM (3,222 ㎞) |
| 전투행동반경 | 공대지/저고도 295 NM (546 ㎞) |
| 최대 무장 능력 | 6.9 t |
| 무장 | 20㎜ 기관포, AIM-9X/120, HARM, AGM-65, JDAM 등 |
| 승무원 | C형: 1명, D형: 2명 |

[그림 6-4] KF-16 전투기

### (4) KF-21 보라매

KF-21 사업은 한국 공군의 F-4, F-5를 대체하고 미래 전장에 적합한 4.5세대 다목적 전투기를 개발하는 국책 사업이다. '보라매'라는 통상명칭이 국민 공모로 선정되었으며, 한국항공우주산업 주관으로 인도네시아와 공동 개발 중이다. 2015년 개발이 착수되어 2021년 시제 1호가 공개되었고, 2022년 첫 시험비행에 성공하였다. 2025년 현재 2026년 개발 완료를 목표로 시험비행이 진행되고 있다.

KF-21은 쌍발 F414-GE-400K 터보팬 엔진을 장착하였으며, 준스텔스 설계로 레이더 반사 단면적을 최소화 하였다. 첨단 AESA 레이더, 적외선 탐색 및 추적 장비(IRST, Infra-Red Search and Track), 전자광학 표적추적장치(EO/TGP, Electro-Optical Targeting Pod), 내장형 전자전 시스템, 전술 데이터 링크 등을 탑재하여 생존성과 작전 능력을 향상시켰다.

10개의 외부 무장 장착대에 최대 7.7 톤의 무장을 탑재할 수 있다. 공대공 무장으로는 Meteor 중거리 공대공 미사일과 AIM-2000 IRIS-T 단거리 공대공 미사일을, 공대지 무장으로는 국산 장거리 공대지 미사일(개발 중), 레이저 및 GPS 유도폭탄 등을 운용한다. 2030년대에는 국산 공대공 미사일의 통합 또한 계획되어 있다.

KF-21은 스텔스 성능 향상, 유무인 복합 운영 능력 등 추가적인 성능 개량을 통해 미래에도 한국 공군의 주력 전투기로 활약할 것으로 전망된다.

| | |
|---|---|
| 항공기 크기 | 16.9 × 11.2 × 4.7 m |
| 최대 이륙중량 | 25,600 ㎏ |
| 엔진 | 2 × F414-GE-400K |
| 추력 (AB) | 2 × 22,000 lbf (98 kN) |
| 최대 속도 | 마하 1.8 |
| 항속거리 | 1,566 NM (2,900 ㎞) |
| 최대 무장 능력 | 7.7 t |
| 무장 | 20㎜ 기관포, 중/단거리 공대공 미사일, 장거리 공대지 미사일 등 |
| 승무원 | 단좌형: 1명, 복좌형: 2명 |

[그림 6-5] KF-21 전투기(앞)

### (5) FA-50 골든 이글(Golden Eagle)

FA-50은 한국항공우주산업이 개발한 4세대 경전투기이며, 한국 공군에서는 '골든 이글'이라는 통상명칭을 사용한다. T-50 고등훈련기를 기반으로 개발되어 2011년 첫 비행을 성공적으로 마쳤으며, 2013년부터 실전 배치되었다. 2025년 현재 한국 공군은 약 60대를 운용하고 있으며, 필리핀, 이라크, 태국, 폴란드, 말레이시아 등 해외 국가로 수출되어 전 세계적으로 약 100여 대가 운용 중이다.

| | |
|---|---|
| 항공기 크기 | 13.14 × 9.5 × 4.82 m |
| 최대 이륙중량 | 25,600 ㎏ |
| 엔진 | 1 × F404-GE-102 |
| 추력 (AB) | 1 × 17,700 lbf (78.7 kN) |
| 최대 속도 | 마하 1.5 |
| 항속거리 | 1,400 NM (2,593 ㎞), 외부연료탱크 |
| 최대 무장 능력 | 5.4 t |
| 무장 | 20㎜ 기관포, 단거리 공대공 미사일, 공대지 미사일, JDAM 등 |
| 승무원 | 2명 (전방석만으로 운용 가능) |

[그림 6-6] 한국 FA-50 경전투기

FA-50은 단발 F404-GE-102 엔진(78.7 kN, 약 17,700 lbf, 후기연소기 사용)을 장착하여 최대 마하 1.5의 속도로 비행할 수 있다. 주요 항전 장비로는 EL/M-2032 PESA(Passive Electronically Scanned Array) 레이더, 생존성 향상을 위한 레이더 경보 수신기, 채프 및 플레어 투하 장치, 데이터 링크(Link 16) 등이 포함된다. 무장으로는 AIM-9 사이드와인더, AGM-65 매버릭, JDAM, WCMD 등 다양한 무기를 탑재할 수 있으며, 최대 5.4 톤의 무장 장착이 가능하다.

### 다. 북한의 전투기

북한은 구소련과 중국에서 도입한 MiG-15, 17, 19, 21, 23, 29 등 다양한 MiG 계열 전투기를 운용하며, 그중 MiG-21 보유 대수가 가장 많다. 그러나 전투기 대부분이 노후화되어 현대 공중전에서의 생존성과 전투력이 제한적이며, 부품 수급 및 정비 문제로 가동률 유지에도 제약이 따른다. 최근 러시아로부터 새로운 전투기 도입 및 성능 개량이 추진되는 것으로 보고되고 있다.

#### (1) MiG-29 (NATO 보고명: Fulcrum)

MiG-29는 구소련이 1970년대 후반 F-15 및 F-16과 같은 고성능 서방 전투기에 대응하기 위해 개발한 4세대 다목적 전투기로, 1982년에 실전 배치되었다. 쌍발 RD-33 엔진을 장착하여 강력한 추력을 발휘하며, 가변 흡입구와 넓은 시야를 제공하는 조종석을 갖추고 있다.

주요 무장으로는 중거리 공대공 미사일 R-27(AA-10 'Alamo')과 단거리 고기동 공대공 미사일인 R-73(AA-11 'Archer') 등을 운용한다. R-73은 헬멧 장착 조준 시스템(HMS)과 연동되어 조종사가 시선만으로 표적을 신속하게 지정할 수 있게 한다. 일부 파생형은 공대지 미사일과 유도폭탄 운용 능력도 갖추고 있다.

MiG-29는 북한이 보유한 전투기 중 가장 성능이 우수한 기종으로 평가되며, 러시아, 인도, 이란 등 다수의 국가에서 운용되고 있다.

| | |
|---|---|
| 항공기 크기 | 17.3×11.4×4.7 m |
| 최대 이륙중량 | 21,000 ㎏ |
| 최대 속도 | 마하 2.3 |
| 페리 항속거리 | 1,100 NM (2,100 ㎞) |
| 무장 | 30㎜ 기관포, AA-10,<br>AA-11 공대공 미사일 |

[그림 6-7] MiG-29 전투기

(2) MiG-23 (NATO 보고명: Flogger)

MiG-23은 1960년대 후반 구소련에서 개발된 가변익 3세대 전투기로, 고속 요격 및 저속 기동성을 모두 확보하기 위해 가변익 설계가 적용되었다.

주요 무장은 중거리 공대공 미사일인 R-23(AA-7 'Apex')과 단거리 공대공 미사일인 R-60(AA-8 'Aphid')이다. 북한은 이 기종을 주로 요격 임무와 일부 공대지 임무에 운용하고 있으나, 노후화로 인해 현대 공중전에서의 생존성과 전투력은 제한적인 것으로 평가된다.

(3) MiG-21 (NATO 보고명: Fishbed)

MiG-21은 1950년대 후반 구소련에서 개발된 단발 엔진의 단거리 초음속 전투기로, 요격 임무를 위해 설계되었다. 북한은 1960년대부터 MiG-21과 중국산 J-7 계열을 도입하여 주력 전투기로 운용해왔다. J-7은 MiG-21을 기반으로 한 중국산 파생형이다. 주요 무장으로는 23㎜ GSh-23L 기관포와 R-3S(AA-2 'Atoll') 단거리 공대공 미사일이 있다. 북한은 노후화된 MiG-21을 주로 영공 방어 또는 훈련용으로 활용하고 있다.

[그림 6-8] MiG-23 전투기(좌), MiG-21 전투기(우)

## 라. 주요국 전투기

(1) **미국** F-22 **랩터**(Raptor), F-47 NGAD(Next Generation Air Dominance)

F-22 랩터는 미국 공군이 공중우세 확보를 위해 개발한 5세대 제공전투기로, 2005년부터 실전 배치되어 2025년 현재 약 180대가 운용 중이다. 스텔스 성능과 탁월한 기동성을 바탕으로 공대공 및 공대지 임무를 수행할 수 있다.

F-22는 스텔스 설계, 내부 무장창, 레이더 흡수 소재, S자형 흡입구 등으로 레이더 반사 단면적을 최소화했다. 쌍발 F119-PW-100 엔진을 장착하여 후기연소기 없이 초음속 순항이 가능하며, 탁월한 가속 성능과 높은 기동성을 갖추고 있다.

주요 항전장비로는 AN/APG-77 AESA 레이더, 전자전 시스템(AN/ALR-94), 미사일 경보 시스템(AN/AAR-56) 등이 있으며, 전용 데이터 링크를 통해 스텔스 상태에서 전술 정보를 공유할 수 있도록 설계되었다. 무장은 M61A2 20 ㎜ 기관포 1문, 내부무장창에 AIM-9 사이드와인더, AIM-120 AMRAAM 등 공대공 미사일과 JDAM 등 공대지 폭탄을 탑재할 수 있다.

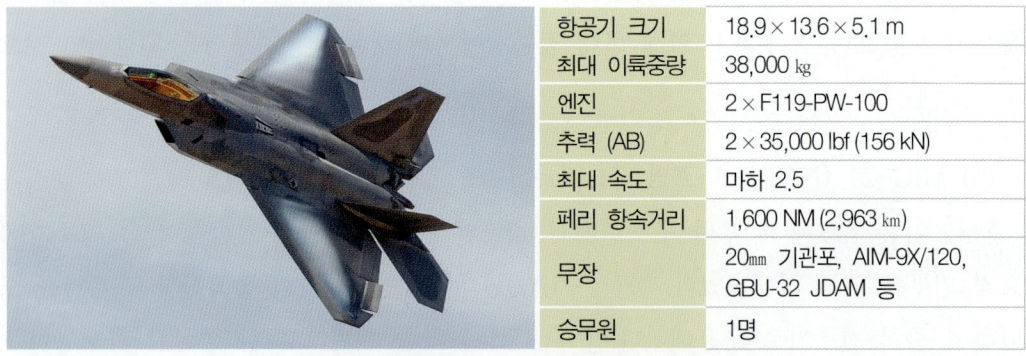

| | |
|---|---|
| 항공기 크기 | 18.9 × 13.6 × 5.1 m |
| 최대 이륙중량 | 38,000 ㎏ |
| 엔진 | 2 × F119-PW-100 |
| 추력 (AB) | 2 × 35,000 lbf (156 kN) |
| 최대 속도 | 마하 2.5 |
| 페리 항속거리 | 1,600 NM (2,963 ㎞) |
| 무장 | 20㎜ 기관포, AIM-9X/120, GBU-32 JDAM 등 |
| 승무원 | 1명 |

[그림 6-9] F-22 전투기

F-47 NGAD는 미국 공군의 차세대 제공 전투기 개발 프로그램으로, 보잉사가 개발을 진행 중이며 F-22를 대체할 예정이다. 6세대 전투기로 분류되는 F-47은 단순한 전투기를 넘어, 유인기와 무인기의 통합 운용, 첨단 센서 및 스텔스 기술, 인공지능 기반의 전장 관리 능력을 갖춘 차세대 공중 전력의 핵심이 될 것으로 전망된다.

[그림 6-10] F-47 전투기 (CG)

자료: 미국공군(media.defense.gov)

(2) 러시아 Su-57 (NATO 보고명: Felon), Su-35S (NATO 보고명: Flanker-E)

Su-57은 러시아 공군이 공중우세 확보를 위해 개발한 5세대 제공전투기로, 2020년부터 소규모 실전 배치가 시작되어 점진적으로 전력화될 예정이다. 공대공 및 공대지 임무를 모두 수행할 수 있다.

스텔스 성능과 기동성을 위해 내부 무장창, 레이더 흡수 소재 등을 적용하여 레이더 반사 단면적을 최소화했다. 쌍발 AL-41F1 엔진과 추력 편향 엔진 노즐을 통해 초음속 순항 및 높은 기동성을 갖추고 있다.

주요 항전장비로는 N036 Byelka AESA 레이더가 있으며, 이는 기수의 X-밴드 메인 레이더, 측면 및 날개 앞전의 보조 레이더로 구성되어 전방위 탐지 능력을 제공한다. 또한 전자전 시스템과 적외선 탐색 및 추적 장비(IRST)를 탑재하고 있다.

무장은 GSh-30-1 30㎜ 기관포 1문, 내부 무장창에 R-77M(장거리), R-74M2(단거리), R-37(초장거리) 공대공 미사일, Kh-59Mk2 공대지 미사일, KAB 계열 유도폭탄 등을 탑재할 수 있다.

| | |
|---|---|
| 항공기 크기 | 20.1×14.1×4.6 m |
| 최대 이륙중량 | 35,000 ㎏ |
| 엔진 | 2×AL-41F1 |
| 추력 (AB) | 2×33,000 lbf (147 kN) |
| 최대 속도 | 마하 2 |
| 전투행동반경 | 810 NM (1,500 ㎞) (추정) |
| 무장 | 30㎜ 기관포,<br>공대공/공대지/공대함 미사일,<br>정밀유도폭탄 등 |
| 승무원 | 1명 |

[그림 6-11] Su-57 전투기

자료: Anna Zvereva (commons.wikimedia.org)

Su-35S는 러시아 공군의 4.5세대 다목적 전투기로, 2014년부터 실전 배치되어 공대공 및 공대지 임무를 수행한다.

쌍발 AL-41F1S 엔진을 통해 마하 2.25의 속도를 내며, 추력 편향 노즐로 높은 기동성을 갖추었다. 주요 항전장비로는 400㎞의 탐지거리와 다중 표적 추적 능력을 가진 Irbis-E PESA 레이더, 적외선 탐색 및 추적 장비(IRST), 그리고 전자전 시스템이 포함된다.

무장은 R-77 공대공 미사일, Kh-31 대레이더 미사일, KAB-500 정밀유도폭탄 등 최대 8톤의 무장을 외부 장착대에 탑재할 수 있다.

| | |
|---|---|
| 항공기 크기 | 21.9×15.3×5.9 m |
| 최대 이륙중량 | 34,500 ㎏ |
| 엔진 | 2×AL-41F1S |
| 추력 (AB) | 2×32,000 lbf (142 kN) |
| 최대 속도 | 마하 2.25 |
| 전투행동반경 | 864 NM (1,600 ㎞) |
| 무장 | 30㎜ 기관포,<br>공대공/공대지/공대함/대레이더<br>미사일, 정밀유도폭탄 등 |
| 승무원 | 1명 |

[그림 6-12] Su-35S 전투기

자료: Anna Zvereva (commons.wikimedia.org)

### (3) 중국 J-20 (歼-20 威龙, NATO 보고명: Fagin), J-35 (歼-35)

J-20 위룽(威龙, Wēilóng, Mighty Dragon)은 청두 항공공업 집단공사(Chengdu Aircraft Industry Group)가 개발한 5세대 스텔스 제공전투기이다. 2011년 첫 비행 후 2017년부터 실전 배치되었으며, 2025년 기준 약 250대가 운용 중이다. 미국의 F-22 랩터와 F-35 라이트닝 II에 대응하는 중국의 대표적 첨단 전투기로 평가된다.

J-20은 스텔스 설계, 내부 무장창, 레이더 흡수 소재, S자형 엔진 흡입구 등으로 레이더 반사 단면적을 최소화했다. 현재 쌍발 WS-10C 엔진(각 155 kN)으로 초음속 순항이 가능하며, 향후 더 강력한 WS-15 엔진(180 kN)으로 교체될 예정이다.

주요 항전장비로는 Type 1475 AESA 레이더, 전자광학 표적추적장치(EOTS), 적외선 탐지 및 추적 장비(IRST), 그리고 전자전 시스템 등이 있다. 내부 무장창에 PL-15 중장거리 공대공 미사일, PL-10 단거리 공대공 미사일, LS-6 정밀유도폭탄 등을 탑재한다.

| | |
|---|---|
| 항공기 크기 | 21.2 × 13.01 × 4.69 m |
| 최대 이륙중량 | 37,000 kg |
| 엔진 | 2 × WS-10C |
| 추력 (AB) | 2 × 32,000~34,000 lbf (142~147 kN) |
| 최대 속도 | 마하 2.0 |
| 전투행동반경 | 1,080 NM (2,000 km) (추정) |
| 무장 | 공대공/대 레이더 미사일, 정밀유도폭탄 등 |
| 승무원 | 1명 |

[그림 6-13] J-20 전투기

자료: N509FZ (commons.wikimedia.org)

J-35는 중국 해군의 항공모함 운용을 위해 선양 항공공업 집단공사(Shenyang Aircraft Corporation)가 개발 중인 5세대 스텔스 함재 전투기이다. FC-31 시제기를 기반으로 개량되었으며, 2021년부터 시험비행이 시작되어 2026년 이후 실전 배치될 예정이다.

J-35는 스텔스 설계, 내부 무장창, 레이더 흡수 소재, 형상 최적화로 레이더 반사 단면적을 최소화했다. 또한 항공모함 운용을 위한 날개 접힘 구조, 견고한 착륙 장치, 착함 훅을 갖추고 있다.

주요 장비로는 쌍발 WS-13E 엔진 또는 WS-21 엔진, AESA 레이더, 전자광학 표적추적장치(EOTS), 적외선 탐색추적장비(IRST), 전자전 시스템을 탑재한다. 내부 무장창에는 공대공 및 공대지 미사일 등을 장착할 수 있다. J-35는 함대 방공, 정밀 공격, 그리고 수출 플랫폼으로 활용될 전망이다.

| | |
|---|---|
| 항공기 크기 | 17.3 × 11.5 × 4.8 m |
| 최대 이륙중량 | 28,000 kg |
| 엔진 | 2 × WS-21 |
| 추력 (AB) | 2 × 19,600~21,000 lbf (87~93 kN) |
| 최대 속도 | 마하 1.8 |
| 전투행동반경 | 내부 연료 1,250 km,<br>외부연료탱크 2,000 km (추정) |
| 무장 | 공대공/공대지/공대함 미사일,<br>정밀유도폭탄 등 |
| 승무원 | 1명 |

[그림 6-14] J-35 전투기

자료: China News Service (commons.wikimedia.org)

### (4) 일본 F-2, GCAP(Global Combat Air Programme)

F-2는 일본 항공자위대를 위해 미쓰비시 중공업이 미국 록히드 마틴과 공동 개발한 4세대 다목적 전투기로, F-16 파이팅 팰컨을 기반으로 한다. 1995년 초도 비행 후 2000년부터 실전 배치되었으며, 2025년 기준 약 90대가 운용 중이다. F-2는 공대공 및 공대지 임무를 수행하며, 주로 일본 열도 방공과 해상 타격에 투입된다.

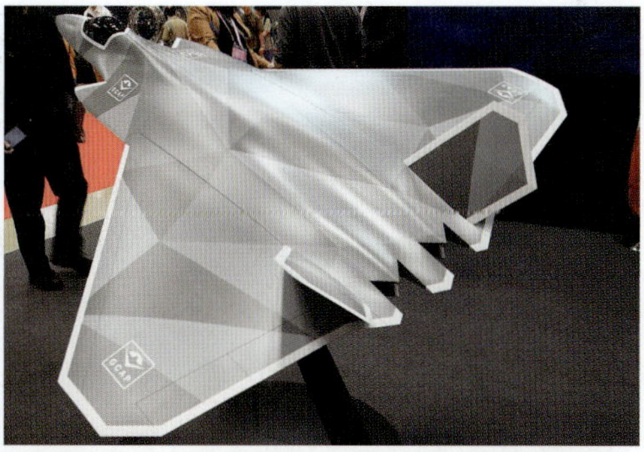

| F-2 | | | | | | |
|---|---|---|---|---|---|---|
| 항공기 크기 (m) | 최대 이륙중량 | 엔진 | 추력 (AB) | 최대 속도 | 전투행동반경 | 승무원 |
| 15.5 × 11.1 × 5.0 | 22,100 kg | 1 × F110-IHI-129 | 1 × 29,500 lbf (131 kN) | 마하 2.0 | 450 NM (833 km) | 1명 (B: 2명) |
| 무장 | 20 mm 기관포, 중/단거리 공대공 미사일, 공대함 미사일, 정밀유도폭탄 등 | | | | | |

[그림 6-15] F-2(좌), GCAP(우)

자료: Jerry Gunner, Hunini (commons.wikimedia.org)

F-2는 F-16C/D 블록 40을 기반으로 25% 확장된 주익, 일본산 AESA 레이더, 플라이-바이-와이어(FBW, Fly-By-Wire) 조종 시스템을 적용했다. 또한 레이더 반사 단면적을 줄이기 위해 날개 앞전과 엔진 흡입구 등에 레이더 흡수 소재를 부분적으로 적용하였다.

단발 F110-IHI-129 엔진을 장착하고 있으며, 최대 마하 2.0의 속도를 낼 수 있다. 무장은 20 ㎜ 기관포, ASM-1/2 공대함 미사일, AAM-3/5 공대공 미사일, JDAM 정밀유도폭탄 등을 탑재하며, 외부 무장장착대에 최대 8톤의 무장을 장착할 수 있다.

Global Combat Air Programme(GCAP)은 영국, 일본, 이탈리아가 주도하는 6세대 스텔스 전투기 공동 개발 프로그램이다. 2022년 일본의 F-X 프로그램과 영국·이탈리아의 템페스트(Tempest) 프로그램이 통합되면서 시작되었다. 일본의 F-2와 영국·이탈리아의 유로파이터 타이푼을 대체할 예정이며, 2025년 기준 개발 초기 단계에 있다. 2027년 시험비행, 2030년 생산 개시를 목표로 한다.

GCAP은 스텔스 설계와 내부 무장창을 기본으로, 인공지능(AI) 기반 센서 융합 및 유무인 복합체계 운용 능력을 갖출 예정이다. 소프트웨어 중심 조종 시스템과 첨단 쌍발 엔진(추정 추력 200 KN 이상)을 통해 초음속 순항과 장거리 작전을 지원할 것으로 예상된다. 대형 삼각익 설계를 통해 연료 효율성과 무장 탑재량을 향상시키며, 새로운 레이더 시스템은 기존 대비 데이터 처리 능력이 크게 향상될 전망이다.

## 3. 공격기

### 가. 공격기 개요

공격기(attack aircraft)는 지상 및 해상의 표적에 대한 정밀 타격과 지상군 화력지원이 주 임무인 군용 항공기이다. 근접항공지원(CAS)이나 전장항공차단(BAI) 등 다양한 임무를 수행하며, 일반적으로 공대지 작전에 최적화된 무장과 항공전자 장비를 갖추고 있다. 주요 무장으로는 정밀유도폭탄, 일반폭탄, 로켓, 공대지 미사일 등이 있으며, 일부는 공대공 미사일을 제한적으로 탑재하기도 한다.

생존성 향상을 위해 장갑판 등의 방호 설계가 적용되며, 제공권이 확보된 지역에서 공격기의 운용 효과가 극대화된다. 효과적인 운용을 위해서는 정확한 정보 수집, 전자전 지원, 그리고 제공권 확보가 필수적이다.

대표적 공격기로는 미국의 A-10 선더볼트 II와 러시아의 Su-25 프로그풋이 있다. 또한 다목적 전투기인 F-15E 스트라이크 이글 등도 공격기 임무 수행이 가능하다.

### 나. 한국 KA-1 경공격기

KA-1 경공격기는 노후화된 전술통제기 O-2를 대체할 목적으로 KT-1 기본훈련기를 기반으로 개발된 항공기이며, 전술통제 및 경공격 임무를 수행한다. 주로 지상군 지원과 전선 통제 임무에 활용된다.

헤드업 디스플레이(HUD, Head Up Display), GPS/INS 항법 장비, 임무 컴퓨터 등을 탑재하여 정밀한 항법 및 임무 수행이 가능하며, 야간투시장비 호환 조명 시스템을 갖추고 있다.

무장으로는 12.7 ㎜ 기관총, LAU-131 로켓 발사기(2.75 인치/70 ㎜ 로켓) 등을 장착할 수 있으며, 외부 연료 탱크를 장착하여 작전반경 및 체공 시간을 연장할 수 있다.

| | |
|---|---|
| 항공기 크기 | 10.6 × 10.3 × 3.8 m |
| 최대 이륙중량 | 3,311 ㎏ |
| 최대 속도 | 647 ㎞/h |
| 항속거리 | 499 NM (925 ㎞) |
| 무장 | 12.7 ㎜ 기관총 포드<br>70 ㎜ 로켓 14발<br>LAU-131 로켓 발사기 |

[그림 6-16] 한국 KA-1 경공격기

### 다. 미국 A-10 선더볼트 II(Thunderbolt II)

A-10 선더볼트 Ⅱ는 미 공군의 근접항공지원(CAS) 임무를 위해 개발된 단좌, 쌍발 아음속 지상 공격기이다. 1975년부터 1984년 사이 약 700여 대가 생산되었으며, 현재는 A-10C형이 운용 중이다.

A-10은 저속 및 저고도에서의 기동성과 생존성을 극대화하도록 설계되었으며, 기체 중심에 장착된 30 ㎜ GAU-8/A 어벤저 기관포를 통해 강력한 대전차 화력을 제공한다. 티타늄 장갑으로 조종석과 주요 시스템을 보호하며, 쌍발 TF-34-GE-100 터보팬 엔진은 높은 위치에 장착되어 생존성이 높다.

주요 항공전자 장비로는 GPS/INS 항법 장비, 지상 공격 정확도 향상과 지형 충돌 방지 기능을 통합한 LASTE(Low Altitude Safety and Targeting Enhancement) 시스템, 레이더경보수신기(RWR), 채프/플레어투하장치(CMDS), 표적탐색 및 추적장비(TGP), 야간투시장비 호환 조명 시스템 등이 탑재되어 있다.

무장은 GAU-8/A 기관포, AGM-65 매버릭, 일반폭탄, 레이저 및 GPS 유도폭탄, 로켓탄 등 최대 7,260 ㎏까지 장착할 수 있으며, AIM-9 사이드와인더도 탑재 가능하다.

A-10은 걸프전, 이라크전, 아프가니스탄전 등 다양한 전장에서 뛰어난 근접항공지원 능력을 입증했으며, 미 공군은 2028년까지 운용할 계획이다.

| 항공기 크기 | 16.3 × 17.5 × 4.5 m |
|---|---|
| 최대 이륙중량 | 51,000 lbs (22,950 ㎏) |
| 최대 속도 | 마하 0.56 (676 ㎞/h) |
| 항속거리 | 695 NM (1,287 ㎞) |
| 무장 | 30 ㎜ 기관포, AIM-9, AGM-65, 유도폭탄 등 |

[그림 6-17] 미국 A-10 공격기

## 4. 폭격기

### 가. 폭격기 개요

폭격기(bomber)는 지상 및 해상의 전략적·전술적 목표물을 타격하여 적의 군사력과 전쟁 수행 능력을 약화시키는 군용 항공기이다. 주 임무는 적 후방의 군사 시설, 산업 기반, 비행장, 교통 요충지 등을 파괴하여 적의 전쟁 지속능력을 저하시키는 것이다.

폭격기는 항속거리에 따라 장거리, 중거리, 근거리 폭격기로, 임무 성격에 따라 전략폭격기와 전술폭격기로 구분된다. 일반폭탄, 정밀유도폭탄, 순항미사일, 공대지 미사일 등 다양한 공대지 무장을 대량으로 탑재할 수 있다. 일부 전략폭격기는 핵무기도 운용할 수 있어 전략적 억제의 핵심 전력으로 활용된다.

한국은 별도의 폭격기를 운용하지 않으며, F-15K 슬램 이글 등과 같은 다목적 전투기로 폭격 임무를 수행한다. 미국(B-52, B-1B, B-2, B-21), 러시아(Tu-95, Tu-160), 중국(H-6, H-20) 등 주요국은 다양한 폭격기를 전력화하고 있으며, 지속적인 성능 개량을 추진하고 있다.

### 나. 미국의 폭격기

#### (1) B-52 스트래토포트리스(Stratofortress) 폭격기

B-52 스트래토포트리스는 미 보잉사가 개발한 장거리 아음속 폭격기로, 1955년부터 실전 배치되어 현재 B-52H형이 운용 중이다. 총 744대가 생산되었으며, 장거리 작전 수행 능력과 최대 70,000 파운드(약 32,000 kg)에 달하는 다양한 무장(AGM-86B ALCM, JDAM, JSSAM, 폭탄 등) 탑재가 가능하다. 핵 및 재래식 작전 수행이 가능한

이 핵심 전략 폭격기는 AESA 레이더 등 신형 항공 전자장비와 엔진으로 성능 개량되어 2050년대까지 운용될 예정이다.

| 항공기 크기 | 48.5 × 56.4 × 12.4 m |
|---|---|
| 최대 이륙중량 | 220,000 ㎏ |
| 최대 속도 | 560 knots (1,050 ㎞/h) |
| 항속거리 | 7,652 NM (14,172 ㎞) |
| 최대 무장 | JDAM, JASSM<br>공대지/공대함 무장<br>32,000㎏ |

[그림 6-18] 미국 B-52 폭격기

### (2) B-1B 랜서(Lancer) 폭격기

B-1B 랜서는 B-52를 대체하기 위해 개발된 초음속 가변익 전략폭격기로, 1986년부터 미 공군에서 실전 배치되었다. 가변익 설계로 고속·장거리 침투와 저고도 비행 안정성을 동시에 확보하였으며, 최대 속도는 마하 1.2(약 1,470 ㎞/h)에 달한다. 최대 무장 탑재량은 약 75,000 파운드(약 34,000 kg)로, 미국 전략폭격기 중 최대 규모이다.

원래 핵무기 운용이 가능했으나, 1994년 핵 임무에서 제외되었다. 2007년부터 2011년 사이 핵 운용 능력을 완전히 제거하는 작업을 거쳐, 현재는 재래식 무기만을 운용하고 있다.

걸프전, 코소보전, 아프가니스탄전, 이라크전 등에서 주요 임무를 수행했으며, JDAM, JASSM 등 다양한 정밀유도무장을 탑재할 수 있다.

### (3) B-2 스피릿(Spirit) 폭격기

B-2 스피릿은 미국 노스럽 그러먼사가 개발한 스텔스 전략폭격기로, 1997년부터 미 공군에 실전 배치되었다. 스텔스 기술을 바탕으로 적의 방공망을 우회하여 전략 목표를 타격하는 임무를 수행한다.

B-2는 적외선, 음향, 전자기, 시각, 레이더 반사 단면적을 최소화하는 설계를 통해 높은 생존성을 확보하였다. 비행 중 재급유 없이 약 9,600 ㎞를 비행할 수 있으며, 내부 무장창에 최대 40,000 파운드(약 18,000 kg)의 무장을 탑재할 수 있다. JDAM, GBU-57 대형 관통탄, JASSM 등 재래식 무기와 B61, B83 핵폭탄 등 다양한 무장을 운용할 수 있다.

| B-1B 폭격기 | | | | B-2 스텔스 폭격기 | | | |
|---|---|---|---|---|---|---|---|
| 항공기 크기 | 이륙중량 | 최대 속도 | 항속거리 | 항공기 크기 | 이륙중량 | 최대 속도 | 항속거리 |
| 44.5×41.8 m | 216,634 kg | 마하 1.2 | 11,998 km | 20.9×52.1 m | 152,634 kg | 마하 0.9 | 12,223 km |
| 무장 | 범용 폭탄, 기뢰, WCMD, JDAM, JASSM, LJDAM | | | 성능 | JSOW, JASSM, 범용 폭탄, GBU-57, B61/B83 핵폭탄 | | |

[그림 6-19] 미국 B-1 폭격기(좌), B-2 폭격기(우)

(4) B-21 레이더(Raider) 폭격기

B-21 레이더는 미국 노스럽 그러먼사가 개발 중인 차세대 스텔스 전략폭격기로, 2023년 11월 첫 비행에 성공했으며, 2020년대 중반 이후 실전 배치될 예정이다.

B-21은 재래식 및 핵무기 운용이 가능한 이중 임무 플랫폼으로, 고위협 환경에서 장거리 타격 임무를 수행하도록 설계되었다. 현재 저율초기생산(LRIP, Low Rate Initial Production) 단계에 있으며, 미 공군은 최소 100대 도입을 계획하고 있다.

개방형 시스템 아키텍처를 적용하여 인공지능, 유무인 복합 운용 등 미래 기술을 용이하게 통합할 수 있다.

[그림 6-20] 미국 B-21 폭격기

자료: 미국공군(media.defense.gov)

## 라. 러시아 Tu-160 폭격기 (NATO 보고명: Blackjack)

Tu-160은 러시아 공군이 운영하는 초음속 가변익 전략폭격기로, 1987년 실전 배치되었다. 가변익 설계를 통해 최대 마하 2.05의 고속 비행과 12,300 km의 장거리 임무 수행이 가능하다. 최대 45,000 kg의 무장을 탑재할 수 있으며, Kh-101/102 순항미사일, Kh-55/555 핵미사일, Kh-15 단거리 미사일, 핵폭탄 등 다양한 무기를 운용한다. Tu-160M은 개량된 엔진, AESA 레이더, GLONASS 항법 시스템, 전자전 시스템 등 최신 장비로 성능이 강화되었다.

| | |
|---|---|
| 항공기 크기 | 54.1 × 55.7 × 13.1m |
| 최대 이륙중량 | 275,000 ㎏ |
| 최대 속도 | 마하 2.05 |
| 항속거리 | 6,641 NM (12,300 ㎞) |
| 최대 무장 | 45,000 ㎏ |

[그림 6-21] 러시아 Tu-160 폭격기

### 마. 중국 H-6 폭격기 (轰-6, NATO 보고명: Badger)

H-6 폭격기는 중국 공군과 해군이 운영하는 중거리 아음속 전략폭격기이다. 구소련의 Tu-16을 기반으로 개발되어 1959년 실전 배치된 이후 지속적인 개량을 거쳐, 2025년 현재 약 230여 대가 운용되고 있다.

이 폭격기는 중국의 장거리 타격 및 핵 억제력 강화의 핵심 전력이다. 장거리 순항미사일, 대함미사일, 공중발사 탄도미사일 등 다양한 무기를 탑재할 수 있으며, 최신형 H-6N은 공중급유를 통해 10,000 ㎞ 이상 비행이 가능하다. 주요 무장은 CJ-10A·CJ-20 순항미사일, YJ-12 대함미사일, KD-88 공대지 미사일 등 최대 12,000 ㎏까지 탑재할 수 있다. AESA 레이더와 전자전 시스템 등 최신 장비를 통해 타격 능력과 생존성이 향상되었다.

| | |
|---|---|
| 항공기 크기 | 34.8 × 33 × 10.4m |
| 최대 이륙중량 | 95,000 ㎏ |
| 최대 속도 | 마하 0.9 |
| 항속거리 | 3,200 NM (6,000 ㎞) |
| 최대 무장 | 9 t (내부), 5.5 t (외부) |

[그림 6-22] 중국 H-6K 폭격기

자료: 일본 방위성 · 통합막료감부(www.mod.go.jp)

## 5. 수송기

### 가. 개요

수송기(transport aircraft)는 인원, 장비, 물자 수송을 주목적으로 하는 항공기로, 여객기, 병력 수송기, 화물기 등 다양한 형태가 있다. 군용 수송기는 임무에 따라 전략수송기(대륙 간 대형 수송기)와 전술수송기(전방 작전기지나 전투지역 운용)로 구분된다.

전략수송기는 대규모 병력 및 물자 수송 임무를 담당한다. 전술수송기는 공수부대 투하, 특수부대 작전, 부상자 수송, 보급물자 공중투하 등 다양한 전술적 임무를 수행한다.

한국 공군은 C-130, CN-235 등 전술수송기를 운용하고 있으며, C-390 대형수송기 도입을 계획 중이다. 미국의 대표 전략수송기로는 C-17, C-5 등이 있다.

## 나. C-390 밀레니엄(Millennium) 수송기

한국 공군은 2023년 브라질 엠브라에르사의 C-390 밀레니엄을 차기 대형수송기로 선정하여 아시아 최초 도입국이 되었다. C-390은 최대 26 톤의 화물 수송, 약 870 ㎞/h의 속도, 그리고 23 톤 적재 시 2,722 ㎞의 항속거리를 가지는 제트 수송기이다.

이 항공기는 병력 및 화물 수송, 공중급유, 공수작전, 의료후송, 인도적 지원, 화재 진압 등 다양한 임무 수행이 가능하다. 또한 두 개의 IAE V2500-E5 엔진과 현대적 항공전자장비, 플라이-바이-와이어(FBW) 제어 시스템, 자동화된 화물 투하 시스템, 야간 작전 능력을 갖추고 있다.

비포장 활주로에서의 운용이 가능하며, 기존 C-130 대비 속도 및 적재 능력이 우수하다.

| | |
|---|---|
| 항공기 크기 | 35.2 × 35.05 × 11.84 m |
| 최대 이륙중량 | 86,999 ㎏ |
| 최대 속도 | 470 knots (870 ㎞/h) |
| 페리 항속거리 | 3,370 NM (6,240 ㎞) |
| 항속거리(23 t 적재) | 1,470 NM (2,722 ㎞) |
| 최대 적재중량 | 26,000 ㎏ |

[그림 6-23] C-390 수송기

자료: Matti Blume (commons.wikimedia.org)

## 다. C-130 허큘리스(Hercules) 수송기

C-130 수송기는 1956년부터 미국 록히드 마틴사가 생산한 중형 4발 터보프롭 전술수송기이다. 이 기종은 현재까지 2,500여 대 이상이 생산되었고, 70여 개국에서 운용 중이다. 한국 공군은 1988년부터 C-130H, 동체 연장형 C-130H-30, 그리고 최신형 C-130J-30 슈퍼 허큘리스 수송기를 도입하여 운용하고 있다.

C-130H는 최대 약 19.5 톤의 화물, 90명(연장형 128명)의 병력 또는 64명(연장형 92

명)의 공수부대를 수송할 수 있다. 특히 C-130J-30은 디지털 항공전자 장비, 향상된 엔진, 그리고 6엽의 복합 소재 프로펠러를 통해 성능이 대폭 향상되었다. C-130J-30은 최대 20 톤의 화물을 적재할 수 있으며, 약 675 ㎞/h의 순항 속도를 내고, 20 톤 화물 적재 시 약 3,150 ㎞의 항속 거리를 갖는다.

C-130 계열은 비포장 활주로에서도 단거리 이착륙이 가능하여 다양한 작전 환경에서 높은 신뢰성과 효율성을 제공한다.

| | |
|---|---|
| 항공기 크기 | 34.4 × 40.4 × 11.8 m |
| 최대 이륙중량 | 74,389 ㎏ |
| 최대 속도 | 365 knots (675 ㎞/h) |
| 항속거리(20 t 적재) | 1,700 NM (3,148 ㎞) |
| 항속거리(16 t 적재) | 2,100 NM (3,889 ㎞) |
| 최대 적재중량 | 19,958 ㎏ |

[그림 6-24] C-130J-30 슈퍼 허큘리스 수송기

### 라. CN-235 슈퍼 트루퍼(Super Trooper) 수송기

CN-235는 스페인 CASA와 인도네시아 IPTN이 공동 개발한 중거리 쌍발 터보프롭 전술수송기이다. 이 기종은 1983년 첫 비행을 실시하였으며, 이후 1988년부터 실전 배치되었다. 한국 공군은 1994년부터 CN-235-100M/220M을 도입하여 운용 중이다.

CN-235는 최대 6 톤의 화물을 적재하거나 48명의 병력을 수송할 수 있는 능력을 보유하고 있다. 특히 800 m 미만의 비포장 활주로에서도 단거리 이착륙이 가능하여 높은 전술적 유연성을 제공한다. 후방 램프를 통한 화물 적재 및 공수부대 투하작전 지원도 가능하다. 현재 이 항공기는 세계 여러 국가에서 운용되며 경수송기의 대표적인 기종으로 평가받고 있다.

| | |
|---|---|
| 항공기 크기 | 21.4 × 25.8 × 8.2 m |
| 최대 이륙중량 | 16,500 ㎏ |
| 순항속도 | 454 ㎞/h |
| 항속거리(4.5 t) | 825 NM (2,330 ㎞) |
| 최대 적재중량 | 6,000 ㎏ |

[그림 6-25] CN-235 수송기

### 마. C-17 글로브마스터 III(Globemaster III) 수송기

C-17 글로브마스터 III는 미국 맥도넬 더글러스사가 개발하고 보잉이 생산한 대형 전략 수송기이다. 이 기종은 1993년 미국 공군에 실전 배치되었으며, 대형 화물 및 병력의 전 세계 신속 수송을 목표로 설계되어 전략적 및 전술적 임무를 모두 수행할 수 있다.

C-17은 최대 77.5 톤의 화물, 102명의 공수부대원 또는 134명의 병력을 수송할 수 있다. M1 전차, 아파치 헬기 등 대형 장비의 운반도 가능하다. 최대 이륙중량은 265,352 kg이며, 속도는 833 ㎞/h에 달한다. 71 톤 적재 시 항속거리는 4,480 ㎞이며, 공중급유를 통해 항속거리 제한 없이 비행할 수 있다.

특히 914 m 비포장 활주로에서도 단거리 이착륙이 가능하며, 후방 램프를 통한 효율적인 적재 및 공중 투하를 지원한다. 현재 미국 공군은 총 223대를 운용하고 있으며, 다수의 국가에서도 이 기종을 운용 중이다.

| | |
|---|---|
| 항공기 크기 | 53 × 51.75 × 16.79 m |
| 최대 이륙중량 | 265,352 ㎏ |
| 최대 속도 | 마하 0.74 (833 ㎞/h) |
| 페리 항속거리 | 6,230 NM (11,540 ㎞) |
| 항속거리(71 t 적재) | 2,420 NM (4,480 ㎞) |
| 최대 적재중량 | 77,519 ㎏ |

[그림 6-26] C-17 수송기

자료: 미국 공군(media.defense.gov)

## 6. 공중조기경보통제기

### 가. 개요

공중조기경보통제기(AEW&C, Airborne Early Warning and Control)는 고성능 레이더를 활용하여 적 항공기, 미사일, 무인기 등을 원거리에서 탐지하고 경보하는 기능을 수행한다. 또한 지상 및 공중의 전투 자산을 통합적으로 지휘 및 통제하는 항공 플랫폼이다. 이 항공기는 '날아다니는 전투 지휘 사령부'로 불리며, 360도 전방위 탐지가 가능한 레이더(회전식 레이돔 또는 고정식 AESA 등)를 탑재한다.

탑재된 레이더는 약 400 ㎞ 반경 내에서 저고도 표적을 효과적으로 탐지할 수 있다. 더불어 전자전 능력, 자동화 피아식별장치(IFF), 첨단 항법장치, 데이터 링크, 위성통신, 전투관리시스템 등을 통해 실시간 전장 상황 인식 및 정밀한 전투 지휘를 가능하게 한다. 이를 통하여 아군 전투기에 적기 정보를 제공하고 요격 지시를 내리는 등 작전 공역을 효율적으로 관리한다.

한국 공군은 E-737 피스아이를 운용하고 있다. 대표적인 해외 운용 기종으로는 미국의 E-3 센트리, E-2 호크아이, 러시아의 A-50, 일본의 E-767, 그리고 영국 및 호주의 E-7 웨지테일 등이 있다.

### 나. E-737 피스아이(Peace Eye) / E-7 웨지테일(Wedge Tail)

E-737 피스아이 또는 E-7 웨지테일은 보잉 737-700 기체를 기반으로 개발된 공중조기경보통제기이다. 이 항공기는 다기능 전자주사 배열(MESA, Muti-Role Electronically Scanned Array) 레이더를 탑재해 전방위 감시 및 전장 지휘통제가 가능하다.

E-737은 호주 공군의 '웨지테일' 사업을 통해 최초 개발되었으며, 한국 공군은 2011년부터 '피스아이'라는 명칭으로 4대를 운용 중이다.

MESA 레이더는 고정형 안테나를 통해 360도 전방위 감시를 수행하며, 약 370 ㎞ 이상의 공중 및 해상 표적을 동시에 탐지하고 추적할 수 있다. 또한 전자전 대응(ECCM) 기능과 잡음 제거 기능을 통해 다양한 환경에서 안정적인 운용을 보장한다. 이 시스템은 최대 10개의 임무 콘솔을 갖추고 있으며, Link-16 등 데이터링크 및 음성 통신을 활용하여 아군과의 실시간 정보 공유 및 지휘통제를 지원한다.

| | |
|---|---|
| 항공기 크기 | 33.6 × 34.3 × 12.5 m |
| 최대 이륙중량 | 77,564 ㎏ |
| 최대 속도 | 515 knots (954 ㎞/h) |
| 항속거리 | 3,500 NM (6,482 ㎞) |
| 실용 상승한도 | 41,000 ft (12,497 m) |
| 탐지·통제 능력 | 360도 / 전천후 / 200 + NM (370 + ㎞) |

[그림 6-27] E-737 Peace Eye 공중조기경보통제기

### 다. 미국의 E-3 센트리(Sentry)

E-3 센트리는 미국 공군의 주력 공중조기경보통제기(AWACS, Airborne Warning and Control System)이다. 이 기종은 보잉 707-320B를 기반으로 개발되었으며, 동체 상부에 9.1 m 직경의 회전식 레이돔을 장착하여 360도 전방위 감시가 가능하다. 1977년부터 실전 배치됐으며, AN/APY-1/2 레이더를 통해 약 400 ㎞ 이내의 표적을 탐지하고, 피아식별장치(IFF)와 Link-16 데이터링크를 활용하여 정보를 공유한다.

기내에는 13명에서 19명의 임무 요원이 탑승하여 실시간 전장 관리 및 전투 지휘를 지원한다. 그러나 기종의 노후화로 인해 NATO와 영국은 E-7A 웨지테일로의 교체를 추진 중이다.

| 항공기 크기 | 46.6×44.4×13 m |
|---|---|
| 최대 이륙중량 | 147,418 ㎏ |
| 순항속도 | 마하 0.48 (579 ㎞/h) |
| 항속거리 | 5,000 NM (9,250 ㎞) |
| 실용 상승한도 | 29,000 ft 이상 |
| 승무원 | 조종사 4명,<br>관제사 13~19명 |

[그림 6-28] E-3 Sentry 공중조기경보통제기

## 7. 해상초계기

### 가. 개요

해상초계기(Maritime Patrol Aircraft, MPA)는 해양수색 및 구조, 대잠전, 대수상전, 정보·감시·정찰(ISR) 임무 수행을 위해 설계된 고정익 항공 플랫폼이다. 이 항공기는 다기능 레이더, 자기 이상 탐지기(MAD, Magnetic Anomaly Detector), 소노부이(Sonobuoy) 투하 장치, 전자광학/적외선(EO/IR) 장비 등을 탑재하여 해역 내 잠수함과 수상함을 탐지하며, 통합 전투관리 체계를 통해 해군 함정과의 상호 협조를 가능하게 한다. 특히 해상에서 '눈과 귀' 역할을 수행함으로써 연안 감시 및 해양 안보 강화에 기여한다.

### 나. P-3C 오라이언(Orion)

P-3C 오라이언은 1960년대 록히드 L-188 일렉트라 여객기를 기반으로 개발된 4발 터보프롭 해상초계기이다. 1962년 실전 배치된 이후 지속적인 성능 개량을 통해 성능을 향상시켜왔다.

주요 장비로는 동체 후미의 자기 이상 탐지 붐(MAD boom), 소노부이 투하 설비, 탐지거리가 약 370 ㎞에 달하는 EL/M-2022 레이더(한국 해군 개량형 P-3CK) 또는 탐지거리가 약 220 ㎞의 APS-115 레이더, EO/IR 장비 등을 갖추고 있다. 무장으로는 Mk 46, Mk 54 어뢰와 AGM-84 하푼 대함미사일 등을 탑재할 수 있다.

P-3C는 한국 해군을 포함하여 전 세계적으로 해상 감시, 잠수함 및 해상 표적 대응, 정보 수집 등 다양한 임무에 활용되고 있다.

| | |
|---|---|
| 항공기 크기 | 35.6 × 30.4 × 10.3 m |
| 최대 이륙중량 | 63,300 kg |
| 최대 속도 | 405 knots (749 km/h) |
| 항속거리 | 4,830 NM (8,940 km) |
| 실용 상승한도 | 28,300 ft (8,625 m) |
| 센서·무장 | MAD 붐, 소노부이, 레이더, EO/IR 장비, 전자파 탐지기, 내부 무장창 · 외부 하드포인트 (어뢰, 하푼 등) |

[그림 6-29] P-3CK Orion 해상초계기

자료: 한국 해군(navy.mil.kr)

### 다. P-8A 포세이돈(Poseidon)

P-8A 포세이돈은 보잉 737-800 기체를 기반으로 개발된 쌍발 터보팬 해상초계기이다. 이 기종은 2013년부터 미국 해군에 실전 배치되었다.

P-8A는 AN/APY-10 레이더, 전자광학/적외선(EO/IR) 장비, 소노부이 투하 장비, 내부 무장창과 외부 포드 등을 갖추고 있으며, 추가적으로 AN/APS-154 AESA 레이더를 장착할 수 있다. 무장으로는 Mk 54 어뢰, AGM-84 하푼 미사일 등을 운용할 수 있다. P-8A는 고도 41,000 ft(12,497 m)에서 10시간 이상 체공이 가능하며, 공중급유와 데이터링크 기능을 통해 광역 해상 감시와 대잠전·대수상전 임무 수행능력을 크게 향상시켰다.

현재 한국 해군을 포함하여 미국, 일본, 인도, 호주, 영국, 노르웨이, 캐나다 등 다수의 국가에서 P-8A를 도입하여 운용하고 있다.

| | |
|---|---|
| 항공기 크기 | 39.5 × 37.7 × 13.03 m |
| 최대 이륙중량 | 85,820 kg |
| 최대 속도 | 490 knots (907 km/h) |
| 항속거리 | 3,910 NM (7,242 km) |
| 실용 상승한도 | 41,000 ft (12,497 m) |
| 센서·무장 | AESA 레이더, 소노부이, EO/IR 장비, 내부 무장창 · 외부 하드포인트(어뢰, 하푼 등) 공중급유 가능 |

[그림 6-30] P-8A Poseidon 해상초계기

자료: 방위사업청(www.dapa.go.kr) 보도자료(2024. 6. 19.)

## 제3절 회전익 항공기

### 1. 개요

회전익 항공기(rotorcraft)는 로터(rotor)의 회전을 통해 양력 및 추진력을 얻는 항공기이다. 대표적인 기종으로 헬리콥터(헬기)가 있다.

헬리콥터는 메인 로터로 양력을 발생시켜 수직 이착륙이 가능하며, 테일 로터는 주 로터의 토크를 상쇄하고 방향 제어를 담당하여 기체의 안정성을 유지한다. 로터 블레이드의 피치(pitch)와 스와시 플레이트(swash plate)를 조절하여 전진, 후진, 좌우 이동, 호버링(정지 비행) 등이 가능하며, 이를 통해 활주로 없이 다양한 지형에서 운용할 수 있다.

[그림 6-31] 헬리콥터의 메인 로터와 테일 로터

#### 가. 헬리콥터 발전 과정

헬리콥터의 개념은 고대부터 존재하였다. 기원전 400년경 중국에서는 대나무로 만든 '죽전(竹蜓, 죽잠자리)'이라는 회전익 형태의 장난감이 있었고, 1493년 레오나르도 다빈치는 나선형 회전 날개를 가진 '에어리얼 스크루(Aerial Screw)'를 설계하여 수직 비행 원리에 대한 개념을 제시하였다. 비록 실제 제작되지는 않았으나, 회전익 양력 및 수직 비행 개념의 기초로 평가된다.

1842년에는 영국의 윌리엄 필립스가 증기기관을 이용한 회전익 비행체를 설계하고 실험하였다. 19세기 후반에는 프랑스의 알퐁스 페노가 공축 반전형(coaxial counter-rotating) 로터 시스템을 고안하였고, 1877년 이탈리아의 엔리코 포를라니니가 증기 엔진을 사용한 무인 헬리콥터 모델을 제작하여 약 13 m 높이까지 비행하는 데 성공하였다.

[그림 6-32] 코르뉘 헬리콥터 No. II

자료: 위키피디아(en.wikipedia.org)

1907년 프랑스의 폴 코르뉘는 24마력 엔진을 장착한 헬리콥터로 약 30 ㎝ 높이에서 20초간 정지 비행에 성공하여 최초의 유인 헬리콥터 비행을 기록하였다. 그러나 안정성 및 제어성 부족으로 실용화되지는 못하였다.

1920년대 스페인의 후안 데 라 시에르바는 오토자이로(autogyro)를 개발하였다. 오토자이로는 전진 비행 시 로터가 바람에 의해 자동으로 회전하여 양력을 얻는 비행체로, 이는 현대 헬리콥터의 오토로테이션 원리에 큰 영향을 미쳤다.

현대 헬리콥터의 아버지로 불리는 이고르 시콜스키는 1939년 단일 메인 로터와 테일 로터를 가진 VS-300을 개발하였다. 이 구조는 안정적 비행을 가능하게 하여 헬리콥터의 표준 형태로 자리 잡았다. 1942년, 이를 바탕으로 한 R-4가 최초의 양산형 군용 헬리콥터로 미국 육군에 배치되었으며, 제2차 세계대전 중 구조 임무 등에 활용되었다.

[그림 6-33] 보그-시콜스키 VS-300(좌), 시콜스키 R-4(우)

자료: 위키피디아(en.wikipedia.org)

1950년대 가스터빈 엔진(터보샤프트 엔진) 도입은 헬리콥터의 성능을 비약적으로 향상시켰다. 이로 인해 헬리콥터의 적재량, 속도, 항속거리가 증대되었다. 베트남전(1960-1975년) 중에는 벨사의 UH-1 이로쿼이, 일명 '휴이' 헬리콥터가 병력 수송, 의료 후송, 공중 지휘소, 근접 항공지원 등 다양한 임무에 대규모로 활용되어 공중 기동작전의 효과를 입증하였다. 이 전쟁은 벨 AH-1 코브라와 같은 공격 헬리콥터의 개발을 촉진하였으며, 이는 이후 AH-64 아파치와 같은 현대적 공격 헬리콥터로 발전하였다.

1970년대와 1980년대에는 복합 소재의 활용이 증대되어 헬리콥터의 경량화와 내구성 향상을 가져왔다. 동시에 디지털 항공전자 시스템의 도입은 비행 제어, 항법, 통신 성능을 크게 개선하였다. 이 시기에는 NH90, EH101과 같은 다국적 협력 개발 프로젝트도 활발히 진행되어 기술 표준화가 촉진되었다.

2000년대 이후에는 무인 회전익 항공기의 개발, 하이브리드 및 전기 추진 시스템, 능동 소음 제어, 자율 비행 등 첨단 기술의 도입을 통해 헬리콥터는 지속적으로 진화하고 있다.

## 나. 회전익 항공기 분류

[표 6-5] 회전익 항공기의 분류

| 구 분 | 형태 | 내용 | 대표 기종 |
|---|---|---|---|
| 로터 형태 | 단일회전익 | 하나의 메인 로터와 토크 반작용을 상쇄하기 위한 테일 로터를 갖춘 가장 일반적인 형태 | UH/HH-60, AH-64D |
| | 동축회전익 | 동일한 축 상에서 서로 반대 방향으로 회전하는 두 개의 메인 로터를 가진 구조 | KA-50, KA-52 |
| | 양축회전익 | 항공기의 전방과 후방에 각각 하나씩 두 개의 메인 로터를 갖춘 구조 | CH/HH-47 Chinook |
| | NOTAR (No Tail Rotor) | 테일 로터 없이 꼬리 붐을 통해 배출되는 공기의 코안다 효과(Coanda effect)[9]와 방향 제어할 수 있는 제트 분사를 이용하여 토크 반작용을 상쇄 | MD520N, MD600N |
| | 인터메싱 로터 | 두 개의 메인 로터가 서로 간섭하도록 각각 다른 각도로 장착된 구조, 각 로터는 서로 반대 방향으로 회전하여 토크를 상쇄 | 카만 K-MAX |
| | 틸트로터 | 헬리콥터와 고정익 항공기의 특성을 결합한 하이브리드 비행체 | V-22 Osprey |
| 임무 형태 | 기동헬기 | 다목적으로 운용되는 헬리콥터로, 병력 수송, 화물 운반, 의료 후송, 탐색 및 구조 등 다양한 임무 수행 | UH-60<br>KUH-1 |
| | 정찰헬기 | 전장 정보 수집, 표적 획득, 감시 임무 수행 | BO-105 |
| | 공격헬기 | 대전차 미사일, 로켓 발사기, 기관포 등의 무장을 탑재하고 지상 표적을 공격 | AH-1Z, AH-64D, LAH-1, KA-52 |
| | 수송헬기 | 대규모 병력이나 화물 수송에 특화된 헬리콥터로, 중형 및 대형 헬기가 주로 이에 해당 | CH-47 Chinook |
| | 해상작전 헬기 | 함정에서 운용되며 대잠전, 대수상전, 탐색 구조, 전자전 등의 임무를 수행 | Lynx, Super Lynx, AW159, MH-60R |

회전익 항공기는 [표 6-5]에서 제시된 바와 같이 로터 형태와 임무 형태에 따라 분류된다. 로터 형태는 단일 회전익, 동축 회전익, 양축 회전익, NOTAR(No Tail Rotor), 인터메싱 로터, 틸트로터 등으로 구분된다. 임무에 따라서는 기동헬기, 정찰헬기, 공격헬기, 수송헬기, 해상작전헬기 등으로 분류한다. 이때 수송헬기를 기동헬기에, 정찰헬기는 공격헬기에 포함하여 분류하기도 한다.

이러한 분류는 헬리콥터의 설계 특성과 운용 목적을 이해하는 데 중요한 기준이 된다. 본 절에서는 군사적 운용 개념을 중심으로 기동/수송헬기와 공격/해상작전헬기를 살펴본다.

## 2. 기동 및 수송 헬기

### 가. KUH-1 수리온

KUH-1 수리온은 대한민국이 독자적으로 개발한 최초의 중형 기동헬기이다. 노후화된 UH-1H 및 500MD 대체를 목표로 2006년 개발이 시작되어 2012년부터 실전 배치되었다. 이를 통해 한국은 세계에서 11번째로 독자 헬기 개발국이 되는 성과를 이루었다.

'수리온'이라는 명칭은 독수리를 의미하는 '수리'와 순우리말로 '온'(100을 의미)의 합성어이며, 독수리의 용맹함과 100% 국내 개발을 상징한다.

수리온은 한반도의 지형 및 기상 조건에 최적화되어 설계되었다. 최대 이륙 중량은 8.7톤이며, 조종사 2명을 제외하고 최대 11명(완전무장 시 9명)이 탑승 가능하다. GE T700-701K 엔진 2기를 장착하여 최대 속도는 270 ㎞/h, 항속거리는 440 ㎞ 이상이다.

전자식 계기판, 3차원 전자지도, 자동 밀봉 연료탱크, 내피격성 로터, 레이저/레이더/미사일 경보 수신기, 채프/플레어 살포기, 전방 관측 적외선 장비(FLIR) 등 첨단 장비를 탑재하여 조종사의 상황 인식 능력과 생존성을 향상시켰다. 수리온은 기본형(KUH-1), 상륙기동형(MUH-1), 의무후송형(KUH-1M), 민수용(경찰: KUH-1P, 해양경찰청: KUH-1CG, 산림청: KUH-1FS) 등 다양한 파생형으로 개발되었다.

9) 코안다 효과(Coanda effect): 유체가 어떤 물체의 표면을 따라 흐를 때, 그 흐름이 표면의 곡률에 따라 굽어지는 현상

| 항공기 크기 | 전장 19 × 전고 4.4 m |
|---|---|
| 이륙중량 | 8,709 kg |
| 최대 속도 | 270 km/h |
| 항속거리 | 440 + km |
| 무장 | 기관총 |
| 탑승 인원 | 승무원 2명<br>무장병력 9명<br>(최대 13명) |

[그림 6-35] KUH-1 수리온

자료: 국방일보(kookbang.dema.mil.kr, 2024. 12. 24.)

## 나. UH/HH-60 블랙호크(Black Hawk)

UH-60 블랙호크는 시코르스키사가 개발한 다목적 전술 수송 헬기이다. 이 기종은 1979년부터 미 육군에 실전 배치되었으며, 공중강습, 의무 후송, 전자전 등 다양한 임무 수행이 가능하여 주요 작전에 폭넓게 투입되었다.

두 개의 터보샤프트 엔진을 장착하여 높은 출력과 안정성을 제공하며, 기본 승무원 3명과 완전무장 병력 11명(최대 14~20명)의 수송이 가능하다. 동체 측면 파일론에는 보조 연료탱크 또는 헬파이어 대전차 미사일 등 다양한 장비를 장착할 수 있다.

UH-60은 다양한 파생형으로 개발되어 22개국 이상에서 운용 중이다. 한국 공군은 1990년대부터 전투탐색구조용 헬기인 HH-60P를 도입하였다. 이 기종은 대용량 외부 연료탱크, 기상 레이더, 야간투시장비, 적외선 탐지 장비, 호이스트, 구조용 윈치 등을 갖추고 전시 조종사 구조 및 평시 재난 구조 임무에 운용된다.

| 항공기 크기 | 전장 15.27 × 전고 5.1 m |
|---|---|
| 최대 이륙중량 | 10,660 kg |
| 최대 순항속도 | 268 km/h |
| 항속거리 | 592 km |
| 무장 | 기관총, 로켓,<br>헬파이어 미사일 |
| 탑재 능력 | 승무원 3명,<br>무장병력 11명 |

[그림 6-35] UH-60 블랙호크 헬기

### 다. CH/HH-47 치누크(Chinook)

CH-47 치누크는 보잉사가 개발한 대형 수송 헬기로, 탠덤 로터(tandem rotor) 방식을 채택하여 1965년부터 실전 배치되었다. 이 헬리콥터는 병력 및 중장비 수송, 의무후송, 인도적 지원, 특수 작전, 탐색 및 구조 등 세계 각국에서 다양한 임무를 수행한다. 특히 테일 로터가 없는 구조적 특성 상 기체 후방 접근이 용이하여 산악지대나 일반 헬기가 접근하기 어려운 곳에서도 임무 수행이 가능하다는 장점을 지닌다.

최신 모델인 CH-47F는 완전무장 병력 33명에서  특수 임무 시 최대 55명 또는 24개의 들것과 의료진을 수송할 수 있으며, 동체 측면 파일론에 보조 연료탱크나 무장을 장착할 수 있다. 한국 공군은 현재 CH-47D를 수송 및 재난 구호 임무에, HH-47D를 전투탐색구조(CSAR) 임무에 운용하고 있다.

| | |
|---|---|
| 항공기 크기 | 전장 30.1 × 전고 5.7m |
| 최대 이륙중량 | 22,660 kg |
| 최대 속도 | 315 km/h |
| 항속거리 | 740 km |
| 무장 | 기관총 |
| 탑재 능력 | 무장병력 33~55명 |

[그림 6-36] CH-47 치누크 헬기

### 라. V-22 오스프리(Osprey)

V-22 오스프리는 헬리콥터의 수직 이착륙 능력과 고정익 항공기의 고속 순항 능력을 결합한 틸트로터(Tiltrotor) 항공기로 벨사와 보잉사가 공동 개발하였다. 날개 양 끝에 장착된 엔진과 프로펠러를 수직으로 회전시켜 이착륙하고, 순항 비행시에는 이를 앞으로 전환하여 고속 전진 비행이 가능하다.

주요 변형 모델로는 미국 해병대의  MV-22B(공중강습), 미국 공군의 CV-22(특수작전, 구조), 미국 해군의 CMV-22B(항공모함 병참 지원)가 존재한다. 순항 속도는 항공기 모드에서 509 ㎞/h, 헬리콥터 모드에서 343 ㎞/h이며, 완전무장 병력 24명 또는 약 10,000 파운드(약 4,536 kg)의 화물 수송이 가능하다.

| 항공기 크기 | 전장 17.5 × 전고 6.7 m |
|---|---|
| 중량 | 27,442 kg (CV-22) |
| 순항속도 | 556 km/h (항공기 모드) |
| 전투행동반경 | 926 km (CV-22) |
| 운용 | 공중강습, 지원 등 다목적 |
| 수송 능력 | 무장병력 24명, 화물 4,536 kg |

[그림 6-37] V-22 오스프리

## 3. 공격 및 해상작전 헬기

### 가. AH-64 아파치(Apache)

AH-64 아파치는 미국 육군이 1972년에 개발을 시작한 전천후 공격 헬리콥터로, 1984년부터 실전 배치되었다. 쌍발 터보샤프트 엔진, 4엽 메인 로터, 직렬형 조종석을 갖추고 있다. 표적획득지시장비(TADS, Target Acquition and Designation System)와 조종사용 야시장비(PNVS, Pilot Night Vision System)를 통해 주야간 및 악천후 작전이 가능하다. 헬멧 장착형 조준 시스템(IHADSS, Integrated Helmet and Display Sight System)을 활용하여 조종사의 시선에 따라 30 mm 기관포를 정밀 조준할 수 있다.

기체 하부에는 30 mm M230 기관포가 장착되어 있으며, 양쪽 보조익에는 AGM-114 헬파이어 공대지 미사일(최대 16발) 또는 2.75인치 로켓(최대 76발)을 탑재할 수 있다. 일부 운영국은 AIM-92 스팅어 공대공 미사일을 추가하여 자체 방어 능력을 강화하기도 한다.

AH-64E 아파치 가디언은 향상된 센서 및 통신 능력, 무인기 연동, 해상 작전 능력을 추가한 최신형이다. 한국 육군도 2017년부터 36대를 운용하고 있다. 아파치는 현재까지 약 5,000여 대가 생산되어 19개국에서 운용되고 있다.

| 항공기 크기 | 전장 15.06 × 전고 3.87 m |
|---|---|
| 최대 이륙중량 | 10,433 kg |
| 최대 수평속도 | 279 km/h 이상 |
| 항속거리 | 483 km |
| 무장 | 30 mm 기관포 1,200발<br>2.75″ 로켓 76발<br>AGM-114 16기 |

[그림 6-38] AH-64 아파치

## 나. LAH-1 미르온

LAH-1 '미르온'은 한국 육군의 노후화된 500MD 및 AH-1S 대체를 목적으로 개발된 국산 소형무장헬기로, 2024년 양산 1호기가 전력화되었다. 한국항공우주산업이 에어버스 H155(EC-155)를 기반으로 국내 운용 환경에 최적화하여 개발하였고, 명칭 '미르온'은 '용'을 뜻하는 순우리말 '미르'와 숫자 100을 의미하는 '온'을 결합한 합성어이다.

미르온은 20㎜ 터렛형 기관포, 2.75인치 로켓, 국산 공대지 유도탄 '천검'을 탑재하여 강력한 화력을 보유하고 있다. 천검 미사일은 기존 대전차 미사일 대비 사거리가 2배 이상 길고, 비가시선(BLOS, Beyond Line Of Sight) 공격이 가능하다. 표적획득지시장비(TADS), 미사일·레이더 경보 수신기 등 첨단 생존 장비와 자동비행조종장치, 통합전자지도컴퓨터(IDMC, Integrated Digital Map Computer)를 갖추어 임무 효율성을 제고하였다.

| 항공기 크기 | 전장 14.3 × 전고 4.3 m |
|---|---|
| 최대 이륙중량 | 4,920 ㎏ |
| 최대 수평속도 | 243 ㎞/h |
| 무장 | 20 ㎜ 기관포<br>2.75″ 로켓 14발<br>천검 공대지 미사일 4기 |

[그림 6-39] LAH-1 미르온

자료: Flyblackarrow (commons.wikipedia.org)

## 다. AW159 와일드캣(Wild Cat)

AW159 와일드캣은 영국 레오나르도(구 아구스타웨스트랜드)사가 개발한 해상작전헬기이다. 이 기종은 슈퍼 링스(Super Lynx) 헬기를 기반으로 개발되었으며, 2009년 초도 비행을 실시하였다. 한국 해군은 2016년부터 2017년까지 총 8대를 도입하여 실전 배치하였다.

AW159는 AESA 레이더, 전자광학/적외선(EO/IR) 센서, 디핑 소나(가변심도음탐기)[10], 소노부이(부표형 음향탐지기)[11], 그리고 국산 청상어 경어뢰 등을 탑재하여 대

10) 디핑 소나(dipping sonar)는 해상작전헬기에서 운용되는 수중 음향 탐지 장비로, 헬기가 정지 비행 상태에서 케이블을 통해 수중으로 하강시켜 잠수함을 탐지하는 능동형 소나 시스템이다.

잠전, 대수상전, 해상감시, 탐색구조 등 다양한 임무를 수행할 수 있다. 또한 데이터 링크를 통해 함정과 전술 정보를 실시간으로 공유할 수 있다.

한국 해군은 해상작전헬기 2차 사업을 통해 MH-60R 시호크를 도입할 예정이다.

| | |
|---|---|
| 항공기 크기 | 전장 15.24 × 전고 3.73 m |
| 최대 속도 | 296 ㎞/h |
| 항속거리 | 777 ㎞ |
| 체공 시간 | 3.5시간 |
| 무장 | 기관총, 청상어 어뢰 2발 |
| 탑재 장비 | AESA 레이더, EO/IR 카메라,<br>디핑 소나, 소노부이 10발 |
| 탑승 인원 | 승무원 2명 |

[그림 6-40] 디핑 소나를 운용 중인 AW159 와일드캣

자료: 한국 해군

11) 소노부이는 항공기나 함정에서 투하하는 일회용 수중 음향 탐지 장비로, 주로 잠수함 탐지에 사용되며 수중 음향 정보를 무선으로 전송한다.

# 제4절 무인항공기

## 1. 개요

무인항공기(UAV, Unmanned Aerial Vehicle)는 조종사가 탑승하지 않은 상태에서 지상 원격 조종, 사전 입력된 프로그램 운용, 혹은 비행체 자체의 주위 환경 인식 및 판단을 통한 자율 운용 방식으로 다양한 임무를 수행하는 비행체를 지칭한다. 현대 전장에서 무인항공기는 정보 수집, 감시·정찰(ISR)뿐만 아니라 정밀 타격, 전자전, 통신 중계, 군수 물자 수송 등 광범위한 영역에서 핵심적인 임무를 수행한다.

무인항공기는 특히 인명 손실 위험 감소, 작전 지속성 향상, 비용 효율성 증대 등의 장점을 기반으로 현대 군사작전의 중요한 전력 요소로 부상하였다. 이에 따라 일부 국가 및 비국가 행위자들은 무인항공기를 비용 효율적인 비대칭 전력으로 활용하여 전력 불균형을 극복하고자 한다. 또한 소형 및 자폭형 무인항공기는 기존 방공망 회피가 용이하여 안보 환경에 새로운 도전 과제로 등장하고 있다.

나아가 최근 인공지능(AI), 첨단 센서, 네트워크 통신 기술의 급격한 발전은 무인항공기의 자율 운용 능력과 임무 수행 범위를 더욱 확장시키고 있으며, 이러한 기술적 진보는 미래 전장의 양상을 근본적으로 변화시킬 잠재력을 지닌다.

### 가. 무인항공기 분류

한국 공군은 무인항공기를 최대 이륙중량 및 운용 고도에 근거하여 대형급 무인항공기, 중형급 무인항공기, 소형급 무인항공기로 분류한다. 또한, 국가기술표준원은 2016년 국가표준(KS W 9000, 무인 항공기 시스템)을 제정하여 최대 이륙중량, 운용 고도, 조종 방식 등 다양한 기준에 따라 무인항공기를 분류하고 있다.

미국 국방부는 군용 무인항공기를 최대 이륙 중량, 운용 고도, 속도를 기준으로 5개 그룹으로 분류하며, 유럽은 운용 반경, 운용 고도, 체공 시간과 같은 성능 지표를 바탕으로 분류 체계를 구축하였다. 이와 같이 세계 각국은 무인항공기 정책 및 연구 개발을 위하여 각기 다른 방식의 분류 체계를 활용한다.

본 서에서는 공군 및 미국과 유럽의 기준을 참고하여 임무 유형과 성능(운용 고도,

운용 반경, 최대 이륙중량)에 따라 [표 6-6]과 같이 군용 무인항공기를 분류한다. 이러한 분류를 통하여 현대 군사작전에서 무인항공기가 담당하는 다양한 역할과 특성을 더욱 체계적으로 이해할 수 있다.

[표 6-6] 무인항공기 분류

<table>
<tr><th>분류 기준</th><th>세부 분류</th><th colspan="2">세부 형태 및 내용</th><th>주요 UAV</th></tr>
<tr><td rowspan="6">임무 유형</td><td>정찰·감시 (ISR)</td><td colspan="2">실시간 정보 수집, 표적 획득 및 감시</td><td>RQ-105K MUAV, RQ-4, Heron</td></tr>
<tr><td>공격/자폭</td><td colspan="2">무장 탑재 후 적 목표 타격 또는 자체 폭발물을 이용한 자폭 공격</td><td>Switchblade, Lancet-3, Shahed-136</td></tr>
<tr><td>전투 (UCAV)</td><td colspan="2">공대공/공대지 미사일 등 탑재, 적 항공기 또는 지상 목표 타격</td><td>MQ-1, MQ-9, Wing Loong, TB2</td></tr>
<tr><td>전자전 (EW)</td><td colspan="2">적 통신/레이더 시스템 재밍, 기만 등 전자공격 수행</td><td>ADM-160 MALD, Leer-3</td></tr>
<tr><td>표적/훈련</td><td colspan="2">아군 사격 훈련 시 가상 적기·표적기 역할 수행</td><td>BQM-74, MQM-178</td></tr>
<tr><td>수송/보급</td><td colspan="2">군수품, 의약품 등 전장 또는 격오지 수송</td><td>Zipline UAV, K-Max, K-Cargo</td></tr>
<tr><td rowspan="16">성능</td><td rowspan="5">운용 고도</td><td>65,000 ft MSL 이하(19.8 km)</td><td>ISR, 통신 중계 등</td><td>RQ-4</td></tr>
<tr><td>45,000 ft MSL 이하(13.7 km)</td><td>ISR, 정밀 타격, 통신 중계 등</td><td>RQ-105K MUAV, MQ-9, Heron</td></tr>
<tr><td>20,000 ft MSL 이하(6.1 km)</td><td>ISR, 정밀 타격, 통신 중계 등</td><td>RQ-101 송골매, RQ-102K 참매</td></tr>
<tr><td>10,000 ft MSL 이하(3.0 km)</td><td>소형 고정익·회전익 UAV, 전술 ISR, 정밀 타격 등</td><td>ScanEagle</td></tr>
<tr><td>500 ft AGL 이하(152 m)</td><td>병사 휴대형·핸드런칭형 UAV, 근접 정찰 및 감시, 자폭 공격 등</td><td>RQ-11, RQ-12A, Switchblade, Warmate</td></tr>
<tr><td rowspan="5">운용 반경</td><td>장거리</td><td>650 km 이상, 장기 체공</td><td>RQ-105K, RQ-4, MQ-9</td></tr>
<tr><td>중거리</td><td>150 ~ 650 km, 12 시간 이상 체공</td><td>MQ-1, Heron</td></tr>
<tr><td>단거리</td><td>50 ~ 150 km, 3 ~ 12시간 체공,</td><td>RQ-7, RQ-101, RQ-102K</td></tr>
<tr><td>근거리</td><td>5 ~ 50 km, 1 ~ 6시간 체공</td><td>RQ-11, ScanEagle</td></tr>
<tr><td>초근거리</td><td>5 km 이내, 20 ~ 45분 체공</td><td>Black Hornet</td></tr>
<tr><td rowspan="6">최대 이륙 중량</td><td>대형급</td><td>600 kg 초과</td><td>RQ-105K, RQ-4, MQ-9</td></tr>
<tr><td>중형급</td><td>150 ~ 600 kg</td><td>RQ-101, RQ-102K</td></tr>
<tr><td>소형급-중소형</td><td>25 ~ 150 kg</td><td>RQ-7</td></tr>
<tr><td>소형급-소형</td><td>2 ~ 25 kg</td><td>ScanEagle, 리모아이</td></tr>
<tr><td rowspan="2">소형급-초소형</td><td>250 g ~ 2 kg</td><td>RQ-11</td></tr>
<tr><td>250 g 이하, Micro Air Vehicle</td><td>Black Hornet</td></tr>
</table>

### 나. 무인항공기 체계 구성

무인항공기 체계는 운용 목적에 따라 그 구성이 다양할 수 있으나 일반적으로 다음과 같은 다섯 가지 주요 요소로 구성된다.

- **비행체**(UAV): 임무 장비의 운반체 역할을 수행하며, 기체 구조, 추진 계통, 항공전자장비, 탑재 통신장비 등으로 구성된다. 비행체는 임무 수행에 필요한 항법 및 자세제어를 위한 센서와 제어장치를 포함한다.
- **임무 장비**(Payload): 수행 임무에 따라 다양하게 구성되며, 주로 다음과 같은 장비들을 탑재한다.
  - 정보 수집 임무: 전자광학장비(EO), 적외선장비(IR), 합성개구레이더(SAR), 신호정보(SIGINT, Signal Intelligence) 수집 장비 등
  - 타격 임무: 공대지 미사일, 정밀유도폭탄 등
  - 통신 임무: 통신 중계 장비 등
- **데이터 송수신 장비**(Data Link System): 비행체와 지상통제 장비 간의 통신을 연결하는 역할을 수행한다. 이 장비는 무인항공기 탑재 송수신기, 지상 송수신기, 안테나, 원격 영상 수신기 등을 포함하며, 비행제어 명령 및 획득된 정보의 실시간 전송을 가능하게 한다.
- **지상 통제 장비**(Ground Control Station): 무인항공기 운용을 조정·통제하는 장비이다. 이 장비는 비행체 및 임무 장비에 대한 임무 명령 부여 및 통제, 항법 데이터 처리 및 비행경로 설정, 수집된 정보의 처리, 분석 및 외부체계 전송, 비행 상태 및 시스템 상태 모니터링과 같은 역할을 한다.
- **발사 및 회수 장비**(Launch and Recovery System): 활주로를 이용하여 이·착륙을 하지 않는 무인항공기에 사용되는 장비이다. 발사는 주로 캐터펄트(catapult) 방식을 활용하며, 회수 시에는 낙하산, 파라포일(parafoil), 회수용 그물 등을 이용한다.

이러한 무인항공기 체계 구성은 임무 요구사항과 비용, 기술적 제약 사이의 균형을 고려하여 설계되며, 특히 작전환경에 따라 내구성, 전자파 간섭 방지, 암호화된 통신 능력 등이 중요하게 고려된다. 또한, 체계 통합 과정에서 상호운용성(Interoperability)은 기존 전력 및 지휘통제 체계와의 원활한 연동을 위해 필수적인 요소로 강조된다. 최근에는 인공지능(AI) 기술의 발전으로 자율성이 강화된 체계 구성이 증가하는 추세이다.

## 2. 주요 무인항공기

### 가. 한국의 무인항공기

#### (1) RQ-4 글로벌호크(Global Hawk)

RQ-4 글로벌호크는 미국 노스럽 그루먼사가 개발한 고고도 장기체공(HALE, High Altitude Long Endurance) 무인정찰기이다. 이 기종은 미 공군과 한국 공군(2020년 RQ-4B Block 30형 도입)이 운용 중이다. 글로벌호크는 고도 약 18 ㎞에서 최대 34시간 비행할 수 있으며, SAR 레이더, 전자광학/적외선(EO/IR) 센서, 신호정보(SIGINT)를 포함한 다중 정보수집 능력을 보유하고 있다. 이를 통해 북한 전역 및 인근 지역에 대한 고해상도 감시와 정보수집이 가능하다.

운용은 지상통제소에서 원격 조종하거나 자율 비행 방식으로 이루어지며, 수집된 정보는 실시간으로 전송된다. RQ-4의 도입으로 한국의 전략 감시 및 조기경보능력이 크게 강화되었다.

| | |
|---|---|
| 항공기 크기 | 14.5 × 39.8 × 4.7 m |
| 최대 이륙중량 | 14,628 ㎏ |
| 탑재 중량 | 1,360 ㎏ |
| 순항속도 | 310 knots (574 ㎞/h) |
| 항속거리 | 12,300 NM (22,780 ㎞) |
| 체공 시간 | 34시간 이상 |
| 실용 상승한도 | 60,000 ft (18.3㎞) |

[그림 6-41] 한국 공군 RQ-4B (Block 30)

자료: 주한 미 대사 공식 X 계정(@USAmbROK, 2020. 4. 19.)

#### (2) RQ-105K 중고도정찰용무인항공기(MUAV)

RQ-105K MUAV는 국방과학연구소(ADD)와 대한항공이 개발한 전략급 중고도 장기체공(MALE, Medium Altitude Long Endurance) 무인정찰기이다. 이 기종은 고도 10~13 ㎞에서 최대 24시간 비행할 수 있으며, SAR 레이더, 전자광학/적외선(EO/IR) 센서, 위성통신 장비를 탑재하여 주야간 및 전천후 감시와 한반도 전역에 대한 정밀 ISR 임무를 수행한다. RQ-105K는 하이-로우 믹스 개념에 따라 유인 정찰기 및 글로벌호크와 함께 운용된다.

| 항공기 크기 | 13×25×3 m |
|---|---|
| 최대 이륙중량 | 5,750 kg |
| 탑재 중량 | - |
| 최대 속도 | 360 km/h |
| 운용 반경 | 500 km |
| 체공 시간 | 24시간 |
| 실용 상승한도 | 45,000 ft (13.7km) |

[그림 6-42] 한국 공군 RQ-105K

자료: 방위사업청(www.dapa.go.kr) 보도자료(2024. 1. 25.)

### (2) RQ-101 송골매, RQ-102K 참매

한국 육군은 군단급 RQ-101 송골매와 사단급 RQ-102K 참매 등 무인항공기를 체계적으로 운용하여 감시·정찰 능력을 강화한다. 이들 무인항공기는 실시간 정보 수집, 전장 가시화, 작전 의사결정 지원 등을 통해 전장 효율성을 높인다.

RQ-101 송골매(개발 당시 명칭: 비조/飛鳥)는 2002년부터 실전 배치된 한국 최초의 국산 군단급 무인정찰기이다. 이 기종은 최대 6시간 체공할 수 있으며, TV 카메라, 전방 관측 적외선카메라(FLIR, Forward Lookin Infra-Red), GPS/INS 항법 시스템, 가시선(LOS) 데이터 링크를 탑재하여 주야간 및 전천후 정찰 임무를 수행한다. 주요 임무는 포병 탄착 수정, 표적 획득, 전장 감시이며, 2020년대 들어 부품과 센서가 개선되었다.

RQ-102K 참매는 2020년 양산이 완료된 사단급 전술 무인정찰기이다. 이 기종은 자동화된 이륙·비행·착륙 시스템과 전자광학/적외선(EO/IR) 센서를 탑재하여 주야간 및 전천후 정밀 감시가 가능하다. 국내 산악 지형에 적합하게 설계되었으며, 차량 및 이동식 발사대를 통해 운용된다.

| RQ-101 | | | | | RQ-102K | | | | |
|---|---|---|---|---|---|---|---|---|---|
| 항공기 크기 | 최대 이륙중량 | 최대 속도 | 운용 반경 | 체공 시간 | 항공기 크기 | 최대 이륙중량 | 최대 속도 | 운용 반경 | 체공 시간 |
| 4.8×6.4 m | 290 kg | 185 km/h | 80 km | 6시간 | 4.2×3.4 m | 150 kg | - | - | - |

[그림 6-43] 한국 육군 RQ-101(좌), RQ-102K 및 발사대, 통신장비(우)

자료: 국방일보 무기백과(kookbang.dema.mil.kr)

### (3) 리모아이(Remo-Eye)

리모아이 시리즈는 한국의 유콘시스템이 개발한 소형 고정익 전술 무인항공기로, 한국 육군과 해병대에서 대대급 이하 부대의 실시간 표적 감시와 주야간 정찰 임무에 활용된다. 전기 추진과 경량 구조를 특징으로 하며 1명에서 2명이 운용할 수 있다. 자동/사전 프로그램 비행, 자동 귀환, 영상 안정화 등의 자동화 기능을 갖추고 있다.

리모아이-002B는 최대 이륙중량 3.4 kg, 최대 속도 80 ㎞/h, 체공 시간 60분 이상, 운용 반경 10 ㎞의 성능을 지닌다. 핸드 런칭(투척) 이륙과 에어백을 이용한 동체 착륙 방식을 채택하고 있다.

리모아이-006A는 최대 이륙중량 6.5 kg, 최대 속도 75 ㎞/h, 체공 시간 120분 이상, 운용 반경 15 ㎞의 성능을 지닌다. 번지(밧줄) 이륙 후 낙하산 또는 동체 착륙 방식을 사용한다.

### (4) 워메이트(Warmate) 3

워메이트 3은 폴란드 WB 그룹이 개발한 소형 자폭형 무인항공기로, 한국 육군이 2024년 도입해 전력화에 착수하였다. 워메이트 3은 길이 1.1 m, 날개폭 1.6 m, 최대 이륙중량 5.7 kg으로 신속한 전개가 가능하다. 전기 추진 방식을 채택하여 순항속도 80 ㎞/h, 체공 시간 약 70분, 운용 반경 약 30 ㎞의 성능을 지닌다. 또한, 자동 비행, 실시간 영상 전송, 목표 추적 기능을 지원한다.

이 무인항공기는 고폭탄(HE), 대전차고폭탄(HEAT), 열압력탄(TB) 등 다양한 탄두를 장착하여 정찰 및 자폭 타격 임무를 수행한다.

[그림 6-44] 리모아이(좌), 워메이트 3(우)

자료: 국방일보 무기백과(kookbang.dema.mil.kr), Michał Derela (commons.wikimedia.org)

## 나. 북한의 무인항공기

### (1) 개요

북한은 재래식 공군력의 열세를 만회하고자 무인항공기 전력을 일찍부터 육성해 왔다. 1980년대 후반 중국제 D-4 무인항공기를 도입하여 “방현-1”, “방현-2” 등으로 복제한 것이 시작으로 알려져 있다. 이후 시리아를 통해 러시아제 Pchela-1T 정찰용 무인항공기와 VR-3(Tu-143) 무인항공기를 밀수입하거나 획득하였으며, 미국의 고속표적기 MQM-107D까지 확보하여 역설계를 시도하기도 하였다.

과거 북한 무인항공기는 주로 정찰 임무에 활용되었지만, 최근 들어 무장 공격, 자폭 공격 등 군사적 활용 범위가 크게 확장되고 있다. 특히 우크라이나 전쟁 등에서 무인항공기의 위력이 입증되자, 북한도 첨단 자율비행 및 인공지능(AI) 기술을 접목한 신형 무인항공기 개발에 집중하고 있다. 향후 북한 무인항공기의 전장 활용도와 위협은 더욱 확대될 전망이다.

| | 방현-1/2 | Pchela-1T | VR-3 (Tu-143) | 고속표적기 |
|---|---|---|---|---|
| 크기 | 3.3 × 4.3 m | 2.78 × 3.25 m | 7.07 × 2.25 m | 5.5 × 3 m |
| 운용반경 | 100 ㎞ | 60 ㎞ | 95 ㎞ | - |
| 최대 속도 | 250 ㎞/h | 180 ㎞/h | 875 ㎞/h | - |
| 이륙중량 | 140 kg | 138 kg | 1,410 kg | - |
| 탑재중량 | 25 kg | – | 130 kg | - |
| 체공시간 | 2 시간 | 2 시간 | - | - |

[그림 6-45] 북한 무인항공기

자료: 미 육군 ODIN 사이트 (odin.tradoc.army.mil)

### (2) 소형 무인정찰기

북한이 운용하는 소형 무인정찰기는 길이 약 1.2~1.85 m, 날개폭 1.9~2.86 m, 중량 12~15 kg 수준의 고정익 형태이다. 소형 가솔린 엔진을 장착하여 최대 시속 160 ㎞로 저고도(3 ㎞ 이하)에서 비행하며, GPS 기반 사전 경로 자동비행이 가능하다. 최대 항속거리는 약 250~300 ㎞로, 5시간 이상 비행할 수 있다.

탑재 장비는 DSLR 광학카메라가 주류이며, 일부 기종은 1kg 미만 소형 폭발물을 운반할 수 있을 것으로 판단된다.

북한 소형 무인정찰기의 침투 및 정찰 사례는 다수 확인되었다. 2014년 파주, 삼척 및 백령도에서 추락한 사례가 있었고, 2017년에는 성주 사드(THAAD) 기지 촬영 임무 후 귀환 중 추락한 사례가 발생하였다. 또한, 2022년 12월에는 북한 소형 무인정찰기 5대가 대한민국 영공을 침범하는 사건이 있었다.

### (3) 중·대형 무인정찰기

2010년대 이후 북한은 성능이 향상된 중형 무인정찰기를 개발하여 운용하고 있다. 대표적으로 "두루미"로 명명된 기종은 길이 약 5 m, 날개폭 3 m, 중량 35 ㎏, 항속거리 350 ㎞ 수준으로 파악된다. 엔진은 피스톤 또는 터보프롭 계열로 추정된다. 기본 임무는 정찰 및 감시이나, 제한적 수준으로 무장 탑재도 가능하다고 판단된다. 실시간 영상 전송 능력은 미정이며, 주 임무는 영상 촬영으로 분석된다.

2023년 공개된 대형 전략 무인정찰기 "샛별-4형"은 미국 RQ-4 글로벌호크와 유사한 외형을 보인다. 동체 길이 12 m, 날개폭 35~40 m로 추정되며, 제트엔진을 장착하고, 장거리 및 장시간 임무수행이 가능하도록 설계되었다고 평가된다. 합성개구레이더(SAR), 위성통신 등 첨단장비 탑재 여부는 확인되지 않았으나, 북한은 해당 기종을 대내외적으로 첨단 군사력의 상징으로 활용하고 있다. 실전 운용성 및 실제 정찰능력은 제한적일 것으로 분석된다.

### (4) 공격형 무인항공기

2023년 공개된 "샛별-9형"은 미국 MQ-9 리퍼와 유사한 형태의 무장 공격형 무인항공기로, 길이 약 6 m, 날개폭 10 m, 최대 속도 200 ㎞/h 내외로 추정된다. 북한은 해당 기종에 북한산 소형 공대지 미사일, 폭탄 등을 장착할 수 있다고 주장하고 있으나, 실제 무장 운용 능력은 검증되지 않았다.

### (5) 자폭형 무인항공기

북한은 2023년 이후 "자폭드론" 또는 배회탄약 형태의 무인항공기를 시험 및 공개하였다. 주요 형상은 가오리(홍어)형 날개, X자형 날개 등 2종류로, 각각 이스라엘의 하롭(Harop), 러시아의 란싯(Lancet-3) 드론과 유사하다.

이들 자폭형 드론은 저고도에서 목표 지역 상공을 배회하다가 표적을 발견하면 돌입하여 자폭하는 방식으로 운용된다. 탄두 중량, 명중 정확도 등 세부 성능은 공식적으로 확인되지 않았으나, 2024년 시험에서 K-2 전차 모형을 명중시키는 장면이 공개된 바 있다. 북한은 인공지능(AI) 기반 표적 탐지 및 식별 기능의 도입과 더불어 소부대 단위 운용 확대를 강조하고 있다.

| 소형 무인정찰기 | 대형 무인정찰기<br>(샛별-4형) | 공격형 무인항공기<br>(샛별-9형) | 자폭형 무인항공기 |
|---|---|---|---|

[그림 6-46] 북한 신형 무인항공기

## 다. 미국의 무인항공기

### (1) 미국 MQ-9 리퍼(Reaper)

MQ-9 리퍼는 MQ-1 프레데터의 후속 중고도 장기체공(MALE) 무인항공기로, 감시·정찰 및 무장 능력이 크게 향상된 미국 공군의 주력 무인항공기이다. 2007년 실전 배치되어 이라크, 아프가니스탄 등에서 지상 공격 및 감시·정찰 임무를 수행하였다.

MQ-9은 길이 11 m, 날개폭 20 m, 최대이륙중량 4,760 kg, 최대 속도 약 482 ㎞/h, 순항속도 약 313 ㎞/h, 최대 27시간 이상 체공, 작전 반경 약 1,850 ㎞의 성능을 갖추고 있다. 이 무인항공기는 공대지 미사일, 레이저·GPS 유도폭탄, 공대공 미사일 등 다양한 정밀 무장을 탑재할 수 있으며, 전자광학/적외선(EO/IR) 센서와 SAR 레이더를 통해 주야간 및 전천후 감시·정찰 임무를 수행한다. 약 15,000 m의 고도에서 장시간 체공하며 실시간 영상 전송과 정밀 타격을 수행하는 '헌터-킬러' 플랫폼으로 분류된다.

### (2) 미국 CCA(Collaborative Combat Aircraft): YFQ-42A, YFQ-44A

미국 공군은 차세대 공중 전력 강화를 위해 유인기와 무인기의 협업을 위한 CCA 프로그램을 추진 중이며, 최소 1,000대의 CCA 도입을 목표로 한다. 2025년에는 제너럴 아토믹스사의 YFQ-42A와 안두릴 인더스트리사의 YFQ-44A가 미국 공군 최초로 '무인 전투기' 임무 부호(FQ)를 부여받고, 첫 비행을 앞두고 있다.

[그림 6-47] MQ-9 리퍼

YFQ-42A는 V자형 꼬리날개, 스텔스형 동체, 내부 무장창에 AIM-120

공대공 미사일 2발을 탑재하며, 유인 전투기와 협업하여 공대공 임무를 수행하도록 설계되었다.

YFQ-44A는 길이 약 6.1 m, 날개폭 약 5.2 m, 최대이륙중량 약 2,268 kg이며, FJ44-4M 터보팬 엔진을 장착하여 최대 마하 0.95, 9G 기동을 목표로 설계되었다. 내부 무장창에 공대공 미사일을 탑재하며, 외부 무장 장착대를 사용할 가능성도 있다.

[그림 6-48] YFQ-42A(아래), YFQ-44A(위)

자료: 미국 공군

이들 무인기는 유인 전투기의 작전 효율성을 높이고 저비용·대량 생산을 통해 전술적 유연성을 강화할 것으로 기대된다.

### 라. 중국의 무인항공기

중국은 무인항공기 기술의 급속한 발전을 바탕으로 정찰, 타격, 전자전, 스텔스 등 다양한 군사 임무에 군용 무인항공기를 활용하고 있다.

중고도 장기체공(MALE) 무인기로는 청두 항공의 GJ[12)]-2(Wing Loong II)와 중국항천과기집단공사(CASC)의 CH-5(Rainbow)가 대표적이다. GJ-2는 최대 480 kg의 무장을 탑재하여 정찰 및 공대지 타격 임무를 수행하며, CH-5는 장기 체공과 다목적 무장 운용에 적합하다.

고고도 장기체공(HALE) 무인기로는 구이저우 항공의 WZ[13)]-7(Soar Dragon)과 중국항공공업집단공사(AVIC)의 WZ-8이 있다. WZ-7은 '중국판 글로벌 호크'로 불리며, 고도 20 km에서 10시간 이상 비행할 수 있어 전략 정찰에 활용된다. WZ-8은 H-6M 폭격기에서 발사되는 초고속(추정 마하 3 이상) 정찰 무인항공기이다.

스텔스 무인 전투기(UCAV, Unmanned Combat Aerial Vehicle)로는 홍두 항공의 GJ-11(Sharp Sword)과 CASC의 CH-7이 있다. GJ-11은 비행익형 스텔스 설계로 정찰 및 타격 임무를 수행하며, CH-7은 고속 및 스텔스 기능을 활용하여 정찰 및 전자전에 특화된 무인전투기이다.

12) GJ: 攻擊无人机/攻擊無人機, 공격무인기
13) WZ: 无人偵察机/無人偵察機, 무인정찰기

전술 및 협업 무인기로는 CASC의 CH-901과 FH-97A가 있다. CH-901은 휴대 가능한 소형 자폭형 무인항공기로 전방 타격에 활용된다. FH-97A는 인공지능(AI) 기반 자율 비행과 스텔스 설계를 갖춘 '로열 윙맨' 개념의 무인항공기로, 유인 전투기와 협업하여 공대공 및 공대지 임무를 수행한다.

특수 목적 무인기로는 AVIC의 WZ-9(Divine Eagle)이 있다. 이 기종은 대형 쌍동체 설계로 조기 경보 및 정찰 임무를 수행하며, 함재기 시험용 Sky Hawk도 개발 중이다.

중국의 무인항공기 개발은 인공지능(AI), 스텔스, 유인기-무인기 협업을 강조하며, 비용 효율적이고 유연한 전력 운용을 통해 중국군의 현대 전장 대응력을 강화하고 있다.

[그림 6-49] 고고도 장기체공 무인기 WZ-7(좌), 스텔스 무인 전투기 GJ-11(우)

자료: Infinity 0 (commons.wikimedia.org)

# 제 7 장
# 방호무기체계 및 대량살상무기

제1절 방호무기체계 개요

제2절 방 공

제3절 핵 및 화생방

제4절 탄도미사일

# 제1절 방호무기체계 개요

## 1. 방호의 개념

방호(Protection)는 일반적으로 어떤 공격이나 해로부터 막아 지켜서 보호하는 것을 말하며, 군사적으로는 적의 지상관측, 직사화력, 기습공격 등의 위협으로부터 피해를 방지할 수 있는 대책을 마련하여 아군의 전투력을 효과적으로 보존하고 행동의 자유를 보장하는 것을 말한다. 방호는 임무수행에 우선을 두고 수용가능한 수준의 위험은 감수하고, 핵심전력에 대한 적극적인 방호를 제공함으로써 전투력을 보존할 수 있다.

방호는 제반 작전요소를 통합하여 수행하는 것이 효과적이다. 따라서 적의 위협에 대한 조기경보체계를 확립하고, 작전보안을 강화하며, 적절한 대책을 강구하여 신속한 조치를 하여야 한다. 현대전에서는 과학기술의 발전으로 무기체계의 속도와 정확도, 치명도가 증가됨에 따라 다양한 형태의 적 위협에 대하여 조기에 감시하고 적극적인 방호대책을 강구하여야 한다. 특히 대량살상무기에 대해서는 통합적인 감시 및 통제, 방호대책을 강구하여야 한다.

## 2. 방호무기체계 분류

방호무기체계는 인원, 장비, 시설, 정보 및 정보체계에 대한 피해를 최소화하고 가용전투력을 보존하여 작전 능력을 계속 유지하도록 하는 임무 및 기능을 담당한다.

방호무기체계는 [표 7-1]과 같이 방공무기, 화생방무기 및 EMP방호, 전장의무로 구분된다.

[표 7-1] 방호분야 무기체계 분류

| 구 분 | 내 용 |
|---|---|
| 방공무기 | 대공포, 대공유도무기, 방공레이더, 방공통제장비 |
| 화생방무기 | 화생방보호, 화생방정찰·제독, 화생방예방 · 치료, 연막, 화생무기폐기 |
| EMP방호 | EMP 방호 시설 |
| 전장의무 | AI기반 무인응급처치체계, 통합진단치료체계, 수직이착륙환자후송기, 의료용 캡슐드론봇, 무인후송차량 등 |

# 제2절 방 공

## 1. 개 요

### 가. 방공의 개념

방공은 적 항공기 및 유도무기 등 공중으로부터 각종 위협을 무력화하거나 공격효과를 감소시킴으로써 아군의 전투력을 보존하여 행동의 자유를 보장하는 모든 방어대책과 활동이다.

방공은 적극적인 방공과 소극적인 방공으로 구분할 수 있다. 적극적인 방공은 적의 공중공격 수단을 파괴하거나 공격효과를 감소시키기 위한 직접적인 방어활동으로 공중공격 위협을 탐지 및 식별, 추적, 격파하는 것을 말하며, 소극적인 방공은 적의 공중공격 효과를 최소화하기 위하여 아군이 취하는 비전투적인 수단으로 위장, 은폐 및 유개화, 모의장비 운용 등의 활동을 말한다.

### 나. 방공무기체계 분류

방공무기체계는 적 항공기 및 탄도탄 등 공중위협으로부터 아군의 전략적, 전술적 중심을 방호하고 합동전력의 생존성을 보호하는 역할을 수행하며, 요격체계, 탐지추적체계와 교전통제체계로 구분된다.

대표적인 방공무기체계는 높은 발사속도로 단거리에서 효과적인 대공방어능력을 발휘하는 대공포체계와 높은 명중률 및 사거리가 상대적으로 긴 지대공유도무기체계로 구분할 수 있다. 최근에는 레이저 발생 및 정밀추적 조준기술의 발전에 따라 대공방어용 레이저무기 등이 개발되고 있다.

또한, 공중위협에 대한 요격고도와 사거리에 따라 저고도, 중고도, 고고도 및 단거리, 중거리, 장거리 등의 체계로 분류할 수 있으며, 이들 체계에는 전천후 원거리 탐지·추적센서 체계인 방공레이더와 표적식별, 위협분석, 무기할당 등 효과적인 방공작전을 수행하는 교전통제체계가 포함된다.

### 다. 방공무기체계 발전과정

방공무기는 인류의 전쟁양상이 지상전 중심에서 공지합동전으로 전환되면서 출현하였으며, 제공권 확보의 중요성 증대와 함께 발전을 거듭하였다. 최초의 대공포는 1870년 보불전쟁 시 개발된 65㎜ 곡사포이며, 이는 기존의 야포를 고각사격이 가능하도록 개조한 것이었다. 1897년 프랑스에서 표적의 이동속도를 고려하여 사전에 폭파시간 장입이 가능한 75㎜ 고사포를 개발하였으나 고도 2,000~4,000m의 항공기를 공격 시 평균 4,000발 중 1발이 명중할 정도로 정확도가 저조하였다.

1차 세계대전 동안 비행선과 항공기에 의한 폭탄투하가 본격화되면서 각국에서는 대공포의 필요성을 절감하여 대공포 개발에 적극 참여하였으며, 그 결과 원거리 측정이 가능하고 포구속도와 발사속도가 향상된 대공포가 출현하였다. 2차 세계대전까지 대공무기는 75~120㎜ 고사포계열의 대구경 대공포가 주축을 이루었으나, 이후에는 대공미사일이 등장하면서 많은 변화를 초래하였다. 기존의 대구경 고사포계열이 방어하던 중·장거리를 대공미사일이 담당하면서 대공무기체계의 틀이 갖추어지게 되었다.

현대의 대공무기체계는 대공포와 대공유도무기로 구분된다. 대공포는 20~40㎜ 소구경으로 저고도·근거리 대공방어를 담당하며, 대공포의 사거리를 벗어난 표적은 대공유도무기가 대응한다. 현대의 대공포는 높은 발사속도와 높은 명중률, 신속대응성, 저비용의 장점이 있으나, 무유도와 사거리가 짧은 단점이 있다. 이에 따라 무기체계 효과성을 높이기 위하여 대공포와 대공유도무기를 복합한 복합대공무기 추세로 발전되고 있다.

## 2. 방공작전 개요

### 가. 방공작전 개념

방공작전은 적의 공중위협으로부터 아군의 전투력을 보존하고, 행동의 자유를 보장하기 위하여 적의 공중공격과 공중정찰을 무력화시키는 것이다. 즉 적 항공기 및 미사일, UAV 등 다양한 공중위협으로부터 우군부대 및 시설을 방호하며, 전투력을 보존하고, 행동의 자유를 보장하기 위한 제반활동으로, 탐지 및 식별 → 경보전파 및 사격통제 → 추적 및 타격하는 일련의 방공작전절차를 수행한다.

작전지역의 직접적인 적 공중위협을 제거하기 위하여 합동방공작전체계와 유기적인 협조 아래 기동형 국지방공작전을 수행한다. 기동형 국지방공작전은 피지원부대의 작전계획과 통합된 방공운용계획으로 적 공중공격을 조기에 탐지 및 식별하여 상급·인접

부대에 경보를 전파하고, 적시적인 방공작전을 수행한다. 이를 위하여 저고도탐지레이더, 대공포, 휴대용 대공유도무기, 단거리 지대공유도무기, 편제화기를 포함한 통합대공방어체계를 구축하여야 한다.

## 나. 방공작전의 분류 및 체계

### (1) 방공작전의 분류

방공작전은 가용자산의 부족으로 인하여 모든 부대 및 시설에 대한 방공작전은 제한될 수밖에 없으므로 각급제대 지휘관은 적의 공중위협으로부터 병력 및 장비와 시설이 방호될 수 있도록 적극적 방공작전과 소극적 방공작전으로 분류한다.

적극적 방공작전은 우군의 병력과 시설을 위협하는 탄도유도탄, 순항미사일, 항공기 등 적 공중공격 수단을 파괴 및 무력화시킴으로써 공격효과를 감소 또는 방해하기 위한 직접적인 방어활동으로 방공관제부대, 방공부대 등이 임무를 수행한다.

소극적 방공작전은 비(非)전투적인 수단을 사용하여 적의 항공기 및 미사일 등 공중공격으로부터 우군부대와 시설을 방호하여 피해를 감소시키는 활동으로 조기경보, 위장, 소산, 은폐, 엄폐, 시설의 견고화, 레이더 방해, 전자파 발사, 피해복구, 등화관제 등을 포함한다.

### (2) 방공작전의 형태

방공작전의 형태는 국지방공작전과 지역방공작전으로 구분된다. 국지방공작전은 특정한 지역이나 기동부대 및 고정시설을 대공방어하기 위하여 수행되는 방호목표가 부여된 방공작전 형태이며, 통상 기동부대 및 고정시설에 대한 방공작전에 적용된다.

지역방공작전은 통상 부여된 방호목표가 없는 광범위한 작전지역을 대공방어하기 위하여 수행되는 방공작전 형태이다. 지역방공작전을 효과적으로 수행하기 위해서는 탐지 및 식별, 경보전파 및 사격통제, 추적 및 타격으로 신속한 대응체계를 유지하고, 육·해·공군의 방공무기를 유기적으로 통합하여 운용하여야 한다.

### (3) 방공작전 영역 및 고도별 방공무기체계

방공전장체계 내에서 방공작전 영역 및 고도별 방공무기체계는 [그림 7-1]와 같다.

단거리 방공작전은 20㎜, 30㎜ 대공포와 휴대용 대공유도무기, 단거리 지대공유도무기 등의 무기체계로 중·저고도(0~7.5㎞)를 담당하며, 중·장거리 방공작전은 중·고고도 지대공 유도무기와 항공기 등의 무기체계로 중·고고도(7.5㎞ 이상)를 담당한다.

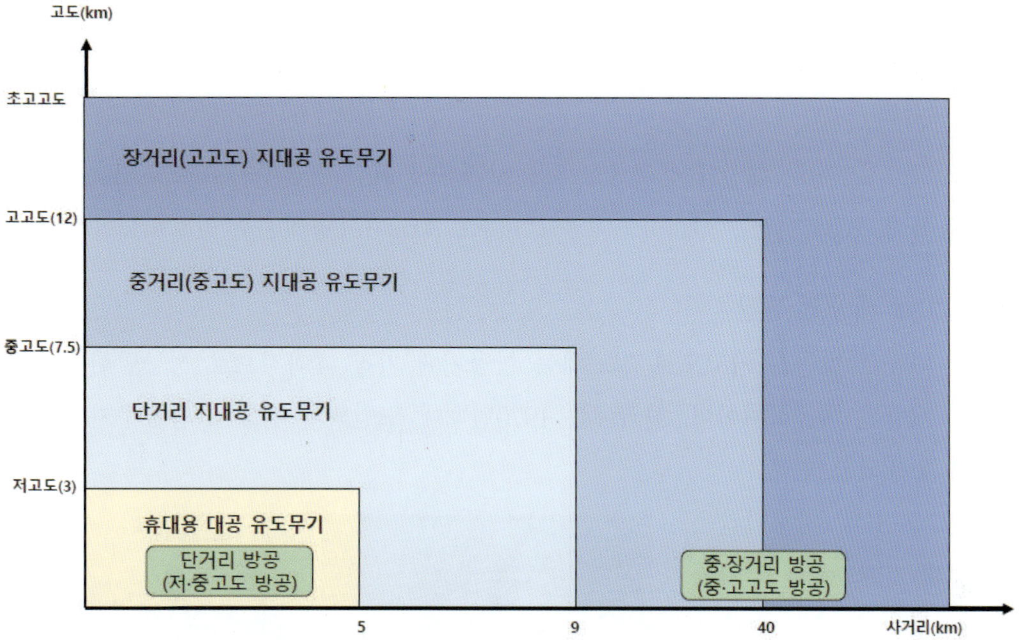


[그림 7-1] 방공작전 영역 및 고도별 방공무기체계

## 다. 방공작전 수행절차

방공작전은 고속으로 이동하는 적 항공기와 교전하기 때문에 신속성과 정확성이 요구되며, 통상 [그림 7-2]과 같이 탐지 및 식별, 경보전파 및 사격통제, 추적 및 타격 절차로 실시된다. 그러나 이러한 절차가 반드시 준수해야 할 방공작전의 수행 순서를 의미하는 것은 아니며, 상황에 따라 일부 절차는 생략할 수 있다. 상황이 급박한 경우에는 적기를 탐지 및 식별과 동시에 즉각 타격하여야 한다.

[그림 7-2] 방공작전 수행절차

## 3. 대공포 및 복합대공화기

### 가. 대공포

대공포는 지상이나 해상에서 공중표적을 사격하기 위한 방공무기로 고도 3㎞ 내외에서 운용하며, 20㎜(발칸), 30㎜자주대공포(비호), 30㎜차륜형대공포(천호) 등이 있다.

#### (1) 20㎜ 대공포 발칸

20㎜ 대공포 발칸은 저고도로 접근하는 항공기에 가장 효과적으로 성능발휘가 가능하도록 개발된 대공화기이며, 한국에는 1970년대에 도입되어 저고도 방공무기의 핵심장비로 운용되고 있다.

[그림 7-3]의 자주발칸은 1980년대 기계화부대의 기동간 대공방어의 필요성이 제기되어 한국에서 국내 개발한 K200 장갑차 차체에 견인발칸 포탑을 탑재하여 자주화한 장비이다.

[그림 7-3] 자주 발칸(좌), 견인 발칸(우)

| 구 경 | 20㎜ 6연장 | 유효사거리 | 1.2㎞ |
|---|---|---|---|
| 발사속도 | 1,000~3,000발/분 | 최대사거리 | 지상 4.5㎞ |

발칸은 분당 3,000발의 발사속도를 가진 고화력의 무기체계로 대공무기로서 뿐만 아니라 지상표적에 대해서도 강력한 화력지원이 가능하다. 자체 레이더로 표적에 대한 사격제원을 산출하고, 선도계산조준기에 의한 표적 정밀추적으로 명중률이 높다.

#### (2) 30㎜ 자주대공포 비호

30㎜ 자주대공포 비호는 한국군의 저고도 취약공역 보강의 필요성이 대두되어 발칸포의 후속무기로 국방과학연구소와 4개의 방산업체가 심혈을 기울여 순수한 한국 국내기술로 개발한 대공무기이다.

[그림 7-4]에서 보는 비호는 저고도 공중위협으로부터 기계화부대 및 주요시설에 대한 대공방어 임무를 수행한다.

[그림 7-4] 30㎜ 자주대공포 비호

| 구 경 | 30㎜ 쌍열 | 사거리 | 3㎞ |
|---|---|---|---|
| 탐지거리 | 17㎞ | 발사속도 | 1200발/분 |
| 추적거리 | 7㎞ | 피아식별 | MODE 4 |

주·야간 표적획득 및 추적이 가능한 레이더와 광학추적기에 의한 전천후 사격능력과 최신 자동화된 사격통제장비를 장착하여 정밀사격에 의한 명중률을 증가시켰다. 비호 차체는 520마력의 디젤엔진을 장착하여 시속 60㎞로 기동할 수 있으며, 소구경 포탄 및 파편을 장갑으로 보호하는 등 우수한 자체 방호능력을 보유하고 있다.



#### (3) 30㎜ 차륜형대공포 천호

기존 사단급에 배치된 K263 자주발칸포 및 KM167A3 견인발칸포 등을 대체하기 위해 [그림 7-5]의 천호는 2019년에 개발하여 2021년부터 전력화하였다.

천호(天虎)는 하늘을 나는 호랑이(범)라는 의미로, 국산 자주대공포의 K-30 비호(飛虎)와 의미 해석은 거의 동일하다. 또한 비호의 기술을 거의 공유하지만 새로 개발된 30mm 포탑을 탑재했고, 무한궤도 차체를 사용했던 비호와 달리 K808 차륜형 장갑차 차체를 사용했다. 구형 20mm 발칸보다 사거리와 파괴력이 우수하며, 주야간 탐지 능력과 자동추적 및 정밀사격 능력이 대폭 향상됐다. 또한 차륜형 장갑차로 기동성을 살릴 수 있는 장점이 있고, 비호보다 나중에 나온 만큼 더 성능이 향상된 사격통제장치와 전자광학추적장치(EOTS)를 사용한다.

C2A를 이용해 국지방공레이더로부터 표적정보를 받는 방식으로 운영되기 때문에 자체적인 탐색레이더는 불필요하여 비호의 약 절반 수준의 가격이며, 적 항공기의 레이더 경보수신기(RWR)에 탐지되지 않는다는 장점이 있다. 또한 TPS-880K 국지방공 레이더와 연동하여 원거리에서도 대응이 가능하다.

| | |
|---|---|
| 크기 | 2.7m × 7.4m × 2.6m |
| 중량 | 26.5톤 |
| 무장 | 30㎜ 2연장 대공포 |
| 유효사거리 | 3㎞ |
| 주행속도 | 최대 90㎞/h |
| 발사속도 | 2 × 600발/분 |
| 운용요원 | 4명 |

[그림 7-5] 30㎜ 차륜형 대공포

### 나. 복합대공화기

단거리·저고도 대공방어의 경우, 소요되는 무기체계 효과를 극대화하기 위하여 대공포와 휴대용 대공유도무기(SAM[1])) 또는 단거리 SAM을 하나의 무기체계로 통합하여 운용하는 복합대공화기로 개발되고 있다.

1) SAM : Surface to Air Missile, 지대공유도탄

[그림 7-6]은 30㎜ 복합대공화기로 비호를 성능개량하고 휴대용 대공유도탄 '신궁(휴대용 대공유도무기 참조)'을 장착하여 원거리 대공 교전능력을 대폭 향상시킨 복합대공화기이다.

[그림 7-6] 30㎜ 복합대공화기

복합대공화기는 [표 7-2]에 제시된 대공포와 휴대용 SAM의 장점을 활용하고 단점에 대해 상호 보완을 통하여 대공방어 능력을 증대시킴과 동시에 효과적인 대공방어 임무를 수행할 수 있다. 대공포 사거리 밖의 원거리에서는 대공포가 자체 보유하고 있는 탐지 및 추적레이더를 이용하여 표적을 포착하고 포착된 표적에 대하여 탑재된 휴대용 미사일로 교전한다. 휴대용 미사일이 1~2차 교전하고, 미격추된 표적이나 대공포의 유효사거리 내에 접근해 있는 표적에 대하여 대공포가 교전한다.

[표 7-2] 대공포 및 휴대용 SAM의 장·단점

| 구 분 | 장 점 | 단 점 |
|---|---|---|
| 대공포<br>(자주형) | • 원거리 탐지가능 (탐지레이더/EOTS)<br>• 주·야간 자동추적 및 사격 가능<br>• 생존성 및 기동성 양호, 신속대응 가능<br>• 기만체계에 대한 영향이 적음 | • 원거리 교전 제한(3~4㎞ 이내)<br>• 상대적으로 낮은 명중률(무유도) |
| 휴대용<br>SAM | • 원거리 교전 가능(5㎞ 이상)<br>• 높은 명중률 | • 표적탐지 및 추적 제한(수동)<br>• 야간운용능력 제한<br>• 교전반응시간 과다 소요<br>• 기동성 및 생존성 제한<br>• 근거리(0.5~1.5㎞) 표적 교전 제한 |

## 4. 대공 유도무기

### 가. 개 요

지대공 유도무기(SAM)는 지상에서 기동 및 화력지원부대, 주요시설 등에 대한 방공작전을 목적으로 항공기, 무인기 및 유도탄 등의 공중위협 표적을 지상의 유도무기를 이용하여 요격하는 무기체계이다.

대공 유도무기는 발사차량, 대공레이더 등 발사통제장비와 유도탄으로 구성되며, 각종 공중 위협으로부터 국지방공과 일정 지역에 대한 지역방공 기능을 제공한다.

지역방공작전에 활용되는 대공유도무기체계는 지상에 배치된 지휘통제체계와 요격

수단인 유도탄으로 구성되어 있으며, 적 항공기, 순항미사일 및 전술탄도탄 등의 각종 공중 위협으로부터 거점 및 지역방공 기능을 담당한다.

국지방공작전에 활용되는 유도무기체계는 단거리 및 휴대용 지대공 유도무기 등이 있으며, 중·장거리 지대공 유도무기체계로 교전하여 요격되지 않은 공중위협체 또는 헬기, 순항미사일 등 저고도로 침투하는 공중위협체로부터 아군의 전략·전술적 표적 및 인원·시설의 보호를 담당한다.

대공유도무기의 운용개념은 [그림 7-7]과 같다.

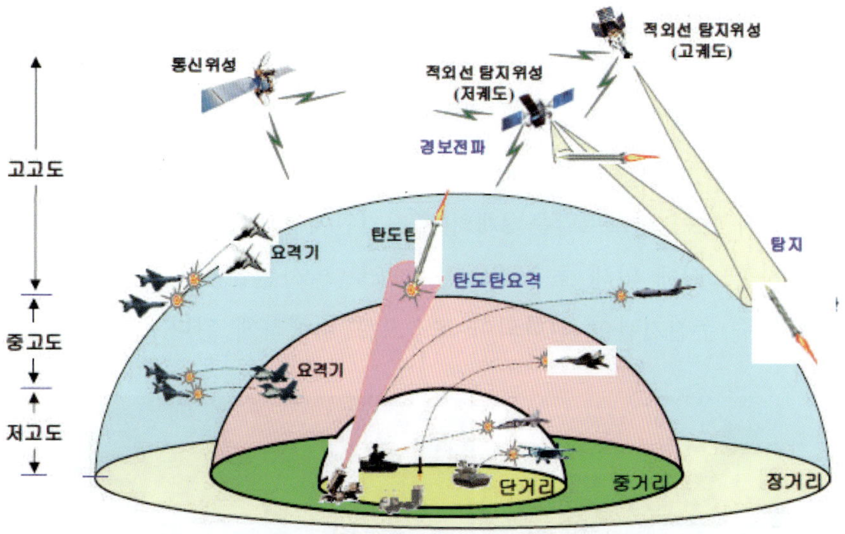


[그림 7-7] 대공 유도무기 운용개념

적 요격기, 탄도유도탄 및 무인기 등 고고도 공중위협표적은 장거리 탐지레이더와 탐지위성을 통하여 조기 탐지하여 장거리 지대공 유도무기로 요격하며, 중고도 공중위협체는 중거리 지대공 유도무기를 사용하여 교전·요격한다. 저고도 공중위협체는 단거리 지대공 유도무기 및 복합대공화기에 탑재된 단거리 또는 휴대용 지대공 유도무기를 사용하여 교전·요격하는 방식으로 운용한다.

운용절차는 발사통제체계에 의한 표적정보를 획득하고 교전여부를 판단하여 유도탄을 발사하는 단계와 발사된 유도탄을 표적으로 유도하는 단계, 유도탄 탐색기에 의한 표적포착 및 요격하는 과정, 교전결과를 발사통제체계에서 확인하는 단계로 운용한다.

## 나. 대공 유도무기 종류

대공 유도무기는 운용되는 유도방식에 따라 적외선유도 방식, 지령유도 방식 및 빔라이딩(beam riding) 유도방식으로 나눌 수 있으며, 발사방식에 따라 거치대를 이용하는 방법과 견착식으로 구분한다. 유도방식에 따른 주요 대공유도무기는 [표 7-3]과 같다.

[표 7-3] 주요 휴대용 대공 유도무기

| 구 분 | 스팅어(Stinger) | SA-8이글라(Igla) | 재브린(Javelin) | Starstreak |
|---|---|---|---|---|
| 유도방식 | 적외선 호밍 | 적외선 호밍 | 지령유도 | 레이저빔 라이딩 |
| 개발국가 | 미국 | 러시아 | 영국 | 영국 |

### (1) 미스트랄(Mistral)

미스트랄은 프랑스에서 개발한 대표적인 휴대용 SAM으로 주·야 전천후 사격이 가능한 최신 휴대용 대공유도무기이다. 휴대용뿐만 아니라 차량, 헬기, 해군 함정에서도 운용되고 있다.

[그림 7-8]에서 보는 미스트랄은 2개의 추진기관에 의해 2단계로 추진된다. 최초 발사 시에서는 사출모터에 의해 초속 40m의 속도로 발사관을 이탈한 다음, 발사기 전방 15m 지점에서 주 추진기관이 점화되어 고속으로 비행하게 된다.

[그림 7-8] 미스트랄(Mistral)

| 중 량 | 19.5㎏ | 유효사거리 | 0.6~5.3㎞ |
|---|---|---|---|
| 속 도 | 마하 2.44 | 유도방식 | 적외선 호밍 |

유도탄 전방에 장착된 수동 적외선 탐색기는 4개의 검광기가 내장되어 4가지의 적외선 파장을 탐색하여 신호처리할 수 있게 설계되어 접근표적에 대한 교전 및 IRCM[2] 능력이 우수하고, 충격 및 레이저 방식의 근접신관에 의해 표적 파괴력이 향상되었다. 조기경보 수신을 위하여 사격통제제원 수신기를 휴대하여 저고도 탐지레이더로부터 표적경보를 수신하여 임무를 수행하며, 자체 피아식별기, 야간조준기 등을 장착하고 있어 주·야간 작전능력을 가지고 있다.

2) IRCM : InfraRed Counter Measures, 적외선방해책.

### (2) 스팅어(Stringer) 및 이글라(Igla)

[그림 7-9]에서 보는 스팅어(Stinger) 미사일은 미국에서 개발한 휴대용 대공미사일로 아프가니스탄에서 성능이 검증되어 실전 배치된 후 25년 이상이 지났으나 세계 20개국 이상에서 주요 대공무기로 운용되고 있다. [그림 7-10]의 이글라(Igla)는 같은 시기에 구소련에서 개발한 미사일이다. 한국은 이글라를 1996년 러시아 차관 상환형식으로 도입하였다.

[그림 7-9] 스팅어(Stringer)

| | | | |
|---|---|---|---|
| 중 량 | 15.8kg | 유효사거리 | 5.5km |
| 속 도 | 마하 2.2 | 유도방식 | 적외선 호밍 |

[그림 7-10] 이글라(Igla)

| | | | |
|---|---|---|---|
| 중 량 | 18.8kg | 유효사거리 | 0.5~5km |
| 속 도 | 마하 1.8 | 유도방식 | 적외선 호밍 |

### (3) 신궁

신궁은 저고도로 침투하는 적 항공기나 헬기를 격추할 수 있는 무기체계로 한국이 국내 기술로 독자 개발하여 2005년부터 전력화한 휴대용 대공유도탄이다. 신궁은 한국군의 체형에 맞도록 작고 가볍게 설계하였으며, 한국은 적외선 방식 휴대용 대공유도탄을 개발한 세계 5번째 국가가 되었다.

[그림 7-11] 휴대용 대공유도탄 신궁

| 중량(유도탄) | 유효사거리 | 유효고도 | 속 도 | 유도방식 | 신 관 |
|---|---|---|---|---|---|
| 15.8kg | 5km(최대7km) | 3km | 마하 2.44 | 적외선 호밍 | 충격/접근 |

[그림 7-11]에서 보는 신궁은 2색 적외선 탐색기 적용 및 접근신관이 장착되어 목표 항공기가 근접할 경우 탄두가 자동 폭발하여 수백 개의 파편에 의해 목표 항공기가 격추되도록 되어 있다. 전투기가 열추적 미사일을 따돌리기 위하여 사용하는 기만용 섬광탄(플레어)과 목표물을 구분하는 능력을 보유하고 있으며, 피·아식별기를 장착하여 우군기에 대한 오인사격을 피할 수 있다.

#### (4) 단거리 지대공 유도탄(K-SAM) 천마

천마는 한국의 지형 및 상황여건을 고려하여 한국이 국내기술로 독자개발한 단거리 지대공 유도탄(K-SAM)이다. 천마는 휴대용 대공무기의 사거리 한계를 극복하기 위하여 10여 년간의 개발을 거쳐 1999년에 실전배치되었다.

[그림 7-12]의 천마는 탐지 및 추적장치와 미사일 8발, 사격통제장치를 단일 장갑차량에 탑재한 집중형 유도무기체계이며, 소형 전투기 등의 표적을 20㎞ 밖에서부터 탐지·추적할 수 있다. 유효사거리는 10㎞이며, 고도는 5㎞이다.

[그림 7-12] 단거리 지대공 유도탄 천마

| | | | |
|---|---|---|---|
| 중 량 | 26.5톤 | 사거리 | 2~10㎞ |
| 탐지거리 | 20㎞(고도5㎞) | 속 도 | 마하 2.6 |

천마의 전투중량은 26톤이며, 시속 60㎞의 기동력을 보유하고 있어 야전기동부대와 동시 기동할 수 있다. 주야 전천후 운용이 가능하며, 현대전에서 가장 중요시되는 전자전 대응능력도 갖추고 있다.

### 다. 중·장거리 대공 유도무기

중·장거리 대공 유도무기는 항공기, 순항유도무기, 무인기 등 다양한 대공표적을 요격하기 위하여 개발되었으며, 최근 탄도탄을 요격하기 위한 무기체계가 개발되어 운용중이다. 대표적인 중거리 대공무기로는 M-SAM, PAC-3가 있으며, 장거리 대공유도무기로는 L-SAM, THAAD, 지상배치 SM-3 등이 있다.

지대공 유도무기는 1990년대까지는 주로 항공기 요격을 목적으로 개발되어 요격고도가 20~30㎞ 수준이었으나, 2000년대에 들어오면서 고고도 탄도탄 요격능력이 부여되어 요격고도가 50~60㎞로 향상되었다. 최근에 개발되고 있는 탄도탄 요격용 지대공 유도무기는 90~100㎞ 수준으로 개발되고 있다.

본 절에서는 PAC-3와 고고도지역방어체계 사드(THAAD), 천궁, L-SAM을 소개하기로 한다.

### (1) 천궁(天弓)

천궁은 호크체계의 후속 대체전력으로 개발한 중거리 지대공 유도무기이다. 천궁은 항공기나 유도탄 등 이륙한 적의 비행체를 파괴·무력화하거나 공격효과를 감소시키기 위해 운용되는 대공무기이며, 형상은 [그림 7-13]에서 보는 바와 같다.[3]

[그림 7-13] 중거리 지대공 유도무기 천궁

| 중 량 | 400kg | 사거리 | 40㎞ |
|---|---|---|---|
| 요격고도 | 15㎞ | 속 도 | 마하 4 |

천궁 체계는 교전통제소, 다기능 레이더, 발사대, 유도탄으로 구성된다. 유도탄은 탄두, 신관, 탐색기, 세라믹 레이돔, 유도조종장치, 관성항법장치, 지령수신기, 구동장치, 측추력기, 추진기관, 기체, 원격측정장치 등 많은 구성품들의 집합체이다.

주요 특징으로 천궁 유도탄은 측추력기[4]를 이용한 초기회전방식을 채택하였고, 표적지향성 탄두를 적용하였다. 일반적인 지대공 유도탄의 탄두는 파편이 360도 방향으로 균일하게 분산되지만 천궁의 탄두는 파편들을 표적방향으로 집중시켜 폭발의 효과를 배가시킬 수 있도록 개발되었다. 다기능 레이더는 표적 탐지, 추적, 피아식별, 유도탄과의 통신 등 여러 기능을 수행하는 3차원 위상배열 레이더이며, 하나의 다기능 레이더를 사용하게 됨으로써 작전 배치나 운용면에서 기동성·편의성이 크게 향상되었다.

### (2) PAC-3

PAC-3는 패트리어트 미사일의 세 번째 개량형(Patriot Advanced Capability-3)으로, 걸프전에서 패트리어트 PAC-2를 운용한 결과 성능미흡 문제점이 제기됨에 따라 개량한 것이다.

최초의 패트리어트 미사일은 적 항공기를 요격하기 위하여 개발되어 1983년 최초로

3) 중거리 지대공 유도무기 천궁은 국방일보 2015년 7월 22일 보도자료를 인용하였다.
4) 비행체의 측면 방향으로 추력을 발생시켜 그의 자세 및 방향을 제어하기 위하여 비행체에 장착되는 추력 발생을 위한 장치이다.

배치되었으며, 미사일 요격은 부차적인 것이었다. 2001년부터 배치된 PAC-3는 처음부터 적 미사일을 요격할 목적으로 개발되었다.

PAC-2와 PAC-3의 가장 큰 차이점은 최종 요격방식으로, PAC-2는 적 미사일 근처로 접근한 후 고폭탄두(HE)를 폭파하여 파편과 폭풍효과로 적 미사일을 간접 파괴하는 방식이었으며, 이 방식으로는 적 미사일을 완벽히 파괴하지 못하고 파편이 지상으로 낙하하여 2차 피해가 발생하는 문제가 있었다. 이에 반해 PAC-3는 적 미사일에 정확하게 직접 타격을 가하여 파괴하는 방식으로 적 미사일을 보다 완전하게 파괴할 수 있으며, 지상으로 낙하하는 미사일 파편의 양을 줄일 수 있고 화학탄두나 방사능물질의 경우에는 고온에서 연소시켜 2차적인 피해를 줄일 수 있는 장점이 있다.

PAC-3체계는 대대 및 포대 작전통제소, 미사일 발사대, 레이더로 구성되어 있으며, 형상과 요격체계는 [그림 7-14]에서 보는 바와 같다.

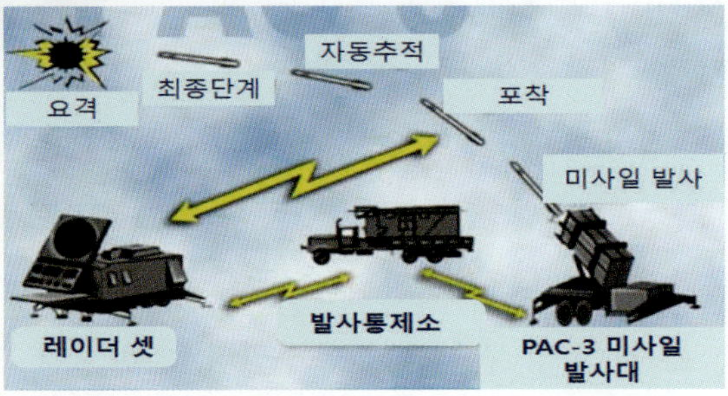


[그림 7-14] PAC-3(좌), 요격체계(우)

### (3) 사드(THAAD)

사드(THAAD: Terminal High Altitude Area Defense)는 [그림 7-15]의 미국 전구미사일방어(TMD[5])) 체계의 핵심요소 중의 하나인 고고도 미사일방어체계이다.

사드는 대기권 내·외에서 장거리 고고도 전술탄도탄 위협대응과 상층방어를 위하여 요격용 지대공 유도탄을 발사하여 직격탄두 기술(Hit-to-Kill-Technology)로 접근하는 탄도탄을 파괴한다. 사드의 주요 표적은 스커드미사일과 같은 단거리와 중거리 전술탄도탄을 요격하기 위하여 설계되었으나 대륙간 탄도탄(ICBM)에 대한 대응능력도 제한적으로 가지고 있다.

THAAD 유도탄 본체는 1단식의 고체 로켓 부스터를 사용하고, 추력편향 노즐로 날아가는 방향을 조정하면서 초속 2,500m까지 가속한다. 미사일의 사거리는 대략 200km

5) TMD: Theater Missile Defense, 전구미사일방어

에 이르며, 최대 150km의 고도까지 도달할 수 있다.

직격탄두 기술로 적의 미사일을 파괴하며, 탄두로 탑재된 요격체(KKV, Kinetic Kill Vehicle)는 적외선으로 유도되는 운동에너지탄이다. 대기권 밖에서 로켓 부스터에서 분리된 뒤 적 미사일을 적외선 화상 '시커'(seeker, 목표탐색장치)로 포착한다. 그후 탄두에 부착된 10개의 추진기로 궤도와 자세를 바꿔가며, 표적을 명중시킨다.

탐지레이더인 AN/TPY-2는 지상 배치형 레이더로, 1,000km 거리를 탐지할 수 있는 고성능 레이더이며, 원거리에 위치한 탄도체를 탐지하는 장비다.

[그림 7-15]은 발사모습과 AN/TPY-2 레이더 형상이며, 구성은 레이더, 전술운용센터, 발사대 및 유도탄으로 구성된다. AN/TPY-2 레이더, X-band GBR[6] 레이더, E-3 조기경보기 및 조기경보 위성 등이 적의 탄도탄 발사를 탐지하여 표적정보를 송신하면 전술운용센터(BMC3I)[7]에서는 탄도계산컴퓨터에서 탄도탄 비행궤적을 계산하여 발사대에 사격임무를 하달한다.

[그림 7-15] 사드 발사모습(좌), AN/TPY-2 레이더(우)

자료: http://www.raytheon.com

| 탐지거리 | 사거리 | 고 도 | 최대속도 | 요격방식 |
|---|---|---|---|---|
| 1,000km | 200km | 150km | 마하 5 | 직접충격 격추 |

(4) L-SAM

L-SAM(Long-range Surface to Air Missile)은 대한민국이 개발 완료한 중·고고도 방어체계로서, 탄도탄 및 항공기 등 다양한 공중 위협에 대응하기 위해 이중 요격체계 형태로 구성되어 있다. L-SAM은 대탄도탄 유도탄(ABM)과 대항공기 유도탄(AAM)으로 분류되며, 일명 한국형 사드(THAAD)로도 불린다.

L-SAM은 1개 포대당 다기능 레이더 1대, 교전통제소 1대, 작전통제소 1대, 대항공기 유도탄발사대 2대 그리고 대탄도탄 유도탄발사대 2대로 구성된다. 단일 포대에서 항공기 요격과 탄도탄 요격을 동시에 수행할 수 있도록 개발되었으며, 이를 위해 대탄도

6) GBR : Ground-Based Radar, 지상배치레이더

7) BMC3I : Battle Management and Command, Control, Computers and Intelligence, 전장관리 및 C4I체계.

탄 유도탄(ABM)과 대항공기 유도탄(AAM)을 동시에 탑재한다.

대탄도탄 유도탄은 약 310km의 탐지거리와 마하 8.8의 고속 표적을 요격할 수 있으며, 요격고도는 40~70km, 사거리는 150~300km이다. 유도탄은 직격형 킬 비히클(Kill Vehicle)과 추력벡터제어 장치(DACS), 이중펄스 추진기관, 단분리 기술, TVC, 적외선 영상탐색기(IR seeker) 등의 첨단기술로 구성되며, 발사방식은 핫 런칭(hot launch) 방식으로, 이는 미국의 THAAD와 유사한 형태이다.

대항공기 유도탄은 230km 거리에서 표적을 탐지하고 마하 2의 속도를 갖는 표적을 요격할 수 있도록 설계되었으며, 사거리는 ABM과 동일하게 150~300km 이상을 목표로 한다. 주로 항공기, 무인기(UAV), 대레이더 미사일, 순항미사일을 요격 대상으로 하며, 격막형 이중펄스 로켓과 측추력기가 적용된다. 탐색기에는 천궁 성능개량형 유도탄에서 사용된 Ku-Band 레이더가 개량되어 탑재된다. 최근에는 정밀도를 높이기 위한 조종날개(카나드)를 장착한 형상과 함정 탑재형 K-VLS 기반 함대공 미사일로의 확장을 염두에 두고 사각형 발사관으로도 개발되고 있다.

L-SAM 체계의 핵심 구성요소 중 하나인 다기능 S-밴드 AESA 레이더는 탄도탄 및 항공기 탐지·추적뿐 아니라 항공기 식별, 전자방해 대응, 유도탄 교전 지원 등의 임무를 수행한다. 이 레이더는 다양한 탐색모드를 통해 상황별 대응이 가능하며, 예를 들어 탄도탄 상승단계 탐지를 위한 펜스 탐색모드, 일반적인 구역 탐색모드, 조기경보 레이더 정보를 활용한 큐잉 탐색모드, 항공기 대응을 위한 구역 탐색모드 등이 있다.

[그림 7-16] L-SAM 유도탄 시험(좌), L-SAM 레이더(우)

## 라. LAMD 장사정포 요격체계

LAMD(Low Altitude Missile Defense)는 육군이 개발하고 있는 한국형 미사일 방어 계획의 저고도를 담당하는 방어 체계이다. LAMD는 서울과 수도권을 위협하는 북한의 170㎜ 자주포와 240㎜ 방사포 등을 요격하기 위해서, 장사정포 요격 체계, 순항 미사일 대응 체계, 고출력 레이저 요격 체계, 지상기반 근접방어무기체계(CIWS)로 구성되는 한국형 아이언돔 대공방어체계이다.

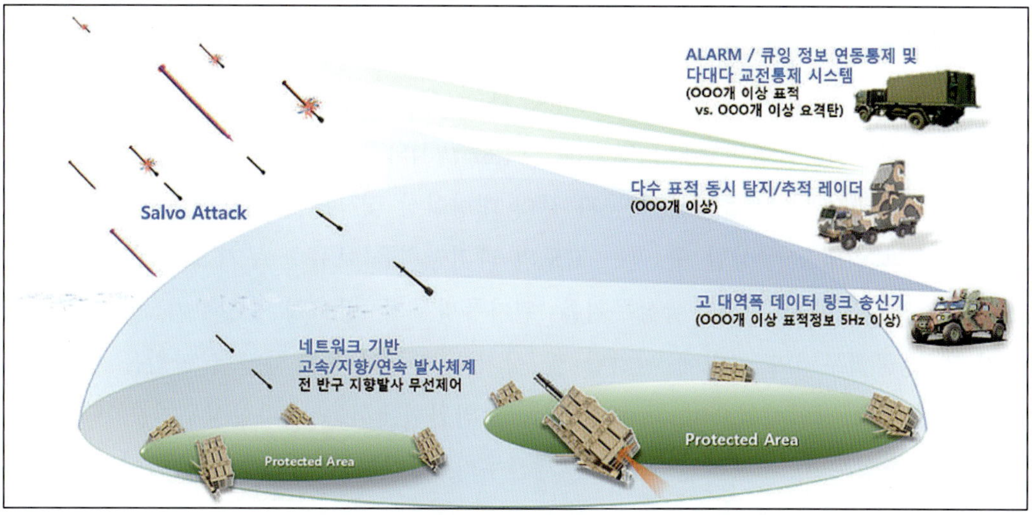


[그림 7-17] 한국형 장사정포 요격체계 개념도

자료: 방위산업전략포럼(25.4.22), http://disf.kr/df18/49649

# 제3절 핵 및 화생방

## 1. 개 요

### 가. 대량살상무기 개념

대량살상무기(WMD: Weapons of Mass Destruction)는 단시간에 많은 인명을 살상할 수 있는 무기를 말하며, 개념 및 범주는 [표 7-4]와 같다. 군사용어사전에서는 대량살상무기를 '핵, 화학, 생물학무기 등과 같이 대량살상 및 파괴를 유발하는 무기의 총칭이며, 다수의 인명을 살상할 수 있는 고도의 파괴능력을 보유한 무기'로 정의하고 있다. 1948년 유엔총회에서는 대량살상무기를 '원자폭발무기, 방사성 물질무기, 치명적 화학무기 및 생물학무기와 그밖에 원자탄 및 상기 무기효과와 유사한 살상력을 가지도록 개발된 무기'로 정의하였으며, 유엔재래식군축위원회에서는 대량살상무기를 '핵폭발무기, 방사능오염무기, 치명적인 화학 및 세균무기, 이러한 무기와 파괴효과에 필적하는 특징을 갖는 장래에 개발될 무기'로 확대하여 정의하고 있다.

[표 7-4] 대량살상무기의 개념 및 범주

| 구 분 | 개념 정의 |
|---|---|
| 군사용어사전 | 핵, 화학, 생물학무기 등과 같이 대량살상 및 파괴를 유발하는 무기 총칭, 다수의 인명을 살상할 수 있는 고도의 파괴능력을 보유한 무기 |
| 유엔총회 | 원자폭발무기, 방사성오염무기, 치명적 화학무기 및 생물학무기와 그밖에 원자탄 및 상기 무기효과와 유사한 살상력을 가지도록 개발된 무기 |
| 유엔재래식 군축위원회 | 핵폭발무기, 방사능무기, 치명적인 화학 및 세균무기, 이러한 무기와 파괴효과에 필적하는 특징을 갖는 장래에 개발될 무기 |

따라서 대량살상무기는 '인간을 대량으로 살상할 수 있는 핵무기, 화학무기, 생물학무기, 방사능무기 등 고도의 파괴력을 가진 무기의 총칭'으로 정리할 수 있다. 대량살상무기의 범주는 핵무기, 화학무기, 생물학무기, 방사능무기를 포함하지만, 대량살상무기와 분리될 수 있는 운반체계 또는 투발수단은 이에 해당되지 않는다. 일반적으로 지칭하는 핵 및 화생방(CBRN: Chemical, Biological, Radiological, Nuclear)은 화학, 생물학, 방

사능이나 핵 물질을 지칭하는 기술적인 용어이지만, 대량살상무기는 핵 및 화생방 물질을 이용하여 대량살상 및 파괴를 유발하는 무기라는 점에서 차이가 있다.



### 나. 핵 및 화생방전 개념

대량살상무기 범주에 포함되는 핵무기, 화학무기, 생물학무기, 방사능 무기로 수행하는 핵 및 화생방전(CBRN Warfare)은 핵전(Nuclear Warfare), 화학전(Chemical Warfare), 생물학전(Biological Warfare), 방사능전(Radiological Warfare)을 총칭하는 용어이다.

### 다. 핵 및 화생방전 위협

#### (1) 북한의 위협

북한은 한·미 연합전력에 대한 열세를 극복하기 위한 비대칭전력으로 핵무기, 화학무기, 생물학무기 등 대량살상무기 개발에 주력하였다. 북한은 세계 3위 규모의 화학무기를 보유하고 독자적인 화학전 공격능력을 보유하고 있으며, 10여 종의 생물학 작용 균체를 보유하고, 최근 6차의 핵실험을 하면서 핵무기 보유를 기정사실화하고 있다.

북한의 이러한 화생방전 수행능력은 장차전에서 기습적인 화생방 공격을 기도할 것으로 예상된다. 만약 북한이 화생방무기를 이용하여 기습공격을 감행할 경우 전방과 후방에서 대량전상자와 함께 전쟁공황이 발생할 것이다. 전방지역에서는 전투지속능력이 감소하고 방어능력이 제한될 것이며, 후방지역에서는 대량피해로 사회적인 공황발생과 도시기능이 마비되고 군사작전 지원에 많은 제한을 받게 될 것이다.

#### (2) 주변국의 위협

한반도 주변 강대국들은 첨단 군사력뿐만 아니라 화생방전 수행능력을 보유하고 있다. 러시아는 미국과 대등한 수준의 핵전력을 보유하고 있으며, 화학무기를 생산 및 운용할 수 있는 능력을 보유하고 있다. 중국은 다수의 핵탄두와 탄도미사일을 보유하고 있으며, 일본은 핵무기를 보유하고 있지는 않으나 단기간 내에 핵무기를 개발할 수 있는 잠재능력과 기술적 산업기반을 가지고 있다.

#### (3) 비군사적 위협

탈냉전 이후 대규모 전쟁의 가능성은 감소한 반면, 인종 및 종교적 갈등과 내전, 국제 범죄조직, 초국가적 행위자들에 의한 테러리즘(terrorism) 증가 등으로 민간인, 주요 산업시설, 국가기관 등에 대한 비군사적 위협이 증가하고 있다. 일본 동경 지하철

독가스 테러, 미국의 탄저균 테러 등과 같은 화생방테러 위협이 전 세계적으로 증대되고 있다.

### (4) 대량살상무기 관련 국제협약

국제사회는 핵확산금지조약(NPT: Nonproliferation Treaty), 생물무기금지협약(BWC: Biological Weapon Convention) 및 화학무기금지협약(CWC: Chemical Weapon Convention) 등을 체결하여 핵 및 화생방무기를 비인도적인 대량살상무기로 분류함으로써 국제적으로 사용 및 확산을 엄격히 금지하고 있다.

## 2. 핵 및 화생방 방호작전

핵 및 방사능무기 또는 화생작용제, 독성산업물질, 신종 감염병 등 핵 및 화생방 위험요인으로부터 피해를 최소화하고 부여된 임무를 지속적으로 수행하기 위하여 실시하는 제반 조치 및 활동을 말한다. 핵 및 화생방 방호작전의 주요 과업에는 화생방 감시 및 정찰, 핵 및 화생방 작전통제, 핵 및 화생방 보호, 화생방 제독이 있다.

### 가. 화생방 감시 및 정찰

적의 핵 및 화생방 공격에 관한 징후와 첩보를 수집하고, 조기 전파함으로써 부대의 생존성을 보장하고 전투력을 유지하기 위한 활동을 말한다. 화생방 감시란 다양한 화생방 감시수단을 통합 운용하여 화생방 정보수집을 하기 위한 체계적이고 조직적인 활동으로 적의 핵 및 화생방 공격 징후 및 공격 여부를 조기에 경보하기 위해 실시한다. 화생방 정찰이란 화생방 정찰 장비 및 물자 등을 통합 운용하여 인원, 장비, 물자, 지역, 시설 등 특정 대상에 관한 정보수집을 목적으로 하는 포괄적인 활동이다. 화생방 탐지 분류 및 방법은 [표 7-5]와 같다.

[표 7-5] 화생방 탐지 분류 및 방법

| 구 분 | 분 류 | 내 용 |
|---|---|---|
| 탐지기능 | 탐지(Detection) | 작용제의 존재 여부 판단 |
| | 분류(Classification) | 작용제의 유형 구별 |
| | 식별(Identification) | 작용제의 종류 구별 |
| 탐지방법 | 접촉식 탐지 (Point detection) | 점 운용개념으로 장비가 설치된 한정된 지역 또는 탐지 센서에 접촉하여 탐지 |
| | 원거리 탐지 (Remote sensing, stand-off detection) | 조기경보를 위하여 설치지역에서 3~5㎞ 떨어진 광범위한 지역을 탐지 |

## 나. 핵 및 화생방 작전통제

적의 핵 및 화생방 공격으로부터 피해를 최소화하기 위한 대응 활동을 말한다. 핵 및 화생방 상황 시 먼저 경보를 전파하고, 화생방 보고와 기상제원을 종합하여 위험예측을 실시 후 추가로 전파한다. 위험예측은 핵 및 화생방 위험요인으로부터 영향이 미치는 예상 범위를 판단하는 것으로 오염지역과 위험이 예상되는 지역의 대피유도를 통해 인원, 장비 오염을 방지할 수 있다. 또한, 지역별 보호수준 결정, 오염현황 관리 및 통제 등 피해 확산 방지를 위한 활동을 강화한다.

## 다. 핵 및 화생방 보호

적의 핵 및 화생방 공격으로부터 인원, 장비, 시설, 사회기반시설의 생존성과 효율성을 보존하는 제반 활동을 말하며, 핵 및 화생방 보호 활동은 핵 및 화생방 공격 전·중·후에 걸쳐 지속적으로 실시해야 한다. 핵 및 화생방 보호 조치가 부족할 경우 대량 피해가 발생할 수 있으므로 적절한 수준으로 조치해야 한다. 또한, 핵 및 화생방 공격은 지형과 기상에 따라 효과가 증가하거나 감소할 수 있으므로 화생작용제와 방사성물질이 체류하는 지역이나 개활지 등 핵무기의 피해가 증가할 수 있는 지역은 피해야 한다. 화생방전 보호체계 분류는 [표 7-6]과 같다.

[표 7-6] 화생방전 보호체계 분류

| 구 분 | 분 류 | | 내 용 |
|---|---|---|---|
| 개인보호 | 방독면 | | • 호흡기관 보호 |
| | 보호의 | | • 전신 노출부위 보호 |
| 집단보호 | 집단보호시설 | 장비 | • 외부의 오염된 공기를 여과, 흡착 등 방법으로 정화시키고 온도 및 습도를 조절하여 공급(가스입자여과기, 냉·난방장치 등) |
| | | 시설 | • 내부에 정화된 공기로 양압을 형성시켜 오염공기의 유입 차단<br>• 출입시설, 공기폐쇄실, 샤워실, 응급치료실, 주 대피실 등 |
| | 차량용 양압장치 | | • 외부 오염물질이 차량 내부에 유입되지 않도록 정화된 공기를 공급하고 양압을 유지시켜 내부인원 및 장비 보호<br>• 가스입자여과기, 공기공급장치(송풍기, 모터) 등 |

## 라. 화생방 제독

화생작용제 및 방사성 물질에 오염된 인원, 장비, 물자, 시설, 지역 등에 대해 화학적·물리적 처리 등의 방법을 통해 오염을 감소시키거나 제거하는 활동이다. 화생방 제독의 목적은 화생방 오염상황에서 오염수준을 완화하여 사상자의 발생을 최소화하고, 신속하게 오염 이전 수준으로 회복하는 것이다. 제독장소는 다량의 물을 사용하므로 급수가 가능한 비오염지역에 선정해야 하며, 인원과 차량의 이동이 제한되지 않도록 도로가 잘 발달되고 충분한 수용공간이 있는 장소를 고려해야 한다.

제독체계는 각종 차량, 장비, 시설물 및 인체 등에 오염된 작용제를 중화, 가수분해 등의 화학적 작용과 흡착, 열분해 등의 물리적 작용을 통하여 제거하는 체계이며, 화생방 제독의 형태는 [표 7-7]와 같다.

[표 7-7] 화생방 제독의 형태

| 구 분 | 분 류 | 종 류 |
|---|---|---|
| 제독대상 | 인체제독 | 개인제독제(KD-1) |
| | 장비제독 | 장비제독제(DS-2) |
| | 시설 및 지역제독 | 수용성제독제 |
| 제독방법 | 개인기본제독 | 개인 피부, 장비 및 물자 |
| | 급속제독 | 단시간, 소규모, 개인보호 장비·물자 교체 |
| | 정밀제독 | 장시간, 대규모, 오염 이전 수준으로 완화 |

## 3. 핵무기

### 가. 개 요

핵무기는 핵분열 및 핵융합에 의해 방출되는 에너지를 인원살상, 장비 · 물자 및 시설 파괴에 이용하는 무기를 말하며, 원자무기라고도 한다. 일반적으로 핵무기는 핵탄두(nuclear warhead)를 뜻하지만 핵탄두와 운반수단을 포함하기도 한다.

핵무기는 반응형태에 따라 핵분열 무기(원자폭탄)와 핵융합 무기(수소폭탄)로 구분하며, 사용목적에 따라 전술핵무기, 전략핵무기 등으로 구분한다.

전술핵무기는 좁은 범위의 전장에서 사용하기 위한 작은 위력의 킬로톤(KT)급과 사정거리 500마일 이하의 핵무기를 말한다. 전략핵무기는 전략핵전력이라고도 하며, 특정국가의 전 영토 또는 상당한 규모를 파멸시킬 수 있는 메가톤(MT)급 위력의 장사정 핵무기로 대륙간탄도탄(ICBM), 잠수함발사탄도탄(SLBM), 장거리폭격기 등을 말한다.

## 나. 핵무기 종류 및 살상효과

### (1) 핵분열 폭탄(원자폭탄)

핵분열 폭탄은 U-235 또는 Pu-239라는 핵분열성 물질을 고(高)순도로 농축하여 분리한 다음, 강력한 화약을 사용하여 점화시켜 순간적으로 고압을 가할 때 핵분열 반응이 급속히 진행됨으로써 에너지가 폭발적으로 방출되는 원리를 이용한다.

핵분열 폭탄에는 우라늄탄과 플루토늄탄이 있다. 우라늄탄은 자연상태로 존재하는 우라늄을 정제하여 만드는 핵폭탄이며, 플루토늄탄은 원자로에서 연소된 폐연료봉을 재처리하여 제조하는 핵폭탄이다.

- **우라늄탄** : 우라늄은 자연 상태로 존재하는 핵분열 물질이며, 천연 우라늄광에는 소량(0.2%)의 우라늄이 존재한다. 우라늄탄의 농축 과정은 [그림 7-18]과 같으며, 정련과 전환을 거치면 노란색의 정제우라늄(Yellow Cake)이 생성된다. 이렇게 생성된 우라늄은 U-238이 대부분이며, U-235의 순도는 0.7% 정도이다. 농축과정을 통하여 U-235의 순도를 3%로 높여 원자로의 핵연료봉으로 사용한다.

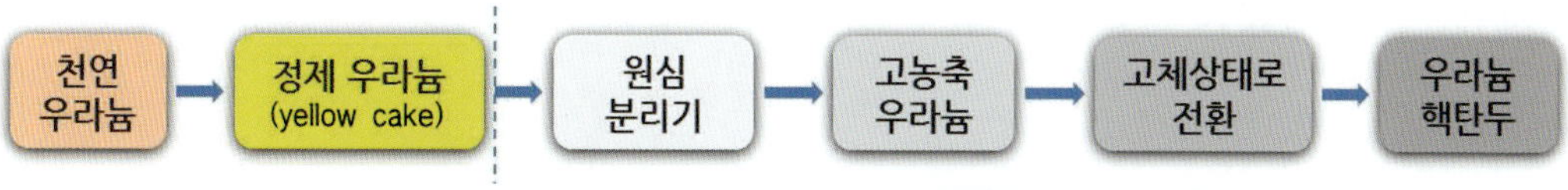


[그림 7-18] 우라늄탄 농축과정

우라늄 농축방식에는 여러 가지가 있으나, 가장 흔한 방식으로는 원심분리방식을 사용한다. 원심분리방식은 원통 속에 기체로 변환시킨 우라늄을 넣어 고속으로 회전시키면, 원심력에 의해 더 무거운 U-238은 바깥쪽에, 안쪽에는 U-235가 더 많이 함유된 기체가 모이게 된다. 이것을 추출한 다음 원통에서 회전시키고, 이것을 반복하면 U-235 농도가 증가하여 고농축우라늄(90%)이 된다.

농축을 통하여 원자력발전소의 핵연료봉 생성이 가능하고, 우라늄 농축기술은 원자력 산업에서 중요한 기술이며, 우라늄탄의 모습과 구조는 [그림 7-19]와 같다.

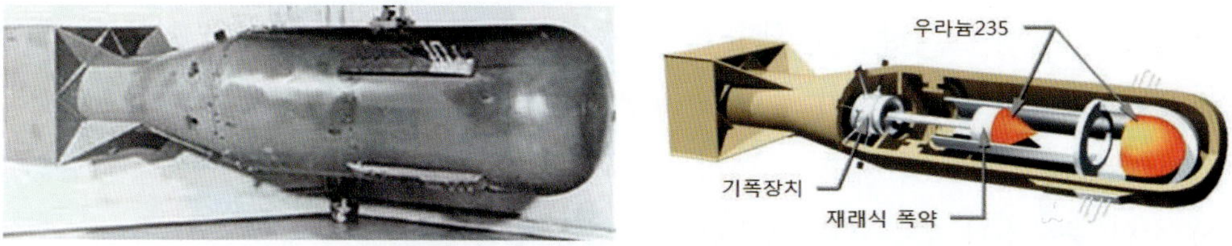


[그림 7-19] 우라늄탄 모습과 구조

• **플루토늄탄** : 플루토늄(Pu)은 자연에서 존재하지 않고 원자로에서 연소된 폐연료봉 속에 형성되는 핵분열 물질이다. [그림 7-20]과 같이 원자력발전소 폐연료봉을 재처리하는 과정을 통하여 화학공정으로 분해하면 플루토늄이 생성된다.

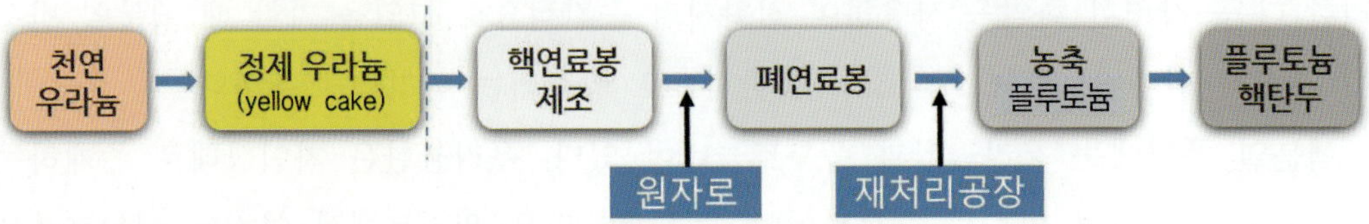


[그림 7-20] 플루토늄탄 재처리과정

원자로의 핵연료봉은 농축과정을 통한 정제우라늄을 사용하며, 연소된 폐연료봉은 재처리과정을 거쳐야 폐연료봉 속에 생성된 각종 동위원소를 추출하여 활용가능하다. 폐연료봉 자체는 엄청난 고준위의 방사선 폐기물로서 재처리를 거쳐야 친환경적으로 사용가능하다.

폐연료봉 재처리과정은 핵비확산체제의 금지대상이 아니며, 우라늄 농축기술과 함께 원자력산업에 필요한 기술이다. 플루토늄탄의 모습과 구조는 [그림 7-21]과 같다.

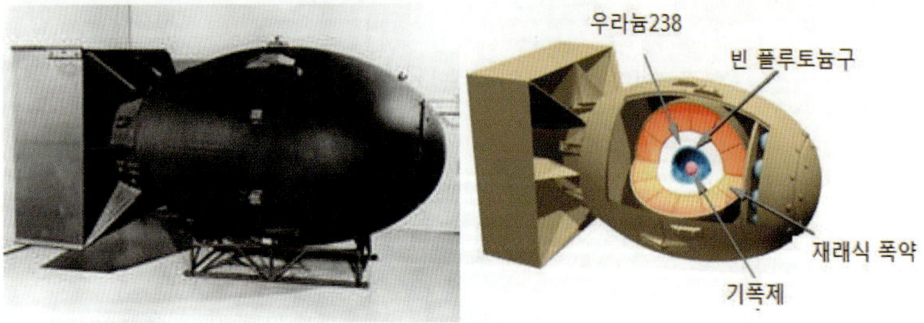


[그림 7-21] 플루토늄탄 모습과 구조

(2) 핵융합폭탄(수소폭탄)

핵융합폭탄은 수소의 원자핵이 융합하여 헬륨의 원자핵을 만들 때 방출되는 에너지를 이용한 원자폭탄으로 열핵무기 또는 수소폭탄으로 칭하며, 위력은 핵분열폭탄의 수십 배에서 수백 배에 해당한다. 핵융합폭탄은 2단계로 진행되며, 1단계 핵분열 기폭반응은 TNT에 의해 원자폭탄이 폭발하는 단계이며, 2단계 핵융합물질의 연쇄반응은 핵분열 시 발생하는 고온(수백만 ℃ 이상)에 의해 LiD(중수소화리튬, 중수소와 리튬의 화합물) 속의 중수소가 헬륨으로 핵융합하는 반응이다.

수소원자들이 핵융합반응을 하여 더 무거운 헬륨원자가 되기 위해서는 빠른 속력으로 충돌해야 하고, 이를 위해서는 1억℃ 이상의 매우 높은 온도가 필요하며, 이 정도의 열을 낼 수 있는 방법은 원자탄이므로 핵융합폭탄의 기폭제로 원자탄을 사용한다.



### (3) 핵무기 살상효과

핵무기가 폭발하면 폭풍파, 열파, 방사선파, 전자기파, 낙진 등이 발생하며, [그림 7-22]와 같다.

[그림 7-22] 핵폭발 에너지 분포

- 폭풍파(blast wave) : 50%
- 열파(heat wave) : 35%
- 핵방사선(radiation) : 14%
- 전자기파((EMP) : 1%

충격 및 폭풍파(blast wave)는 핵무기가 폭발할 때 발생한 고열이 주위의 공기를 가열시키고, 가열된 공기가 급격히 팽창하여 발생하며 폭풍파에 의해 주변 건물과 시설이 파괴된다.

열파(heat wave, 열복사선)는 극히 짧은 순간(100만 분의 1초)에 일어나는 핵폭발의 불덩어리(약 30만 ℃)에서 나오는 적외선, 가시광선, 자외선으로 소이효과와 함께 화상 및 실명을 가져오며, 폭발반경 일대는 불바다가 된다.

핵방사선(radiation)은 핵폭발 후 1분 이내에 방출되는 초기핵방사선과 1분 후부터 영향을 주는 후속핵방사선이 있다. 초기핵방사선에는 알파(α), 베타(β), 감마(γ)선 및 중성자 등이 있으며, 알파와 베타입자는 비산거리가 수 cm에서 수 m로 짧고 투과력이 낮으나 감마선과 중성자는 투과력이 높고 폭발위력에 따라 그 영향범위가 수 km까지 도달하여 피해를 준다. 낙진(fallout)이 대표적인 후속핵방사선으로 핵폭발 과정에서 방사성물질들이 지표면의 물질들과 함께 열에 녹아 가스상태로 전환되었다가 다시 고체로 응결된 입자가 냉각되어 바람의 영향에 따라 지표면에 떨어진 것이다. 또한 방사능에 오염되어 발생하는 원자병은 백혈병, 불임증, 기억상실증, 피부암 등을 유발한다.

예를 들어 20kt의 핵무기가 폭발할 경우 열복사선의 피해범위는 핵폭발 1만 분의 1초 후에 2.5㎞ 이내의 가연성 물질을 연소시키고, 4㎞ 거리에 위치한 인원은 경미한 피부화상을 입는다. 그리고 주간의 섬광실명은 2분 이상 지연되지 않으나 야간에 폭파구를 바라본 인원은 35분간, 바라보지 않은 인원은 15분간 실명된다. 폭풍에 의한 피해는 반경 800m 이내의 인원은 폐나 고막이 파열되며, 2㎞ 이내의 건물은 대부분 파괴된다. 또한, 핵폭발 시 발생하는 방사선에 의한 피해는 1㎞ 이내에 위치한 인원에게 치사량의 방사선을 조사한다.

### 다. 북한의 핵위협

북한은 구소련 및 동구권이 붕괴하고, 중국이 개혁 및 개방을 하면서 한국과 중국이 수교를 하게 되자 심각하게 봉쇄되고 포위되었다는 피해의식을 가지게 되었으며, 한·미 연합전력에 대한 불안과 위협을 느끼면서 자기 힘만이 유일한 출로라는 인식하에 대량살상무기(핵 및 탄도미사일, 화생무기 등)를 지속적으로 개발하여 왔다.

북한은 1960년대 구소련에 핵물리학자를 파견하여 연구하고 연구용 원자로를 도입하였다. 1970년대에는 핵연료 확보 및 재처리에 주력하였으며, 80년대에 본격개발을 시도하였다. 북한 핵무기 개발 경과는 [표 7-8]과 같다.

[표 7-8] 북한 핵무기 개발 경과

| 구 분 | 내 용 | 비 고 |
| --- | --- | --- |
| 1960~70년대 | • 구소련에 핵물리자학자 파견, 연구용 원자로 도입<br>• 핵연료 재처리에 주력 | |
| 1980년대 | • 본격적인 핵 개발 | |
| 1990년대 | • 1993. 3월 NPT 탈퇴, 1차 북핵 위기 발생<br>• 1994. 10월 미·북 제네바 합의 도출 | |
| 2000년대 | • 2003. 1월 NPT 2차 탈퇴, 2차 북핵 위기 발생<br>• 2006.10. 9. 1차 핵실험(플루토늄탄 1kt 미만)<br>• 2009. 5. 25. 2차 핵실험(플루토늄탄 약 3~4kt)<br>• 2013. 2. 12. 3차 핵실험(우라늄탄?, 약 6~7kt)<br>• 2016. 1. 6. 4차 핵실험(수소탄?, 약 6kt)<br>• 2016. 9. 9. 5차 핵실험(우라늄탄?, 약 10kt)<br>• 2017. 9. 3. 6차 핵실험(우라늄탄?, 약 50kt) | <br>유엔제재 1718호<br>유엔제재 1874호<br>유엔제재 2094호<br>유엔제재 2270호<br>유엔제재 2321호<br>유엔제재 2375호 |

북한은 2012년 4월 헌법서문에 핵보유국을 명시하고, 2022년 9월 8일 '핵무력정책'을 법제화하여 선제 핵사용 가능성을 공식화했다. 2012년 12월 12일 장거리로켓(은하 3호) 발사에 성공하였으며, 2013년 2월 12일에는 3차 핵실험을 실시하였다. 이에 따라 유엔은 안보리 결의 제2094호를 발표하였으며, 북한은 2013년 8월 29일 영변 2원자로 가동을 개시하였다. 2014년 9월 26일 IAEA는 북핵 규탄결의안을 채택하고 영변원자로 재가동 등 북한의 핵개발을 규탄하였다.

4차 핵실험으로 유엔 안보리 결의 2270호(무기금수 강화, 석탄 및 해산물 수출 금지, 금융제재 강화, 북한의 해외 노동자 파견 제한)를 채택하였고, 5차 핵실험 시에는 유엔 안보리결의 2321호(탄약, 철강, 석유, 수송선, 화학물질 등 수출 금지, 무역 거래에 대한

제재 강화)를 채택하였으며, 이후 6차 핵실험을 감행함에 따라 유엔안보리결의 2375호(석탄수출 금지, 금융제재 강화, 석유제재, 해외노동자 파견 금지 등)를 채택하였다.

최근에 북한은 7차 핵실험을 경고하였으나 실행은 미루고 있으며, 핵무기 소형화 능력이 상당한 수준에 이른 것으로 보인다. 북한의 핵보유는 기술적인 문턱은 넘었으나, 정치적인 문턱을 넘지 않은 상태여서 국제적 핵보유국으로는 인정되지 않고 있다.

## 4. 화학무기

### 가. 개 요

화학무기(CW: Chemical Weapon)는 인간에게 상해를 입히거나 사망시킬 수 있도록 제조된 화학물질을 이용하는 무기를 말한다. 화학무기는 가스, 액체, 고체 형태로 광범위하게 살포되고 의도된 표적뿐만 아니라 주위도 쉽게 피해를 입힌다.

화학무기는 인류의 역사와 더불어 수천 년 전부터 사용된 것으로 알려져 있다. 현대의 화학무기는 1차 세계대전 시 독일이 최초로 사용한 염소가스였다. 독일은 염소가스를 1914년 프랑스 누보체플지역에서 영국군에게 최초로 사용하였으며, 1915년 러시아 인근 볼리모아 지역에서 러시아군에게 포병탄을 통해 사용하였다.

2차 세계대전 중에는 유럽전역에서 쌍방이 서로의 보복을 우려하여 화학무기가 거의 사용되지 않았으나, 일본이 중국과 아시아에 화학무기를 사용하였다. 일본은 1938년 중국 공산군에 기침과 구토작용제를 사용하였고, 1939년에는 겨자가스를 사용하였다.

냉전시대에는 1960년대 베트남전에서 미국은 남부 베트남의 정글을 파괴하기 위하여 1,200만 gallon의 고엽제를 살포하였다. 베트남전에 참전했던 한국군은 고엽제후유증으로 현재에도 많은 고생을 하고 있다. 이란-이라크전에서는 사담 후세인이 화학무기를 사용하였고, 1988년 이라크의 쿠르드족 마을에서는 다양한 화학무기에 노출되어 5천여 명이 희생되기도 하였다.

### 나. 화학무기 종류

화학무기에는 신경작용제, 수포작용제, 혈액작용제, 질식작용제, 무능화작용제 등이 있으며, [표 7-9]와 같다. 화학작용제는 사람 및 동·식물 등에게 직접적인 독성효과를 주기 위해 사용되는 액체, 기체 및 고체상태의 독성화학물질이며, 인명을 살상하고 무능화시키는 데 주로 사용된다.

[표 7-9] 화학작용제 종류 및 증상

| 구 분 | 작용제 종류 | 증 상 |
|---|---|---|
| 신경작용제 | VX, GA, GB, GD | 호흡장애, 근육경련, 동공축소, 방분·방뇨 |
| 수포작용제 | H, HD, HL, HN-1,2,3, HT, L | 시력상실, 수포발생, 구토·설사, 호흡곤란 |
| 혈액작용제 | AC, CK, SA | 경련, 호흡장애, 중추신경 마비 |
| 질식작용제 | CG, DP, PS | 쇼크, 폐수종 |
| 무능화작용제 | BZ | 정신착란, 중추신경 마비 |

화학작용제 살포방법에는 포탄이나 폭탄을 이용하여 지상이나 공중에 살포하는 방법, 항공기에 탑재된 살포기를 이용하는 방법, 연소가스 힘으로 분출시키거나 증기화하는 방법, 살포탱크에 충전된 압축공기를 이용한 살포기 방법 등이 있다.

### 다. 북한의 화학무기 위협

화학무기는 생물학무기와 함께 가난한 자의 핵이라고 불리고 있다. 세계적으로 화학무기를 보유하거나 보유 추정국은 미국, 러시아, 중국, 일본, 북한, 미얀마, 이스라엘, 이라크, 이집트 등 다수의 국가이며, 이 중에서 북한과 이집트, 남수단, 앙골라 등은 화학무기금지협약에 불참하고 있다.

북한은 신경·질식·혈액·수포성 등 17종의 화학작용제 2,500 ~ 5,000톤을 저장하고 있는 것으로 추정되고 있다. 또한, 1980년대에 독자적인 화학전 공격능력 확보를 선언하였으며, 2002년 초 휴전선 일대에 화학무기를 배치하였다. 박격포, 야포 및 방사포, FROG, SCUD-B·C, 노동미사일까지 다양한 투발수단을 보유하고 있으므로 한반도 전역에 위협이 되고 있다.

## 5. 생물학무기

### 가. 개 요

생물학무기(BW: Biological Weapon)는 사람, 동물, 식물에 질병을 유발하거나 물질을 변질시키는 미생물과 독소 등 생물학작용제에 의해 생물을 살상하는 무기를 말한다.

생물학무기는 역사적으로 가장 오래된 대량살상무기이다. 성서에도 “유태인들이 이집트를 탈출하는데 재앙으로 전염병을 창궐케 하였다”는 내용이 있으며, 기원전 6세기에 아시리아는 적군의 우물에 호밀맥각(호밀에 기생하는 곰팡이)을 넣어 오염시켰고, 중세에는 페스트로 죽은 시체를 투석기로 성벽 안으로 투척하여 감염시킨 기록이 있다.

1519년 스페인 군대는 천연두(두창)에 대한 면역이 없는 아즈텍을 감염시켜 문명을 몰락시켰으며, 1767년 영국과 프랑스는 북아메리카 식민지전쟁에서 인디언들에게 천연두(두창)를 감염시켰고, 영국은 미국의 독립전쟁에서도 천연두(두창)균을 사용하였다.

1차 세계대전 시 독일은 독성이 강한 탄저균 등으로 소, 말 등 가축전염병을 발생시켰으며, 2차 세계대전 시에는 거의 대부분의 참전국들이 생물학무기를 개발하였다. 독일은 유태인 수용자를 대상으로 바이러스 감염과 백신을 연구하였으며, 특히 일본은 만주에서 '731부대'를 조직 및 운영하여 중국인, 조선인, 러시아인을 대상으로 탄저균, 페스트균, 티푸스균 등을 생체 실험한 것은 전 세계에 알려져 있는 사실이다. 영국은 탄저균을 연구하였으며, 미국은 생물학무기를 실험하고, 구소련은 야토균을 생물학무기로 사용하였다.

이러한 생물학무기는 일반 무기체계와는 다른 특징을 가지고 있다. 첫째, 생물학무기는 조기탐지 및 확증이 곤란하고 공격자의 추적이 어렵다. 생물학무기의 공격을 받으면 잠복기 등으로 발병하기까지 일정한 기간이 소요되어 인지까지 시간이 소요되며, 일단 감염되면 자체 번식과 함께 대규모로 확산될 경우 누구의 소행인지 추적하는 것이 곤란하다. 둘째, 생물학무기는 아주 작고 가볍기 때문에 짧은 시간에 공기로 많은 사람들에게 전염되고, 높은 치사율과 강한 독성을 가지고 있으므로 치명적인 피해를 입게 된다. 셋째, 생물학무기는 제조비용이 저렴하다. 핵무기 생산비용에 비하면 매우 저렴하여 화학무기와 함께 '가난한 자의 핵폭탄'이라고도 불리고 있다.

### 나. 생물학무기 종류

생물학무기는 생물학작용제를 말하며, [표 7-10]과 같이 미생물과 독소로 구분된다. 미생물에는 세균(박테리아), 리케차, 바이러스 등이 있으며, 독소에는 세포독소와 신경독소가 있다.

미생물은 살아있는 유기체로서 세균(박테리아), 리케차, 바이러스 등으로 구분되며, 최근에는 치료제에 대한 내성과 번식력이 강한 돌연변이체가 사용되고 있다.

독소는 동·식물 또는 병원균의 신진대사 과정에서 추출하는 독성화학물질로서 세포독소와 신경독소로 구분된다. 세포독소는 세포를 파괴하기 때문에 소화기, 호흡기, 순환기 계통의 조직에 영향을 미치며, 증상은 수포, 구토, 폐수종, 혈변 등을 일으킨다. 신경독소는 신경작용제와 유사한 증상으로 경련, 가슴 압박감, 현기증, 무감각, 시력장애, 신체의 균형 상실 등을 유발한다.

[표 7-10] 생물학작용제 종류

| 구 분 | | 작용제 |
|---|---|---|
| 미생물 | 세균(박테리아) | 탄저균, 페스트균, 브루셀라균, 콜레라균, 야토성균, 장티푸스 등 |
| | 리케차 | 발진티푸스 |
| | 바이러스 | 천연두(두창), 유행성출혈열, 황열병 |
| 독 소 | 세포독소 | 황우 |
| | 신경독소 | 보톨리늄 |

- **탄저균**(Anthrax)은 대표적인 생물학무기이다. 탄저균은 흙 속에서 서식하는 길이 4~8㎛의 세균으로, 건조 상태에서도 10년 이상 생존하며 가열, 일광, 소독제 등에도 강한 저항성을 나타낸다. 탄저균은 감염 후 하루 만에 다량의 항생제를 복용하지 않으면 80% 이상 사망할 정도로 살상력이 강하다. 탄저균은 분말 형태로 제작이 가능하여 보관과 이용이 편리하여 생물학무기로 적합하다. 미국 홉킨스대학 보고서에 의하면 탄저균 100kg을 공기 중에 살포하면 최대 300만 명이 사망하는 1메가톤의 수소폭탄과 맞먹는 위력이다. 지난 2001년 미국에서는 탄저균 우편물을 통한 테러가 발생해 22명이 감염되고 이 중 5명이 사망한 사건이 있었다.
- **페스트**(Plague, 흑사병)는 유럽에서 발생한 대규모 전염병으로 전신의 피부가 검은색으로 변하여 죽기 때문에 흑사병이라 하였다. 주된 증상으로는 림프절이 부어오르며 고열을 동반한다. 페스트는 전신성 출혈로 피부가 검게 되는 선 페스트와 폐로 감염되는 폐 페스트가 있다. 확인된 전염경로는 쥐 등이 1차 보균체 역할을 하고 감염된 쥐의 피를 빨아먹은 벼룩이 사람을 물 때 인체에 감염된다. 페스트는 1347년부터 4년간 유럽에서 발병하여 유럽 인구의 4분의 3을 휩쓸었을 정도로 강력하였으나 현재는 항생제의 발달로 초기 발견 시 치료가 가능하다. 그러나 페스트 바이러스를 에어러졸화하여 공중살포할 경우 생물학무기로 사용될 가능성이 높으며, 유전자변이로 변종 발생도 가능하다.

### 다. 북한의 생물학무기 위협

북한은 탄저균, 천연두(두창), 콜레라 등 13종의 생물학작용제를 균체 상태로 보유하고 있는 것으로 추정된다. 미국으로 전향한 구소련의 과학자 켄 엘리벡 박사의 증언에 의하면 구소련은 시베리아 벡터 생물무기 연구소에서 천연두(두창) 바이러스를 대량 생산하였으며, 미사일 탄두에 장착하는 실험을 실시하였다고 한다. 더욱 놀라운 것은 천연두(두창) 바이러스의 게놈을 변형시켜 종래의 천연두(두창)보다 치사율이 훨씬 높은 천연두(두창) 키메라바이러스를 개발하였는데, 북한이 1991년 러시아 과학자로부터 천연두(두창)균을 획득하였다고 한다.



## 6. 방사능무기

### 가. 개 요

방사능무기는 방사성물질 자체를 살포하거나 폭약을 이용해 방사성물질을 살포하여 인원을 살상하고, 장비・물자, 시설 및 지역을 오염시키는 무기이다. 방사능무기에는 방사성물질살포장치(RDD)와 방사선노출장치(RED)가 있다.

### 나. 방사능무기 종류

#### (1) 방사성물질살포장치(RDD, Radiological Dispersal Device)

방사성물질살포장치는 항공기나 기구 등을 이용하여 공중에서 방사성물질을 살포하는 장치로서 비교적 광범위한 지역과 많은 인원을 오염시켜 공포, 혼란 등을 일으킬 수 있는 장치이다. 방사성물질살포장치는 더티밤(dirty bomb)과 같이 방사성물질과 재래식 폭탄을 결합하여 사용할 수 있는데, 더티밤은 세슘이나 코발트와 같은 방사성물질을 포함하고 있는 폭탄으로써 폭발과 함께 방사성물질이 확산된다.

#### (2) 방사선노출장치(RED, Radiological Exposure Device)

방사선노출장치는 방사성물질을 특정 장소에 설치하여 방사성물질로부터 방출되는 방사선으로 인명을 살상하는 장치이다. 방사능노출장치는 인명 피해를 유발할 목적으로 방사성물질을 경기장, 쇼핑몰, 대중교통수단 등 사람들이 밀집하는 장소에 숨겨두는 등 은밀하게 사용할 수 있다.

## 7. 핵 및 화생방 방호 무기체계

### 가. 방독면(Gas Mask)

방독면은 화학작용제나 생물학작용제 등의 유해한 물질이 호흡기를 통하여 인체에 들어오는 것을 막아주는 보호장비이다.

방독면은 1차 세계대전 당시 독일군의 염소가스 사용에 대응하여 연합군이 방독면을 최초로 개발하였으며, 화학·생물학작용제 및 방사능 낙진 방호에 사용되고 있다.

한국에서는 미국이 개발한 방독면(M9A1 방독면)을 도입하여 사용하다가, 방독면을 착용한 상태에서 통화 및 음료 마시는 것이 가능토록 국내 개발된 한국형 방독면(K1 방독면)을 사용하고 있다. 최근에는 K1 방독면의 단점을 보완하여 성능이 향상되고 경량화 및 독성산업화학물질에 대한 방호능력을 구비한 K5 방독면을 개발하여 사용하고 있다.[그림 7-23]

[그림 7-23] K1 방독면(좌), K5 방독면(우)

방독면의 구성은 안면부와, 안면부에 연결된 정화통으로 되어 있으며, 정화통은 미립자 물질을 걸러내는 필터나 여과지와 유독가스를 화학적으로 흡착하거나 분해하는 활성탄 흡수제가 오염된 공기를 깨끗한 공기로 정화하는 장치이다. 방독면은 호흡을 통한 오염을 예방 가능하며, 피부접촉을 통한 오염예방을 위해서는 별도의 보호의가 필요하다.

방독면은 전투현장 이외에도 화재현장이나 탄광, 공장에서의 유독가스가 배출되는 환경에 적합한 국민용 일반 방독면도 시중에 유통되고 있다. 특히, 2003년 대구 지하철 화재참사 이후 지하철 화재사고에 대비하여 지하철역과 전동차 안에도 국민용 일반 방독면을 비치하고 있다.

### 나. 화생방 보호의

화생방 보호의는 화생작용제로부터 개인의 생존성 보장을 위하여 피부를 보호하는 개인보호 장구로 [그림 7-24]와 같이 보호의, 보호장갑, 전투화덮개로 구성된다. 보호의는 외피와 내피로 구성되어 있으며, 액상의 작용제는 발수·발유 처리된 보호의 외피에 의해 대부분 차단되며, 기체 및 증기상태의 작용제는 내피에 충전된 활성탄에 의해 흡착 제거된다.

[그림 7-24] 화생방보호의

화생방 보호의는 오염 시 전투복 위에 덧옷으로 착용할 수 있도록 되어 있으며, 오염지역에서 24시간 착용, 비오염 지역에서 22일간 사용이 가능하다. 임무형보호태세(MOPP) 단계에 따라 보호의는 1단계에 착용하고, 전투화 덮개는 2단계, 보호장갑은 4단계에 착용한다. 향후 신속한 착용, 사용시간 연장, 세탁 후 사용가능 등의 특성을 가지는 보호의가 개발될 예정이다.



### 다. 신경해독제(KMARK-1)

[그림 7-25]의 신경해독제는 신경작용제 중독을 해독시킬 수 있는 자동주사기이다. 원인치료제인 옥심주사기와 증상치료제인 아트로핀주사기로 구성되어 있으며, 증상에 따라 3대까지 사용할 수 있다.

[그림 7-25] 해독제킷 KMARK1

### 라. 화학자동경보기(KM8K2)

화학자동경보기는 공기중에 오염된 화학(신경)작용제를 자동으로 탐지하여 실시간에 경보를 제공하는 장비이다. 화학자동경보기는 적의 화학공격으로부터 전투원의 생존성을 보장하고 부대의 전투력을 보존하기 위하여 운용된다. [그림 7-26]과 같이 화학자동경보기는 탐지기, 경보기로 구성되어 있다. 화학자동경보기는 차량에 장착하거나 지정된 위치에 고정 설치하여 운용한다. 자체 고장진단 기능이 내장되어 있으며, 유・무선을 이용한 경보전파가 가능하다.

[그림 7-26] KM8K2 화학자동경보기(좌),
신형 화학탐지기(우)

신형 화학탐지기(KCAD)는 기동무기체계(K2 전차, K21 장갑차)에 탑재되어 화학작용제(신경, 수포) 공격 시 차량 외부의 오염을 탐지하여 조종수가 운용하는 차량제어장치의 종합선시기에 탐지 결과를 시각과 청각으로 제공함으로써 승무원의 생존성과 전투부대 인원에 대해 즉각적인 보호조치를 취할 수 있도록 하고, 기동 시 오염지역을 회피함으로써 보호 수단을 최소화하도록 하는 장비이다.

### 마. 화학탐지기(KCAM2)

화학탐지기는 증기 및 에어라졸(aerosol) 상태의 화학작용제를 탐지 및 식별하고 오염여부를 확인하기 위하여 사용되는 장비이다.

[그림 7-27]의 화학탐지기는 신경·질식·혈액·수포작용제를 실시간으로 빠르게(20초 이내) 탐지 가능하

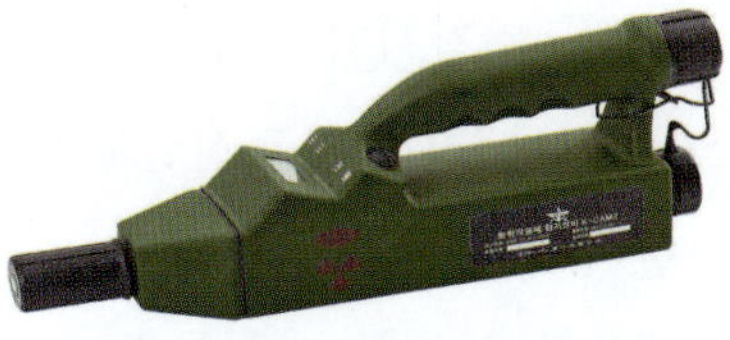
[그림 7-27] 화학탐지기(KCAM2)

며, 소형·경량화되어 있어 조작 및 운용이 간편하고 자체 고장진단 기능이 내재되어 있다. 탐지방식은 작용제를 이온화하여 탐지센서로 이동시켜 이온이동도의 차이에 의하여 분석하며, 디지털 표시창에 분석결과가 나타난다.

### 바. 휴대용 생물학탐지기

휴대용 생물학탐지기는 생물학테러 및 적 생물학 공격이 의심되는 상황에서 현장의 미지 오염시료를 채취하여 탐지 및 식별을 위하여 운용되는 장비이다.

생물학탐지기는 [그림 7-28]과 같이 바이오시크(Bio-Seeq)와 레이저(RAZOR) 2가지 종류가 있다.

바이오시크는 동시에 세균과 바이러스 6개 채널을 이용하여 탄저, 페스트, 야토 등 3종의 생물학작용제를 탐지할 수 있다. 탐지는 양성반응일 경우에는 15분 이내에, 음성반응일 경우에는 40분 이내에 판별할 수 있다. 충전용 리튬이온전지와 상용전원을 이용할 수 있고, 가볍고 사용절차가 간단하다. 또한, PC연결모드를 통해 휴대용컴퓨터로 작동이 가능하고 전체 과정을 프로그램 할 수 있다.

[그림 7-28] 휴대용 생물학탐지기

| 바이오시크(Bio-Seeq) | | 레이저(RAZOR) | |
|---|---|---|---|
| 중량 | 3kg | 중량 | 4.1kg |
| 탐지 | 양성 15분, 음성 40분 | 탐지 | 30분 이내 |
| 식별 | 탄저, 페스트, 야토 | 식별 | 탄저 등 10종 |

레이저는 동결건조시약으로 테러확률이 높은 탄저 등 10종의 작용제를 30분 이내에 분석 및 확인이 가능하다. 전원을 켤 때 자가진단이 되며, 탐지결과는 장비의 메모리에 저장 가능하고, 심층분석이 필요할 경우 PC에 실시간 다운로드하여 분석할 수 있다.

### 사. 생물독소감시기

생물독소감시기는 주요 시설에 고정 배치되어 24시간 상시 감시하며 국내 대기환경을 반영한 최적의 감시알고리즘이 탑재되어 오경보를 최소화한 한국형 감시장비이다. 또한 중앙통제소에서 각 생물독소감시기를 원격으로 운용이 가능하다.

생물무기가 살포되어 경보가 발령되면 자동으로 중앙통제소와 유선 또는 무선을 통해 경보 및 주요 측정데이터를 전달하여 생물무기 공격을 적시에 확인할 수 있어 피해를 최소화할 수 있는 네트워크형 차세대 감시장비이다.

[그림 7-29]에서 보는 생물독소감시기는 주장비와 부수장비로 구성되며, 주장비는 입자감시기, 공기수집기, 시료분배기, 운용제어부로 구성된다. 부수장비는 트레일러, 발전기, 전원분배장치, 네트워크 장비, 쉘터, 냉난방장치, 중앙컴퓨터 및 기상장비로 구성된다. 생물무기가 살포되었을 경우 생물입자는 바람을 따라 확산되어 감시기에 도달하게 된다. 이때, 입자를 흡입 농축하여 레이저빔에 통과시키면 일반입자는 형광을 발생하지 않으나 생물입자는 형광을 발생하는 차이에 의해서 실시간으로 탐지 및 식별이 가능하다. 공기수집기는 생물 입자를 고농도로 농축하는 장비로 농축된 입자는 수집용액에 자동 수집된다. 수집된 시료는 시료분배기로 이송하여 후송병에 주입되고 식별을 위해 전문 실험실로 후송된다.

[그림 7-29] 생물독소감시기



### 아. 휴대용 방사능측정기(PDR-1K)

휴대용 방사능측정기는 핵무기 공격 시 방사능 낙진이나 방사능 물질에 의한 테러 및 사고로부터 오염된 지역에서 인원·장비·물자의 오염정도와 오염지역에 대한 방사선을 탐지 및 측정하는 장비이며, [그림 7-30]과 같다.

휴대용 방사능측정기는 방사능 오염정도를 실시간 측정할 수 있고, 시간당 방사선율과 누적된 방사선량을 측정할 수 있다. 중량이 430g, 크기는 약 14×8㎝로 소형·경량화되어 휴대가 용이하고 조작이 간편하며, 자체 고장진단 기능 등 운용의 편의성을 최대화한 국내 개발 무기체계이다.

[그림 7-30] 방사능 측정기

### 자. 차량용 방사능측정기

차량탑재형 방사능측정기는 화생방정찰차 내부에 설치하여 외부의 방사능 선율과 선량[8]을 측정하고, 필요시 휴대하여 외부에서도 운용할 수 있는 다목적 장비이다. [그

8) 선량(Dose)은 흡수한 방사선의 흡수선량으로 단위는 래드(Rad)이며, 선율(Dose Rate)은 단위시간당 흡수하는 방사선의 선량으로서 단위는 Rad/h이다.

림 7-31]의 방사능측정기(AN/VDR-2)는 화생방정찰차-1에 탑재하여 오염된 지역에서 작전을 수행하는 부대의 병력 및 장비, 물자에 조사된 방사선의 선율·선량을 탐지 및 측정하는 장비이다. 액정 LCD를 통하여 선율 및 누적선량이 표시되고, 차량탑재 시 차량 외부의 선율을 계산 및 표시할 수 있으며, 사용 중 자체점검이 가능하다.

[그림 7-31] 방사능측정기(AN/VDR-2)

[그림 7-32] 신형 방사능측정기

[그림 7-32]의 신형 방사능측정기는 화생방정찰차-2에 탑재하여 베타, 감마 방사선의 선율 및 선량을 측정할 수 있다. 차량탑재 또는 개인휴대가 가능하고 신형화생방정찰차의 화생방 운용컴퓨터에 연동되어 운용이 가능하다. 탐지방사선 확장 시에는 확장프로브를 운용하며, 디지털 통신이 가능하다.

### 차. 화생방정찰차

화생방정찰차는 화생방전 상황하에서 오염여부를 신속하게 탐지하기 위하여 화생방 정찰·보호·경보전파 장비가 탑재된 차량으로, 오염지역에 대한 신속한 작용제 탐지 및 측정, 오염지역 경계설정, 미지 및 생물학작용제 표본에 대한 시료채취, 작전지역에 대한 기상제원 획득 및 전파, 정찰결과에 대한 화생방보고(CBRN보고) 등 화생방 정찰작전을 지원한다.

[그림 7-33] 화생방정찰차 - 차량형(좌), 장갑형(우)

화생방정찰차는 [그림 7-33]과 같이 차량형(K331/K332)과 궤도형(K216A1)이 있다. 주요 탑재장비로는 원거리화학자동경보기, 화생겸용자동탐지기, 생물독소분석식별기,

생물시료수집기, 방사능측정기, 기상측정장비 등이 있다. 화학·생물학작용제 및 방사능이 탐지되면 각 군의 전술지휘정보체계로 경보와 탐지결과를 전송하며, 화생방 오염지역에서도 승무원이 보호장구를 착용하지 않은 상태에서 작전수행이 가능하다.



### 카. 소형 및 중형제독기

제독기는 화학 및 생물학작용제에 오염된 장비 및 소규모 지역을 제독하는 데 사용되는 장비이고, 전투차량당 1대씩 편성 운용되며, 제독제는 장비제독제(DS-2)를 사용한다.

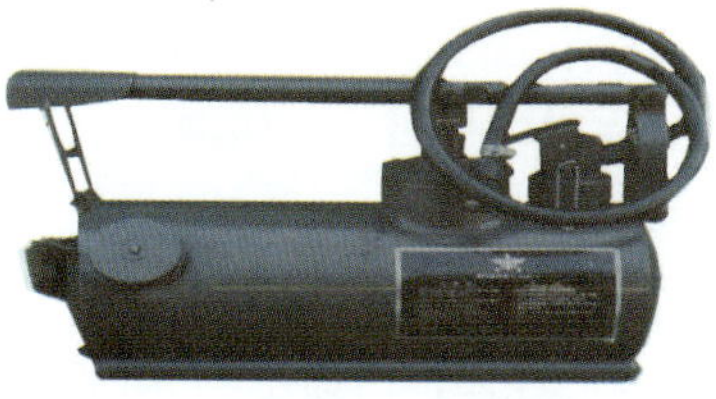

[그림 7-34] 소형제독기

소형제독기는 [그림 7-34]에서 보는 바와 같으며, 제독능력은 1회당 차량 1/4톤 2대, 2½톤 4대, 지역 25㎡이며, 중형제독기는 지역 150㎡를 제독할 수 있다.

### 타. 제독차

[그림 7-35]에서 보는 바와 같이 제독차는 차량에 다양한 제독장비를 장착하여 화학 및 생물학작용제 및 방사능 낙진에 오염된 인원, 장비, 지역 및 시설에 대해 제독을 하는 다목적 장비이다. 제독능력은 1회당 인원 60명, 5톤 차량 12대, 지역 1,500㎡이다.

[그림 7-35] 제독차(K-10)

# 제4절 탄도미사일

## 1. 탄도미사일 개요

탄도미사일(Ballistic Missile)은 자체추진으로 발사지점으로부터 목표지점까지 포물선을 그리며 비행하는 미사일이며, 주로 핵무기 운반에 사용된다. 대부분의 핵무기가 탄도미사일에 의해 목표까지 운반되고 있으며, 탄도미사일을 탄도탄이라고도 한다.

탄도미사일은 발사된 후 로켓의 추진력으로 가속되어, 대기권 내·외를 탄도를 그리면서 비행한다. 표적에 도달하기까지 전(全)비행과정을 유도에 의해서 비행하는 것이 아니라, 로켓이 연소되는 과정에서만 유도되다가 로켓의 분사가 끝나는 최종단계에서는 유도가 중지되고 그 이후는 지구의 인력에 의해 자유탄도로 비행하여 표적에 도달한다. 단, 최근 개발된 일부 탄도미사일은 종말 단계에서 제한적인 기동이나 유도기능을 갖추고 있다.

탄도미사일은 독일이 최초로 개발하였으며, 실전에 사용된 것은 2차 세계대전 중 런던 공격에 사용된 독일의 V-2였다. 당시 탄도미사일은 명중률이 극히 낮았으나, 2차 세계대전 이후 미국과 구소련이 이를 개량하고 경쟁적으로 개발하여 오늘의 탄도미사일로 발전하였다.

## 2. 탄도미사일 종류

탄도미사일의 기원은 제2차 세계대전 당시 독일이 개발한 V-2 로켓이 시초이다. 이후 냉전 시기 미국과 소련은 핵탄두를 장착한 장거리 미사일 개발에 집중하였으며, 이는 상호확증파괴(MAD) 전략의 핵심 요소였다. 이러한 기술은 이후 중국, 프랑스, 영국 등으로 확산되었고, 최근에는 북한, 인도, 이란 등도 자체적인 탄도미사일 개발에 성공하였다.

탄도미사일은 [표 7-13]과 같이 사정거리에 따라 대륙 간을 비행할 수 있는 사정거리 6,400㎞ 이상의 대륙간 탄도미사일(ICBM[9]), 중거리탄도미사일(IRBM), 준중거리탄도미사일(MRBM), 단거리탄도미사일(SRBM) 등으로 구별되며, 발사 위치에 따라 공중발사탄도미사일(ALBM), 잠수함발사탄도미사일(SLBM[10]) 등으로 구분된다.

---

9) ICBM : Intercontinental Ballistic Missile.

[표 7-13] 탄도미사일 종류

| 구 분 | 사정거리 | 비 고 |
|---|---|---|
| 대륙간 탄도미사일(ICBM) | 사정거리 5,500㎞ 이상 | START Ⅰ 조약 |
| 중거리 탄도미사일(IRBM) | 사정거리 2,400 ~ 5,500㎞ | CDISS[11] 기준 |
| 준중거리 탄도미사일(MRBM) | 사정거리 800 ~ 2,400㎞ | CDISS 기준 |
| 단거리 탄도미사일(SRBM) | 사정거리 800㎞ 이하 | CDISS 기준 |
| 공중발사 탄도미사일(ALBM) | | |
| 잠수함발사 탄도미사일(SLBM) | | |

현대적 탄도미사일은 러시아가 1957년에 최초로 개발하였으며, 미국은 1959년에 개발하였다. 최근의 대표적인 탄도미사일은 미국의 미니트맨(Minuteman) Ⅲ형, 타이탄 Ⅰ, 러시아의 SRS-28 사르맛, RS-24 야르스 등이 있다.

미니트맨 Ⅲ는 미국의 유일한 지상 발사형 핵미사일이다. 최고 속도는 시속 28,176km(초속 7.8km)이고 항속거리는 13,000km이다. 미니트맨 Ⅲ는 최초의 MIRV(Multiple Independently Targetable Reentry Vehicle, 다탄두 각개목표설정 재돌입 비행체) 중 하나로, W78(335~350킬로톤) 탄두를 사용 시 최대 3개의 핵탄두를 실을 수 있지만 START Ⅱ 조약에 의해 각각의 미사일당 핵탄두 하나씩만 장전되어 있다.

러시아의 RS-24 야르스(Yars)는 토폴-M을 다탄두화한 미사일이다. 토폴-M은 단탄두 미사일로서 주로 기존의 수명이 다 된 UR-100N계열이나 토폴을 대체하고 있으나, R-36M 같은 대형 다탄두미사일 사일로(silo)까지도 단탄두 토폴-M으로 1:1 대체하면 핵탄두 투발 숫자가 너무 줄어들기 때문에 따로 다탄두 버전을 개발한 것이다. 또한, RS-26 루베즈(Rubezh) ICBM은 3단인 야르스를 2단으로 축소한 것이다. 사거리는 5,800km로 IRBM과 ICBM의 중간에 해당된다. 2024년 11월 20일에는 러시아가 우크라이나 영토에 이 미사일을 사용한 탄도미사일 공격을 가했다고 알려졌지만, 러시아는 ICBM이 아닌 신형 MRBM을 발사했다고 밝혔고 미국도 이를 확인했다.

미국·러시아·프랑스·중국 등의 대륙간 탄도미사일은 대부분 지하 사일로에 배치하고 있다. 잠수함발사탄도미사일은 목표물이 본국보다 해안에서 더 가까울 때 해안에 잠수함을 접근시켜 발사할 수 있으며, 조기에 탐지하기가 어렵다는 장점이 있다. 탄도미사일 발사 전략원자력잠수함(SSBN)은 냉전시기에 미국과 구소련의 핵 균형을 이루는 데 중심적인 역할을 하였다.

---

10) SLBM : Submarine-Launched Ballistic Missile.

11) CDISS: Center for Defense & International Security Studies, Lanchester University, UK

탄도미사일과 위성발사체는 겉으로 보기에는 유사하여 혼동할 수 있다. 위성발사체와 대륙간 탄도미사일의 차이는 [표 7-14]과 같다. 위성발사체는 추력(thrust)[12]과 비추력(比推力, specific impulse)을 크게 늘려서 인공위성을 궤도에 올릴 수 있는 중량을 최대로 늘리는 것이며, ICBM은 빠르게 발사하는 능력이다. ICBM은 최소 시속 8,000㎞이며, 위성발사체는 시속 29,000㎞의 속도를 갖는다. 발사 이후 비행체의 궤적을 보면 탄도미사일인지, 위성발사체인지 쉽게 구분이 가능하다. 위성발사체는 수직으로 발사되고, 탄도미사일도 최대사거리를 낼 수 있도록 수직으로 발사된 이후 곧바로 30도 각도로 누어서 비행하는 것이 다르다.

[표 7-14] 위성발사체와 대륙간 탄도미사일 차이

| 구 분 | 위성발사체 | 대륙간 탄도미사일(ICBM) |
|---|---|---|
| 기술의 목표 | 추력과 비추력의 극대화 | 빠르게 발사하는 능력 |
| 최저 속도 | 시속 29,000㎞ | 시속 8,000㎞ |
| 발사각도 | 수직발사 | 수직발사 이후 30도 기울어 짐 |

## 3. 북한의 탄도미사일 위협

북한은 1970년대부터 탄도미사일 개발에 착수하여 1980년대 중반 사거리 300㎞의 스커드-B와 500㎞의 스커드-C를 작전 배치하였으며, 1990년대 후반에는 사거리 1,300㎞의 노동 미사일을 작전 배치하였고, 그 후 스커드의 사거리를 연장한 스커드-ER을 작전 배치하였다. 2007년에는 사거리 3,000㎞ 이상의 무수단 미사일을 시험발사 없이 작전 배치하였으나 2016년 성능시험에 실패하였다

액체추진 탄도미사일은 2016년 개발에 성공한 백두산 엔진을 기반으로 신형 중거리 탄도미사일인 화성-12형을 개발하여 2017년 이후 총 3회에 걸쳐 정상각도로 일본 상공을 통과하는 시험발사를 하였다. 대륙간 탄도미사일은 2017년에 화성-14형과 화성-15형을 발사하여 미국 본토를 위협할 수 있는 비행능력을 보여주었다. 이후 2022년 2월부터 화성-17형 발사를 수차례 시도하였고 11월에도 동해상으로 고각 발사하였다. 북한의 모든 ICBM 시험발사는 고각 발사로만 진행되어 미국 본토를 위협할 수 있는 사거리 비행능력은 보여주었으나, 정상 각도로 시험발사는 하지 않았기 때문에 탄두의 대기권 재진입 등 ICBM 핵심기술 확보 여부는 추가적인 확인이 필요하다. 또한, 북한이 '극초음속 미사일'이라고 주장하는 미사일은 2021년 이후 총 3회에 걸쳐 시험발사하는 등 개발 중이다.

12) 추력 : 물질을 움직이거나 가속할 때 물질은 그 반대 방향으로 같은 힘이 작용하는 힘을 말한다.

북한의 보유 미사일은 [그림 7-37]과 같다.

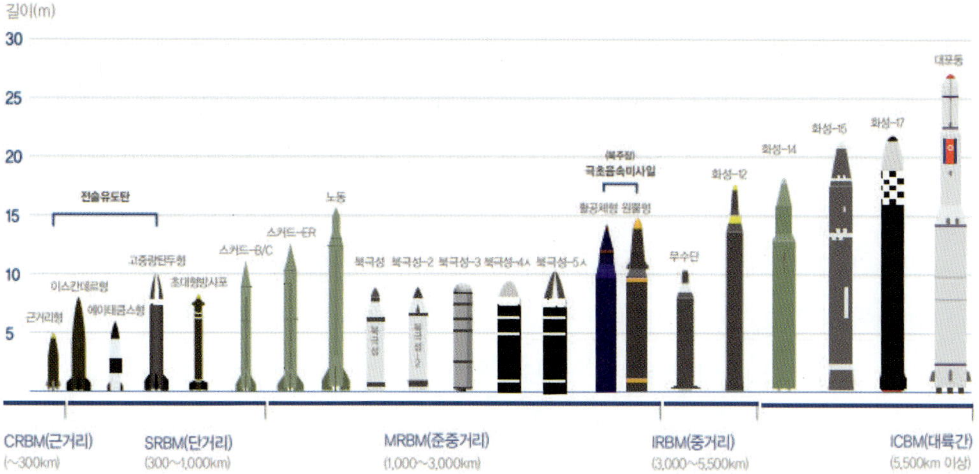


**[그림 7-37] 북한의 미사일 종류 및 제원**

자료: 국방백서 2022, p.31.



- **스커드**(SCUD)는 구소련에서 개발한 탄도미사일 계열로서, 나토에서 사용된 명칭이다. 스커드미사일은 A, B, C, D 4종류가 있으나 스커드 A는 1978년 폐기되었으며, 북한은 스커드 B와 C를 보유하고 있다. 스커드 B, C, D는 일반고폭탄과 핵무기, 화학무기 등을 탄두로 사용할 수 있으며 탑재중량은 500kg이다. 스커드미사일은 초기의 로켓과 같이 명중률이 낮아 지역 타격무기로 걸프전 등 여러 분쟁지역에서 실전에 사용되었다. 스커드 미사일의 장점은 쉬운 이동성에 있으며, 발사 후 위치 이동은 생존성에 영향을 미치고 있다.
- **노동미사일**은 1993년에 스커드미사일을 확장하여 사정거리 1,000㎞의 노동1호를 개발하였으며, 개량형으로 노동2호를 개발하였다. 노동2호는 사정거리 1,300㎞, 탑재중량 1,000kg으로 일본 도쿄를 사정권에 두고 있다. 노동이라는 명칭은 북한의 미사일기지가 있는 동해안의 노동지역의 지명을 붙인 것이다.
- **무수단미사일**은 구소련의 잠수함발사미사일(R-27)을 고철로 구매하여 이를 분해하고 역설계하여 2007년에 개발, 실전 배치한 것으로서 사정거리는 3,000㎞이다.
- **대포동미사일**은 노동1호보다 사정거리가 훨씬 긴 중거리 탄도미사일로서 1998년에 개발하였다. 대포동미사일은 1호, 2호, 2호 개량형 등 3종류가 있는 것으로 알려져 있으며, 1호는 액체 2단로켓으로 사정거리는 1,500~2,000㎞이다. 2호는 액체 2단로켓에 사정거리 3,500~6,000㎞이며, 2호 개량형은 3단로켓으로서 1, 2단은 액체연료이고 3단은 고체연료를 사용하여 사정거리는 5,400~6,700㎞로 추정하고

있다. 대포동 명칭은 중거리 로켓을 최초 발견한 함경북도 무수단리 지명을 따서 붙인 것이다.

- **은하3호 로켓**은 2012년 12월 12일 동창리 미사일 발사장에서 성공적으로 발사되었다. 은하3호가 탄도미사일인지 위성발사체인지 논란이 되었는데, 대륙간 탄도미사일과 우주발사체의 차이는 발사체 상단이 위성이냐 핵탄두냐에 있으며, 기본구조는 동일하다. 대륙간 탄도미사일도 우주발사체처럼 발사 이후 1·2단 로켓이 분리되면서 핵탄두만 남게 되며, 핵탄두가 대기권 진입 시 마찰로 생기는 고열을 견뎌내어야 하고, 재진입할 때 각도가 중요한 요소이다. 탄도미사일과 위성발사체는 기술적으로 큰 차이가 없다. 북한은 은하3호의 발사성공을 중요한 사업으로 평가하고 있는 점을 고려할 때 탄도미사일 위협으로 보는 것이 적절한 것으로 판단된다. 은하3호의 사정거리는 10,000㎞ 정도로 추정된다. 북한의 탄도미사일은 추정되고 있는 핵무기의 소형화가 성공하여 탄두로 장착하게 된다면 엄청난 위협이 될 것이다.

북한이 보유하고 있는 미사일의 종류별 사거리는 [그림 7-38]에서 보는 바와 같으며, 한반도 전역을 포함한 일본, 괌 등 주변국에 대하여 직접적으로 타격할 수 있는 능력을 갖추고 있다.

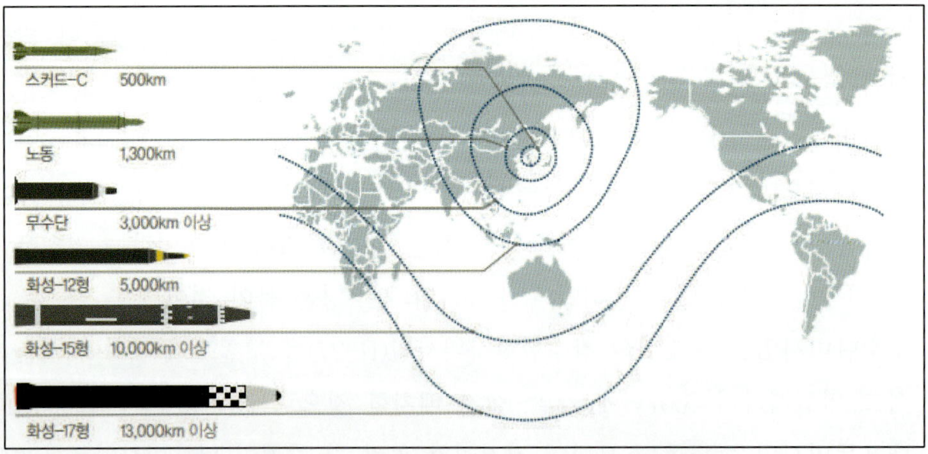


[그림 7-38] 북한 보유 미사일 종류별 사거리

자료: 국방백서 2022, p.32.

## 제 8 장

# 지휘통제 · 통신무기체계

제1절 지휘통제체계

제2절 통신체계

제3절 통신장비

# 제1절 지휘통제체계



## 1. 개 요

현대전은 정보통신기술을 포함한 과학기술의 급속한 발전으로 전장공간이 확대되고, 무기체계의 지능화 및 정밀화, 자동화 등으로 정확성과 파괴력이 크게 증대되고 있다. 또한 네트워크중심 작전환경(NCOE)[1]으로 인하여 정보에 대한 의존성이 증대되고, 전쟁목표도 물리적 파괴나 영토 확보의 개념에서 적의 정보 및 네트워크를 파괴하여 전장 통제능력을 마비시키는 개념으로 발전되고 있다.

이러한 현대전장에서 주도권을 확보하고 유지하기 위해서는 적의 활동을 먼저 보고, 신속하게 결심하여 먼저 타격하는 것이 전승의 필수요건이 되고 있으며, 그 중심에 있는 것이 바로 지휘통제체계이다.

지휘통제(C4I)체계는 지휘(Command), 통제(Control), 통신(Communication), 컴퓨터(Computer) 및 정보(Intelligence)의 통합체계로서, 지휘관이 부여된 임무달성을 위하여 5가지 요소를 유기적으로 통합하고 연결하여 실시간으로 정보수집 및 분석, 지휘결심, 계획 및 지시, 작전수행을 가능하게 하는 시설 및 장비, 인원 및 절차로 구성된 체계이다.[2]

### 가. 지휘통제체계 구성

지휘통제(C4I)체계는 [그림 8-1]과 같이 정보를 생산·처리·전파하는 컴퓨터와 디스플레이 모니터, 통신회선과 관련된 장비들로 구성되어 있다. 전체적인 시스템 구성요소들은 하드웨어(H/W) 및 소프트웨어(S/W)의 복합적인 기능뿐만 아니라 시스템 운용을 위한 절차와 인원까지 포함하고 있다.

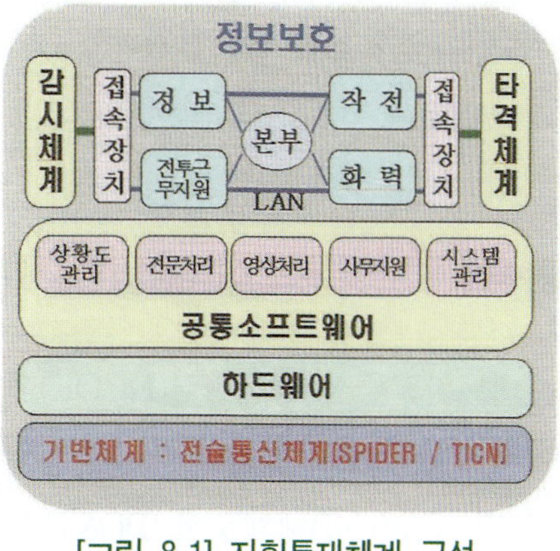


[그림 8-1] 지휘통제체계 구성

1) NCOE : Network Centric Operational Environment, 네트워크중심 작전환경.

2) 한국방위산업진흥회(2013), 『무기체계 원리』, pp. 21-22. 요약 정리하였다.

좀 더 자세히 살펴보면, 전장관리수단으로서의 C4I체계는 감시체계와 타격체계를 연결시켜 주는 통신체계, 수집된 첩보와 가공된 정보를 저장하는 데이터베이스(DB), 데이터베이스를 이용하여 의사결정에 필요한 각종 자료를 가공 및 제공하는 응용소프트웨어, 구성요소 간의 상호운용 및 인터페이스(Interface)를 보장하는 공통 소프트웨어, 하드웨어와 이 체계를 운용하는 부대 편성 및 조직으로 구성된다.

### 나. 지휘통제체계 역할

C4I체계는 전쟁수행을 위한 의사결정 지원체계로서 부대 지휘통제를 위한 정보종합과 지휘결심수립을 지원하며, 상하 및 인접부대에 상황정보를 전파하는 체계이다.

따라서 C4I체계의 역할은 첫째, 전장의 지휘관과 전투요원들에게 다중 매체(영상·음성·사진·화상 등)를 통하여 입체적이고 정확한 전투현장의 피·아 상황을 제공한다. 둘째, 전장의 지휘관 및 전투근무요원들에게 구체적이고 명확한 목표를 제시함으로써 목표를 보면서 작전을 수행할 수 있도록 한다. 셋째, 전장기능요소 간 통합 및 분권화된 시행을 지원함으로써 통합전투력 발휘를 보장하는 데 있다.

### 다. C4I 기반체계

C4I 기반체계는 C4I를 구성하는 요소들 간에 정보를 공유하게 하여 통합전투력을 발휘할 수 있게 연결해 주는 국방정보통신기반체계로 고정정보통신체계와 기동정보통신체계, 위성통신체계로 구분한다.

고정정보통신체계는 국방부, 합참 및 각 군을 지원하는 통신네트워크로서 유선기반의 국방광대역통합망과 무선기반의 마이크로웨이브망이 있다. 기동정보통신체계는 군단급 이하 작전제대를 지원하는 무선기반의 전술통신 네트워크로서 SPIDER와 TICN[3] 등이 해당된다.

## 2. 합동지휘통제체계(KJCCS)

네트워크중심 작전환경(NCOE)의 핵심은 네트워크화된 지휘통제체계를 구축하는 것이며, 그 중심에 합동지휘통제체계가 있다. 합동지휘통제체계 KJCCS는 지휘·통제·통신 및 정보(C4I)체계로서, PD&E주기[4]에 맞추어 각 기능별로 지휘관에게 최신 상황을

3) TICN : Tactical Information and Communication Network, 전술정보통신체계.
4) PD&E : Planning, Decision and Execution Cycle, 계획-결심-시행주기.

가시화하여 보고할 수 있도록 제대별·기능별 공통작전상황도을 제공하고 있으며, 각 군 전술 지휘통제체계와 연동하여 근실시간 정보를 공유할 수 있다.

KJCCS는 1999년 전력화된 한국군 최초의 전술지휘통제자동화체계인 지휘소자동화체계(CPAS)[5]의 후속체계로 육·해·공군 C4I와 연동기능을 추가하여 합동작전 기능을 보강한 가운데 2008년에 전력화하였으며, 합참을 중심으로 작전사급 이상 제대에서 운용하고 있다. 이후 전장 환경변화에 따른 생존성 향상, 연동대상체계 증가에 따른 연동능력 개선 및 노후화를 개선하여 2015년 5월 성능개량사업을 완료하고 전력화하였다[6]. KJCCS의 운용개념은 [그림 8-2]와 같다.

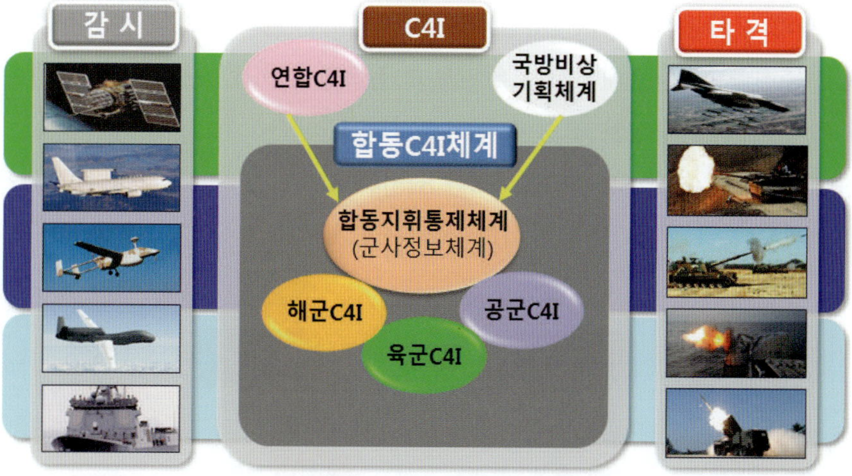

[그림 8-2] 합동지휘통제체계 운용개념

## 3. 지상전술C4I체계(ATCIS)

지상전술C4I체계 ATCIS는 육군 군단급 이하 제대에서 지휘·통제·통신·컴퓨터를 유기적으로 통합하여 실시간 정보를 공유하고 효율적인 감시-결심-타격작전 수행을 보장하기 위한 체계이다.

ATICIS는 1990년대 중반에 육군의 지휘통제체계의 필요성이 대두되어 개념연구와 시범체계 구축과정을 거쳐 2005년에 완성하였다. ATCIS는 피·아 전장상황을 실시간 공통작전상황도에 전시하고, 핵심 감시체계와 타격체계의 연결 및 실시간 타격, 지휘결

5) CPAS : Command Post Automated System, 지휘소자동화체계.
6) 국방일보(2015. 5. 4.) 보도.

심에 필요한 정보를 적시에 제공하는 데 주안점을 두었으며, 2차 성능개량을 추진하고 있다.

ATCIS는 지휘소 내에서 지휘통제를 위하여 필요한 모든 기능별 요소에 대한 통합체계로서 하드웨어와 소프트웨어의 통합된 복합체계의 특성을 가지고 있다. ATCIS는 전술통신체계인 TICN을 기반체계로 활용하고 있으며, 감시체계, 타격체계, 타 지휘통제체계 등과 연동되어 근실시간에 정보교환 및 유통이 가능한 체계이다. 지상 전술지휘통제체계 운영개념은 [그림 8-3]과 같다.

제대별로는 군단에서부터 여단급 부대에는 부대별로 독립된 서버를 운용하고 있으며, 대대급 이하 및 독립부대에서는 ATCIS 단말기로 여단급 이상 부대의 서버에 접속하여 상급 지휘관의 지휘통제를 위한 핵심자료를 입력하고 현황보고를 위한 목적으로 운용되고 있다. 중대급 이하 부대에서는 위치보고 접속장비(PRE)[7]를 전투무선망에 연결하여 부대 위치보고 및 상황보고 등에 활용한다.

지상전술C4I체계(ATCIS) 구조는 [그림 8-3]과 같이 군단에서 여단급까지는 ATCIS 성능개량체계로 운용하며, 대대급 이하 제대는 B2CS를 연동하여 운용한다.

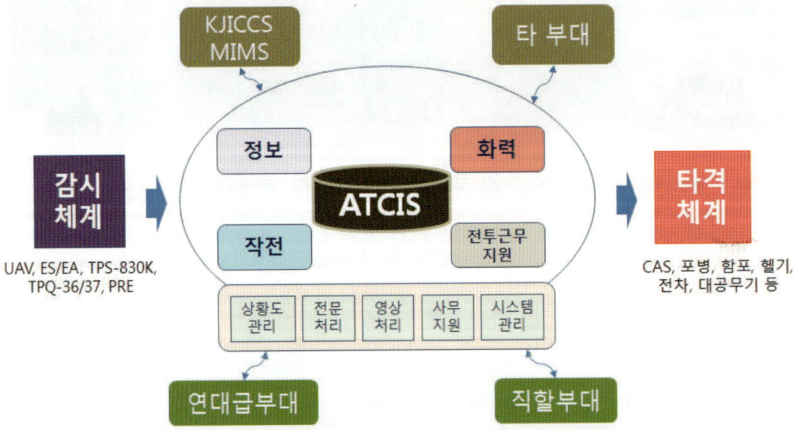


[그림 8-3] 지상전술C4I체계(ATCIS) 운용개념

## 4. 해군전술C4I체계(KNCCS)

해군전술C4I체계 KNCCS는 해군 작전사령부와 예하 함대사령부, 전단 및 전대에서 지휘·통제·통신·컴퓨터를 유기적으로 연결하여 정찰 및 감시자산과 타격체계를 연동함

7) PRE : Position Reporting Equipment : 위치보고 접속장비.

으로써 해군작전 수행절차를 자동화하고 전투력 승수효과를 최대한 발휘할 수 있도록 지원하는 체계이다.

해군 전술C4I체계를 통하여 각 군 전술C4I체계 간 상호 연동에 의한 합동 작전수행으로 통합 전투력 구현이 가능하며, 통합성 및 동시성 보장으로 전력 상승효과를 기대할 수 있다. 해군 전술C4I체계 운영개념은 [그림 8-4]와 같다.

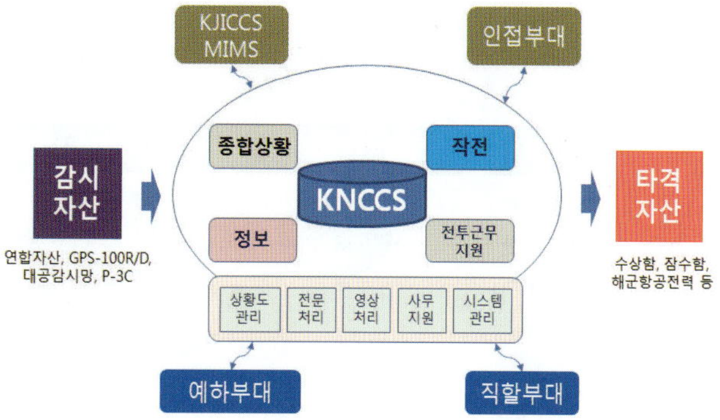


[그림 8-4] 해군전술C4I체계 운용개념

## 5. 공군전술C4I체계(AFCCS)

공군전술C4I체계 AFCCS는 공군 작전사령부 및 예하 전투제대에서 지휘·통제·통신·컴퓨터를 유기적으로 연결하여 정찰 및 감시자산과 타격체계를 연동함으로써 공군 작전 수행절차를 자동화하여 효율적인 지휘통제가 가능하도록 지원하는 체계이다.

공군전술C4I체계를 통하여 각 군 전술C4I체계 간 상호 연동에 의한 합동 작전수행으로 통합 전투력 구현이 가능하며, 통합성 및 동시성 보장으로 전력 상승효과를 기대할 수 있다. 공군전술C4I체계 운영개념은 [그림 8-5]와 같다.

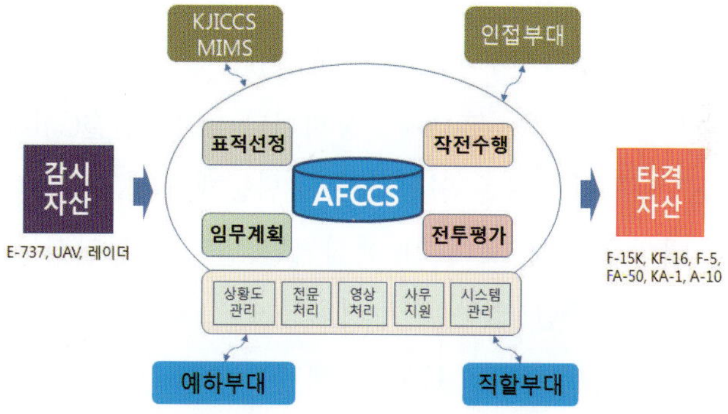


[그림 8-5] 공군전술C4I체계 운용개념

## 6. 전구합동화력운용체계(JFOS-K)

전구합동화력운용체계(JFOS-K)는 한국군 주도의 대화력전 수행능력 구비를 위한 체계로 2014년 말에 전력화되었다. JFOS-K는 전·평시 북한의 장사정포 위협과 미사일 도발 시 탐지에서 타격까지 적시 대응할 수 있을 뿐만 아니라, 합참 중심의 실시간 전장상황 공유와 합동화력자산운용을 보장할 수 있게 되었다. 이전까지 대화력전 및 종심작전은 미군 합동자동화종심작전협조체계(JADOCS)에 의존하여 왔으나, 국내 개발을 통하여 전력화함으로써 한국군이 독자적으로 수행할 수 있게 되었다. JFOS-K의 운용개념은 [그림 8-6]과 같다.

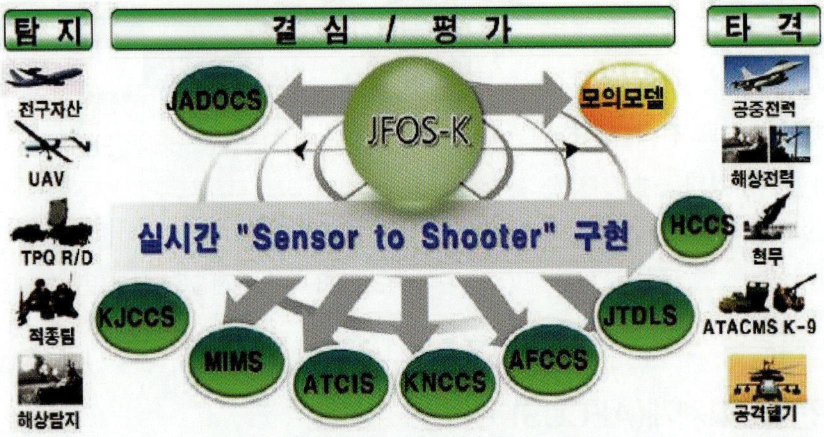


[그림 8-6] 전구합동화력운용체계 JFOS-K 운용개념

자료: 국방일보(2014. 12. 11.)

## 7. 대대급이하전투지휘체계(B2CS)

대대급이하전투지휘체계(B2CS)는 소부대용으로 적진 정보와 아군의 위치를 파악하는 정보 공유 휴대용 장치이다. 지상전술C4I체계(ATCIS)와 합동전술데이터링크(KVMF)시스템을 연동하는 지휘통제용의 중요한 장비 중의 하나이다.

대대급 이하 제대 간 핵심적인 전장 상황인식 및 지휘통제 정보를 실시간 공유하여 기동 간 중단 없는 전투지휘통제 능력을 보장한다. B2CS 체계는 지상전술C4I체계와 연동하여 상급부대와 전장정보 공유를 통해 지휘관의 빠르고 정확한 지휘결심을 가능케 한다. 대대급이하전투지휘체계(B2CS)의 운용개념은 [그림 8-7]과 같다.

[그림 8-7] 대대급이하전투지휘체계의 운용개념

# 제2절 통신체계



## 1. 개 요

과학기술의 발전으로 무기체계가 첨단 정밀화 및 지능화되고 있으며, 정보통신기술의 발전으로 전쟁수행방식이 자동화되고, 정보 중심의 비선형 분산형태로 변화하고 있다.

통신체계는 모든 무기체계의 기반으로 다양한 전투공간에서 전장감시체계, 지휘통제체계, 타격체계 요소를 유기적으로 네트워크화 함으로써 효율적이며 효과의 극대화를 보장하는 체계이다. 미래의 전장 환경은 더욱 복잡해질 것으로 예상됨에 따라 신뢰성과 신속성, 보안성이 강화된 전술통신체계의 발전이 요구되고 있다.[8)]

## 2. 전술통신체계

전술통신체계는 네트워크중심 작전환경 구현을 위한 모든 무기체계의 기반으로서, [그림 8-8]에서 보는 바와 같이 지상, 해상, 공중, 우주를 아우르는 고속 대용량의 다계층 통합 네트워크를 구축하여 감시 및 정찰, 결심, 타격체계 간 실시간 C4I데이터 및 음성정보 유통을 보장하는 체계이다.

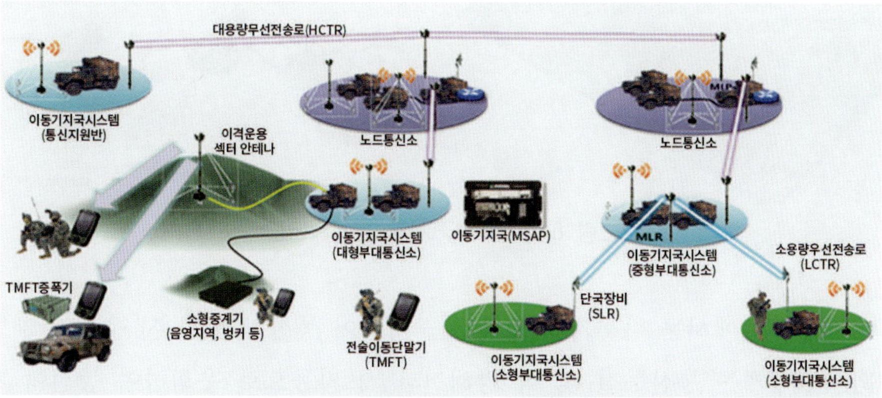


[그림 8-8] 전술통신체계 운용개념도

자료: ㈜한화시스템(2025. 7. 4.)

8) 노승회, “전술통신체계 개발동향과 발전추세”, 『국방과 기술』 2015. 3월호, p. 88.

전술통신체계는 다양한 작전요소들을 상호 연결하여 실시간으로 정보를 공유하는 개념으로 지휘통제체계의 신경망과 같은 역할을 수행한다. 전술통신체계는 공중 계층의 무인항공기 등 중계기능으로 지상통신의 제한을 보완하는 통신체계, 지상 계층의 전술지휘통신체계(SPIDER체계) 및 전술정보지휘통신체계(TICN) 등으로 분류할 수 있다.

## 가. 전술지휘통신체계(SPIDER체계)

SPIDER체계는 점대점 통신방식의 제한점을 해소하고 전술C4I체계를 효율적으로 지원하기 위한 디지털 통신의 자동화된 통신체계로서, 생존성, 신뢰성, 융통성이 향상된 격자형 지역지원 통신체계로 개선한 전술통신체계이다.[9] 즉, SPIDER체계는 전술 상황 하에서 지휘통제 기능을 보장하고, 다른 전장 기능의 효율성을 증대시키기 위하여 각급 제대의 지휘통제와 관련된 음성과 데이터 신호를 전송 가능케 하는 기동통신 체계이다.

SPIDER체계는 [그림 8-9]와 같이 지역지원 통신소(노드, node)를 격자형으로 통신망을 구성하며, 통신망을 사용하는 각 부대는 가까운 노드에 가입하여 신속하게 통신망 구성 및 운용이 가능하다.

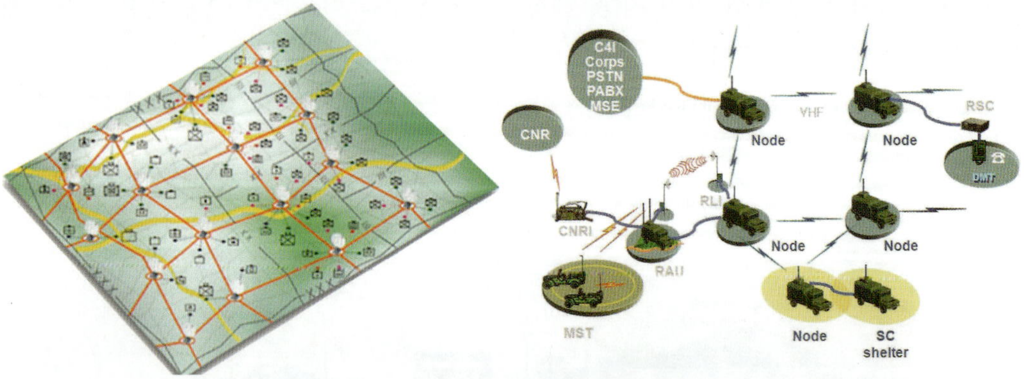


[그림 8-9] SPIDER체계 운용개념도

기존의 통신체계에서는 나뭇가지 형태로 구성되어 통신망 두절 시 우회가 제한되었으나 SPIDER체계는 통신두절 및 적 방해전파 시 자동으로 우회하여 통신이 가능하다. 따라서 노드를 중심으로 전술적 상황이나 통신지원요소 등을 고려하여 융통성 있

9) 육군본부·국방기술품질원(2011), 『위성통신체계의 TICN체계 적용방안 연구』, pp. 9-11.

는 운용이 가능한 구조로 되어 있다. 노드는 군단에서 통합 운용하며 사단을 직접 지원한다.

또한 고속 및 대용량의 정보전송이 가능한 디지털 자동화 통신망을 구성하고 타 통신망과 연동함으로써 전술 C4I체계 운용 시 요구되는 기능을 제공하며, 노드 간선의 고장이나 가입자의 위치 이동 간에도 자동으로 위치가 식별되어 지속적이고 적시적인 통신지원이 가능하다.

컴퓨터에 의한 통신망 자동화 관리 및 통제로 전술통신운용의 효율성과 체계간의 상호지원 및 신속성을 보장한다. 하나의 공용 통신망에 각 제대와 전장기능별 부대들이 함께 가입하여 실시간으로 자유로운 정보유통을 제공하고 교환대 간의 격자망이 우회 및 예비경로를 제공하여 통신의 생존성과 융통성을 보장한다.

SPIDER체계는 사용자 단말, 교환기, 유무선 전송장비 등으로 구성되며, 각 장비의 연결과 운용방법은 [그림 8-10]과 같다.

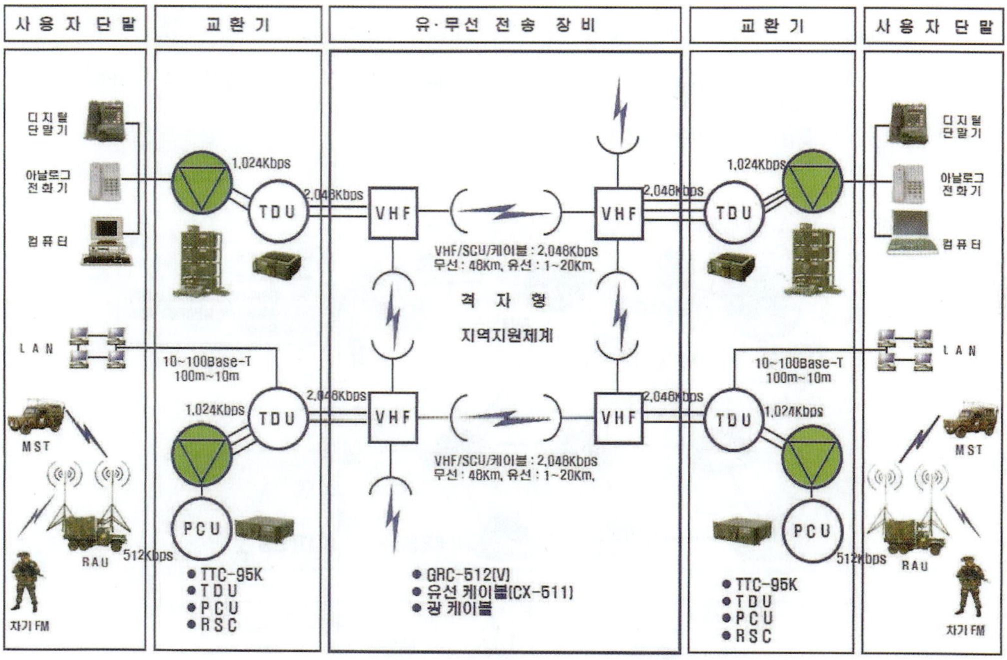


[그림 8-10] SPIDER체계 구성 장비

## 나. 전술정보지휘통신체계(TICN)

TICN체계는 SPIDER체계를 대체하여 미래 네트워크 중심전(NCW)에서 감시정찰-지휘결심-정밀타격(C4ISR-PGM)의 통합 전투력 발휘를 위하여 요구되는 초고속

대용량 정보의 전송을 보장하고, 전술환경의 생존성을 극대화시킨 정보통신 기반체계이다.10)

TICN은 구성품들을 고성능화, 소형화, 경량화하여 작전사에서 소대급까지 전 제대 및 병과부대에서 운용되며, 위성, 상용망, 전술망 등 다양한 장비와 연동이 가능한 체계이다. [그림 8-11]과 같이 기동성 및 이동성이 보장되는 네트워크 능력과 멀티미디어 서비스를 위한 대용량 전송, 전장기능의 통합 및 연동성, 분산 망관리 및 통제 능력을 가지고 있다.

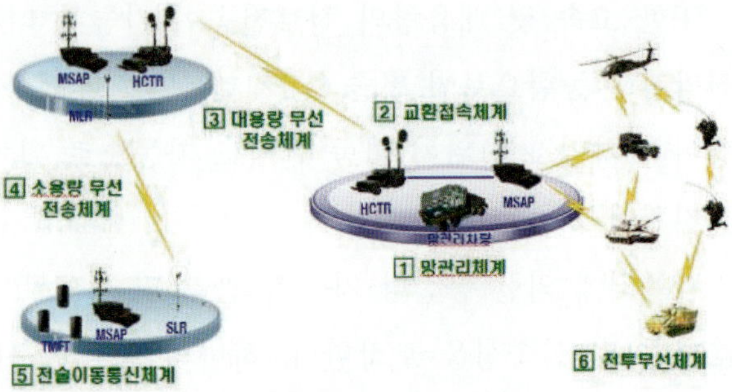

[그림 8-11] TICN체계 구성

TICN은 제대별 VoIP(Voice over Internet Protocol)교환기 및 라우팅장치를 운용하여 음성 및 데이터가 통합된 대용량 정보를 IP통신 방식으로 유통시키며, MSAP (Mobile Subscriber Access Point)를 통하여 이동 가입자의 원활한 기동 간 통화를 보장하고 자체 중계기능을 갖춘 전투무선망을 통하여 전술 네트워크를 구축한다. TICN의 운용개념은 [그림 8-12]와 같다.

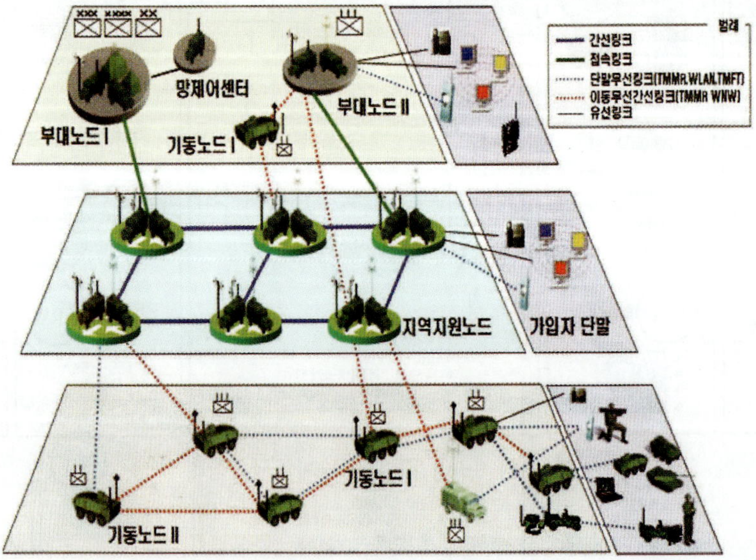

[그림 8-12] TICN체계 운용개념도

10) 육군본부·국방기술품질원(2011), 앞의 책, pp. 11-14.

### (1) 전술기간통신망

전술기간통신망은 음성교환, 전송, 라우팅 기능을 제공하며, 전술부대 통신의 백본망으로 라우팅장치, 대용량 무선전송장치, 소용량무선전송장치 및 VoIP 교환기로 구성된다. 라우팅장치는 IP 패킷 최적 경로 유통을 지원하고, 대용량 무선전송장치는 노드통신소와 노드통신소, 노드통신소와 중형 이상 부대 통신소 간 대용량 무선전송링크를 제공하고, 소용량무선전송장치는 상대적으로 저용량의 무선전송링크를 소형부대 통신소와 중형 이상 부대 통신소 간, 소형부대 통신소와 노드통신소 간 무선링크를 제공하여 장·단거리 통신로를 제공한다. VoIP 교환기는 부대 내·외 음성전화가입자 간 음성통화를 위한 상호 교환을 제공한다.

### (2) 전술이동통신망

전술이동통신망은 이동 교환장비, 무선접속장비, 전술이동단말로 구성되며, 이동형 무선기지국을 중심으로 무선 이동 가입자(전술이동단말)들이 전술기간통신망에 접속할 수 있는 통신수단을 제공한다. 이동교환장비와 무선접속장비는 독립 운용을 통하여 전술기간통신망에 접속하지 않은 상태에서 작전수행이 가능하다.

### (3) 전투무선망

기존 전투무선망으로 HF, VHF/FM, UHF 통신망이 있으며, 장·단거리 전투무선망들이 독립적인 통신망을 구성하면서 필요시 전술 기간통신망에 자동접속되어 전술 인터넷 서비스를 지원한다. 전술용 SDR[11] 통신장치를 이용하여 하나의 단말을 가지고 필요시 여러 종류의 무전기 기능을 발휘할 수 있다.

### (4) 망 제어시스템

망 제어시스템은 TICN의 구성장비, 가입자 및 서비스에 대한 정확하고 신속한 운용을 지원하며, 계층적 분산망 관리기능을 통하여 분권화 운용개념을 충족시키고 무선 자원의 효율적인 사용을 위한 종합적인 주파수관리 기능을 수행한다.

11) SDR : Software Defined Radio, 소프트웨어기반 무선통신.

## 3. 위성통신체계

### 가. 위성통신체계 구성

위성통신체계는 통신위성을 활용하여 통신을 하는 체계이다. 시스템 구성은 [그림 8-13]과 같이 우주부(위성체), 지상부인 지상단말과 위성관제소로 이루어져 있다.

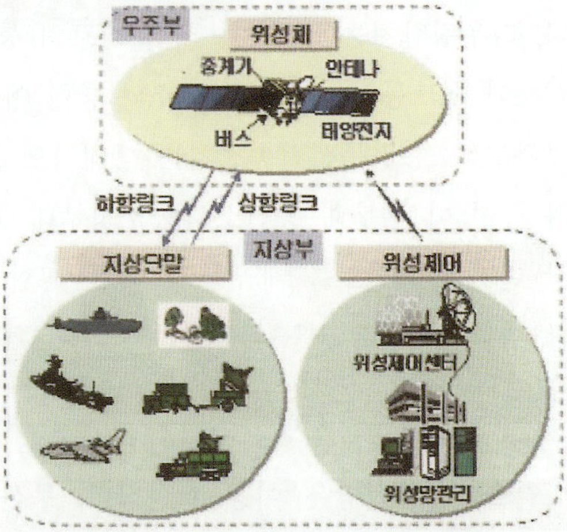

[그림 8-13] 위성통신체계 구성

자료: 『무기체계 원리』

위성체는 위성본체와 통신 신호의 중계기능을 담당하는 탑재체로 구성된다. 탑재체는 지상부와 송수신하는 안테나와 수신된 미약한 신호를 저잡음으로 증폭하고 상·하향 주파수 변환, 고출력 증폭 과정을 거쳐 다시 지상단말로 송신하는 다수의 중계기로 이루어져 있으며, 위성체는 탑재체를 싣고 자세 및 궤도유지, 전원공급 및 온도제어 임무를 수행한다.

지상단말은 사용자 요구환경에 따라 다양한 형태의 고정형 및 이동형 단말기로 구성된다. 차량용 및 휴대용 단말기는 이동 설치 후 운용되며, 수상함 및 잠수함, 항공기용 단말은 이동 중에도 통신기능을 제공한다. 위성관제소는 전체 위성망에 대한 관리와 위성체 제어를 관장한다.

### 나. 군위성통신체계(ANASIS)-I/II

한국군의 합동작전 수행 능력을 보장하는 핵심 지휘통제통신체계인 ANASIS(Army, Navy, Air Force Satellite Information System)는 단계적인 발전을 거쳐왔다.

초기 군위성통신체계인 ANASIS-I은 2006년에 발사된 민군 겸용 위성인 무궁화 5호의 군용 중계기를 임차하여 운용하는 방식으로 구축되었다. 이를 통해 군은 최초로 독자적인 위성통신망을 운용하며 전시와 평시 모두 고속 데이터 전송 능력을 확보하였다. 그러나 민간 위성의 일부를 활용하는 방식은 군의 독자적인 요구사항 충족과 통신 용량 확장에 근본적인 한계를 가지고 있었다.

이러한 제약을 극복하고 독립적이며 안정적인 위성통신 능력을 확보하기 위해, 2020년 7월 한국군 최초의 군 전용 통신위성인 ANASIS-II가 성공적으로 발사되어 운용을 시작하였다. 정지궤도 위성인 ANASIS-II는 기존 ANASIS-I 대비 데이터 전송 용량이 2배 이상 증대되었고, 적의 전파 방해 공격에 대응하는 항재밍(Anti-Jamming) 기능이 획기적으로 향상되었다.

이로써 군은 적의 위협으로부터 통신망의 생존성을 보장하고, 합참 중심의 네트워크 중심전(NCW) 수행을 위한 핵심 기반을 갖추게 되었다.

[그림 8-14] 군위성통신체계

자료: 한화시스템(hanwhasystems.com)

### 다. 차세대 군위성통신체계 발전 방향

미래 전장 환경 변화에 대응하여 군위성통신체계는 정지궤도와 저궤도 위성을 결합한 다층적 네트워크로 발전하고 있다.

정지궤도 위성망에서는 현재 운용 중인 ANASIS-II의 임무 종료에 대비하여 ANASIS-III 사업이 추진된다. 방위사업청은 2026년부터 2035년까지 약 3조 293억 원을 투입하여 노후화된 위성체를 교체하고, 전자기파 공격 방호 기능과 향상된 전송속도를 갖춘 지상 단말기를 국내 기술로 개발할 계획이다.

저궤도 통신체계는 두 가지 방향으로 추진되고 있다. 우선 상용 저궤도위성을 활용한 신속시범사업으로 2025년 11월까지 군 전용 게이트웨이와 소형 기지국을 개발한다. 동시에 과기정통부와 방위사업청이 협력하여 2024년부터 2031년까지 약 5,900억 원을 투입해 독자적인 저궤도 위성통신 기술을 개발하고 있다.

이러한 다층적 위성통신체계를 통해 군은 정지궤도와 저궤도 위성이 상호 보완하는 강인하고 유연한 통신 인프라를 구축할 예정이다.

[그림 8-15] 저궤도 위성통신망 개념도

자료: 과학기술정보통신부(2022. 10. 3.)

## 4. 전술데이터링크체계

전술데이터링크(TDL: Tactical Data Link)체계는 서로 다른 지역에 위치한 감시체계 및 타격체계와 연동하여 상황인식, 위협평가, 지휘결심, 교전통제 등의 활동을 지원하기 위한 통신체계로서, 지휘통제부대와 전투기, 전투헬기, 전투부대, 전투함정과 같이 전술정보를 필요로 하는 모든 체계 사이에서 실시간 또는 근실시간으로 전술자료를 교환할 수 있도록 지원하는 통신체계를 말한다.

전술데이터링크 구성은 [그림 8-16]과 같이 전술데이터 송수신을 위하여 통신장비를 포함한 물리적 하드웨어 또는 장비, 전술데이터를 데이터링크 종류에 따라 프로토콜에 맞게 데이터를 변환하는 데이터처리기, 암호·복호화를 위한 보안장비, 메시지 포맷, 데이터 요소, 프로토콜 등을 정의하는 메시지 표준, 디지털정보의 전송, 승인, 사용을 허용하고 관리하기 위한 운용절차 등으로 구성된다.

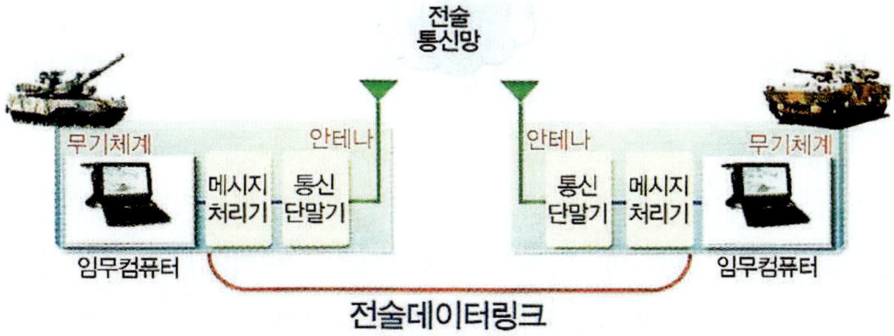


[그림 8-16] 전술데이터링크 구성

### 가. KVMF, Link-11, 16, ISDL, Link-K

한국군은 지상무기체계, 해상무기체계와 공중무기체계를 중심으로 [그림 8-17]과 같이 KVMF, Link-11, ISDL, Link-16(TADIL J)을 운영하고, 지·해·공 무기체계가 참여하는 합동작전 수행을 위하여 Link-K를 운용하고 있다.

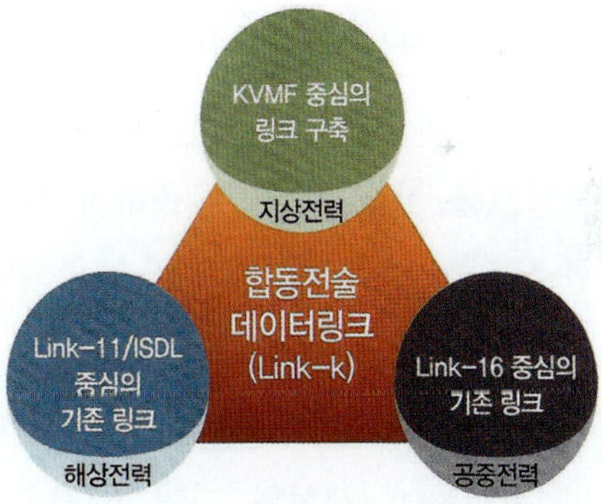


[그림 8-17] 합동전술데이터링크(Link-K)

- KVMF(Korean Variable Message Format)는 지상군의 제한된 전술 통신 환경에서 무기체계 간 전술정보를 근실시간으로 교환하기 위한 한국형 가변 메시지 포맷과 통신 프로토콜을 포함한 지상 전술데이터링크이다.
- Link-11은 광범위한 지역의 감시, 전술적인 징후 및 경고 등 다양한 임무를 지원하는 전술 데이터링크 체계로서 비행체, 지상, 함정에서 디지털 정보교환을 위한 통신기술과 표준메시지 형식을 정의한다.
- ISDL(Inter-Site Data Link)은 해군의 전탐기지, 함정, 지휘소 간의 전술자료 교환을 목적으로 해군전술자료처리체계(KNTDS)에서 개발된 한국 해군 고유의 전

술데이터링크로서 TCP/IP 프로토콜 기반이며, 유선망과 위성통신망을 지원한다. ISDL은 KNTDS 뿐만 아니라 함정전투체계, 해군전술C4I체계 등에서도 지원하는 데이터링크로서, 현재 한국 해군의 핵심 전술데이터링크이다.

- Link-16은 미군이 합동 및 연합작전을 위하여 각 군 또는 국가 간 다양한 지휘통제체계 및 무기체계 플랫폼 간 감시·정찰과 지휘·통제·정보 등의 전술 데이터를 교환하고 공유하기 위한 통신·항법·식별체계이다. Link-16은 걸프전 이후 미 국방성이 표준체계로 채택하여 1996년부터 미국의 전군에 배치·운영하고 있으며, 한국 공군은 2008년 F-15K를 구매함으로써 Link-16 체계도 함께 도입하여 사용하고 있다.
- Link-K는 각 군별로 독립적으로 운용 중인 전술데이터링크의 연동 및 합동 전장상황 공유를 위하여 한국형 합동전술데이터링크체계(JTDLS)를 통해 한국 독자로 개발한 한국형 전술데이터링크이다. 통신매체로는 위성, 유선(TCP/IP), 무선을 사용할 수 있으며, Link-16 메시지 기반의 전술정보 외에 한국군 고유의 작전정보를 공유할 수 있다.

### 나. 합동전술데이터링크체계(JTDLS)

한국형 합동전술데이터링크체계(JTDLS: Joint Tactical Data Link System)는 한국의 전장 환경 및 무기체계에 적합하도록 감시체계, 지휘통제체계, 정밀타격체계 간 전술정보를 실시간으로 공유하기 위한 전술통신 기반체계로서 합동작전 시 전술정보 교환을 위한 표준통신체계로 개발되었다.

JTDLS는 합동작전을 위하여 전술정보를 필요로 하는 육군, 해군, 공군 무기체계와 지휘소에 설치되며, 다양한 감시 및 정찰체계로부터 수집된 전술데이터를 분석, 통합 및 처리하여 생성된 다양한 전술데이터가 유통된다. JTDLS의 운용개념도는 [그림 8-18]과 같다.

합동전술데이터링크체계는 ① 사용자에게 시각적으로 전술상황정보를 제공하는 전술상황전시기, ② 전술상황을 관리하고 전술메시지를 처리 및 중계하는 전술자료처리기, ③ 무전기 또는 위성을 통하여 전술메시지를 송수신하는 무선 및 위성 모뎀 등의 장비로 구성되어 있다.

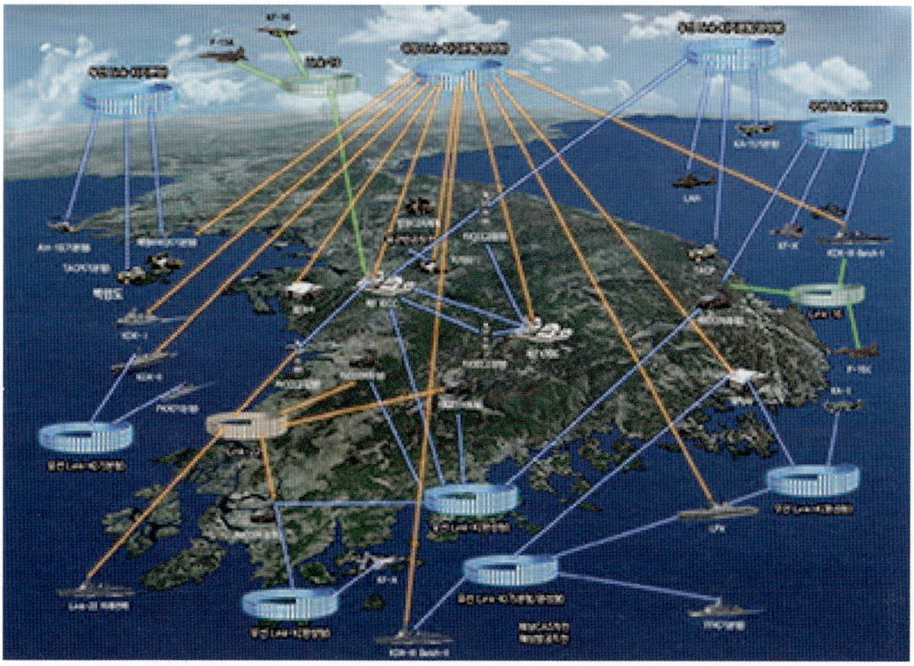

[그림 8-18] 한국형 합동전술데이터링크체계(JTDLS) 운용개념도

자료: ㈜한화시스템(2025. 7. 4.)

군 작전 시 Link-K를 운용하는 무기체계가 무선 및 위성 Link-K 모뎀을 통하여 한반도 전역의 적군 및 아군의 위치 정보를 수신하면, 전술자료처리기는 이를 합동작전 수행에 필요한 다양한 형태의 전술메시지로 변환시키고, 이를 무선 및 위성 Link-K 모뎀을 통하여 아군 무기체계와 공유한다. 군 운용자는 아군의 여러 무기체계로부터 종합된 전술상황 정보를 전술상황전시기를 통하여 한 눈에 파악할 수 있어서 보다 정확한 합동작전 수행이 가능하다.

## 제3절 통신장비

### 1. 개 요

군 통신장비는 지상, 해상, 공중 및 수중 등 다양하고 험준한 환경에서 송수신할 수 있어야 한다. 따라서 군 통신장비는 통신의 단절이나 오류가 발생하지 않도록 현대의 정보통신 기술이 총체적으로 집약하여 적용되고 있다.

군 통신장비의 명칭은 [표 8-1]과 같이 시스템 형태, 설치형태, 장비형태, 사용목적, 장비고유번호, 성능개량순서를 조합하여 부여한다. 예를 들어 AN/GRC-165A를 보면, ① AN은 육·해·공군의 공통장비이며, ② G는 지상(Ground)에서 설치하여 운용하는 장비를 의미하고, ③ R은 무선(Radio)을 의미하며, ④ C는 통신(Communication)을 의미하고, ⑤ 165는 장비의 고유번호이며, ⑥ A는 성능개량 순서를 의미한다.

[표 8-1] 통신장비 명칭부여

| ① 시스템 형태 | ② 설치형태 | ③ 장비형태 | ④ 사용목적 | ⑤ 장비<br>고유번호 | ⑥ 성능<br>개량순서 |
|---|---|---|---|---|---|
| AN | V | R | C | 165 | A |
| A : 육군(Army)<br>공군(Air Force)<br>N : 해군(Navy)<br>- 미군/나토군 표준 장비에만 부여<br>- 동일한 장비를 국내 생산시 앞부분에 K추가 (KAN)<br>- 국내 개발된 장비는 붙이지 않음 | G : 지상, 일반<br>(Ground, General)<br>P : 휴대용<br>(Pack, Portable)<br>T : 지상수송<br>(Transportable)<br>U : 일반, 지·해·공<br>(General Utility)<br>V : 차량<br>(Vehicular) | A : 열복사선<br>P : 레이더<br>(Radar)<br>R : 무선(Radio)<br>T : 유선전화<br>(Telephone)<br>V : 가시광선<br>(Visual) | A : 보조장비<br>C : 통신<br>(Communication)<br>M : 정비·시험장비<br>N : 항법보조<br>R : 수신(Receiving)<br>S : 탐지 | | |

## 2. 주요 통신장비

### 가. 전술용 전자식 전화기

전술용 전화기는 1970년대 초 미군의 TA-312 전화기를 인수받아 운용하다가 1974년 국산화 개발하여 KTA-312 전화기를 운용하여 왔으며, 1993년 국내 기술로 개발한 전자식 전화기 TA-512K를 운용하고 있다.

[그림 8-19]의 TA-512K 전화기는 휴대용 야전전술용 전화기로 공전식, 자석식, 전자식으로 운용이 가능하며, 군에서 운용 중인 모든 군용 및 상용 교환기에 가입하여 운용할 수 있다.

[그림 8-19] TA-512K

군용 전화기는 상용 전화기와 달리 자체 전원을 공급하여 전화선만 연결하면 항시 통화 가능하다. TA-312 전화기는 전자식 운용방식으로 전원은 BA-30 건전지 3개를 사용하며, 통달거리는 8~30㎞, 무게는 2.8㎏이다.

### 나. 야전용전화기

야전용전화기는 전술통신체계망에서 사용하는 비화 전화기 및 데이터 통신용 모뎀으로 사용된다.

디지털 단말기는 음성통신 기능, 데이터통신 기능, 자체점검 기능, 서비스 기능 등을 가지고 있으며, 전술용 전자식교환기, 다중집선기, 패킷통신기, 이동무선결합기, 이동무선단말기에 연결하여 운용하며 전술 C4I 체계나 LAN용 데이터 모뎀으로도 사용한다.

[그림 8-20] 야전용전화기

음성통신 기능은 전자식 교환기와 다중집선기에 연결하여 1.6㎞까지 통화 가능하다.

서비스 기능은 통화상태에서 우선순위가 높은 가입자에게 통화권을 제공하는 할입기능, 매우 빈번하게 사용하는 전화번호를 미리 프로그램에 입력하여 운용하는 직통전화기능, 단축다이얼링, 착신전환, 통화보류, 회의 통화기능, 예약기능 등이 있다.

### 다. 전술용 전자식교환기 TTC-95K

전술용 전자식교환기 TTC-95K는 사단급 이상 제대의 전술용 및 연대급 부대에 편제하여 실시간 자동교환 기능을 수행하는 장비이다.

[그림 8-21]의 TTC-95K는 기존의 노후화된 기계식 수동식 교환기를 대체하는 자동화 체계로 다양한 정보를 실시간에 전송할 수 있으며, 지상 또는 차량에 설치 운용할 수 있다. SPIDER체계의 NODE교환기로, 격자형으로 망이 구성되며 최적 우회경로를 자동 선택하고 추론 고유번호 방식에 의한 다양한 서비스 기능을 제공한다.

[그림 8-21] TTC-95K

TTC-95K는 디지털 시분할 교환방식을 사용하여 기존 자석식 전화기 및 자동식 전화기, 디지털 가입자를 자동 및 반자동으로 교환 임무를 수행할 수 있다. 타 교환대와 접속하여 간선으로 운용하며, 전신타자기, 전송장비, 선로 결합장비, 무전기 세트, 속도 변환기 등 유무선 전송장비와 연결하여 운용이 가능하다. 회선수는 가입자 수에 따라 60회선, 120회선, 240회선으로 가변하여 설치 운용할 수 있으며 자체 고장진단 기능 등이 내장되어 있는 신뢰성 있는 장비이다.

[그림 8-21]을 보면, 장비 구성은 정합대(왼쪽상단 2대), 제어대(왼쪽상단 세 번째), 중계대(오른쪽), 정류기(왼쪽 하단)로 되어 있다. 제어대는 가입자 간의 상호접속을 위한 교환기능과 통신망의 조정·통제기능을 수행하는 주제어 장비로 신뢰성을 고려하여 이중화되어 있으며, 정합대는 아날로그 및 디지털의 각종 가입자를 접속하기 위한 장비이다. 중계대(오른쪽 장비)는 호처리 및 가입자 정보변경, 시스템 상태를 감시하며, 정류기는 AC110/220V 전원을 DC 28V으로 출력하고, 전원 두절시 축전지로 자동 전환되고 각종 보호장치가 내장되어 있다.

### 라. 소부대무전기

소부대무전기는 단거리 소형 무전기로 중대급 이하 부대에서 운용하는 소부대용으로 [그림 8-22]와 같다.

운용형태는 음성 및 경보용으로, 주파수 변조(FM)방식을 사용하여 단일 주파수로 음성을 송수신하며, 10개의 채널을 예치하여 운용할 수 있다. 통달거리는 1.6~3 ㎞이며, 운용 간 비화키를 누르면 비화운용도 가능하다.

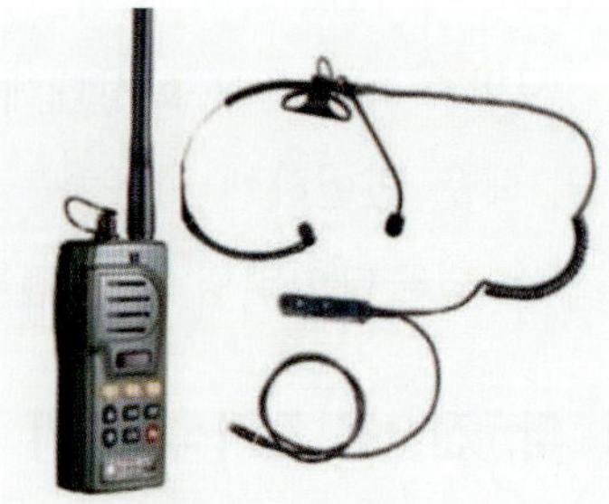

[그림 8-22] PRC-96K

머리걸이 송수화기(H-960K)와 이어 마이크(EM-960K)로 운용할 수 있어 전장소음의 영향을 적게 받으며, 기도비닉이 요구되는 적지종심작전부대에서 운용이 용이하다. 자체 고장진단 기능이 내장되어 있으며, 전원은 리튬전지와 니켈전지를 사용한다.

### 마. FM무전기 PRC-999K

PRC-999K 무전기는 기존 P-77 무전기를 대체하기 위하여 선진국형의 최신기술을 적용하여 국내에서 개발된 전술제대 지휘용 무전기로서, 중대급 이상 부대에서 휴대 및 차량용으로 운용된다. [그림 8-23]의 PRC-999K는 효율적인 통신지원을 제공하기 위하여 CDMA[12]를 이용하여 데이터와 음성통신 모두 가능하고, 기존의 FM 무전기보다 광대역의 주파수와 다채널을 보유하였으며, 상호간섭 및 혼신을 최소화하였다. 적의 전자전 위협으로부터 생존성을 보장하기 위하여 주파수 도약(hop) 기능을 이용하여 대 전자전 능력을 보강시켰으며, 특히 고품질의 다양한 정보를 송·수신 할 수 있는 데이터 전송능력도 구비하였다.

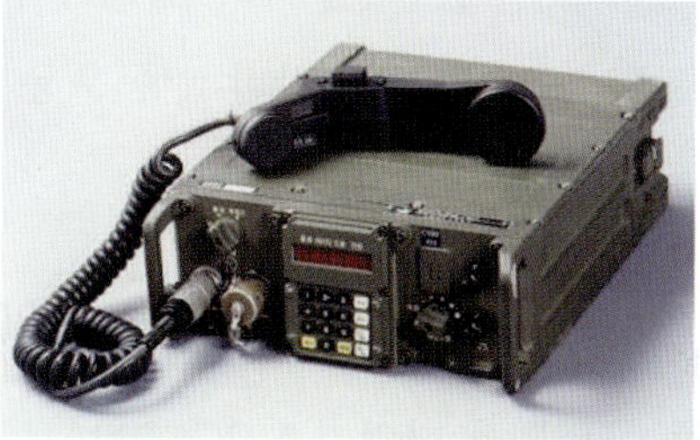

[그림 8-23] P-999K 무전기

PRC-999K는 30~87.975㎒ 범위에서 25㎑ 채널간격으로 2,320개의 채널을 사용할 수 있으며, 2대의 무전기 세트에 차량 및 휴대용 중계케이블을 이용하여 중계운용[13]할 수 있다. 통달거리는 8㎞이며, 원격조정기세트(C-939K)를 이용, 야전선으로도 3.25㎞까지 이격하여 원격으로 조정하여 운용하는 방식으로 지휘소 은폐, 엄폐 등의 융통성 있는 통신운용에 효과적이다. 무게는 6.2㎏이며, 자체점검 기능과 대전자전, 무전기내의 모든 정보를 제거할 수 있는 소거기능과 컨트롤러와 케이블을 이용하여 원격으로 운용할 수 있다. 전원은 축전지 또는 차량용 전원을 사용할 수 있다.

### 바. PRC-950K 및 VRC-950K 무전기

PRC-950K 무전기는 구형 HF 무전기(KAN/URC-87)의 대체기종으로 개발된 주파수 진폭(AM) 변조방식의 도약형 휴대용 무전기로 [그림 8-24]와 같다. PRC-950K를 차량 장착 장비와 함께 운용할 경우 VRC-950K 무전기가 된다.

---

12) CDMA : Code Division Multiple Access, 코드분할다중접속.

13) 중계운용 방법은 두 무전기 간 거리가 기본 통달거리보다 멀거나 산악, 협곡 등과 같은 전파의 장애물이 있어 통신이 불가능한 지형적인 조건에서 보다 나은 통신을 하기 위한 운용방법이다.

[그림 8-24] P-950K 무전기

PRC/VRC-950K는 5~100W 출력으로 운용방식은 고정방식, 자동방식, 데이터장비 연동운용 방식이 있다. 고정운용 방식은 단일 주파수로 송수신하며, 필요시 송신 및 수신 주파수를 분리하여 운용할 수 있다.

자동방식 운용에는 예치된 주파수 품질을 측정하여 양호한 주파수로 통화를 연결시켜 주는 측정운용, 선택한 채널에 예치된 주파수를 이용하여 자동으로 연결하는 연결 운용, 적의 도청이나 통신방해를 방지하기 위한 도약운용 기능, 대기 운용 등이 있다. 데이터장비 연동운용은 아날로그와 디지털 데이터를 음성·데이터·전신 연결구에 연결하여 운용한다.

### 사. 이동무선 단말기 VRC-680AK

이동무선 단말기 VRC-680AK는 대대급 이상에서 사용하는 이동무선전화기 MST[14]로 [그림 8-26]과 같으며, 음성 및 데이터 통신이 가능하다. 음성신호는 각종 잡음에 강하여 전술환경에서 통화가 가능하도록 디지털 신호로 변환되며, 데이터 통신은 이동무선단말기의 데이터 연결구에 데이터 통신단말기를 접속하여 운용한다.

VRC-680AK는 적의 탐지 및 통신방해에 대응할 수 있도록 주파수 도약방식을 사용하며, 장비운용에 필요한 중요 정보는 비휘발성 기억장치에 기억시켜 사용한다. 망 접속에 의한 통신가능 여부를 확인할 수 있는 기능을 내장하고 있어 통신에 적합한 위치 선정이 용이하다.

[그림 8-26] 이동무선 단말기 VRC-680AK

차량 운용 시에는 지휘관용, 참모용 및 군수지원부대용으로 구분하여 차량 종류에 맞는 차량 장치대를 이용하여 장착 운용하며, 휴대 운용 시에는 송수신기와 무전기 지게, 휴대용 안테나를 사용하며, 송수화기에 장착된 키패드를 이용한 다이얼링은 송수신기 전면판에 있는 키패드와 같은 기능을 수행한다.

### 아. 전술다대역다기능무전기 TMMR

전술다대역다기능무전기 TMMR(Tactical Multiband Multirole Radio)은 기존의 음성만 송수신이 가능했던 단순한 무전 기능에서 음성과 고속 대용량 데이터 송수신은

---

14) MST : Mobile Subscriber Terminal.

물론 동시통화까지 되는 최첨단 기능의 무전기로 [그림 8-27]과 같다.

[그림 8-27] 전술다대역다기능무전기 TMMR

TMMR은 네트워크 중심전 하 여단 및 대대급 이하 전술C4I기반 통신단말기로 기동간 및 실시간 지휘통제를 위한 SDR(Software Defined Radio) 기반의 무선장비이며, HF, VHF, UHF 등 다대역 다채널 다기능 네트워크 중심의 미래 전장형 무전기이다.



TMMR 휴대형은 2채널, 차량형은 3채널의 송수화기를 탑재하여, 한 대로 2~3명이 동시에 운용할 수 있다. 1대의 무전기가 최대 7종류의 무전기 기능[15]을 가지고 있으며 기존에 운용되고 있는 무전기와도 상호통화가 가능하여 다양한 무선통신 환경에서 유연하게 대처할 수 있다는 장점이 있다.

통화거리를 연장할 수 있는 중계기능을 가지고 있으며, GPS기능을 탑재하여 무전기를 사용하고 있는 아군의 위치 파악도 쉽게 할 수 있다. Ad-Hoc 네트워크[16]를 구성하는 노드들은 같은 네트워크를 구성하는 자신의 전파 도달거리 밖에 있는 다른 노드와 통신할 수 있으며, 이때 중간 노드들은 목적지 노드 간의 데이터 통신을 위한 패킷을 전달, 중계할 수 있는 기능을 제공한다. Ad-Hoc 네트워크의 가장 큰 특징은 기지국이나 중계기 없이 무전기 자체에 중계기능이 탑재되어 있다는 것이다.

### 자. 전술다중장비 KAN/GRC-512V

다중전술장비 KAN/GRC-512V 장비는 밴드 I (225~400㎒), 밴드 II(610~960㎒), 밴드 III(1350~1850㎒) 주파수 범위에서 주파수 도약, 간섭주파수 제거 및 이중 송·수신 등의 향상된 디지털 방식의 다중채널 무선 중계 장비로 [그림 8-28]과 같다.

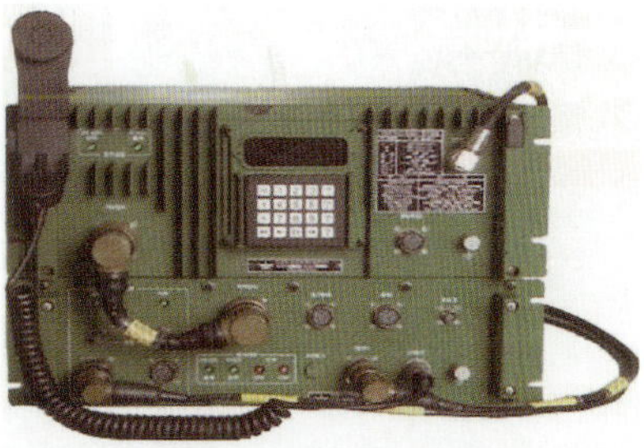

[그림 8-28] 전술다중장비 KAN/GRC-512V

KAN/GRC-512V는 양방향 통신이 가능한 시분할 송수신 방식으로 송신과 수신을 동일한 주파수

---

15) HF-AM(신/구), VHF-AM, VHF-FM(신/구), UHF-AM, K-WNW 등 사용자가 다양한 주파수 대역 및 변조방식을 소프트웨어로 구성하여 탑재하고 있다.

16) 애드혹 네트워크(ad-hoc network)는 무선 네트워크의 한 분야로 중앙집중식 제어기가 없이 흩어져 있는 무전기들이 통신이 가능한 노드들끼리 서로 통신을 하여 네트워크를 구성하는 방식으로 최근에 각광받고 있다.

로 사용한다. 운용방식은 고정모드, 고정 적응모드, 고정 이중모드, 고정 이중적응모드, 도약 모드, 주파수 적용 도약모드, 주파수 도약 이중모드, 주파수 이중 적응 도약모드 등 8가지 종류가 있다.

고정모드는 1개의 주파수를 사용하여 송수신하며, 프레임 펄스시간(8ms)의 반은 송신하고 나머지 반 프레임을 수신으로 전환된다. 고정적응 모드는 예치된 2~8개 고정 주파수 중 1개의 주파수를 사용시 혼선이 발생하면 나머지 주파수로 이동하여 송수신하는 방식이다. 고정 이중 모드는 2개의 주파수를 사용하여 동일한 데이터를 2회씩 전송하여 양호한 품질의 데이터를 선택하여 수신하다.

음성 및 데이터 외에 화상회의 통신을 제공하며 고속 및 광대역으로 도약하기 때문에 통신망의 생존성을 보장한다.

# 제 9 장

# 미래전과 무기체계

## 제1절 과학기술과 무기체계 발전

### 1. 과학기술의 발전

선진국가들을 중심으로 군은 첨단 과학기술을 동원하여 각종 환경에서 원격 통제되는 무기체계들을 빈번히 사용할 것이며, 이들이 광범위한 분야에서 모습을 드러낼 것으로 예상된다. 인지과학(Cognitive Science, CogSci) 분야의 발전으로 미래에는 인간-기계 인터페이스(Human-Machine Interface, HMI) 분야가 개선되면서 전장에서의 의사결정 및 시행이 단순·신속해질 것으로 전망된다. 또한 인공지능(Artificial Intelligence, AI) 분야의 발전으로 인간이 완전히 배제된 상태에서 전술 수준의 독자적인 의사결정도 가능해질 수 있다. 이는 윤리적 및 법적 문제를 초래할 수 있으나, 미래의 전쟁과 전투의 성격에 근본적인 변화를 가져올 것으로 평가된다.

한편, 화학·생물학 무기는 기술의 진보와 함께 더욱 정교해지고 다양한 형태로 위협이 될 가능성이 있다. 결과적으로 화학·생물학 무기의 유효기간, 전투 요원의 생존성, 전파 속도와 범위, 치명성, 공격대상 등을 임의로 조절할 수 있을 것이다. 이에 대응하여 탐지, 예방 및 치료 측면에서 보다 효과적인 대응책도 함께 발전할 것으로 보인다.

이와 같이 미래의 첨단무기체계 발전과 전쟁수행 방법에 크게 영향을 줄 주요 과학기술분야를 예로 들어 보면 다음과 같다.

#### 가. 첨단센서기술

첨단소재와 공정, 기술 등의 접목으로 감지 기능이 획기적으로 개선되거나, 기존 센서에 자동 보정, 자가 진단, 의사결정 등 지능형 기능이 추가된 센서 기술 분야이다. 초소형 선체 내장용 메모리 칩 기술, 수중 이동체용 정밀 위치인식 기술, 군집형 초소형 무인기 영상 획득 기술 등이 있다.

#### 나. 사이버보안기술

사이버 환경에서 정보시스템이나 네트워크를 통하여 전달되는 정보의 위조, 변조, 유출, 무단 침입 등 각종 불법 행위로부터 조직 또는 개인의 컴퓨터와 정보를 안전하게 보호하는 기술 분야이다. 하드웨어 칩 악성 행위 탐지 및 대응 기술, 지능형 사이버 공격 방호 기술, 빅데이터 및 인공지능(AI) 기반 군 사이버 작전 지원 기술 등이 있다.

### 다. 인공지능기술

학습, 추론, 지각, 이해 등 인간 수준의 지능을 갖춘 컴퓨터의 실현을 목표로, 인간과 유사한 지능이나 지식을 갖춘 존재 또는 시스템에 의해 만들어진 지능을 연구하는 기술 분야이다. 지능형 군 작전 추론 기술, 군 작전 시 장병과 무인 로봇 간 지능형 협업 기술, 보강학습(Reinforcement Learning) 기반 위협 우선순위 평가 및 무기 할당 기술 등이 있다.

### 라. 가상현실/증강현실/혼합현실기술

가상현실(Virtual Reality, VR)은 현실세계를 디지털 가상 환경으로 모사하여 재현하는 기술이며, 증강현실(Augmented Reality, AR)은 현실세계 위에 가상 객체 등을 오버레이하여 정보를 제공하는 기술이다. 혼합현실(Mixed Reality, MR)은 현실세계의 배경이나 객체와 상호작용하는 컴퓨터 그래픽(Computer Graphics, CG) 기반 가상 객체 콘텐츠를 제공하는 기술을 말한다. 초소형 센서 기반 지상 및 수중 환경 객체 식별 및 가시화 기술 등이 있다.

### 마. 무인로봇기술

외부 환경을 인식하고, 상황을 판단하며, 자율적으로 동작하는 무인로봇을 개발하는 기술 분야이다. 최근에는 지상전투차량을 대체할 무인전투차량, 전투기를 보완하는 무인전투기, 적 잠수함을 탐지·추적·파괴하는 지능형 어뢰·기뢰 및 공격로봇 등이 등장하고 있다. 또한 상호 연동된 다수의 자율 또는 반자율 무인체계(지상·해상·수중·공중 무인체계)가 협력하여 공동 목표를 분산 수행하는 스웜 전술(Swarm Tactics) 개념이 군사 연구 및 응용에서 핵심적으로 논의되고 있다. 현실적인 사례로는 미 공군의 Perdix 스웜 실험이 있으며, 이외에도 소형 무인기, 곤충을 모방한 센서 운반체, 고고도에서 운용할 수 있는 무선 비행체 등이 있다.

### 바. 신추진기술

기존의 추진기술보다 진보된 방식으로 유체를 후방으로 가속하여 밀어내고, 그 반작용력으로 항공기, 발사체 및 인공위성 등을 추진시키는 응용기술 분야이다. 대표 기술로는 초공동 해수 흡입 추진 기술, 이온 로켓 엔진, 플라즈마 제트 로켓 엔진, 일체형 전기 추진기 기술 등이 있다.

### 사. 우주항공기술

상업 분야뿐만 아니라 군사적으로도 우주 환경의 활용이 광범위하게 현실화되고 있다. 그 결과 통신, 위치 추적, 영상 획득 기술을 중심으로 서구사회의 우위가 일부 감소하고 있으며, 2030년경에는 다수의 우주 시스템이 운용됨에 따라 우주 이용이 군사 분야에서 더욱 복잡하고 전략적인 쟁점이 될 것으로 전망된다.

### 아. 정보통신기술

정보 수집 및 처리뿐만 아니라 이동과 통신이 가능한 소형 장비가 개발되면서, 보다 정교한 분산형 정보수집체계가 실현될 것으로 전망된다. 무인정찰기는 소형화되고, 경제성을 확보하게 될 것이다. 목표지역 전역에 대한 정보 수집을 위해 수백만 개의 초소형 공중 센서나 손바닥 크기의 소형 탐지로봇을 다수 활용하여 전투지역을 감시하는 감시먼지(Surveillance Dust)와 감시망(Mesh) 개념도 현실화될 수 있다.

최근 정보통신 및 데이터 처리 시스템의 비약적인 발전으로, 실시간 정보수집과 전달, 무기체계의 신속한 배치와 할당, 작전지속능력 등 지휘통제체계 분야에 일대 혁신이 일어나고 있다. 특히 모든 전투요소를 네트워크로 연결하여 전쟁을 수행하는 네트워크 중심전(Network Centric Warfare, NCW) 유형의 지휘통제체계도 실현이 곧 가능할 것으로 예상된다.

노한 정보수집 능력 및 지휘통제체계의 발전과 더불어 탄약의 지능화 및 정밀유도 기술의 발전, 무기의 사정거리 확대, 화력능력의 개선, 저비용의 전천후 무인 전투 장비의 개발 등으로 인하여 정밀 타격 및 종심 공격이 용이해지고 보편화될 것이다.

### 자. 연료전지기술

최근 전기자동차 등의 예에서 볼 수 있듯이, 앞으로 연료전지(fuel cell)가 내연기관 엔진을 대체할 수 있는 현실적인 대안이 될 것으로 전망된다. 아직 전력 공급원(Power source) 측면에서의 획기적인 진전은 이루어지지 않았으나, 전지 성능 및 수명 개선을 통하여 군사 분야에서도 연료전지가 적용될 가능성이 높다.

## 2. 미래 국방신기술

기술 발전 방향은 각 기술 분야의 발전 추세와 미래 변화 양상을 반영하여, 제품 또는 서비스가 향후 어떤 형태로 진화할 것인지를 제시하는 것이다. 예를 들어, 첨단 센서 분야의 경우, 소형화, 지능화, 다중·복합화, 유연화, 신호 전송거리의 증가 등과 같은 기술 발전 추세가 예상되며, 이를 기반으로 "기능성 나노물질(섬유 등) 내재 생체 정보 수집 센서"와 같은 미래 기술 분야를 도출할 수 있다.

한편, 국방기술진흥연구소는 국내외 다양한 기관에서 제시한 미래 유망기술을 참고하여 국방 분야에 적용 가능한 미래 신기술을 선별·분류하고, 국방 분야 특성에 부합하는 기술 분야를 정의하였다. [그림 9-1]에 제시한 국방 신기술 분류는 국방기술진흥연구소(2022) 『미래 국방 신기술 예측』 보고서에 근거한 것이며, 여기에는 제6회 과학기술예측조사 미래 기술(KISTEP), 2050 미래 우주공간 활용(KIAT), EU 100대 미래 유망 기술(EU), Future Uses of Space Out to 2050(Rand Europe), 지구 ICT 미래 유망 기술(IITP) 등 주요 국내외 보고서의 내용이 반영되어 있다.

| 번호 | 분야 | 정의 |
|---|---|---|
| 1 | 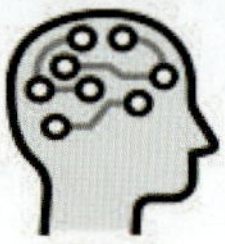 인공지능 | 학습, 추론, 지각, 이해 등 인간의 지적 능력을 기계로 구현하기 위한 기술로 인간성이나 지성을 갖춘 존재, 시스템에 의해 만들어진 지능, 또한 그와 같은 지능을 만들 수 있는 방법론, 실현 가능성 등을 연구하는 분야 |
| 2 |  양자 | 원자 및 광자 수준의 미시세계를 설명하는 양자역학 기반의 기술로서, 양자의 중첩, 얽힘, 불확정성 등의 특성을 활용하는 기술 분야이며, 거시세계와는 다른 물리 법칙에 기반을 두어 기존의 고전 물리학의 한계를 뛰어넘는 초민감성, 초소형, 초광대역 기술 구현이 가능함 |
| 3 |  메타버스 | 메타버스란 가상, 초월을 의미하는 '메타(meta)'와 우주를 의미하는 '유니버스(universe)'를 합성한 신조어로, 현실을 디지털 기반의 가상세계로 확장하여 단순한 3차원 가상공간이 아니라 가상 공간과 현실이 적극적으로 상호작용하는 것을 뜻함 |
| 4 |  국방우주 | 군사안보 측면에서 외부로부터 자국의 우주자산에 위협이 되는 상황을 모니터링하고 대처하는 일련의 활동과 미사일 방어, 조기경보 등 우주에서의 군사작전을 위해 필요한 우주 자산을 확보하여 우주력을 갖추기 위한 모든 활동을 포함함 |
| 5 |  국방에너지 | 석탄 등 기존 화석 연료를 변환시켜 이용하거나, 햇빛, 물, 지열, 바이오매스 등 재생 가능한 에너지를 변환시켜 이용하는 에너지로 정의할 수 있으며, 크게 신에너지와 재생에너지로 구분하고, 고출력 에너지는 레이저, 전자기파 전자기력 중 고출력을 발생시키는 분야 |

| | | |
|---|---|---|
| 6 | 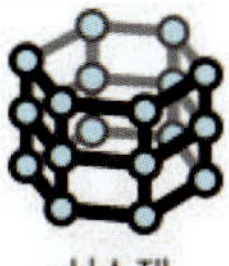 신소재 | 금속·무기·유기 원료 및 이들을 조합한 원료를 새로운 제조기술로 제조하여 종래에 없던 새로운 성능 및 용도로 쓰이게 된 소재로 새로운 제조방식을 통해 구성품의 성능을 향상시키거나 비용, 시간 등을 저감시키는 기술들을 연구하는 분야 |
| 7 | 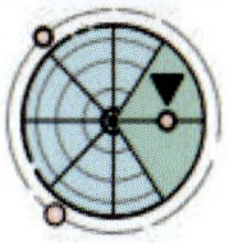 첨단센서 | 첨단소재와 공정 기술등의 접목으로 감지기능이 획기적으로 개선되거나 기존 센서에 자동보정, 자가진단, 의사결정 등의 기능이 추가된 지능형 센서 등을 연구하는 분야 |
| 8 |  무인자율/로봇 | 외부 환경을 인식(Sense)하고, 상황을 판단(Think)하며, 자율적으로 동작(Act)하는 기계로 초기에 사람을 대신하여 어렵고 반복적인 작업을 하는 똑똑한 기계에서 로봇 기술의 융합·적용을 통해 지능화된 서비스를 창출하는 로봇화(Robotization)의 개념으로 발전함 |
| 9 |  사이버보안 | 사이버 환경에서 정보 시스템이나 네트워크를 통하여 전달되는 정보의 위조, 변조, 유출, 무단 침입 등을 비롯한 각종 불법 행위로부터 조직 혹은 개인의 컴퓨터와 정보를 안전하게 보호하는 기술 |

[그림 9-1] 미래 국방신기술

자료: 국방기술진흥연구소(2023). 「빅데이터 기반 미래국방 신기술예측」

# 제2절 미래전 양상

## 1. 개 요

미래학자 앨빈 토플러(Alvin Toffler)의 『전쟁과 반전쟁(War and Anti-war)』에서는 과거부터 현재에 이르는 전쟁 양상을 설명하고 있다. 또한 이 책에서는 앞으로 일어날 전쟁, 즉 미래의 전쟁을 한마디로 "하이테크 전쟁"이라고 규정하면서, 하이테크 전쟁에서는 한쪽이 절대적으로 우세하더라도 단 하나의 도화선으로 전세가 반전될 수 있다고 지적한다. 즉, 미래 전장은 그 양상을 단번에 바꿀 수 있는 미지의 신기술에 기반한 새로운 무기가 출현하며, 이들 신무기에 의한 경쟁이 전개될 것임을 의미한다.

본서 1장에서 설명하였듯이, 전쟁은 고대에서 중세, 근대, 현대에 이르기까지 획기적이고 혁신적으로 변화해 왔다. 이러한 전쟁 양상은 농업시대, 산업시대, 정보화시대를 거치며 각 시대의 기술 발전 속도와 함께 변화해 왔으며, 앞으로도 수많은 첨단기술과 아이디어에 의해 상상을 초월하는 변화가 예상된다. 미래전은 무엇보다도 지상·해상·공중·우주로 이어지는 4차원 전장의 전쟁에서, 사이버 공간 등 또 다른 차원이 결합되는 5차원 전장의 전쟁으로 진화할 것이다. 또한 원거리 정밀 타격전, 네트워크 중심전, 무인 자율화전, 사이버전, 하이브리드전 등 다양한 양상으로 변화할 것으로 예측된다.

## 2. 미래전 양상

### 가. 무인로봇전

[그림 9-2] 우크라이나 전쟁에 투입된 Lyut 또는 Fury

러시아의 침공에 2년 넘게 맞서고 있는 우크라이나는 '로봇개'에 이어 지상 전투 지원용 로봇까지 최전선에 투입하며 본격적인 '로봇 전쟁' 시대를 열었다. 우크라이나군은 최근 지상군 전투 지원용 무인지상로봇인 '류트(Lyut) 2.0'[별칭 Fury(퓨리)]를 최전선에 배치하여 운용 중이다(그림 9-2). 기관총이 장착된 소형 전차 형태의 이 로봇은 최전선 보병과 정찰병에게 화력 지원을 제공한다. '퓨리'는 4륜 구동 방식으로 최대 20㎞를 주행할 수 있으며, 3일간 자율주행 작전이 가능하다. 4등급 방호장갑이 적용되어 소형 포탄과 총알을 방호할 수 있다.

우크라이나 디지털 전환부 장관 미하일로 페도로우는 "퓨리는 러시아군의 위치를 공격하고, 공격 시에는 엄호를 지원한다"며 "이 장비의 통제가 쉬우며, 음성 및 영상 통신 수준이 높을 뿐만 아니라, 주·야간 시야가 좋고 자동 사격 통제 기능도 있다"고 설명했다. 퓨리의 실전 배치는 무인지상로봇의 군사작전 편입을 목표로 한 우크라이나군의 포괄적 계획의 일환으로 해석된다. 또한 우크라이나군은 기지 정찰, 지뢰 탐지 등 위험한 임무를 대신할 수 있는 로봇 개(BAD one)도 개발하여 배치할 계획이다. 이처럼 인력 부족과 전력 강화라는 현실적 필요에 따라 다양한 무인로봇 기술이 신속히 전장에 적용되고 있다.

가장 최근에 전개되고 있는 러시아-우크라이나 전쟁 사례 분석 결과, 미래전은 무인로봇전이 주축이 될 것이라는 전망이 힘을 얻고 있다. 무인기(Unmanned Aerial Vehicles, UAVs), 자율살상무기(Lethal Autonomous Weapons, LAWs) 등 다양한 자율무기가 상호 네트워크로 연동되어 군사전술과 타격 대상을 스스로 조율하는 스워밍(swarming) 공격이 확산될 것으로 예상된다.



### 나. 효과적인 정밀타격전

신기술은 미래전의 '살상력(lethality)'을 높이고 있다. 각종 무인 지상 감시센서, 유·무인 항공정찰기, 위성이 제공하는 이미지 정보와 '위치·항법·시간(Positioning, Navigation, Timing, PNT) 정보'는 향후 모든 무기체계에 적용될 것이고, 이러한 다양한 감시정찰기술을 통해 포착한 적을 장거리에서 정밀하게 타격하는 무기가 빠르게 증대할 것이다. 장거리 정밀타격을 수행하는 극초음속 무기(hypersonic weapon)의 공격에 대해서는 지향성 에너지 무기(Directed-Energy Weapon, DEW)를 통한 반격이 시도될 것이다. 또한 첨단기술은 전력의 '생존성(survivability)'에 획기적으로 기여할 것이다. 로봇과 무인기는 전방과 후방 사이에서 위험할 수 있는 군사적 지원을 안전하게 수행할 수 있고, 3D 프린팅과 같은 적층 제조(additive manufacturing) 기술은 적은 비용으로 빠르게 무기를 제작할 수 있게 한다. 또한 첨단 바이오 기술은 전장에서 전투원이 생존하며 지속적으로 싸울 수 있도록 지원하고, 소형 원자로(small modular reactor)나 고용량 충전기술과 같은 첨단 에너지 기술은 군의 병참과 전투지원 능력을 크게 향상시켜 전력의 생존성을 크게 증대시킬 것이다.

### 다. 네트워크 전쟁: 디지털-물리공간의 연결과 사이버 공방

미래 전쟁은 무기체계와 전투체계가 네트워크 기반의 정보 생성과 공유를 중심으로 한 네트워크 중심전(Network-Centric Warfare, NCW)이 될 것이다. 사이버 안보는 네트워크 전쟁 수행의 핵심 요소이다. 우크라이나가 전쟁 초기 사이버 전장에서 우세를 점한 것은 러시아에 대한 전통적 군사력의 절대열세를 극복하는 중요한 요소였다. 사이버 공간이 대결의 주요 공간으로 부상하면서, 우크라이나 정부와 서구 사이버안보 기업의 협업은 초기 방어에 중요한 역할을 하였다. 초기 네트워크 전쟁, 사이버 공방 속에서 서구 동맹국, 협력국은 물론 기업과 해외 해커조직 등 다양한 주체들이 이 공방에 참여하기 시작했다. 우크라이나는 글로벌 사이버 전문가와 해커로 구성된 "정보기술 부대"를 구성하였고, 클린턴 전 국무장관 등이 해커들의 사이버 공격 개시를 촉구하고, 세계 최대 해커 조직 '어나니머스(Anonymous)'가 러시아 정부 웹사이트와 국영 언론을 마비시키는 공격을 감행했다. 2021년 12월부터 미국 사이버 사령부는 우크라이나 사이버 사령부와 함께 훈련을 하고, 우크라이나에 최대 규모의 전진작전팀을 배치했다. EU는 전쟁 발발 직전 우크라이나 지원을 위해 '사이버 신속 대응 전문가팀' 프로젝트를 시작했다. 전쟁이 시작되자 미국 FBI와 사이버 안보 인프라국은 정보 지원과 기술 자문을, 국제개발국은 기술 전문가 배치와 함께 6,750개가 넘는 비상통신기기를 에너지와 통신 등 핵심 분야 운영자와 정부 관료들에게 제공했다. 우크라이나는 서구 기술 기업들의 지원으로 핵심 데이터를 빠르게 원격 서버로 이동시킬 수 있었고, 전쟁 발발 직후 스타링크(Starlink) 위성 인터넷이 제공되었으며, 세계 최대 규모 인터넷 서비스 제공업체인 루먼테크놀로지스(Lumen Technologies)와 코젠트 커뮤니케이션스(Cogent Communications)는 러시아 고객들을 그들의 네트워크에서 차단시켰다.

마이크로소프트(Microsoft), 구글(Google), 시스코(Cisco)와 같은 기업들도 우크라이나의 사이버 안보를 지원했다. 이렇듯 우크라이나는 초기 사이버 공방에서 자체 사이버 안보 역량, 기술 기업의 지원, 서구의 협력으로 '짧은 전쟁'으로 승리하겠다는 러시아의 기대를 막을 수 있었다. 미래 전쟁에 있어 국가의 첫 번째 전투는 사이버 공격을 예측하고 신속하게 대응하고 복구할 수 있는 준비를 요구한다. 우크라이나 전쟁은 초기 전장의 우위는 물론, 지속적인 네트워크 전쟁 수행을 위한 사이버 안보의 절대적 중요성을 보여주었으며, 이는 기술 역량뿐만 아니라 국내외 민간전문가, 기업, 그리고 동맹과 우호국 등과의 다양한 파트너십 구축의 필요성을 강조하고 있다.

## 라. 인지전/정보전: 내러티브 전쟁과 소셜네트워크

- **'누가 정의인가'의 내러티브 전쟁, 인지전쟁과 소셜네트워크**

클라우제비츠는 전쟁에서 정신의 힘을 강조하였다. 전쟁 행동의 목표는 적이 저항하지 못하게 하는 것인데, 의지력이 이 저항력의 핵심요소라는 것이다. 인지전과 내러티브전쟁은 이 의지력에 영향을 미치기 위한 주요한 작전이라고 할 수 있다. 전시에 '누가 정의인가'를 규정하는 내러티브 전쟁은 의지력에 영향을 미치는 중요한 요소이다.

우크라이나 전쟁은 전통적 내러티브 전쟁이 어떻게 인공지능(AI)과 같은 신흥 기술, 소셜 미디어와 같은 신흥 공간을 활용하여 진화하고 있는지를 보여주고 있다. '누가 정의인가'에 대한 내러티브 전쟁은 우크라이나 전쟁 초반의 핵심 전장이었고, 소셜 네트워크는 핵심 수단이었다. 전쟁을 전하는 가장 인기 있는 틱톡 영상들은 우크라이나 내러티브를 지원하는 홍보 효과를 발휘하였다. 우크라이나가 러시아의 내러티브에 대항하기 위해 크라우드소싱(crowdsourcing, crowd와 outsourcing의 합성어)을 통해 인지 우세를 달성하는 모습은 미래 전쟁에서 인지전이 디지털 기술과 결합하여 초래되는 전쟁 양상의 변화를 보여주고 있다.

- **정보전쟁과 디지털 기술 : 소셜네트워크와 오픈소스정보(OSINT), 인공지능**

정보전은 현대전의 핵심이다. 손자병법도 적을 이기기 위해서는 먼저 적진의 상황을 알아야 한다고 강조하고, 적진 깊숙이 침투하는 사람을 통해 정보를 얻으라고 제언한다. 이러한 정보전 또한 디지털 기술의 발달과 함께 공간과 수단의 변화가 전개되고 있다. 우크라이나 전쟁에서 정보전을 지원할 오픈소스 정보(OSINT, Open Source Intelligence)가 급격히 증가했고, 사이버 공간에서 치열한 정보전이 벌어졌다. 사이버전과 정보전의 결합은 상대방을 혼란스럽게 하고 사기를 저하시킬 뿐만 아니라, 협력국들을 결집시키고 힘을 고취할 수 있다. 전쟁 전 미국은 온라인 플랫폼을 이용해 러시아의 공격 가능성을 제기하며 여론 정보전을 전개했고, 전쟁 초기 유럽 국가들의 신속한 대응과 여론 결집을 촉진했다.

소셜미디어를 통한 허위정보 공방 또한 정보전쟁의 중요한 전장이었다. 2022년 8월, 영국 정보본부(GCHQ) 정보국장은 "러시아가 정보전쟁에서 패배하고 있다"고 밝혔다. 러시아가 온라인 허위정보 전략을 전개했으나, 영국 정보본부와 국가사이버군이 공격적인 사이버 도구를 사용하여 러시아에 대응하고 있다고 언급했다. 미국은 주류 미디어와 소셜 플랫폼을 활용해 러시아 여론 정보를 차단했고, 페이스북, 구글, 트위터, 메타 등 소셜 플랫폼들은 러시아 콘텐츠를 완전히 차단하거나 제한하는 등 정보전에 대응했다.

디지털 시대의 정보전쟁, 인지전쟁 속에서 '소셜미디어 군단'의 역할이 주목받고 있다. 휴대전화는 누가 전쟁에 참가하는지, 그리고 전쟁의 무기를 구성하는 요소가 무엇인지에 대한 인식을 바꾸고 있다. 전쟁 발발 첫날, 침공하는 러시아 탱크부대가 노출된 것은 구글이 운전자들에게 러시아 탱크가 교통체증을 유발하고 있음을 알렸기 때문이었다. 소셜미디어의 발달은 전통적인 심리전, 인지전을 위한 소통에 중요한 수단을 제공하고 있으며, 우크라이나 전쟁은 전선에 있는 군인들도 휴대전화를 통해 매일 전쟁의 모습을 전하는 첫 사례이다. 우크라이나 전쟁에서 정보전의 우위는 초기 전세를 결정하는 데 중요한 요소였다.

### 마. 공중전, 해상전: 드론 전쟁(Drone War)과 무인기술

네트워크 전쟁에서 드론은 네트워크 교란, 전파방해를 전개하는 핵심무기였으며, 러시아 영토 깊숙한 곳까지 공격하는 데 활용되었다. 2023년 3월 초, 우크라이나는 드론 구매에 8억 5,500만 달러 이상을 할당하고, 1만 명의 드론조종사 교육을 목표로 20개 이상의 훈련학교에서 드론 교육을 확대하고 있다. 우크라이나군의 모든 연대에는 50~60명의 드론조종사가 배치되었다. 드론 전쟁은 정찰, 공격, 방어, 운송 등을 넘어 정보전, 여론전에도 중요한 수단으로 자리 잡고 있다. 러시아와 우크라이나의 드론부대는 매일 소셜미디어에 영상을 게시하여, 500달러의 값싼 드론이 수백만 달러의 비싼 포병대나 전차를 효과적으로 파괴하는 장면을 공개함으로써, 현대전에서 드론의 획기적인 역할을 부각시켰다.

특히 민간 드론의 광범위한 사용은 우크라이나 전쟁에서 가장 주목받는 현상이다. 민간용 드론은 저렴한 가격, 단순성, 휴대성, 획득 용이성, 사용 편의성으로 인해 소규모 전투에서 가장 선호하는 무기가 되었다. 1,500~3,000달러의 드론이 전장을 정찰하고, 기동하는 목표물을 정밀 타격하고 있다. 장거리 드론이 적 영토 내 무기생산공장, 군사기지를 타격함에 따라, 러시아군은 전차와 중장비를 전선에서 수 킬로미터 후방으로 이동시켜야 했으며, 탄약을 투하하는 1인칭 시점 드론(FPV, First Person View)은 전장의 주요 위협으로 부상하였다.

드론 이외에도 우크라이나 전쟁에서는 무인수상정(USV, Unmanned Surface Vehicle), 무인잠수함(UUV, Unmanned Underwater Vehicle) 등 다양한 무인 기술이 전장의 핵심 무기가 되고 있다. 저가의 우크라이나 무인수상정이 러시아 함선을 손상시킨 사례가 있으며, 수상 드론은 크림반도와 러시아 본토를 잇는 케르치 대교를 공격하기도 하였다. 이렇듯 우크라이나 전쟁은 다양한 무인자율체계의 등장을 통해 무기체계와 작전 양상에 근본적인 변화를 가져오고 있다.

또한 드론 등 무인기술은 전장 내 보급, 거버넌스에도 중대한 변화를 일으키고 있다. 민간 드론의 군사화뿐만 아니라, 민간기업의 무기생산 등 민군 협력 구조가 부상하고 있다. 단순히 국내 연구개발과 제조뿐만 아니라 해외 민간기업들도 전장에서 군수지원에 중요한 역할을 수행하고 있다. 예를 들어 미국 드론기업 스카이디오(Skydio)는 우크라이나에서 제품 개발을 주도하고 있으며, 와일더 시스템즈(Wilder Systems)는 저가 드론 프로그램을 전장에서 실전 테스트 중이다.

[그림 9-3] 우크라이나 드론에 파괴되는 러시아 전략폭격기

우크라이나의 드론 전쟁은 미래전장에서 민군 겸용기술의 중요성과 민군협력, 그리고 국내외 민간기업과 민간인의 역할을 새롭게 정의하고 있다.

[그림 9-3]은 우크라이나 드론에 의해 파괴되는 러시아의 전략폭격기의 모습을 보여주고 있다.

### 바. 전시작전과 데이터: 알고리즘 전쟁, AI 전쟁

우크라이나 전쟁은 군사적 목적으로 인공지능(AI)을 적극적으로 개발하고 사용한 최초의 국제전으로 평가된다. AI는 위성 및 드론 이미지, 소셜미디어, 인텔리전스 정보 등을 통합 분석하여 지상 상황에 대한 다층적 그림을 생성한다. 일명 '군대를 위한 구글지도'는 우크라이나군 지휘관이 정보에 입각한 결정을 내리는 데 도움을 주고 있다. 우크라이나는 지뢰 제거, 보급품 전달, 사상자 대피, 감시, 무장포탑 및 유탄발사기를 사용한 공격 작전에 로봇 시스템을 운용하고 있다. AI와 군사로봇체계는 정보·감시·정찰(ISR)을 지원하여 고급 데이터 분석 및 처리를 가능하게 하고, 지휘통제(C2) 의사결정 프로세스에 AI를 통합함으로써 군사적 대응의 신속화와 의사결정의 질적 향상을 도모할 수 있다. 안면인식 기술 역시 전장정보 관리와 사상자 식별에 획기적인 혁신을 가져온 기술 중 하나로, 우크라이나 전쟁은 안면인식 기술이 대규모로 사용된 최초의 전쟁으로 평가된다. 우크라이나는 미국 기업 Clearview AI의 안면인식 소프트웨어를 사용하여 사망한 군인과 러시아 공격자를 신속하게 식별하였다.

우크라이나 전쟁에서 보여지는 인공지능 전쟁의 또 다른 특징은 핵심 전투 행위자로 부상한 기술 기업들의 역할이다. 소프트웨어와 AI의 도입으로 인해 더 많은 군사적 결정이 알고리즘에 위임될 가능성이 높아지는 미래 전쟁에서, 민간 기술 기업들은 독립적인 행위자로서 막대한 권력을 행사할 가능성이 높다. 데이터 분석 기업 팔란티어(Palantir)의 메타 콘스텔레이션(Meta Constellation) 플랫폼은 우크라이나 방어에 있어 핵심적 역할을 수행하였다. 위성은 실시간으로 특정 위치의 이미지를 제공하고, 알고리즘이 이를 신속히 분석하여 효과적인 전장 의사결정을 지원한다. 인공위성 영상, 오픈소스 데이터, 드론 영상을 분석해 지휘관에게 다양한 군사옵션을 제시하는 팔란티어의 소프트웨어는 우크라이나의 주요 공격을 담당하고 있으며, 소프트웨어는 지속적인 전장 학습을 통해 개선되고 있다. 이처럼 민간 기술기업이 전시에 외국 정부의 일상 업무에 깊이 관여하는 것은 전례 없는 현상이다. 인공지능 전쟁, 알고리즘 전쟁은 전시 상황을 담당하는 정부 부처의 역할에도 변화를 야기하고 있다. 우크라이나 전장의 핵심 행위자는 디지털 전환부로, 디지털 전환부 장관은 마이크로소프트, 구글, 팔란티어 등 글로벌 기술기업과 정기적으로 협의하며 소프트웨어 엔지니어들과 긴밀히 협업하고 있다.

우크라이나 전쟁은 최초의 인공지능 전쟁으로 평가되지만, 실제 전장에서 완전한 자율모드가 구현되는 데에는 여전히 한계가 있다. 수많은 AI 기반 역량과 기술이 시험되고 있으나, AI가 전쟁에서 인간의 기능을 전적으로 대체하는 것은 아니며, 현재로서는 '실험' 단계로 볼 수 있다. 그러나 중요한 것은 AI 기술 발전의 가속화와 전장 적용을 통해 군사화의 질적 수준이 지속 향상되고 있다는 점이다. 우크라이나 전쟁은 미래 인공지능 전쟁의 전조로 간주될 수 있다. 타임지는 "우크라이나 전쟁이 인공지능 전쟁의 실험실이자, 전쟁의 미래가 베타 테스트를 거치는 현장이라면 그 결과는 전 세계에 영향을 미칠 것"이라고 평가한 바 있다.

### 사. 장기전과 혁신전: 혁신생태계와 국방산업토대

전쟁이 장기화되고 미국 등 서구의 군사지원이 축소되는 도전 속에서, 우크라이나는 국내 무기 기술과 혁신의 중요성이 점점 더 부각되고 있다. 우크라이나 방위기금 CEO 리스코비치(Liscovich)는 "전쟁의 지속과 우위 경쟁은 기술적 군비경쟁이 되었다"고 언급한다. 러시아 역시 2024년 5월, 경제학자인 안드레이 벨로소프(Andrey Belousov)를 군 경험이 전혀 없는 최초의 국방장관으로 임명했다. 이는 러시아가 전쟁 지속에 있어 전시 경제와 방위산업의 중요성을 정책적으로 중시하게 되었음을 보여준다. 전쟁의 장기화 추세 속에서 '혁신'은 전쟁 우위의 핵심적 요소가 되었다. 페도로프 우크라이나 디지털전환부 장관은 우크라이나의 비밀무기는 "혁신 기술 생태계"라고 자평한 바 있다. 러시아는 재래식 군사력, 인력, 자원 면에서 압도적 이점을 누리고 있으나, 우크라이나는 약 30만 명의 IT전문가를 비롯한 디지털 기반 문화와 기술 생태계를 비밀무기로 삼고 있다.

전쟁의 장기화 속에서 드론 등 우크라이나의 신흥 무기들이 점점 더 국산화되고 있다는 점 또한 중요한 특징이다. 민간 기술 기업들은 전쟁과 함께 군수 지원 기업으로 전환되었으며, 변화하는 전쟁 양상에 대응하는 기술 혁신과 제조를 통해 국방 산업 토대를 구축해 나가고 있다. 예를 들어, 우크라이나 드론 시스템 제조업체인 데비로스(Deviros)는 2명이 5분 만에 조립이 가능한 드론을 생산하며, 소형 무인 항공기 포세이돈 II 역시 우크라이나 기업이 생산하고 있다. 우크라이나에서는 수백만 달러의 러시아 전차를 파괴할 수 있는 드론을 400달러에 제작하고 있으며, 약 200개의 회사가 군용 드론을 제조하고 있다. 우크라이나의 드론 산업 생산량은 2023년 30만 대에서 2024년 400만 대로 10배 이상 급증하였다. 2024년 4월, 키이우 근처 군사 시험장은 군용 드론 및 로봇 등 혁신 시험에 참여하기 위한 기술자와 군인들로 가득 찼다. 소규모 미국 및 유럽 기업들도 키이우에 사무실을 열었고, 젊은 우크라이나인들은 도시의 일부 협업 공간을 "밀테크 벨리(Mil-Tech Valley)"로 부르고 있다.

우크라이나의 범부처 협력과 민관 협력은 전시 국방 과학기술 혁신과 제조의 주요 동력이 되고 있다. 2023년 4월, 우크라이나는 국방 기술 혁신의 민관 협력을 강화하기 위해 국방 기술 클러스터인 'Brave1'을 출범시켰다. 이를 통해 무인 항공기, 상황 인식 시스템, 인공지능 및 위성 데이터 등 전장 우위를 확보하기 위한 혁신개발을 가속화하고 있다.

## 제3절 미래 주요 무기체계

### 1. 개 요

러시아-우크라이나 전쟁은 "기술 전쟁(technology war)"으로 불린다. '최초의 AI 전쟁', '최초의 틱톡 전쟁', '최초의 상업용 우주전쟁', '최초의 본격적인 드론전쟁' 등 신흥기술의 군사적 적용과 연계된 수많은 수식어가 붙은 전쟁이다. 인공지능, 드론, 우주위성, 소셜 미디어 등 신흥 기술과 신흥 공간들이 주요한 수단으로 부상한 우크라이나 전쟁은 '미래의 전쟁은 어떤 모습일까'라는 질문을 국제사회의 화두로 제기하고 있다.

세계는 우크라이나 전쟁을 통해 군사기술 혁신이 초래할 미래 전쟁에 주목하고 있으며, 주요국 의회와 정부는 우크라이나 전쟁의 교훈을 토대로 전략적·기술적 대비에 분주하다. 영국 의회 외교국방위원회는 '우크라이나 전쟁이 영국 국방에 주는 함의'를 주제로 전문가 공청회를 개최하여 전자전, 드론전에서부터 중소기업 혁신 토대까지 전쟁의 교훈을 다양하게 조명하였다. 스웨덴군은 우크라이나군 관계자와 연구자들을 만나 정보전, 드론전 등의 경험을 적극 탐구하고, 우크라이나 전쟁의 교훈에 대한 장문의 보고서를 작성하였다. 미국 주요 싱크탱크와 대학들도 우크라이나 전쟁을 분석하며 핵심 국방 신흥기술들을 연구하고 있고, 미 의회는 21세기 전투를 위한 첨단기술과 AI 관련 공청회를 개최하고 있다. 중국 역시 인공지능 등 첨단기술이 전쟁의 승리 메커니즘을 바꾸고 있다고 분석하며 적극적으로 대비하고 있다.

우리는 우크라이나 전쟁에서 무엇을 배우고 있는가. 세계는 이 전쟁을 통해 미래 전쟁의 양상을 토론하고, 승리를 위한 핵심 첨단기술을 분석하며, 기술 투자와 군사혁신의 방향을 설계하고 있다. 파괴적 기술혁신이 초래할 미래 전쟁 양상에 대해 충분히 토론하고 이에 대한 대비가 이루어지고 있는지 점검해야 한다. 새로운 과학기술은 새로운 전술과 결합하여 군사혁신을 촉진해 왔고, 이러한 변혁의 성공 여부가 전쟁의 승패를 결정하는 중요한 요인이 되어 왔다. 기술 결정론을 따르지 않더라도, 전쟁의 변화에 기술 혁신은 결정적 영향 요소임은 분명하다. 우크라이나 전쟁을 통해 기술 혁신과 전쟁 양상의 변화를 분석하고, 중장기적 관점에서 미래 안보와 혁신에 주는 함의를 평가하는 것이 필요하다.

## 2. 에너지 무기체계

고대로부터 현대에 이르기까지 전쟁에서 파괴와 살상을 일으킨 핵심 무기는 주로 화약이었다. 그러나 과학기술의 발전으로 인해 새로운 에너지 무기 개발이 현실화되고 있다. 에너지 무기란 재래식 탄환이나 탄약 대신 고밀도 에너지 또는 입자를 발생시켜 표적을 향해 방사함으로써 적을 무력화하는 무기를 의미한다. 대표적으로 레이저(Laser), 전자기포(Electromagnetic Gun, EMG) 등이 있다.

### 가. 레이저 무기

레이저(Laser)는 고체 결정체 또는 기체화된 화학물질(이산화탄소, 헬륨, 네온, 수소 등)에 수십~수백 kW(킬로와트) 내지 수 MW(메가와트)의 높은 전압을 가하여 발생하는 고출력 단일 파장 광에너지이다. 빛의 속도(초속 30만 ㎞)로 중력의 영향 없이 직진한다는 것이 대표적 특징이며, 이러한 특성을 무기화한 것이 레이저 무기이다.

레이저 무기는 장거리, 정밀성, 표적성, 통제성 측면에서 우수하며, 전력 공급만으로 연속·다량 발사가 가능해 전방위 지역방어 및 정밀타격에 적합하다. 미사일은 1회 발사에 수십만 달러가 소요되지만, 레이저는 1회 교전에 1달러 내외의 비용이 들기 때문에 비대칭 위협 방어에도 합리적이다.

지상차량, 함정, 항공기 등의 플랫폼에 탑재·운용되며, 일정 수준 이상의 레이저로 포탄, 로켓, 미사일, 유·무인항공기 등 적 무기체계의 취약 부위에 조사(照射)하여 직접 파괴 또는 기능 상실을 유발한다. 기존 무기와 달리 탄도보정이나 유도조종 없이 즉각적 타격이 가능하다([그림 9-4]).

레이저 무기는 적이 회피할 시간적 여유를 주지 않을 만큼 신속한 공격이 가능하며, 정확도도 현용 정밀유도무기와 비교 불가할 정도로 우수하다. 초음속 항공기, 미사일, 포탄 등 고속 표적 요격에 특히 적합하다.

또한 발생 출력에 따라 사거리와 화력수준을 조절할 수 있다. 예를 들어, 1~10 ㎞ 밖 표적 파괴에는 수십~수백 kW, 100 ㎞ 이상 사거리에는 수 MW 이상 고출력이 필요하다. 이를 통해 표적의 일시 무력화에서 완전 파괴까지 다양한 효과를 얻을 수 있다.

레이저 무기는 더 이상 공상과학영화 속 상상물이 아니며, 실용화 연구가 활발하다. 미국은 C-130 수송기 탑재 고등전술레이저(Advanced Tactical Laser, ATL) 무기를 개발 중이고, 전투기 탑재용 고출력 레이저 무기도 연구하고 있다. 미국과 이스라엘은 단거리 로켓·포탄 요격용 전술 고에너지레이저(Tactical High Energy Laser, THEL)를 개발한 바 있다. 또한, 실전 배치는 이루어지지 않았으나, 미사일방어체계(MD)의 일부로 발사 직후 탄도미사일을 요격하는 보잉 747 항공기 탑재(출력 2 MW, 사거리 약 500 ㎞) 레이저도 있었다.

우주공간 운용 주요 군용 우주자산으로는 정찰·정보수집, 표적정보획득 및 정밀공격 지원, 기상관측, 통신, 항법지원 등 군사작전 지원 임무를 수행하는 군사위성과 표적 파괴 목적의 공격용 레이저 우주무기가 있다([그림 9-5]). 여기에는 지향성 에너지무기(레이저, 입자빔, 고출력 마이크로파), 운동성 에너지무기(고속 탄자 충돌), 대위성(Anti-Satellite, ASAT) 공격무기 등이 포함된다.

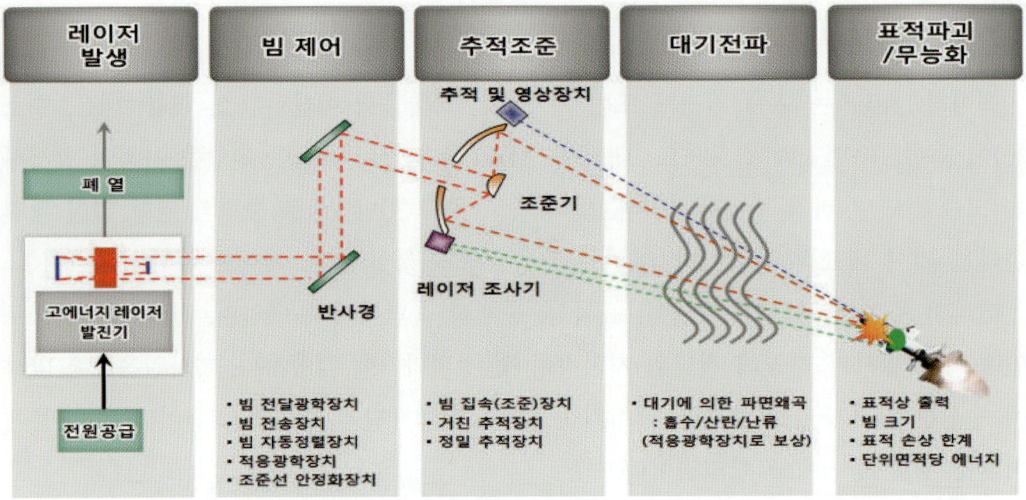


[그림 9-4] 레이저 무기 구성 및 운용개념

자료: 국방기술품질원(2013)

(a) 항공기탑재 레이저

(b) 지상발사 레이저

(c) 우주배치 레이저(SBL)

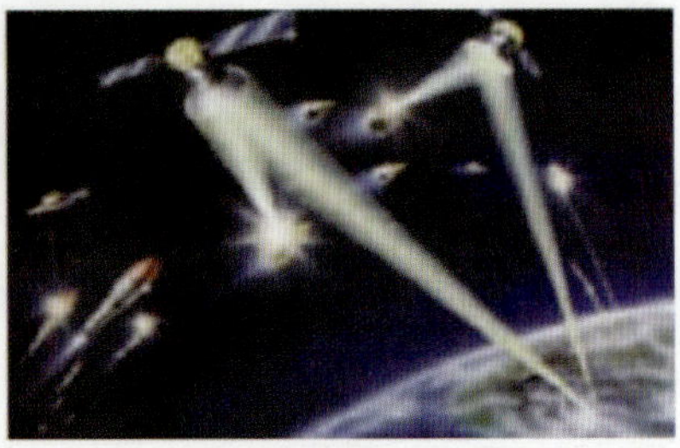

(d) SBL의 운영

[그림 9-5] 고출력 레이저를 이용한 레이저 무기

[그림 9-6] 지상레이저 무기

또한 해상 레이저 무기 사례로 미국 노스롭 그루먼(Northrop Grumman)사의 레이저포가 있다. 2014년 수륙양용 수송함(LPD) USS Ponce(폰스)호에 배치된 미군 최초 실전 배치 레이저포는 무인기 및 소형 함정 파괴 능력을 입증했다.

지상 레이저 무기로는 박격포탄을 광속으로 격추하는 이동식 무기체계인 보잉사의 고에너지 이동식 무기(High Energy Laser Mobile Demonstrator, HEL MD), 록히드 마틴사의 ADAM(Area Defense Anti-Munitions) 고에너지 레이저 등이 있다. ADAM은 UAV 등의 단거리 위협, 로켓 등으로부터 핵심 거점 방어를 위한 무기체계로, 2012~2013년 실험에서 4개 표적 파괴 및 1.5㎞ 거리의 UAV 무력화에 성공했다.



지뢰제거용 레이저(ZEUS) 무기는 [그림 9-7]과 같이 사거리 500 m에서 지뢰, 야포탄, 박격포탄, 대형폭탄 등 불발탄 제거를 위해 미국 육군과 해군이 개발하였다.

[그림 9-7] 지뢰제거용 레이저 무기

대해적 레이저 무기는 [그림 9-8]과 같이, 영국 BAE 시스템즈가 개발하였으며, 2㎞ 이내에서 레이저빔으로 해적들의 시야를 일시적으로 마비시켜 공격 의지를 저지한다. 또한 해적을 격퇴하는 효과 외에도 해적들에게 목표물이 이미 대비하고 있음을 인지하게 만드는 효과도 기대된다.

레이저 무기는 한 번 탑재된 연료량으로 다수 표적을 반복적·연속적으로 공격할 수 있으며, 연료 비용까지 고려하면 정밀유도무기보다

[그림 9-8] 대해적 레이저 무기

경제성이 높다. 지상기지, 기동차량, 군함, 항공기, 인공위성 등 다양한 플랫폼에 탑재하여 운용할 수 있다. 다만 악천후나 먼지 등 대기 환경의 영향이 크거나, 반사율이 높은 소재로 제작된 표적을 대상으로 하는 경우에는 레이저 무기의 위력이 제한될 수 있다.

## 나. 레일건

기존 대포는 고체 화약을 포탄의 추진체로 사용한다. 그러나 레일건은 화약 대신 전기에너지를 활용해 발사체를 가속·발사하는 새로운 개념의 무기체계다. 두 개의 평행한 전도성 레일 사이에 전도성 탄자를 두고 강력한 전류를 흘려 로렌츠 힘[1])을 발생시키는 방식으로, 화약의 폭발력 없이도 초고속 발사가 가능하다. 일반적인 화약 추진식 포탄의 발사체 속도는 약 1.8~2km/s를 넘기기 어렵지만, 레일건은 이론적으로 3~5km/s 이상의 속도로 포탄을 발사할 수 있다. 추진력이 증대됨에 따라 화력, 사거리, 관통력 등이 기존 화약식 대포에 비해 크게 향상되며, 이에 탄도미사일과 순항미사일 같은 고속 표적에 대한 요격 수단으로도 주목받고 있다.

레일건의 장점은 크게 네 가지로 정리된다. 첫째, 고속 대응 능력이다. 초고속 연속 발사가 가능해 항공기, 무인기, 극초음속 미사일 등 다양한 위협에도 동시에 대응할 수 있다. 둘째, 경제성이다. 비록 레일건의 초기 개발 비용은 높지만 발사체 1발당 비용은 미사일이나 기존 함포보다 훨씬 저렴해 지속 운용 시 비용 효율성이 높다. 셋째, 안전성이다. 화약을 사용하지 않아 폭발 사고 위험이 적고 대규모 탄약고도 필요하지 않다. 넷째, 공간 활용성이다. 탄약고 축소로 확보된 공간을 무인체계 등 다른 장비 탑재에 활용할 수 있어 함정의 전투 능력을 확장할 수 있다.

다만 이러한 장점에도 불구하고, 고속 발사체의 연속 발사 과정에서 발생하는 막대한 전력 소모와 그로 인한 열을 견뎌낼 포신의 내구성, 그리고 냉각 문제는 여전히 해결해야 할 기술적 과제로 남아 있다.

레일건의 종류는 크게 두 가지로 구분된다. 하나는 순수하게 전기에너지만으로 발사체를 가속하는 레일건(Rail Gun)이고, 다른 하나는 기존 화약 추진제의 연소로 발생하는 열·화학 에너지에 전기에너지를 결합해 추진력을 얻는 전열화학포(Electro-Thermal Chemical Gun, ETCG)이다.

---

1) 로렌츠 힘(Lorentz force): 전류가 흐르는 도선이나 전하가 자기장 속에서 받는 힘으로, 전자기학의 기본 원리 중 하나이다. 레일건은 이 힘을 이용해 발사체를 가속한다.

주요국의 개발 현황은 다음과 같다. 미국은 2005년부터 레일건 개발에 착수해 2016년 시험발사에는 성공했으나, 고비용과 함정 적용성 문제로 2022년 개발을 보류했다. 중국 해군은 2018년 Type 072형 상륙함에 시제 레일건을 탑재한 장면을 공개했지만, 이후 성공 여부는 알려지지 않았다.

일본은 2016년 지상 시험을 시작으로 일본 방위성의 '차세대 함포 개발계획'에 따라 함정 탑재형 레일건을 개발했으며, 2023년에는 해상 발사 시험에 성공하고 2024년에는 전력시험함 아스카함에 시제품을 탑재해 평가에 돌입했다. 현재 일본 방위성 산하 기술·군수획득청(ATLA)과 해상자위대 소속 함대전력운영·혁신단(FRDC)이 주도하여 약 8톤급 레일건을 2026년까지 시험 완료한 뒤 마야급 이지스 구축함(27DDG)과 차세대 13DDX에 실전 배치할 계획이다. 이 과정에서 미국과의 공동 시험이 병행되고 있어 미 해군 및 육군에도 적용될 가능성도 제기된다. 일본의 레일건은 마하 6~6.5(약 2~2.2km/s)의 속도와 최대 120발 연속 발사 능력을 보유한 것으로 평가되며, 첨단소재와 전자기 응용기술을 통해 소형화와 안정성을 확보하려 하고 있다.

[그림 9-9] 레일건 모습(좌), 시험발사 장면(우)

### 3. 무인 무기체계

무인 무기체계는 인간이 탑승하지 않고 외부에서 원격 조종하거나 내부에 탑재된 제어·통제체계를 통해 군사 임무를 수행하는 무기체계를 의미한다. 이는 내부에 인간 조종사가 없는 군용차량, 함정, 항공기 등을 모두 포괄한다. 무인 무기체계는 운용 환경에 따라 지상(Unmanned Ground Vehicle, UGV), 해상(Unmanned Surface Vessel, USV), 수중(Unmanned Underwater Vehicle, UUV), 공중(Unmanned Aerial Vehicle, UAV) 등으로 구분할 수 있다.

과거에는 무인장비가 신기술의 시험 플랫폼이나 사격훈련용 표적 등 제한적으로 활용되었다. 그러나 전자 및 정보통신 기술의 발전이 본격적으로 군사력 운용에 영향을 미치기 시작한 1980년대 이후부터는 양상이 크게 변화하였다. 예를 들어, 1982년 6월 이스라엘의 레바논 침공 시, 이스라엘은 시리아가 구축한 지상방공망을 제압하고 제공권을 확보하기 위해 무인항공기(스카우트, 마스티프 등)를 투입하였다. 무인항공기는 베카 계곡 상공에서 시리아 방공레이더의 작동을 유도하고, 방공전력의 현황을 실시간으로 탐지함으로써, 이후 이스라엘 포병 및 항공기의 집중사격을 효과적으로 지원하였다.

또한 9·11 테러 직후인 2001년 10월 아프가니스탄전과 2003년 이라크전에서는 미군의 RQ-1 프레데터, RQ-4 글로벌 호크 등 다양한 무인항공기가 정보수집, 감시·정찰(ISR) 임무에서 중요한 역할을 수행하며 작전 성공에 기여하였다. 이로써 무인 무기체계는 정보화시대 전장의 주역으로 부상하게 되었다.

현대 및 미래전에서 무인 무기체계의 주요 장점은 다음과 같다. 첫째, 정찰·경계 등 위험 임무나 위험지역에 인간의 인명 손실 부담 없이 투입할 수 있다. 둘째, 24시간 이상 장시간·광범위한 작전 지역에서 지속 임무 수행이 가능하다. 셋째, 조종사 탑승 공간이 필요 없어 소형·경량화에 유리하며, 인간의 한계를 넘어서는 속도·기동력이 실현될 수 있다. 넷째, 인건비·훈련·유지 비용 부담이 낮아 대량생산 및 운용이 가능하다.

[그림 9-10] 무인 지상 차량 MULE(좌), 가디움(우)

[그림 9-11] 무인수상함정 프로텍터(좌), 스파르탄(우), 무인잠수정(좌하)

[그림 9-12] 무인항공기(UAV)

일반적으로 무인 무기체계의 기술적 발전단계는 다음과 같이 10단계로 구분할 수 있다. 첫째, 인간에 의한 원격 조종에 의존하는 단계(1～2단계) 둘째, 지정된 장소나 경로를 따라 움직이는 제한적 자율기동 단계(3～5단계) 셋째, 자체적인 인식과 판단에 따라 동작하는 완전자율기동 단계(6～7단계) 넷째, 인간 및 유인 탑승무기와 공동작전을 수행하는 단계(8～9단계) 다섯째, 외부 통제 없이 완전한 자율임무를 수행하는 단계(10단계, 이론상으로만 가능)로 구분할 수 있다.

현재 무인 무기체계 기술이 가장 발전된 미국의 경우, 육군의 무인다목적지원차량(MULE)이 완전자율기동 능력과 더불어 유인 탑승차량의 절반 속도인 시속 20㎞로 주행하는 6단계에 도달한 상태이다.

아직까지 무인 무기체계의 임무는 주로 비전투 지원기능에 국한되어 있다. 구체적으로 감시 및 정찰, 정보수집, 위험물질(지뢰, 기뢰, 대량살상무기 등)의 탐지 및 제거, 군수물자 수송 등이 해당된다. 이들 임무는 인명피해 위험이 크거나, 단순 반복적인 성격이 강해서 인력 대체효과가 크다. 반면, 다양한 상황 변화에 따른 고도의 판단력과 융통성을 요구하는 전투임무 수행은 여전히 인간이 직접 조종하는 유인탑승무기의 비중이 높다는 점을 보여준다.

그러나 전자·정보통신기술의 비약적 발전을 고려할 때, 가까운 미래에는 고도의 자율작전수행 능력을 갖춘 육·해·공군 무인전투체계가 등장할 것으로 전망된다. 이들은 유인탑승무기와 함께 협동 또는 단독으로 전투임무를 수행하며, 유인탑승무기가 독점해 온 임무의 일부를 대체할 가능성이 높다. 영화 '터미네이터'나 공상과학만화의 슈퍼로봇들과 비교할 수 없지만, 로봇이 전장에서 주력 무기체계로 자리매김하는 날이 가까워지고 있는 상황이다.

최근 정보기술, 인공지능, 가상현실 및 컴퓨터 기술의 급속한 발전에 따라 특정기능을 수행하는 무인체계가 활발히 개발되고 있다. 전 세계적으로 운용 중이거나 개발이 예상되는 군사용 무인체계에는 비상 장비용, 지뢰부설용, 지뢰제거용, 정찰용, 운송용, 운전용 로봇뿐 아니라, 지능형 전차 및 항공기, 로봇병사 등이 있다.

미국 등 주요 선진국들은 이미 다양한 형태의 무인체계 개발을 추진 중이다. 아프가니스탄전과 제2차 걸프전 등에서는 무인정찰기와 공격기가 실전 투입된 바 있으며, 머지않아 무인전투기, 무인잠수정, 무인지상차량 등 다양한 무인전투체계가 본격적으로 실전 배치될 전망이다.

## 4. 스텔스 무기체계

스텔스(stealth) 기술은 항공기, 함정 등 군사 플랫폼의 탐지 가능성을 최소화하기 위한 설계·재질·도료 기술을 총칭한다. 이는 적의 정보 수집 자산, 특히 레이더·적외선·음파 등 다양한 탐지수단에 의한 포착 확률을 줄여 전장 생존성을 증대하는 데 그 목적이 있다. 현대 군사 분야에서 가장 광범위하게 운용되는 정보수집 자산이 레이더이므로, 스텔스 기술은 주로 레이더 탐지 회피(저피탐) 능력에 초점을 두고 발전해 왔다.

스텔스는 단순히 가오리처럼 생긴 폭격기를 의미하는 것이 아니라, 적의 레이더·센서에 아군 항공기, 미사일, 전함 등이 탐지·식별되기 어렵도록 하는 모든 기술적 조치를 포괄한다. 레이더는 특정 공간으로 전자파를 방사하고, 표적에서 반사되어 돌아오는 신호를 분석함으로써 거리, 형상, 속도 등의 정보를 탐지한다. 이러한 레이더 탐지를 회피하기 위한 스텔스 기술의 주요 구현 방식은 다음 세 가지이며, 이를 복합적으로 사용한다.

① 전파 흡수 특수 페인트 또는 피막(전파흡수체; Radar Absorbent Material, RAM) 도포를 통한 반사파 감쇠

② 전파 투과성 복합재료 사용, 동체 재질의 비금속화 등으로 반사파 최소화

③ 구조 설계를 통한 레이더 반사파 분산 및 산란 극대화(전파가 송신원으로 반사되는 각도를 최소화하는 기체·선체 설계)

최초의 실전 적용은 1989년 미국의 파나마 침공 작전에서 F-117 나이트호크를 통해 이루어졌으나, 대외적으로 스텔스의 전략적 효과가 널리 입증된 것은 1991년 걸프전쟁이었다. 당시 약 40대의 F-117이 다국적군 전체 공군전력의 2.5%에 불과했음에도 이라크 내 핵심 표적 공격의 40% 이상을 수행하며 '보이지 않는 항공기'로 명성을 확립하였다.

실제 스텔스 기술은 레이더 탐지를 완전히 무력화하지는 못하며, 핵심은 레이더 반사 단면적(Radar Cross Section, RCS)을 최소화하여 탐지·식별 거리를 현저히 단축시키는 데 있다. 예컨대 RCS가 원래의 10% 수준으로 감소하면, 동일 성능의 레이더에 탐지될 수 있는 거리는 약 44% 감소한다. 이는 적의 조기경보 및 요격체계에 대한 노출을 최소화함으로써 생존성을 획기적으로 높이는 효과를 가져온다. 동시에, 적의 정보우위를 거부 및 무력화하여 기습효과를 극대화하는 공세적 목적의 활용 역시 스텔스 기술의 중요한 전략적 가치이다.

스텔스 기술 적용 시 무기체계는 대체로 다음과 같은 특징을 가진다. 첫째, 돌출부를 최소화하고 각 부위를 일정 각도로 설계하여 레이더 반사파를 분산·산란시킨다. 둘째, 전파흡수재 등 특수 소재를 적용하여 RCS를 낮춘다. 셋째, 외부 무장 탑재를 지양하고, 대부분의 무장은 내부무장창에 탑재한다. 또한 넷째, 레이더파뿐 아니라 적외선·소음·전자기 신호 방출 등 다중 센서 대응 기술도 적용한다.

스텔스 기술은 단순 전파흡수뿐만 아니라, 적외선 방출 저감(엔진·배기구 설계, 냉각 시스템 등), 엔진 소음 저감, 통신·레이더 신호 방출 통제(Emission Control, EMCON) 등 다양한 첨단 기술이 융합되어 실현된다.

오늘날 스텔스 기술은 항공기를 넘어 신형 군함, 잠수함, 미사일, 유도폭탄 등 각종 정밀유도무기, 그리고 미래의 무인 무기체계까지 광범위하게 적용되고 있다. 미국의 F-22 랩터, F-35 라이트닝 II 등 5세대 전투기는 스텔스 기술과 초음속순항, AESA 레이더 등 첨단능력을 결합해 기존 전투기 대비 압도적 우위를 실현하였다. 러시아 Su-57, 중국 J-20, J-31, 유럽 FCAS, GCAP 등도 각기 스텔스 플랫폼 개발에 주력하고 있으며, 유로파이터 타이푼, 라팔처럼 4.5세대 전투기에도 RCS 저감 설계가 도입되고 있다.

현대 해군 역시 신형 군함에 스텔스 선체구조를 채택하고 있으며, 공대지유도탄, 순항미사일 등도 기습효과 극대화를 위해 스텔스형 외형 및 재질을 도입하고 있다. 미래에는 무인 스텔스전투기뿐 아니라, 스텔스 전차(그림 9-13), 스텔스 함정·잠수함(그림 9-14) 등 다양한 차세대 무기체계로 확대될 전망이다.

이처럼 스텔스 기술은 일부 특수무기만이 아니라, 미래 전쟁에서 요구되는 모든 주요 무기체계 설계의 필수 조건으로 자리잡고 있다.

[그림 9-13] 스텔스 전차(PL-01)

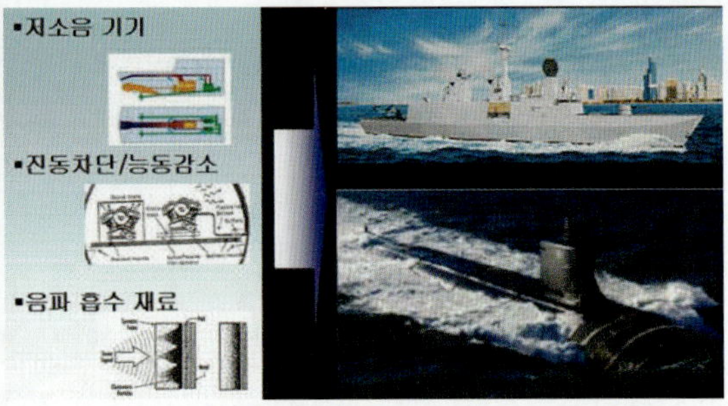


[그림 9-14] 스텔스잠수함

## 5. 비살상 무기체계

비살상 무기체계(Non-Lethal Weapon System)는 적의 전투력을 일시적으로 마비 또는 무력화시키면서도 인명에 치명상을 입히거나, 무기 및 장비를 영구적으로 파괴하지 않는 무기체계를 의미한다. 이는 전쟁이 필연적으로 수반해온 '파괴'와 '살상'이라는 부작용을 최소화하려는 목적에서 발전해온 분야이다. 최근 과학기술의 진보와 함께, 피를 흘리지 않고도 작전 목표를 달성할 수 있는 다양한 비살상 무기체계가 개발 및 운용되고 있다.

비살상 무기체계의 작동원리는 전자기장, 탄소섬유 등 방전재료, 초저주파, 신경작용 화합물, 점착성·포착성 물질, 고무탄 등 물리적·화학적 에너지의 다양한 형태에 기반한다. 일부는 에너지무기(DEW)의 하위 범주로 분류되기도 한다. 실제로 비살상무기는 대테러작전, 평화유지작전, 폭동진압, 인질구출, 국제 분쟁지역 질서 유지 등 전면전이 아닌 비전통적 군사 임무에서의 소요가 증가하는 추세이다.

이러한 비살상무기를 분류하는 방법은 여러 가지가 있으며, 해당 무기의 사용 대상을 기준으로 하는 것이 일반적이다.

첫째, 병사들의 신체 감각기능(시각, 청각) 또는 생리적 활동을 일시적으로 마비 및 약화시키는 대인 비살상무기이며, 저출력 레이저 무기(눈부심 유도), 고성능 섬광탄, 초저주파 음향무기가 대표적이다.

둘째, 적 전력망, 발전소, 기반시설 등 주요 장비·시설의 작동을 일시적으로 중단시키는 대동력 비살상무기이며, 동력 마비용 화학물질, 탄소섬유탄(일명 정전폭탄)이 해당된다. 실제로 1999년 NATO군은 세르비아 공습 시 다량의 탄소섬유 자탄이 내장된

BLU-114 탄소섬유탄을 주요 송전 및 변압시설 상공에 투하하여, 세르비아 영토의 약 70%를 단시간 내 정전 상태에 빠뜨린 바 있다.

셋째, 적의 군용자산, 장비, 운용능력에 직·간접적 기능 손실을 유발하는 대자산 비살상무기이며, 초강력 부식제, 항공기 활주로 및 도로 마비용 특수 접착·발포제, 윤활제 등이 있다.

넷째, 강력한 전자파와 자기장을 일시에 방출하여 적 전자기기, 회로 등을 오작동 또는 파괴시키는 대전자 비살상무기이며, 전자기파(Electro-Magnetic Pulse, EMP) 폭탄, 고출력 극초단파(High Power Microwave, HPM) 무기 등이 대표적이다.

비살상 무기체계는 군사적 임무의 유연성, 부수적 피해 최소화, 평화유지 및 비전통 임무의 효과성 증대 등 다양한 장점을 갖추고 있다. 이러한 무기체계는 국제법 및 윤리적 기준 내에서 운용이 이루어져야 하며, 미국, NATO 등 선진국을 중심으로 관련 운용지침과 국제 규범이 마련되고 있다.



## 가. 고출력 전자파(HPM) 무기

고출력 전자파(HPM) 무기는 메가와트(MW)에서 기가와트(GW)에 이르는 고출력 극초단파를 방사하여, 적의 전자장비, 무기체계, 항공기 등에 손상과 오작동을 유발하거나, 인체에 조사(照射)하여 전자기파의 가열효과 및 생물학적 효과에 의해 비살상적 통증을 유발함으로써 전투력을 무력화하는 신개념 무기체계이다. 고출력 전자파 무기 운용개념은 [그림 9-15]와 같다.

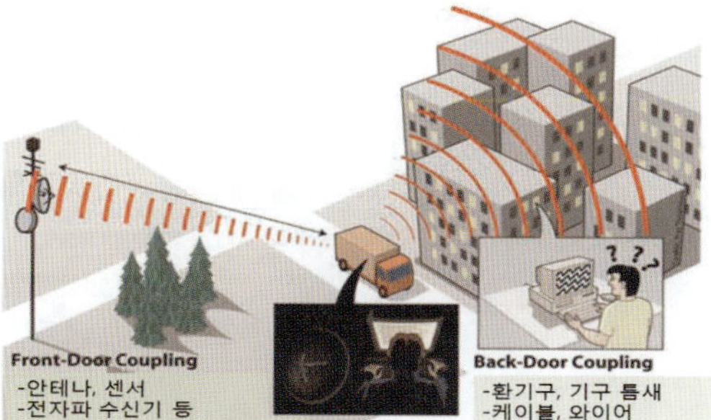


[그림 9-15] 고출력 전자파 무기 운용개념

HPM 무기는 고출력 극초단파 발생을 위한 동력원, 펄스 발생 장치, 안테나 등으로 구성된다. 주요 작동 방식은 특정 주파수(GHz 대역)의 마이크로파 에너지를 표적에 집중 조사함으로써, 전자회로나 컴퓨터 기반 시스템에 과전류와 노이즈를 발생시키며, 이로 인한 일시적 또는 영구적 오작동 및 기능 손실을 유발하는 것이다.

HPM 무기는 핵폭발 기반의 전자기펄스(EMP) 폭탄과 유사하게 적 전자장비의 대규모 무력화가 가능하다는 점에서 기능적으로 유사하지만, EMP가 1회성 방출에 국한되는 반면, HPM 무기는 전력 공급이 지속되는 한 반복적·연속적으로 운용할 수 있다는 점에서 실용적 유용성이 더 높다. 특히 함정, 항공기, 차량 등 다양한 플랫폼에 탑재하여 운용할 경우, 접근하는 적 항공기·함정·미사일 등에 대한 효과적인 근거리 방어수단으로 활용할 수 있다.

또한 HPM 무기는 조사 각도가 넓고 표적 전환이 빠르다는 점에서 다수 표적에 대한 동시·일괄적 무력화가 가능하다. 이처럼 HPM 무기의 개발 및 실전 배치는 정보·지휘통제·통신·정찰 등 네트워크 중심전(NCW) 환경에서 전자적 우위와 정보 우위 확보에 핵심적인 역할을 할 것으로 평가된다.

EMP 폭탄과 HPM 무기는 전자·통신기술에 크게 의존하는 현대 국가의 정치·경제·군사 기능에 치명적 타격을 가할 수 있다는 점에서 미래전장에서 핵무기에 버금가는 전략적 억제 및 타격 수단으로 주목받고 있다.

### 나. 전자기펄스 폭탄(E-Bomb)

전자기펄스(Electro-Magnetic Pulse, EMP) 폭탄은 단기간에 강력한 전자기파(EMP)를 방사하여 적의 전자·통신 장비 및 지휘통제체계(C4I)를 무력화하는 대표적 비살상 무기체계이다. EMP 무기에서 방출되는 전자기파는 일반적으로 핵전자기펄스(Nuclear EMP, NEMP)와 비핵전자기펄스(Non-Nuclear EMP, NNEMP)로 구분된다.

핵전자기펄스(NEMP)는 핵폭발 시 발생하는 초강력 전자기파로 수십~수백 ㎞ 범위에 걸쳐 광범위한 전자장비와 통신망에 심각한 피해를 유발한다. NEMP는 약 100 ns 이내의 매우 짧은 시간 동안 최대 50 kV/m 수준의 전계 강도를 방출한다. 반면 비핵전자기펄스(NNEMP)는 고폭약, 특수 에너지 발생장치 등을 활용하여 핵분열 없이 전자기펄스를 발생시키며 적용 범위가 비교적 제한적이다. NNEMP 무기는 항공기 투하 폭탄, 순항미사일 탑재형 등 다양한 방식으로 운용할 수 있다.

전자기펄스 폭탄은 기존의 살상·파괴 중심 무력화와 달리, 적 지휘통신 및 정보 인프라(C4I) 붕괴, 네트워크 마비 등 비물리적 무력화에 주안점을 두고 있다. 표적 상공에서 폭발 시 강력한 전자기펄스를 단시간에 방사하여 적의 방공망, 전산망, 각종 센서, 통신장비의 오작동 및 손상을 유도한다. 방출된 전자기펄스는 송수신 안테나, 전선, 케이블, 각종 금속 배관 등 도체를 따라 침투하여 내부 전자장치에 순간적 과전압을 유발, 영구적 손상 또는 일시

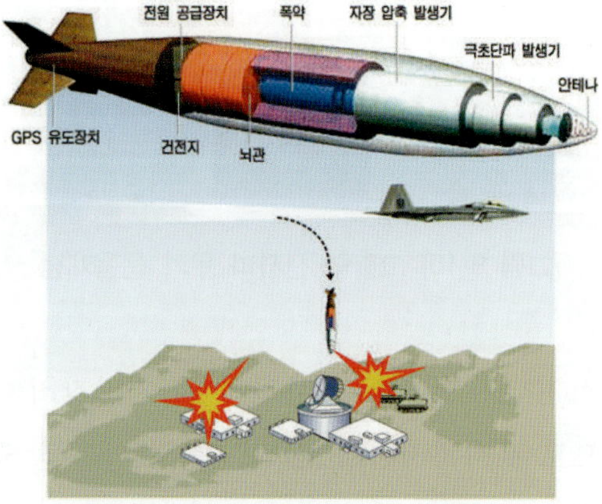

[그림 9-16] 전자기펄스 폭탄

적 기능정지를 초래한다. 이를 통해 엄중하게 방호된 지하시설에도 효과적으로 작용할 수 있다(그림 9-16).

전자기펄스 폭탄의 주요 구성요소는 전원공급기, 자장압축 발생기(Flux Compression Generator, FCG), 극초단파(Microwave) 발생기로 구성된다. 전원공급기는 건전지·축전지 등으로 전자기펄스 발생장치에 초기 전력을 공급한다. 자장압축 발생기(FCG)는 내부의 폭약이 폭발할 때 생성되는 자장을 순간적으로 압축하여 고출력의 전기 펄스를 방출한다. 이때 방출되는 펄스는 고출력이지만 주파수 대역폭이 제한적이고 에너지가 분산될 수 있다. 이를 해결하기 위해 극초단파 발생기는 자장압축 발생기에서 발생한 전기에너지를 극초단파(수 GHz 이상) 전자기펄스 에너지로 변환하여 안테나를 통해 지향성 에너지 펄스를 표적에 조사한다.

전자기펄스 폭탄 운용 시 유의사항은 전자기펄스가 적·아군 구분 없이 모든 전자장비에 영향을 미치므로, 표적 식별 및 효과적 운용이 매우 중요하다는 점이다. 항공기 투하 시에는 발사 플랫폼의 피해를 방지하기 위해 충분한 안전거리를 확보해야 한다. 또한 전자기펄스 폭탄은 외형적 파괴 없이 전자장비만을 무력화하므로 효과 판정 및 피해 평가가 어려울 수 있다.

이러한 한계에도 불구하고, 전자기펄스 폭탄은 인명피해 최소화, 비대칭적 전술 우위, 전자전·정보전 환경에서 전략적 가치가 매우 높은 신개념 무기체계로 평가받고 있다.



### 다. 능동접근거부체계

능동접근거부체계(Active Denial System, ADS)는 고출력 극초단파(Millimeter Wave, MMW)를 방사하여 표적 인체의 피부 표층(약 0.4 ㎜ 깊이)에 에너지를 침투시켜, 일시적·비살상적 통증(열 통증)을 유발함으로써 인원의 접근을 효과적으로 차단하는 비살상 무기체계이다. ADS는 주로 고출력 극초단파 발생장치와 지향성 안테나로 구성된다(그림 9-17).

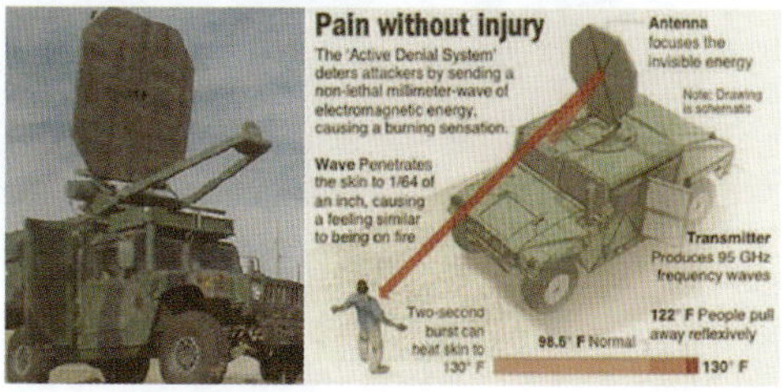

[그림 9-17] 능동거부체계(ADS) 및 운용개념

일반 가정용 전자레인지가 약 2.45 GHz 대역의 마이크로파를 사용해 음식물 내부까지 에너지를 침투시키는 반면, ADS는 파장이 짧은 95 GHz(약 3.2 ㎜ 파장)의 극초단파를 이용한다. 이로 인해 방사 에너지의 80% 이상이 인체 피부의 표피(표층)에만 흡수되고, 내부 장기에는 거의 영향을 미치지 않는다. 그 결과 인명 살상 없이 피부가 급격한 열에 노출된 것과 같은 강렬한 일시적 열통각을 유발하여, 표적 인원이 접근을 즉시 포기하도록 만든다.

출력이 약 100kW에 이르는 ADS는 최대 500 m 거리까지 효과적인 비접촉식 군중 통제, 경계, 중요 시설 방호 등에 적용될 수 있다.

### 라. 음파무기 및 지향성 음향대포

음파무기 중 대표적인 사례는 가청음 기반 음파무기인 LRAD(Long Range Acoustic Device)로, 이는 군함에 허가 없이 접근하는 선박에 효과적인 경고를 제공하기 위해 ATC(American Technology Corporation)사에서 개발한 일종의 지향성 확성기이다.

[그림 9-18]에서 보는 바와 같이, 이러한 음파무기는 군중 제압이 가능한 고출력 음향 발생이 가능하여, 비살상무기로서 선박 및 차량에 탑재해 다양한 목적으로 활용되고 있다. 미국은 경찰, 해안경비대 및 이라크·아프가니스탄 등 미군 해외 파병 현장에서 운용된 바 있다.

음향대포는 강력한 소음을 이용해 공격과 진압을 동시에 수행할 수 있는 장비로, [그림 9-18]의 오른쪽과 같다. 최대 150dB까지의 음압을 방출할 수 있으며, 소음 확산거리는 약 2km에 달한다. 120dB 수준의 음압은 사람에게 매우 큰 고통을 유발하며, 150dB는 순간적으로 고막을 손상시키고, 만약 지속적으로 노출될 경우 청력을 상실하게 할 수 있다.

[그림 9-18] 가청음을 이용한 비살상 음파무기(좌, 중앙), 지향성 음향대포(우)
자료: JNLWD, Joint Non-Lethal Weapons Directorate

### 마. 전기충격 침(테이저)

테이저건(Taser gun)은 대표적인 비살상 무기로, 전기충격을 통해 상대를 일시적으로 무력화하는 장비이다. 일반 전기충격기와 달리 테이저건은 바늘이 달린 전극침(프로브)을 공기압 또는 가스 압력으로 수 미터 거리까지 발사할 수 있으며, 전극이 피부나 의복에 접촉하면 전기 신호가 신체에 전달되어 근육의 제어를 일시적으로 상실하게 한다. [그림 9-19]는 테이저건(좌), 전기충격 산탄총(우)을 보여주는 것이다.

[그림 9-19] 테이저건(좌), 전기충격 산탄총(우)

테이저건에서 방출되는 전압은 약 5만 볼트이나, 실제 신체에 흐르는 전류는 매우 낮아 일반적으로 치명상을 유발하지 않는다. 피격 시 약 5초간 신경·근육계에 강한 교란이 발생하여 대상자의 신체 활동이 제한된다. 최근에는 산탄총에서 발사하는 전기충격탄 등 다양한 비살상 전기충격 무기들도 개발 및 운용되고 있다.

### 바. 탄소섬유탄

탄소섬유탄은 전도성 탄소섬유를 살포하여 전력시설 및 전기·전자장비에 누전, 단락, 방전 등 전기적 이상 현상을 유발함으로써, 전력공급체계를 일시적으로 마비시키거나 파괴하는 대표적 비살상 무기체계이다.

탄소섬유탄은 탄소섬유가 충전된 자탄, 분산탄두, 신관, 기폭장치 등으로 구성되며, 주요 용도에 따라 두 가지로 구분된다. 첫째, 길고 가는 탄소섬유 실을 대량 살포하여 발전소, 변전소, 송전설비 등 전력시설에 부착시켜 단전 및 연쇄적인 전력 마비를 유발하는 유형이다. 둘째, 미세한 탄소섬유 분말을 대기 중에 분산시켜 전기·전자장비 내부로 침투시킴으로써 회로의 단락 및 손상을 유발하여 전자장비를 무력화하는 유형이다.

운용 방식은 항공기에서 목표지역 상공에 모탄을 투하하면, 모탄 내 100~200여 개의 자탄이 공중에서 분산·방출된다. 자탄은 지상 접근 시 일정 높이에 도달하면 내부에 충진되어 있던 탄소섬유를 방출하며, 실타래 형태의 탄소섬유가 풀리면서 거미줄처럼 전력 설비에 부착되어 광범위한 단전과 기능 마비를 일으킨다.

탄소섬유탄은 1985년 미국 해군이 지대공 유도무기 레이더 교란용 채프탄을 투하하는 과정에서 인근 발전소 전력 공급이 우연히 마비된 사건을 계기로 본격 개발되었다. 이후 걸프전, 유고전 등에서 실제 사용된 바 있으며, 예를 들어 1991년 걸프전 당시 미국 해군은 탄소섬유탄두를 장착한 토마호크 순항미사일로 이라크 변전소를 타격하여 바그다드 시내 전력공급과 통신설비를 광범위하게 마비시켰다.

## 8. 사이버 무기체계

### 가. 사이버전 실태

사이버전에 대한 국제적으로 통일된 정의는 존재하지 않는다. 미국 국방부는 사이버공간을 "컴퓨터 네트워크를 통하여 디지털화된 정보가 전송되는 개념적 공간"으로 정의하며, 한국 국방부는 "인터넷이나 인트라넷 등 컴퓨터 네트워크가 창출하는 공간을 의미하며, 구체적으로 다른 사람들과 공유하고 집단적으로 구성되는, 네트워크상의 가상세계로서 물리적인 공간인 동시에 사회적 공간"[2]으로 명시한다.

사이버공격은 "해킹·컴퓨터바이러스·논리폭탄·메일폭탄·서비스방해 등 전자적 수단에 의하여 국가정보통신망을 불법침입·교란·마비·파괴하거나 정보를 절취·훼손하는 일체의 공격행위"[3]로 정의된다. 사이버전에 대해서 한국군은 "사이버공간에서 일어나는 새로운 형태의 전장수단으로 컴퓨터시스템 및 데이터통신망 등을 교란·마비 및 무력화함으로써 적의 사이버체계를 파괴하고 아군의 사이버체계를 보호하는 것"[4]으로 정의하고 있다.

실제 사례로는, 2013년 2월 마이크로소프트사 해킹, 트위터, 페이스북 등 미국 주요 IT기업 대상 사이버공격 등이 있다. 미국 정부는 오바마 행정부 이후 사이버보안 예산을 확대하고, 선제적 사이버공격 전략도 추진하였다. 2011년 5월 미국 국방부는 '플랜엑스(Plan X)' 프로젝트를 개시,[5] 미국 국방부 방위고등연구계획국(Defense Advanced Research Projects Agency, DARPA) 주도하에 민·관·학 협력을 통해 전 세계 모든 컴퓨터·장비 위치를 망라한 디지털지도를 구축하고, 군사행동 지원을 위한 사이버전 역량을 강화하였다. 2012년 7월 미국 NSA 국장은 2009~2011년간 미국 공공시설 대상 사이버공격이 17배 급증했다고 발표하였다.[6]

한편 북한은 사이버전력을 양성하여 남한을 대상으로 사회혼란을 조성하고, 유사시 군사작전 방해, 국가기능 마비 등을 시도하고 있다. 구체적으로 정치적 우위를 선점하고, 전면전 발생시 1차적으로 정보망을 공격해 미군지원을 지연시키고, 2차적으로 한국군의 C4I 체계를 타격하여 무기체계와 군수지원체계 등을 무력화[7]하여 한국을 마비시

---

2) 국방사이버기강통합관리훈령(국방부훈령 제1197호, 2009. 9.).
3) 국가사이버안전관리규정(대통령훈령 제316호, 2013. 9.), 제2조.
4) 한국방위산업진흥회(2013), 『국방과 기술』 제410호, P. 84.
5) 네이버 뉴스(http://news.naver.com), "WP '미국 사이버 무기 개발 플랜 X 연내 가동".
6) IT데일리(http://www.itdaily.kr), "미국 공공시설 노린 사이버 공격 3년간 17배 급증".
7) 세계일보(2013. 10. 22.), "안보강국의 길을 묻다(51) 한반도 주변국 사이버 전력".

키고 집중화력으로 패배시키는 것을 목표[8]로 하고 있다.

북한은 2000년대 초부터 한·미를 대상으로 하는 사이버공격을 지속적으로 수행하고 있다. 예를 들어, 트로이목마 메일 유포(2008년), 7.7 디도스 공격(2009년), 3.20 및 6.25 사이버공격(2013년) 등이 있으며, 군 및 기간시설, 개인에 이르기까지 공격 대상이 다양하다. 북한은 상당한 수준의 사이버전력을 보유하고 있으며, 지도부의 관심과 더불어 엄청난 투자를 하고 있다. 이에 한국군 역시 사이버사령부를 창설하고, 정보보호체계에 대한 평가 등을 실시하며 사이버방어·공격기능 등을 강화하고 있다.

군의 사이버전 기술영역은 비공개 사이버공격 탐지 대응기술 및 사이버침입 감내기술, 공세적 대응기술로 구분할 수 있다. 민간과 달리, 군을 대상으로 하는 사이버전은 공격 주체가 적군의 전문 사이버전력이므로, 비공개 취약점을 이용한 고도의 공격이 많아 전쟁수행능력에 심대한 피해를 유발할 수 있다. 사이버전 기술은 사이버방어(예방·탐지·대응), 공세적 대응(목표분석·공격·사후분석), 사이버전 훈련, 사이버 기반 등으로 분류된다.



### 나. 사이버무기체계[9]

사이버무기체계는 네트워크나 시스템을 공격하여 필요한 정보나 데이터를 유출하고 보안체계를 무력화하여 정보통신체계의 가용성을 저하시키며 마비시키는 수단을 말한다. 사이버 무기체계는 목적이나 대상에 따라 점점 정밀해지고 고도화되고 있으며, 유형무기체계와는 달리 무형성, 획득의 용이성, 비용의 저렴성, 공격의 신속성 및 효과성, 비살상성 등의 특징을 가지고 있다.

- **무형성** : 사이버무기체계는 일부 하드웨어를 제외하고는 바이러스나 웜 등의 공격 프로그램 형태로 시각적으로 보이지 않고 만질 수 없으나 파급효과는 매우 크다.
- **획득의 용이성** : 사이버무기체계는 대상 네트워크 및 시스템의 취약점을 발견하거나 대상이 결정되면 공격프로그램을 만드는데 많은 시간이 소요되지 않으며, 필요한 소스는 인터넷을 통하여 쉽게 구할 수 있다.
- **비용의 저렴성** : 전차 및 자주포, 항공기 등 유형무기체계는 개발 및 획득에 막대한 비용이 소요되지만, 사이버무기체계는 개발비용이 많이 소요되지 않아 저렴한 비용으로 획득이 가능하다.

---

8) 자주민보(2013. 5. 20.), "북의 최후 결전은 사이버전이다".

9) 사이버 무기체계는 엄정호·최성수·정태명(2012). 『사이버전 개론』(서울: 홍릉과학출판사), pp. 18-2 내용을 참고하였다.

- **공격의 신속성 및 효과성** : 사이버공격은 네트워크로 연결되어 있는 특정단말기의 악성코드 감염이 순식간에 전체로 확산되어 공격효과가 매우 크며, 국가기반체계의 경우 국가전반에 치명적인 영향을 미칠 수 있다.
- **비살상성** : 사이버무기체계는 정보 및 데이터, 정보통신체계가 공격대상 표적이 되므로 인명을 살상하지 않는다.

사이버무기체계는 사이버공격 무기와 사이버방어 무기로 구분할 수 있다. 사이버공격 무기는 해킹이나 바이러스를 통하여 적의 네트워크나 정보시스템 등을 마비시키거나 저장되어 있는 중요한 정보나 데이터를 탈취하는 활동체계를 말하며, 사이버방어 무기는 사이버공격을 조기에 탐지하고 대응하여 아군의 네트워크나 시스템을 보호하는 활동체계를 말한다.

사이버무기체계는 대상에 적용되는 기술방식에 따라 [그림 9-20]과 같이 소프트웨어 방식과 하드웨어 방식으로 구분할 수 있다. 시작과 끝이 사이버공간에서 이루어지면 소프트웨어 방식의 무기체계라 하며, 물리적 공간에서 사이버공간으로 이루어지면 하드웨어 방식의 무기체계라 한다.

[그림 9-20] 사이버무기체계

제 10 장

# 방위산업 및 방산수출

# 제1절 방위산업의 개요

## 1. 방위산업의 정의

방위산업은 현대 국가안보의 근간을 이루는 핵심 분야로서 첨단기술 · 제조역량 · 국가정책 · 국제관계가 복합적으로 결합된 형태이다. 과거 국가 간 무기체계 조달은 국내 자급자족 혹은 제한된 동맹국 간 협력 형태가 주류였으나, 최근 기술들의 융합과 글로벌화가 급속히 진행되면서 무기개발 · 생산 · 유통 전반에 글로벌 공급망(Global Value Chain) 개념이 적용되고 있고, 정치 · 군사 · 경제 · 사회 · 기술적 이해관계가 교차하는 복합적 양상을 초래하고 있다.[1)]

세계 질서는 21세기 들어 미 · 중 기술패권 경쟁, 2022년 러시아의 우크라이나 침공은 탈냉전 시대를 신냉전(New Cold War) 구도로 전환하였으며, 이스라엘-하마스 전쟁, 북한의 러시아 파병, 그리고 트럼프 대통령의 재선 성공 등 다양한 국제정세의 변화는 세계 여러 지역에서 불안정성과 불확실성을 심화시키고 있다.[2)] 특히 대만 해협을 비롯한 여러 지역에서 전쟁 위협이 이어질 가능성이 점차 증가하는 추세이다. 이러한 상황 속에서 권위주의 진영과 자유민주주의 진영 간의 블록화가 확대되면서 각국은 자국 방위산업 생태계를 강화하고 현대화하는 노력을 공통적으로 추진하고 있다.

방위산업이란 국가 방위를 목적으로 군사적으로 소요되는 물자의 생산과 개발에 종사하는 산업이라고 정의할 수 있다.[3)] 방위산업에 대해서 전쟁산업(war industry), 병기산업(weapons industry or arms industry), 군수산업(armaments industry or ammunition industry) 등 여러 가지 용어로 사용되고 있으나 모두 방위산업을 포괄하여 사용하고 있다.

현대 국가에서 방위산업의 중요성은 다음과 같다.

첫째, 국가안보와 자주국방의 핵심 기반이다. 국가의 자주국방 역량을 강화하는 데

1) 박재혁·손동성·강석중, "대한민국 방위산업의 글로벌 공급망 확장 전략", 『국가안보와 전략』 통권 97호, 국가안보전략연구원, 2025, p. 3.

2) 한국방위산업학회, 「대한민국 방위산업 50년 그리고 미래」, 2024.

3) 『군사용어대사전』 (서울, 청미디어), 2016.

필수적인 요소이다. 무기체계의 국산화와 첨단화는 외부 의존도를 낮추고, 전시 상황에서도 안정적인 군수지원을 가능하게 한다. 특히, 러시아-우크라이나 전쟁 이후, 첨단 재래식 무기체계의 중요성이 부각되며, 한국의 방산기술이 세계적으로 주목받고 있다. 트럼프 2기 정부는 자국의 방위역량은 자국이 담당하도록 국방비 증액을 강요함으로써 가성비 높고 신속히 전력화가 가능한 한국산 무기체계가 세계적으로 인기를 끌고 있으며 폴란드를 시작으로 방산수출을 확대하고 있다.

둘째, 경제 성장과 산업 발전의 견인차 역할을 담당한다. 방위산업은 고부가가치 산업으로서 국가 경제에 큰 기여를 한다. 세계 무기수출 9위를 기록한 한국은 최근 방산시장 글로벌 빅4에 들어가기 위해서 국가의 총 역량을 집중하여 방산 르네상스를 일으키고 있다. 이는 일자리 창출, 기술 개발, 중소기업 육성 등 다양한 경제적 효과를 가져오며, 내수 시장의 한계를 극복하고 글로벌 공급망 확장을 가능하게 한다.

셋째, 기술 혁신과 민군 겸용 기술 발전이 가능하다. 방위산업은 첨단기술의 개발과 응용을 통해 민간산업에도 긍정적인 영향을 미친다. 무기체계 개발 과정에서 축적된 기술은 민간 분야로 이전되어, 전반적인 산업 경쟁력을 강화하는 데 기여한다. 2차 세계대전 이후 국방기술과 민간기술의 관계는 계속해서 변화해왔는데 가장 먼저 중시된 것은 국방기술을 민간으로 이전하는 '스핀 오프(Spin-off)'였다. 미국의 보잉(Boeing)사가 개발한 세계 최초의 군용 제트 수송기 C-135 스트라토리프터(Stratolifter)는 민간용 보잉707 여객기로 개조되어 엄청난 성공을 거두었다.

또한, 1990년대부터 발달된 민간기술을 국방기술로 이전하는 '스핀 온(Spin-on)' 개발 방식이 활발하게 도입되기 시작했다. 이지스(Aegis) 구축함의 컴퓨터 시스템이 인텔 CPU와 윈도우 운영체제를 사용하고, 스텔스 크루즈 미사일 'JASSM(Joint Air to Surface Standoff Missile)'의 유도 및 항법 시스템 상당 부분에는 민수용 장비를 사용한다.

처음부터 국방과 민간기술을 동시에 개발하거나 제조하는 '스핀 업(Spin-up)' 방식도 21세기 들어 활발하게 추진 중이다. 민수용으로 개발하면 파급 효과가 크지만 개발 난이도가 있거나 국가 규모의 연구개발 역량이 필요할 경우, 민·군이 공동으로 연구 역량을 모으게 된다. 민수 물량과 군수 물량이 합해져 규모의 경제를 이루어 가격 경쟁력을 확보하고, 국가의 산업 발전에 꼭 필요하지만 기업이 선뜻 나서기에는 어려운 기술을 함께 개발한다. 소형무장헬기(LAH)와 소형민수헬기(LCH)도 처음부터 군의 전력 증강과 대한민국 회전익 헬기 산업 성장을 목표로 군사용과 민수용 버전을 함께 개발한 '스핀 업'의 대표적인 예라고 할 수 있다.

넷째, 외교 전략과 국제 협력의 수단이다. 방산 수출은 단순한 경제 활동을 넘어, 수출 대상국과의 군사 협력 강화, 국방 외교의 실질적 도구로 활용된다. 이는 국가 위상을 제고하고, 국제사회에서의 전략적 입지를 강화하는 데 기여한다.

다섯째, 법적·제도적 기반 강화의 필요성이다. 방위산업의 지속적인 발전을 위해서는 법적·제도적 기반의 강화가 필요하다. 특히 방위산업기술 보호법과 같은 법률을 통해 기술 유출을 방지하고, 방산 기업의 경쟁력을 유지하는 것이 중요하다.

## 2. 방위산업의 역사와 변천

### 가. 방위산업의 태동과 자주국방

1960년대 후반, 한반도 안보 환경은 극도로 불안정해졌다. 북한은 1·21사태(1968년), 푸에블로호 납치사건(1968년), 울진·삼척 무장공비 침투사건(1968년) 등 지속적인 도발을 감행했다. 이에 더해 미국은 닉슨 독트린(1969년)을 통해 아시아 국가들에게 자국 방위 책임을 강조하고 주한미군 감축을 추진했다. 한국은 심각한 안보 위기에 직면하게 되었고, 박정희 대통령은 '자주국방'을 국가 핵심 목표로 설정했다.

정부는 1970년 국방과학연구소(Agency for Defense Development, ADD)를 창설하고, 방위산업을 체계적으로 육성하기 위한 '방위산업 10개년 계획'을 수립했다. 이 계획은 기본 병기 국산화를 기반으로 전차, 항공기, 유도탄 등 정밀무기 생산까지 단계별 목표를 설정한 것이었다. 특히 번개사업(기본병기 국산화)과 율곡사업(종합적 군 현대화)은 방산 태동기의 핵심적인 추진 사업이었다.

자주국방을 뒷받침할 과학기술 기반이 절실했던 정부는 1970년 8월 6일 대통령령에 의해 국방과학연구소(Agency for Defense Development, ADD)를 창설하였다. 국방과학연구소는 국방부 산하 독립 연구기관으로서 육·해·공군에 분산되어 있던 무기체계 연구개발 기능을 통합하고, 무기 개발과 시험, 평가를 체계적으로 수행하기 위해 설립되었다. 초대 소장에는 주독일 대사를 지낸 신응균 예비역 중장이 임명되었으며, ADD는 국방력 강화와 자주국방 완수를 위한 중추적 역할을 수행하기 시작했다.

국방과학연구소 창설과 함께 추진된 대표적 사업이 바로 번개사업이다. '번개처럼 빠른 속도로 기본병기를 국산화하라'는 박정희 대통령의 직접 지시에 따라 명명된 번개사업은, 기본화기와 탄약을 신속히 국산화하여 향토예비군을 무장하고, 한국군의 무기체계를 독자적으로 구축하려는 전략적 사업이었다.

1970년대 초, 한국군이 보유한 무기들은 대부분 6·25전쟁 당시 미국이 제공한 노후

장비였고, 향후 주한미군 철수 시 심각한 무기 공백이 예상되었다. 또한 창설된 향토예비군 250만 명을 무장시키기 위해서는 대규모의 기본화기가 필요했지만 외화 부족으로 미국산 신형 무기를 대량 도입할 수 없는 상황이었다. 이런 위기 속에서 번개사업은 무기의 수입에 의존하지 않고 국내에서 자체 생산 기반을 구축하기 위해 시작되었다.

번개사업의 구체적 목표는 소총, 박격포, 기관총, 탄약 등 기초 병기의 완전한 국산화였다. 이에 따라 M16 소총과 유사한 국산화 소총 개발이 착수되었고, 60mm 및 81mm 박격포, M60 기관총, 다양한 소구경 탄약 생산 기술도 확보하게 되었다. 연구개발은 국방과학연구소가 주도하고, 생산은 풍산, 대우중공업 등 민간기업이 담당하는 군산학 협력 체계가 본격적으로 작동하였다.

번개사업의 성과는 단기간 내에 가시화되었다. 1970년대 중반까지 향토예비군 장비를 포함한 한국군 기본병기의 약 80%를 국내 생산할 수 있게 되었으며, 이를 통해 무기체계의 자급자족 기반을 마련하였다. 이 같은 성과는 이후 전개된 율곡사업과 본격적인 첨단무기 개발의 토대가 되었고, 한국 방위산업이 전략산업으로 성장하는 데 결정적인 기여를 하였다.

국방과학연구소의 창설과 번개사업의 추진은 단순한 무기 개발에 그치지 않고, 한국의 과학기술 기반, 민간 중화학공업 발전, 군산복합체 형성 등 국가 전체 산업발전에도 지대한 영향을 미쳤다. 특히 이 과정에서 확보된 인력과 기술은 향후 전차, 항공기, 미사일 등 정밀무기 개발로 이어지며 대한민국의 자주국방 능력 확립에 중추적 역할을 하였다.

동시에 중화학공업 육성을 통해 방위산업 기반을 뒷받침하려는 정책도 병행되었다. 기계공업, 조선산업, 특수강공업 등을 전략산업으로 지정하여 민수산업과 방산이 동반 성장하도록 설계하였다.

### 나. 방위산업의 시련과 도전

1979년 박정희 대통령 서거 이후, 방위산업은 큰 전환기를 맞았다. 정치적 혼란과 경제 불안 속에서 방산정책도 표류하기 시작했다. 특히 미사일 개발 중단(백곰 사업 축소)과 국방과학연구소(ADD) 축소는 당시 방위산업에 큰 타격을 입혔다.

국제적으로도 미국 카터 행정부는 주한미군 철수 계획을 공식화하며 한국군의 독자적 방위 능력을 더욱 시급히 요구했다. 그러나 미국은 동시에 한국에 대한 첨단무기 판매를 제한하는 이중적인 태도를 보였다. 공격형 무기(전차, 전투기, 잠수함) 판매 제한 정책은 한국이 독자적으로 무기개발에 나설 수밖에 없는 환경을 만들었다.

이에 따라 신군부는 율곡계획을 수정하여 방위력 증강을 재추진했다. 2차, 3차 율곡 사업에서는 한국형 기초병기 보강, 탄약 자급, 향토예비군 무장 강화 등이 추진되었다.

특히 K1 기관단총 개발(1980), K2 소총 개발 착수(1981)는 방산자립을 향한 중요한 도전이었다. 이 시기 한국 방위산업은 극심한 자원 부족과 정치적 제약 속에서도 꾸준히 국내개발 시도를 이어갔다.

### 다. 방위산업의 안정과 성장

1980년대 후반 민주화 이후, 방위산업은 제도적 안정을 이루기 시작했다. 정부는 국방개혁과 방산투명성 확보를 적극 추진했다. 율곡감사(1987)는 방산비리 척결과 투명성 제고를 목적으로 시행되었고, 이후 방위사업 획득 절차가 표준화되었다.

경제성장에 힘입어 한국의 중화학공업과 기술력은 빠르게 향상되었고, 방위산업도 이를 토대로 중대형 무기체계 개발에 착수했다. 대표적으로 K1 전차(1985), K200 장갑차(1989) 생산은 국산 기갑전력 강화를 이끌었다. 또한 K9 자주포 개발사업(1991 착수)은 세계 최고 수준 자주포로 성장하는 계기가 되었다.

이 시기부터 정부는 방산수출을 전략적으로 추진하기 시작했다. 절충교역(Offset) 제도를 본격 도입해 기술 이전을 유도하고, 방산업체의 해외 진출을 장려하였다.

또한 민군기술협력 정책을 통해 첨단 과학기술을 방산 분야에도 적극 도입하려는 움직임이 나타났다.

### 라. 방위산업의 경쟁과 도약

2000년대에 들어 방위산업은 글로벌 경쟁체제에 본격적으로 진입했다. 2006년 방위사업청이 설립되면서 과거 폐쇄적이고 관료적인 방산획득체계는 개방적이고 투명한 체계로 전환되었다. 이와 함께 정부는 '방산수출 전략화'를 공식적으로 추진했다.

K9 자주포, FA-50 경공격기, K2 흑표 전차 등 세계적 수준의 무기체계가 개발되어 수출에 성공했다. 특히 K9은 인도, 노르웨이, 호주 등지에 수출되었으며, FA-50은 필리핀, 이라크, 폴란드 등에 수출되며 한국 방산의 경쟁력을 입증했다.

또한 정부는 국방개혁 2.0을 통해 첨단전력화를 적극 추진했고, 인공지능(AI), 드론, 무인화 기술 등 4차 산업혁명 기술을 방산에 접목시키는 전략을 수립하였다.

2021년 KF-21 보라매 전투기 시제기 공개는 한국 항공기술의 상징적 성과였다. 자주국방은 이제 단순한 목표를 넘어, 글로벌 방산강국을 향한 국가적 전략이 되었다.

[표 10-1] 방위산업 변천사

| 연도 | 주요 사건 및 경과 |
| --- | --- |
| 1968년대 | - 1・21사태, 푸에블로호 납치, 울진・삼척 무장공비 침투 발생<br>- 향토예비군 창설<br>- 미국의 소극적 대응에 대한 실망으로 자주국방론 대두 |
| 1969년대 | - 미국 닉슨 독트린 발표: "아시아 안보는 자국이 책임"<br>- 주한미군 철수 개시 및 한국군 현대화 필요성 강조 |
| 1970년대 | - 박정희 대통령, 방위산업 육성 지시<br>- 국방부 내 방위산업 전담조직 설치<br>- 국방과학연구소(ADD) 창설<br>- 방위산업 10개년 계획 수립 (기초병기 국산화 → 정밀무기 단계적 확대) |
| 1971년대 | - 경제제2비서관실 신설: 청와대 직속 방산 컨트롤타워 운영<br>- 번개사업 개시: 예비군용 병기 국산화<br>- 방위산업의 범위를 기본병기 생산 및 연구개발로 정의 |
| 1972년대 | - 국방과학연구소, 해외 과학기술자 유치(1차)<br>- 1차 율곡사업 착수: 병기 국산화 및 국방과학연구소의 핵심 연구 사업 |
| 1974년대 | - 율곡계획 수립: 중장기 자주국방 능력 확보 방안 마련 |
| 1976년대 | - 전차・전투기 등 정밀무기 개발 추진 시작<br>- 백곰미사일 개발 착수 |
| 1980년대 | - 율곡사업을 통해 무기체계 다수 국산화<br>- 항공・기갑・유도무기 등 분야에서 기술력 확대 |
| 2006년대 | - 방위사업청 설립: 획득・수출 체계 전문화<br>- 방위력개선사업과 방산수출 지원 체계화 |
| 2010년대 | - K-9 자주포, FA-50 경공격기, 천무, K2 전차 등 세계적 경쟁력 확보<br>- 중동・유럽・동남아시아로 수출 시장 다변화 |
| 2020년대 | - K-방산 브랜드 정착, 대규모 수출 계약 성사 (폴란드, 아랍에미리트 등)<br>- 방산수출 세계 10위권 진입<br>- AI・무인체계 중심의 첨단 방위사업 확대 |

## 3. 방위산업의 발전과 성과

### 가. 방위산업 정책 및 제도 발전

한국 방위산업은 국가 생존과 자주국방을 목표로 발전해 왔다. 그 정책적·제도적 기반은 1970년대 초 박정희 정부 시기에 마련되었다. 북한의 지속적인 도발과 미국의 주한미군 감축 추진에 대응하여, 정부는 무기 독자개발과 군 현대화를 목표로 1970년 국방과학연구소를 창설하고, '방위산업 10개년 계획'을 수립하였다. 이어 1973년 '방위산업특별조치법'을 제정하여 방위산업을 체계적으로 육성하기 위한 법적 기반을 마련하였다.

1980년대 전두환 정부는 방위력 증강을 위해 '군수산업육성기금'을 설치하고, 방산 전문화·계열화 제도를 도입했다. 이를 통해 업체 간 중복투자를 방지하고, 핵심 품목별 분업 구조를 확립하는 한편, 방산업체의 생산기반을 확대했다. 이 시기는 국산 전차(K1)와 장갑차(K200) 등 대형 무기체계 개발이 본격화된 시기이기도 하다.

1990년대에는 김영삼 정부가 민주화와 투명성 강화를 내세워 방위사업에 대한 감사와 제도 개혁을 추진했다. 김대중 정부는 민군기술협력을 강화하고, 방산 연구개발(R&D) 체계를 개편하여 민간과학기술과 방산기술 간의 연계를 촉진했다. 이 시기 절충교역 제도(Offset Program)가 활성화되어 해외에서 무기를 도입할 때 기술이전을 적극적으로 요구하기 시작했다.

2000년대 들어 노무현 정부는 방위사업청(2006년)을 설립하고, 방위산업 구매와 조달 체계를 투명화·효율화하였다. 이전까지는 정부 주도의 보호정책이 중심이었지만, 이후 시장경쟁 원리가 본격적으로 도입되면서 방산 분야도 '개방과 경쟁'을 통한 발전이 요구되었다.

이처럼 한국 방위산업 정책은 시대별 안보환경과 경제상황에 따라 변화해 왔으며, 초기의 육성·보호 단계에서 점차 개방·경쟁, 기술혁신 중심으로 진화해 왔다.

### 나. 분야별 방위산업 형성과 발전



한국 방위산업은 분야별로 특화 발전하며 체계적인 기반을 다져왔다.

먼저 탄약 및 기초병기 분야는 1970년대 초 번개사업을 통해 소총, 박격포, 기관총, 소구경 탄약을 국산화하면서 시작되었다. 이로 인해 향토예비군과 현역군 장비 현대화가 가능해졌고, 기초 군수품의 자급 기반이 구축되었다.

기동 및 화력장비 분야는 1980년대 이후 급격히 성장하였다. 국산 K1 전차, K200 장갑차 개발에 성공하면서 중장비 분야에서도 독자개발 능력을 확보했다. 이후 K9 자주포는 세계 최고 수준의 성능을 인정받아 글로벌 수출 효자품목으로 자리 잡았다.

해군 함정 분야는 울산급 호위함 개발을 시작으로 충무공 이순신급 구축함, 이지스 구축함(KDX-III) 등 대형 전투함 개발로 이어졌다. 이는 해군력 현대화에 결정적 기여를 하였다.

항공기 분야는 F-5 면허생산을 계기로 시작되었으며, 이후 KTX-1 기본훈련기, T-50 고등훈련기 및 경공격기(FA-50) 개발로 독자적 항공기 제작 능력을 갖추었다. 최근 KF-21 보라매 전투기 개발을 통해 초음속 전투기 독자개발 시대를 열고 있다.

유도무기 분야에서는 천마 단거리 방공미사일, 현무 탄도미사일 시리즈 개발이 대표적이다. 통신·전자 분야에서는 C4I(지휘·통제·통신·컴퓨터·정보) 체계 개발이 이뤄져 현대전에서 필수적인 지휘통제 능력을 갖추었다.

최근에는 감시정찰(레이더, 전자광학 장비), 화생방 방호, 드론 및 무인체계 분야에서도 국내 기술력과 시장이 급속히 확장되고 있다. 이러한 분야별 발전은 방위산업의 전체 경쟁력을 견인하는 핵심 기반이 되고 있다.

### 다. 방위산업의 성과

대한민국 방위산업(K-방산)은 최근 몇 년간 전 세계의 주목을 받으며 괄목할 만한 성장을 이루었다. 소총 한 자루 만들지 못했던 과거를 뒤로하고, 이제는 잠수함, 전차, 항공기, 위성까지 개발하고 생산하는 선진국 수준의 국방과학기술 보유국이 되었다.

방위산업은 단순히 무기를 생산하고 판매하는 것을 넘어, 국가안보에 필수적인 산업이자 막대한 경제적 효과를 창출하는 미래 성장 동력이다. 방산 수출은 기업의 매출 증대와 규모의 경제 형성을 통해 일자리를 창출하고, 기업의 재투자를 유도하며, 새로운 기술 개발을 통해 군의 전력 증강까지 선도하는 선순환 구조를 만들고 있다. 또한, 무기체계 수출은 단순히 돈을 버는 것을 넘어, 해당 국가의 과학기술력이 집약된 총체로서 대한민국의 세계적인 기술경쟁력을 보여주고, 강력한 자주국방의 의지를 대외에 천명하는 중요한 활동이다. 나아가 방산 수출은 원전 사업 등 다른 산업 분야의 해외 진출을 위한 마중물 역할까지 수행하며 국가 간 협력과 상생의 기반을 마련하면서, 한국 방위산업은 다양한 분야에서 괄목할 만한 성과를 이루어냈다.[4)]

1970년대부터 추진된 국산 무기 개발 노력은 2000년대 이후 결실을 맺으며, 국산 명품 무기체계의 개발과 대규모 해외 수출 성공으로 이어졌다. 대표적인 국산 무기체계로는 K2 흑표 전차, K9 자주포, 천궁 중거리 지대공미사일(M-SAM), FA-50 경공격기 등이 있으며, 이들은 국내 방위력 강화뿐만 아니라 세계시장 진출에도 성공했다.

특히 2020년대에 들어, 폴란드와의 대규모 방산 계약은 한국 방산 수출 역사상 최대 규모를 기록하였다. 2022년 폴란드는 러시아-우크라이나 전쟁 이후 급격히 증대된 국방 수요를 맞추기 위해 한국과 총 약 170억 달러 규모의 계약을 체결하여 K2 전차, K9 자주포, FA-50 경공격기, 천무 다연장로켓 등을 수입하였고, 양국은 단순한 구매를 넘어 생산기지 설립 및 기술이전까지 포괄하는 협력을 약속했다. 이 성과는 한국 방산업체들의 기술력과 신뢰성이 유럽 시장에서도 인정받았음을 보여준다.

---

4) 조현기, “방산수출을 방위산업의 새로운 도약으로”, 「산업경제 No. 294」, 산업연구원, 2023.

또한, 중동 지역에서도 한국 방산의 입지가 확장되고 있다. UAE(아랍에미리트)는 한국의 천궁-II 중거리 지대공미사일을 약 35억 달러에 도입을 결정했으며, 사우디아라비아, 이집트 등 다른 중동 국가들도 K2 전차, K9 자주포, 다목적 무인체계 등에 관심을 보이고 있다. 중동 수출은 첨단 무기체계뿐만 아니라, 방위협력, 군수지원, 합동연구개발까지 포함된 포괄적 방산외교의 형태로 발전하고 있다.

한편, 최근에는 미국 시장과의 협력도 중요하게 부각되고 있다. 특히 미 해군은 군함 및 해군 전력의 MRO(정비·수리·운영) 역량 강화를 위해 한국 조선업계의 지원을 요청하고 있다. 이는 미 해군 함정의 정비 부담을 완화하고, 아시아·태평양 지역에서의 미군 해상전력 유지에 한국 조선업의 역할을 확대하려는 움직임으로 볼 수 있다. 현대중공업, 대우조선해양(한화오션), 삼성중공업 등은 군함 MRO 분야에서 미국 측과 협력방안을 구체화하고 있으며, 이는 한국 조선업과 방위산업의 글로벌 위상을 동시에 높이는 중요한 기회로 평가된다.

또한, 최근 미군은 한국산 무기체계의 우수성에 주목하고 있으며, K9 자주포, K2 전차 계열, FA-50 경공격기 등의 미국 내 운용 가능성까지 검토하고 있는데, 이는 단순한 수출을 넘어, 한국 방위산업이 미국과의 전략적 무기공급망(Defense Supply Chain)에 편입될 가능성을 시사한다.

요약하면, 한국 방위산업은 국내 자주국방을 넘어, 폴란드 및 유럽시장 대규모 진출, 중동지역 첨단무기 수출 확대, 미국과 해군 MRO 및 조선업 협력 강화 등을 통해 세계 방산시장에서 영향력을 빠르게 확장하고 있다.



### 라. 한국 방위산업의 특징과 발전 방향

한국 방위산업은 다른 나라들과 구별되는 뚜렷한 특징을 가지며, 주요 특징은 크게 네 가지로 정리할 수 있다.

첫째, 한국은 무기체계 전 영역에 걸친 개발·생산 능력을 보유하고 있다. 지상 전력(K2 흑표 전차, K9 자주포), 해상 전력(충무공 이순신급 구축함, KSS-III 잠수함), 공중 전력(FA-50 경공격기, KF-21 전투기)과 더불어 유도무기(천궁-II 지대공미사일, 현무 시리즈 탄도미사일), C4I 체계(전술지휘통제체계) 등 전 분야에 걸쳐 독자적 개발 및 생산이 가능하다.

둘째, 무기체계에 관한 체계종합 및 개발 능력은 뛰어나지만, 핵심부품 및 원천기술 의존도는 여전히 높다. 한국은 방위산업 초기부터 완성품 개발에 집중해 왔지만, 핵심부품 분야에서는 여전히 외국 기술에 의존하는 경우가 많다.

대표적으로 KF-21 전투기 개발사업에서도 초기 단계에서는 항전장비와 AESA 레이더 부품 일부를 해외로부터 도입했고, K2 전차의 경우, 파워팩 개발이 지지부진해서 최초 양산형은 독일산 MTU 엔진과 RENK 변속기를 장착해야 했다. 이후 국산 파워팩 개발이 완료되었지만, 초기 수출용에는 여전히 외국산 부품이 혼용되고 있다.

셋째, 한국 방위산업은 정부주도 개발에서 업체주도 개발로 점차 전환하고 있다. 초기에는 국방과학연구소 주도의 연구개발이 중심이었지만, 2000년대 이후에는 민간 방산업체의 독자개발 프로젝트가 활성화되고 있다. 예를 들어, 한화에어로스페이스는 천궁-II 미사일 시스템을 국방과학연구소와 공동 개발한 이후, 최근에는 자체적으로 유도무기와 위성발사체 기술을 개발하고 있다. 또한 현대로템은 K2 전차 기반의 수출형 전차(폴란드 K2PL)를 현지화 개발하고 있으며, LIG넥스원은 드론, 저피탐 무인기, 신형 대공유도무기 개발을 민간 주도로 추진하고 있다.

넷째, 국내 군 수요 기반에서 글로벌시장 진출 기반으로 전략을 전환하고 있다. 과거 한국 방위산업은 주로 국군의 무기 수요를 충족하는 데 초점을 맞췄지만, 최근에는 적극적으로 해외시장을 개척하고 있다. 대표 사례로, 폴란드 대규모 수출 계약이 있으며, 중동(UAE, 사우디아라비아) 지역에서도 천궁-II, K9 등의 수출이 추진되고 있다. 또한 최근에는 미 해군이 한국 조선업체에 군함 정비(MRO) 및 수리 조선 분야 협력을 요청하면서, 한국 방산조선업이 미국 해군 군수망에 편입될 가능성도 열리고 있다. 이런 글로벌 진출 확대는 방위산업의 규모 경제를 달성하고 기술경쟁력을 높이는 중요한 전략적 변화이다.

| 제2절 | 글로벌 방산시장 / K-방산 혁신전략 |
|---|---|

## 1. 글로벌 국방예산 현황[5)]

미국 정치전문매체 폴리티코(Politico)와 스웨덴 시프리(SIPRI)는 2023년 12월 14일 "세계 주요 국가들의 2024년도 국방비는 증가하는 추세를 보였다"며, 이는 "유럽 전구에서의 러시아–우크라이나 전쟁(이하, 러-우 전쟁), 중동 전구에서 이스라엘-하마스 전쟁, 남중국해·동중국해·대만해협의 군사적 긴장 고조 등에 따른 자국의 자구책"으로 평가했다.

전 세계 국방예산은 향후 10년간 약 14.6% 성장할 것으로 예상되며, 2021년에는 2조 달러를 돌파했다. 이는 평화의 시대가 끝나고 패권 경쟁의 시대가 이어지고 있기 때문에 전 세계 모든 국가가 방위비를 늘려야 하는 상황에 직면했음을 의미하며, 특히 미국의 동맹 국가들은 미국의 자국 우선주의 기조가 지속되면서 자국 내 방위력 강화를 위한 압력이 높아지고 있고, 최근 트럼프 대통령은 나토에 자국 GDP의 5% 수준까지 요구하고 있다. 전쟁이 일어나지 않는다고 해도 각국의 방위비 증가는 향후 10년간 지속될 추세이며, 2032년까지 전 세계 국방예산은 2조 5천억 달러, 무기 획득 예산은 7천 5백억 달러에 달할 것으로 전망한다.[6)]

신냉전시대 이후 국방비 세계 1위인 미국은 2024년도 국방비에 8,860억 달러(약 1,160조 원)를 배정해 2023년 대비 14.6%의 증가율을 보였고, 나토 회원국 가운데 11개 국가의 2023년 국내 총생산량(GDP) 2%를 2024년 국방비로 책정했는데 이는 2023년 나토 총 30개 회원국 중 7개 국가만 GDP의 2%를 국방비로 배정한 것과 비교시 분명한 증가 추세를 나타내고 있다.

특히, 70년 넘게 중립국을 유지했던 핀란드가 나토에 가입하면서 GDP 2%를 2024년 국방비로 책정해 전년 대비 5% 증가세를 보였고, 중립국이었던 스웨덴도 나토에 가입을 추진하는 가운데, 2024년도 국방비를 2023년도 대비 28%를 증액한 118억 3,000만

5) 한국군사문제연구원, "2024년 세계 주요 국가의 국방비 증가 추세", KIMA Newsletter 제1581호.
6) 장원준, "우크라이나 전쟁 이후 글로벌 방산시장의 변화와 시사점", 「산업경제 No. 294」, 산업연구원, 2023.

달러로 배정한 것으로 알려졌다. 러시아-우크라이나 전쟁의 영향으로 폴란드는 인접국이자 러시아의 동맹국인 벨라루스와의 긴장 조성으로 2024년도 국방비 규모를 2023년 국방비 대비 약 16%가 증가한 1,130억 폴란드 달러로 배정했다.

2023년 10월 7일부터 지속되고 있는 중동 전구 내에서의 이스라엘-하마스 전쟁과 러시아가 NEW START 탈퇴를 선언하고 포괄적 핵실험금지조약(CTBT) 비준을 철회하는 등 군비통제 조약이 무력화되는 모습들이 나타나자, 자국 방위력 강화를 위해 국방비를 대폭 증가시키는 동향이 나타나고 있다.

동아시아의 경우, 중국이 남중국해에서 필리핀과 세컨드 토마스 산호초에서 무력 충돌을 벌이고, 동중국해 조어도(釣魚島)(일본명: 센카쿠 열도, 중국명: 댜오위다오)에서 역사적 해양 영유권을 기정사실 하려는 모습을 보이며, 해·공군력을 동원해 대만을 순회하는 무력시위를 하자, 일본은 2024년 국방비를 전년 대비 13% 증가한 7조 7,000억 엔으로 책정했다. 또한, 중국의 직접적인 군사 위협에 직면한 대만은 2024년도 국방비에 전년 대비 5% 증가한 6,068억 달러를 책정했으며, 신형 잠수함을 지속적으로 건조할 예정이다.

2024년 세계 각국의 군사비 현황은 [그림 10-1]과 같다.

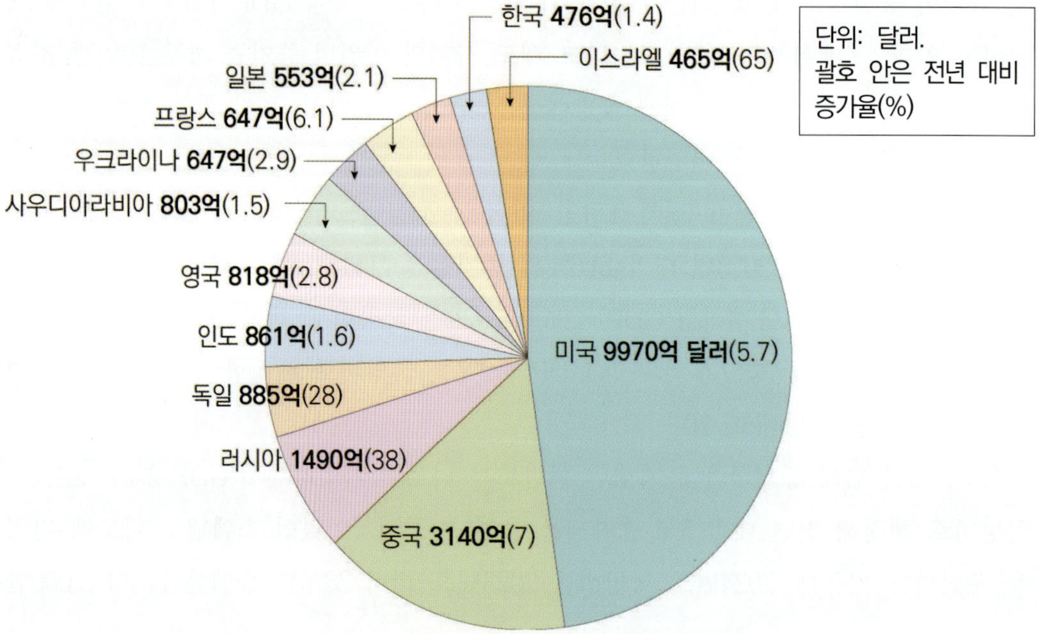


[그림 10-1] 2024년 각국 지출 군사비 현황

전 세계 방위산업은 국가안보를 위한 무기체계의 개발·생산·수출을 중심으로 형성된 고부가가치 산업이다. 방산시장은 국가의 군사전략, 외교정책, 경제 산업구조와 긴밀히 연결되어 있으며, 최근 몇 년간 그 규모와 전략적 중요성이 빠르게 증가하고 있다.

이와 같은 변화는 단순히 국방비 지출 증가에 그치지 않고, 무기 획득 예산 및 방산기업의 생산액 확대에도 영향을 미쳤다.

글로벌 국방예산과 무기획득 예산의 급증 추세는 필연적으로 주요 구매국들의 무기 수요(수입) 증가로 이어지고 있다. 러-우 전쟁 이후 글로벌 무기 수요는 폴란드 등 동·북유럽의 무기 수요 급증이 두드러지는 가운데, 중동, 아시아·태평양, 북미 등 전 세계적으로 증가하는 추세를 보이며, 글로벌 국방예산 증가 추세와 비례하여 무기체계 개발과 생산, 운영유지를 포함하는 무기획득 예산도 가파른 상승세를 보인다. Aviation Week(2022)에 따르면, 2021년 글로벌 무기획득 예산은 약 5,500억 달러로 전 세계 국방예산의 약 28% 수준이다. 반면 러-우 전쟁 이후 글로벌 무기획득 예산은 크게 증가하여 2023년에는 6,800억 달러 수준에 이를 전망이다. 이러한 증가세는 전 세계적인 국방예산 증가 추세와 함께 당분간 지속될 전망이며, 2032년에는 7,500억 달러를 상회할 것으로 보인다. 이는 향후 10년(2023~2032)간 누적 기준으로 기존 전망치 대비 6,000억 달러(780조 원) 이상 증가한 수치다.

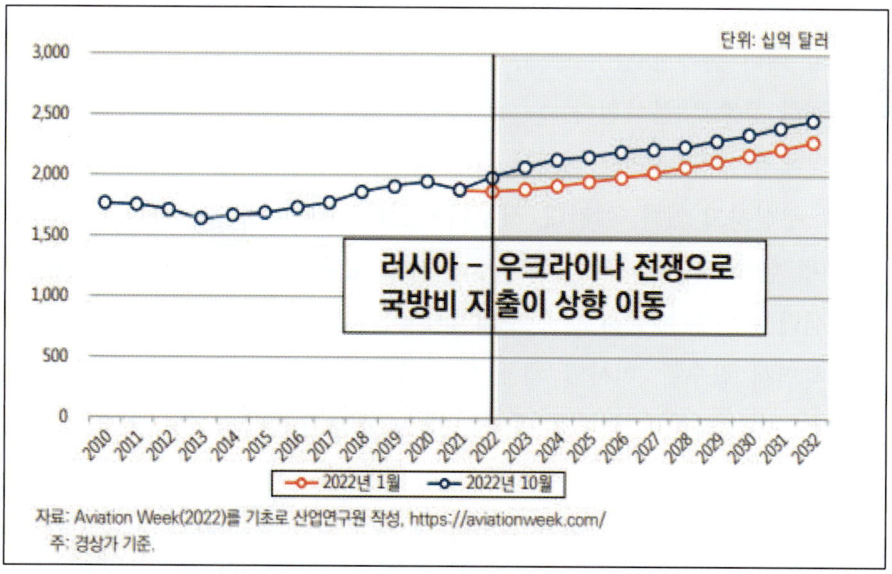


[그림 10-2] 글로벌 국방예산 전망(2010~2032)

자료: 권태환외, "러시아의 우크라이나 침공 이후 1년: 우크라이나 전쟁의 시사점과 한국의 국방혁신", 산업연구원, 2023.

## 2. 글로벌 방산시장 분석

글로벌 방산수출 시장은 미국(39%), 러시아(19%), 프랑스(11%), 중국(4.6%), 독일(4.5%)의 5개국이 전체 시장의 약 78%를 점유하며 주도하고 있다. 이 가운데 한국은 2.8%의 점유율로 세계 8위에 해당하며, 최근 5년간 방산수출 증가율은 무려 177%를 기록하며 가장 빠르게 성장하는 신흥 방산 수출국 중 하나가 되었다. 과거의 수출이 주로 전차, 자주포 같은 중장비 위주였다면, 최근에는 드론, 유도무기, 항공기 등 첨단무기 중심으로 전환되고 있으며, 단순한 완제품 판매를 넘어 현지생산, 기술이전, 산업협력을 포함하는 포괄적 계약 방식이 대세를 이루고 있다.

러-우 전쟁 이후 무기공급(수출) 측면에서는 전통적 무기수출 강국인 미국(세계 1위)의 독주와 러시아(세계 2위)와 중국(세계 4위)의 정체, 신흥 강국인 한국(세계 9위), 튀르키예(세계 12위) 등의 급부상으로 요약된다. SIPRI(2023)에 따르면 과거 5년(2013~2017) 대비 최근 5년(2018~2022)간 무기수출 증감률에서 미국 14%, 한국 74%, 튀르키예가 69% 증가했으나, 러시아와 중국은 각각 31%, 23% 감소했다.

미국에 이어 우리나라는 러-우 전쟁 이후 글로벌 방산시장에서 가장 주목받는 방산수출국가로 부상했다. 특히 폴란드는 한국과 2022년 K2 전차(980대), K9 자주포(648문), FA-50 경공격기(48대) 및 천무 다련장(288문) 등을 계약했다. 이러한 한국의 무기수출 급증의 주요 요인으로는 K2 전차, K9 자주포 등 일부 수출 무기는 높은 가성비와 다른 우방국 대비 신속한 납기 능력, 상대적으로 우수한 기술이전 및 산업협력(절충교역) 제공 능력 등으로 분석된다.

중동 지역에서는 사우디아라비아와 UAE가 기술이전과 산업협력을 중시하는 전략적 수입국으로 부상하고 있다. 예컨대, 사우디는 2030년까지 방산 국산화율 50%를 목표로 하고 있으며, 한국 기업들과의 협력이 확대되고 있다. 한국은 필리핀에 FA-50 경공격기와 정비센터 운영을 제공하고, 인도네시아에는 T-50 훈련기 및 KF-21 공동개발 참여를 유도하면서 잠수함, 미사일 체계 등을 수출하도록 영향력을 확대하고 있다.

이스라엘도 우크라이나전 이후 폴란드를 포함한 우방국들의 무기수요가 급증하고 있고, Haaretz(2022)에 따르면 무인기, 레이더, 유도무기 등으로 2021년도 113억 달러의 무기수출(수주 기준) 실적을 올렸다고 발표했다. Defense News(2022)에 따르면 2022년 튀르키예의 무기 수출은 43억 달러(수주 기준)를 넘어 역대 최고 실적을 올렸다. 특히 바이락타르 TB2를 포함한 군용 무인기(중대형 UAV 기준) 수출은 최근 4년(2018~2021)간 190대를 수출하여 중국(173대), 미국(143대), 이스라엘(142대)

을 제치고 세계 1위를 차지했다.

유럽과 중동 지역의 대규모 전쟁 장기화는 주요 방산 강국들의 생산 생태계의 한계를 드러내고 있다. 세계 최강의 군사력을 가진 미국조차 탄약과 미사일 부족에 시달리고 있으며, 유럽의 주요 NATO 회원국들도 동유럽 국가들의 시급한 무기 수요를 충족시키지 못하고 있다. 특히 전차, 장갑차, 자주포, 다련장 로켓 등 기동 및 화력 분야에서의 생산 능력 부족은 한국, 튀르키예(터키) 등 방산 수출 신흥 국가들에게 결정적인 수출 확대 기회로 작용하고 있다.7)

21세기 들어 방산 수출 시장은 점차 복잡하고 다층적인 구조로 전환되고 있다. 과거에는 무기 수출이 단순한 구매-판매 관계에 기반을 둔 일회성 거래 중심이었다면, 최근에는 기술이전, 공동생산, 후속 정비까지 포함한 포괄적 산업협력 중심으로 재편되고 있다. 이러한 변화는 크게 세 가지 측면에서 나타난다.

첫째, 수출국의 다극화 현상이 두드러지고 있다. 미국, 러시아, 프랑스, 독일, 중국 등 소위 5대 방산 강국이 전체 시장의 80%를 점유하던 과거와 다르게 이제는 한국, 튀르키예, 이스라엘, 브라질 등 신흥 수출국들이 시장에 본격 진입하고 있다. 2022년 방산 수출은 173억 달러로 사상 최대치를 기록했으며, 빠른 납기와 높은 가성비 경쟁력, 그리고 유연한 기술이전 및 산업협력 역량이 강점으로 부각되면서 폴란드 외에도 이집트, UAE, 인도네시아와의 협력도 확대되고 있다. 이스라엘은 무인기 및 정밀유도무기 중심으로 꾸준히 성장 중이며, 튀르키예는 바이락타르 TB2 무인기 수출을 통해 자국 방산 산업의 존재감을 세계에 각인시켰다.

둘째, 수요국의 요구조건이 고도화되고 있다. 중동, 동남아, 동유럽 등 전통적 수입국들은 이제 단순한 무기 수입을 넘어, 기술이전, 현지생산, 산업육성, 산업협력(Offset) 등을 동반한 '조건부 수입'을 선호하고 있다. 예를 들어, 사우디아라비아는 2030년까지 자국 방산 국산화율 50%를 목표로 설정하고 모든 무기 도입 사업에 기술이전과 산업협력 조건을 부과하고 있다.

셋째, 수출 품목의 첨단화·전문화가 이루어지고 있다. 전차, 자주포, 전투기 등 기존의 대형 무기체계에 더해 드론, 지능형 유도무기, 사이버·전자전 장비, 지휘통제체계 등 복합 무기체계에 대한 수요가 빠르게 증가하고 있으며, 이에 따라 수출도 단순 완제품 판매에서 후속 정비, 교육훈련, 소프트웨어까지 포함한 통합 패키지로 확대되고 있다.

---

7) 장원준·박혜지, "글로벌 방산 생태계 최근 동향과 K-방산 혁신생태계 조성 방안", 「산업경제 No. 314」, 산업연구원, 2024.

## 3. K-방산 생태계 및 대응전략

한국은 남북 대치라는 특수한 안보 환경으로 인해 모든 무기체계를 생산할 수 있는 기반을 갖추고 있어 긴급한 무기 수요에 적극 대응할 수 있다. K9 자주포와 K2 전차와 같은 지상무기체계는 국내에서 완제품을 생산할 수 있는 독자적인 기술력을 확보하고 있으며, K9 자주포의 국산화율은 80% 이상이며 이러한 독자적 기술력과 안정적인 공급망은 한국 방산의 강점으로 작용한다.[8)]

글로벌 방산시장의 변화 속에서 한국도 방산 수출 구조를 점차 혁신하고 있다. 과거에는 내수 기반 중심의 폐쇄적인 구조였지만, 최근에는 항공, 유도무기, 복합 전투체계 등 다양한 분야로 수출 품목이 다변화되었고, 동남아, 중동, 동유럽을 포함한 수출 대상 지역도 확대되었다. 특히, 단순 무기 판매를 넘어서 기술이전, 공동개발, 정비시설 설치, 현지생산 등 복합 산업협력이 이루어지는 사례가 늘어나고 있다.

대표적인 사례가 2022년 한국과 폴란드 간 체결된 약 170억 달러 규모의 수출 계약이다. 이 계약은 K2 전차, K9 자주포, FA-50 경공격기, 천무 다연장로켓 등 다양한 무기체계가 포함되었으며, 단순 납품이 아닌 G2G(정부 간 계약), 현지 조립, 기술이전, 교육훈련, 부품 국산화율 조정까지 포함하는 포괄적 협력 계약으로 이루어졌다. 이는 기존 선진국 수출국들이 채택한 '산업협력형 수출 모델'을 한국도 본격 도입하고 있다.

또 다른 사례는 인도네시아와의 KF-21 전투기 공동개발이다. 한국과 인도네시아는 비용을 분담하고 인력을 상호 교류하는 구조로 사업을 진행하고 있으며, T-50 훈련기와 잠수함 수출도 동시에 추진하고 있다. 이러한 전략은 '협력형 무기 수출'이라는 새로운 방식을 통해 안정적이고 지속 가능한 수출 관계를 구축하는 좋은 사례로 평가된다.

이재명 정부는 K-방산 글로벌 4강 도약을 위해서 첫째, 범정부적 방산수출 지원 강화 및 공급망 안정화를 통한 안보 자강력 증진 둘째, AI, 드론, 첨단엔진, 국방우주 등 방산 첨단전략산업 육성 셋째, 무기 획득체계 혁신 및 방산 대·중소 기업 공정성장 견인 등을 정책과제로 선정하였다.

우리나라의 방산 생태계는 그동안 군, 방산기업, 국책연구소 중심의 내수 지향적이고 폐쇄적인 구조로 민간 기술기업이나 대학, 금융기관 등의 참여가 제한적이었으며, 기술혁신 주체와 공급망의 다양성, 금융지원 인프라 등 여러 측면에서 취약점을 보여왔다.

8) 심순형·김미정, "국내 방위산업 공급망 구조 분석과 경쟁력 진단 : 지상무기체계를 중심으로", 연구보고서 No. 10, 산업연구원, 2023.

이를 극복하고 글로벌 방산수출 국가에 진입하기 위해서 정부와 산업계는 'K-방산 혁신생태계 4.0'을 비전으로 제시하고 있으며, K-방산이 추구하는 미래 모델은 강건성(Robust), 탄력성(Resilient), 혁신성(Innovative)을 갖춘 방산 생태계를 구축하는 것을 목표로 한다.

이를 위해 한국은 [표 10-2]와 같은 8대 전략과제를 추진하고 있다.

**[표 10-2] 8대 추진 전략과제 현황**

| 전략과제 | 주요내용 |
|---|---|
| 민간 혁신주체의 참여 확대 | - 드론, AI, 양자센서, 위성통신 등 민간 첨단기술 기업의 방산 참여를 촉진<br>예) 한화에어로스페이스와 민간 우주기업 협력 사례. |
| 획득 프로세스 유연화 | - 소프트웨어 중심 획득체계, 시범운용 기반 구매 등을 확대<br>예) LIG넥스원이 개발한 AI 기반 통합방공시스템은 시범운용 후 실전 배치. |
| 방산 전문 인력 양성 | - 2023년 기준 방산 전문인력 부족률 18.3%. 정부는 방산 마이스터고, 국방기술대학원 설립 등 인력 양성체계를 강화 |
| 공급망 다변화와 국산화 | - 2021년 기준 핵심 방산부품의 37%가 수입에 의존<br>- K-부품 국산화 프로젝트 확대 필요 |
| 수출 지속성 확보 | - 현지화, 산업협력, 기술이전 요구가 증가<br>예) FA-50 수출 시 필리핀 현지 조립 및 정비센터 운영 사례 |
| 우방국과의 협력 확대 | - NATO, 인도-태평양 국가들과의 공동개발 프로젝트 확대<br>예) 호주와 K9 자주포 공동생산 협정 체결. |
| 글로벌 방산 클러스터 조성 | - 창원 방산혁신클러스터(2022년 지정)는 기업, 대학, 연구소가 결합된 지역기반 생태계 구축 사례. |
| 수출금융 및 인센티브 강화 | - 방산금융 지원은 선진국 대비 낮은 편<br>- K-SURE의 수출보증 확대, KDB산업은행의 금융지원 패키지 필요 |

글로벌 방산수출 Big 4에 진입하기 위해서는 선진국 시장에는 기술력과 품질을 중심으로, 개발도상국 및 중동 시장에는 가격경쟁력과 금융협력을 중심으로 맞춤형 전략을 전개하면서 다음과 같은 전략을 추진할 필요가 있다.

첫째, 가치사슬 전반을 포괄하는 수출 전략을 추진한다. 과거에는 무기라는 완제품만 수출했다면, 이제는 연구개발(R&D), 부품 생산, 운용 훈련, 후속 정비(MRO), 부품 공급망까지 수출 대상에 포함하는 방식으로 변화하고 있다. 예컨대, FA-50 경공격기 수출 시 단가 경쟁력뿐 아니라 정비 인프라, 훈련 체계, 운용 매뉴얼까지 함께 제공하는 '통합형 수출 패키지'가 확산되고 있는 것이다.

둘째, 정부 차원의 G2G 협력 강화가 이뤄지고 있다. 주요 수입국들은 안정적인 납품과 정치적 신뢰를 중시하여 기업 간 계약보다 정부 간 협상을 선호하는 경우가 많다. 이에 따라 한국은 외교부, 방위사업청, 산업부 등이 협력하여 맞춤형 G2G 수출을 강화하고 있다. 폴란드와의 협약, UAE와의 천궁-II 계약 등이 이러한 전략의 결과물이다.

셋째, 산업협력(Offset) 체계와 현지화를 강화하고 있다. 대부분의 수입국은 자국 산업에 이득이 되는 조건을 요구하고 있으며, 이에 따라 한국은 현지 조립공장 설치, 공동 R&D, 부품구매 확대 등을 조건으로 제시하는데 이는 독일 라인메탈(Rheinmetall)의 현지공장 전략과 유사한 접근이다.

넷째, 금융 및 법제도 인프라 확충도 병행되고 있다. 방산은 일반 상업거래와 달리 위험이 크고 수주까지 긴 시간이 소요되기 때문에 금융기관의 역할이 매우 중요하다. 이에 따라 한국수출입은행, KDB산업은행, K-SURE(무역보험공사) 등이 방산금융을 확대하고 있으며, 수출 관련 규제 간소화와 법률 정비도 병행되고 있다.

또한, 미래 방산경쟁력 확보를 위한 레이저 무기, 극초음속 미사일, 양자기술 등 첨단 분야의 연구개발 지원을 강화하는 것이 필요하다. 한국의 수출지원 제도는 일부 분야에서 선진국과 비교해 미흡한 부분이 있으므로, 제도 개선을 통해 글로벌 경쟁력을 높여야 한다.

## 4. 한국방위산업의 추진 과제

한국은 방산 수출을 통해 국가안보 강화, 산업구조 개선, 국방력 향상, 그리고 다른 산업 분야의 수출을 견인하는 효과를 기대하고 있다. 특히 이재명 정부의 국정기획위원회에서는 '국민에게 신뢰받는 강군' 육성을 위한 국정과제로 'K-방산육성 및 획득체계 혁신을 통한 방산 4대강국 진입'을 설정하였다. 주요 내용은 [표 10-3]과 같다.

[표 10-3] (이재명정부 국정과제 113)
K-방산육성 및 획득체계 혁신을 통한 방산 4대강국 진입 (방사청)

| 과제목표 |
|---|
| ○ 방산수출기업과 중소벤처기업에 대한 집중적 지원으로 방산 4대 강국 도약<br>○ AI 등 첨단전력 획득체계 혁신 및 방산 소재·부품 공급망 안정화 |

▼

| 주요내용 | |
|---|---|
| 방산수출 | 방산수출에 대해 재정·금융·세제지원, 산업협력 등 패키지지원을 대폭 강화하고 방산수출 컨트롤타워 구축을 통해 범정부적 총력지원 실시<br>* 방산육성, 수출산업화, 수출지원·허가 업무를 단일조직으로 통합·보강하여 일관된 정책수립 및 지원 |
| 중소·벤처기업 육성 | 기업의 성장단계별(진입·성장·확장·고도화) 집중 지원 및 방산 소부장 전방위(All-Round) 지원, 민간 기술이전 등을 통한 '글로벌 슈퍼-乙' 양성<br>* (진입) 국방벤처 인큐베이팅 사업, (성장) 방산혁신기업100 사업, (확장) 글로벌 공급망 진입을 위한 GVC30 사업, (고도화) 선도연구기관 및 한국형 빅테크 육성 |
| 획득체계 혁신 | 방위사업의 공정성을 강화하고, 무기도입·R&D 체계 혁신을 통해 군사력 건설의 효율성과 방위산업 경쟁력 제고 |
| 첨단기술 산업기반 구축 | AI, 항공엔진, 반도체, 우주, 드론·로봇 등 첨단전략분야 R&D 및 인프라 투자를 확대하여 한국형 빅테크 기업 육성<br>* (가칭)「국방첨단전략 산업 육성 및 지원에 관한 법률」 제정을 통해 첨단 방산분야 제품 표준·인증, 방산혁신전문기업 육성, 전반적 산업 인프라 구축에 관한 사항 입법 |
| 공급망 안정화 | 우리 군이 운용 중인 100대 무기체계 소재·부품에 대한 공급망 지도를 데이터베이스화하고, 국제협력, 소재·부품 국산화, 비축 등을 통해 공급망 안정성 및 자립도 강화 |

▼

| 기대효과 |
|---|
| ○ 방산 수출기업과 중소·벤처기업 집중 지원을 통해 국가 안보에 기여함과 동시에 방위산업을 국가경제의 주력으로 육성<br>○ 첨단기술 및 첨단산업 기반을 확대하여 지속가능한 방위산업 성장동력을 확보하고 미래전장환경에 대비 |

* 자료 : 국정기획위원회, "이재명정부 국정운영 5개년 계획(안)", 2025.8.

이와 더불어 K-방산의 지속적인 성장과 글로벌 4강 도약을 위해서는 다음과 같은 과제를 해결하고 전략적인 접근이 필요하다.

첫째, R&D 패러다임 전환 및 첨단기술 투자가 요구된다. 과거에는 한국군 소요에 맞춰 무기체계가 개발되어 글로벌 시장에서 제품 및 가격 경쟁력 확보에 어려움이 있었다. 이제는 신규 무기체계 연구개발 초기 기획 단계부터 수출 가능성을 검토하고, 수출 지향적인 제품 개발이 추진될 수 있도록 제도적 장치 마련이 필요하다. 또한 인공지능(AI), 드론, 로봇, 우주 등 4차 산업혁명 기술이 전쟁 양상을 변화시키는 '게임체인저'로 부상함에 따라, 신기술 분야에 대한 국방 R&D 투자를 확대하고 전문 인력을 양성하는 것이 시급하다. 이를 위해 국방 R&D 예산을 기술 혁신 및 인재 양성에 적극 활용하고, '획득·방산 인력 양성 및 관리법' 제정을 통해 전문 인력의 전 과정을 관리하는 방안도 요구된다.[9)]

둘째, 생산 단계 개선 및 가격 경쟁력 확보가 필요하다. 국내 방산 제품의 가격 수준은 글로벌 경쟁 제품의 100~130% 수준으로 경쟁력이 낮은 편이다. 이는 주로 원가 보상 제도에 따른 원가 절감 유인 부족 때문이므로, 방산원가제도 개선을 통해 수출 제품의 가격 경쟁력을 확보해야 한다. 또한, 미국과 이스라엘처럼 수출에 따른 기술료를 면제하거나 면제 기간 및 범위를 확대하여 제품의 가격 경쟁력을 강화하는 방안을 검토할 필요가 있다.[10)]

셋째, 공급망 강화 및 해외 진출 확대이다. 기술 패권 경쟁 심화와 원자재 가격 상승 등 글로벌 공급망 위기는 수출 호황을 가로막을 가능성이 있다. 엔진, 변속기 등 구동 부문의 해외 의존도가 높으므로, 전략 부품 국산화 사업을 확대하여 기술 자립화를 달성하고 이를 수출로 연결하는 선순환 구조를 만들어야 하며 또한, 미국 정부가 강조하는 동맹국 중심의 신뢰할 수 있는 공급망 구축에 적극 참여하여 미국 시장으로의 진입 기회를 확대해야 한다. 구매국의 현지생산, 합작 투자, 기술 이전 등 현지화 요구에 적극적으로 대응하는 전략도 중요하다.[11)]

넷째, 마케팅 및 범부처 지원 강화이다. 방산 수출은 국가안보와 직결된 특성상 정부간 협력이 필수적이며, 기업 단독으로 성사되기 어렵다. 하지만 산업협력, 파이낸싱, GtoG(정부 간 거래) 등 정부 차원의 지원이 선진국 대비 취약한 실정이며, 정부는 대통

---

9) 강은호, "K-방산 지속, 신기술로 무장된 '획득·방산 전문인력 양성' 시급하다", 「산업경제 No. 294」, 산업연구원, 2023.

10) 안영수 외 4명, "글로벌 방산수출 구조변화와 우리의 대응전략", 연구보고서 2021-08, 산업연구원, 2021.

11) 장원준, 앞 논문, 2023.

령 안보실 주관의 '범부처 방위산업발전협의회'를 정례화하여 방산 수출 애로사항을 해결하고, 대규모 금융지원이 가능한 시스템을 구축해야 한다. 또한 수출 절충교역 지원 방안을 마련하고, 초기 협상 단계부터 정부와 업체가 컨소시엄으로 참여하여 수출국의 요구조건에 대응해야 한다.12)

다섯째, 인력 양성 및 관리가 요구된다. 우수 인력 및 숙련공 양성을 위해 고등학교부터 대학교, 대학원, 일반인을 포함하는 인력양성 교육 과정을 확대하고 인공지능(AI), 드론, 로봇 등 첨단 과학기술 교육을 강화해야 한다. 또한 국방 R&D 예산을 기술 혁신 및 인재 양성에 적극 활용하고, '획득·방산 인력 양성 및 관리법' 제정을 통해 전문인력의 전 과정을 관리해야 한다.

여섯째, ESG 리스크 대응이다. 탄소중립 및 ESG(환경·사회·지배구조) 이슈는 방위산업에도 예외 없이 적용될 것으로 예상되며, 방산수출 금융의 확대를 위해서는 민간금융의 참여가 필수적이므로 이에 대한 대응방안 마련이 필요하다.

12) 장원준·송재필·김미정, "글로벌 방산수출 Big 4 진입을 위한 K-방산 수출지원제도 분석과 향후 과제", 「산업경제 No. 288」, 산업연구원, 2022.

# 부 록

1. 참고 문헌
2. 약어 1-34

# 1. 참고 문헌


국방부, 『2022 국방백서』, 2022.

국방부, 「국방전력발전업무훈령」(국방부훈령 제3007호), 2025.

공군본부, 『공군비전 2050 수정1호』, 2024.

국방기술진흥연구소, 『미래 국방 신기술 예측』, 2022.

국방기술품질원, 『수중감시체계 개발동향』, 2010.

강은호, "K-방산 지속, 신기술로 무장된 '획득・방산 전문인력 양성' 시급하다", 산업연구원, 2023.

군사용어대사전 편집위원회, 『군사용어대사전』 (서울, 청미디어), 2016.

권태환 외, "러시아의 우크라이나 침공 이후 1년: 우크라이나 전쟁의 시사점과 한국의 국방혁신", 산업연구원, 2023.

김덕기, "중국의 잠수함・수중무기체계 현대화 동향과 작전 운용에 관한 소고(小考)", 『한국해양안보논총』 제5권 제2호, 2022.

김재우・심상렬, "미국의 군사용 무인항공기 진화적 개발 사례 분석: 전술/전략급 고정익 무인항공기 중심으로", 『선진국방연구』 제3권 제2호, 2020.

박재혁・손동성・강석중, "대한민국 방위산업의 글로벌 공급망 확장 전략", 『국가안보와 전략』 통권 97호, 국가안보전략연구원, 2025.

법령정보센터, 「국군조직법」(법률 제10821호).

심순형・김미정, "국내 방위산업 공급망 구조 분석과 경쟁력 진단 : 지상무기체계를 중심으로", 연구보고서 No. 10, 산업연구원, 2023.

안승범・오동룡, 『2025 한국군 무기연감』, 도서출판 디펜스타임즈, 2024.

안영수 외 4명, "글로벌 방산수출 구조변화와 우리의 대응전략", 2021-08, 산업연구원, 2021.

육군 기준교범 1, 「지상작전」, 육군, 2021.

육군 기준교범 3-1, 「방어작전 및 공격작전」, 육군, 2022.

육군본부, 『지상무기체계 원리(Ⅰ)』, 2002.

육군본부, 『지상무기체계 원리(Ⅱ)』, 2002.

오동룡・안승범, 『2024-2025 한국군 무기연감』, 디펜스타임즈, 2024.

장원준, "우크라이나 전쟁 이후 글로벌 방산시장의 변화와 시사점", 「산업경제 No. 294」, 산업연구원, 2023.

장원준・박혜지, "글로벌 방산 생태계 최근 동향과 K-방산 혁신생태계 조성 방안", 「산업경제 No. 314」, 산업연구원, 2024.

장원준・송재필・김미정, "글로벌 방산수출 Big 4 진입을 위한 K-방산 수출지원제도 분석과 향후 과제", 「산업경제 No. 288」, 산업연구원, 2022.

조영갑 외, 『현대무기체계론』, 선학사, 2021.

조현기, "방산수출을 방위산업의 새로운 도약으로", 「산업경제 No. 294」, 산업연구원, 2023.
하창규·도중진, "한국 국가공역에서의 무인항공기 운용 효율화 방안: 법령 및 운용 규정 정비를 중심으로", 『한국군사학논총』 제12집 제4권, 2023.
해군본부, 『간단하고 편하게 읽을 수 있는 해군』, 2018.
한국군사문제연구원, "2024년 세계 주요 국가의 국방비 증가 추세", KIMA Newsletter 제1581호.
한국방위산업진흥회, 『국방과 기술』, 제334호, 2006.
한국방위산업진흥회, 『무기체계 원리』, 2013.
한국방위산업학회, 「대한민국 방위산업 50년 그리고 미래」, 2024.
합동교범 10-2, 「합동·연합작전 군사용어사전」, 합참, 2024.
해군본부, 『간단하고 편하게 읽을 수 있는 해군』, 2018.
NATO Standardization Agency (NSA), *STANAG 4586 Ed.3 Standard Interfaces of UAV Control System (UCS) for NATO UAV Interoperability*, 2017.
United States, Department of Defense, *DoD 4120.15-L Model Designation of Military Aerospace Vehicles Change 1*, 2018.
United States, Department of the Air Force, *United States Air Force RPA Vector: Vision and Enabling Concepts 2013-2038*, 2014.
국방일보(https://kookbang.dema.mil.kr)
기아자동차 군용차량 홈페이지(https://special.kia.com/kr/main.do)
대한민국공군(https://rokaf.airforce.mil.kr)
대한민국육군(https://www.army.mil.kr)
대한민국합동참모본부(https://www.jcs.mil.kr)
대한민국해군(https://www.navy.mil.kr)
두산백과(https://www.doopedia.co.kr/)
미국공군(https://www.af.mil)
미국국방부(https://media.defense.gov)
미국육군(https://www.army.mil)
미국육군 ODIN 사이트(https://odin.tradoc.army.mil)
미국해군(https://www.navy.mil)
방위사업청(https://www.dapa.go.kr)
방위사업청대표블로그(https://blog.naver.com/dapapr)
스톡홀름국제평화문제연구소(SIPRI)(https://www.sipri.org)
영국해군(https://www.royalnavy.mod.uk)
위키미디어 공용(https://commons.wikimedia.org)
위키피디아 영문(https://en.wikipedia.org)
위키피디아 한글(https://ko.wikipedia.org)
주한 미대사 공식 X계정 (https://x.com/USAmbROK)
중국국방부(https://eng.mod.gov.cn)

통계청 지표누리(https://www.index.go.kr)
한국학중앙연구원, 『한국민족문화대백과사전』(https://encykorea.aks.ac.kr)
한국항공우주산업(https://www.koreaaero.com/ko/)
한화에어로스페이스(https://www.hanwhaaerospace.com/kor/index.do)
atomicarchive.com(https://www.atomicarchive.com)
Boeing Defense (https://www.boeing.com/defense)
Embraer Defense (https://defense.embraer.com)
e-뮤지엄(https://www.emuseum.go.kr/main)
LIG넥스원(https://www.lignex1.com)
Lockheed Martin (https://www.lockheedmartin.com)
Naval History and Heritage Command (https://www.history.navy.mil)
Naval Vessel Register (https://www.nvr.navy.mil)
Northrop Grumman (https://www.northropgrumman.com)

# 2. 약 어

| | |
|---|---|
| A2/AD | Anti-Access/Area Denial, 반접근/지역거부 |
| ASDIC | Allied Submarine Detection & Investigation Committee, 대잠수함탐지체계 |
| AESA | Active Electronically Scanned Array, 능동전자주사배열 |
| AEW&C | Airborne Early Warning and Control, 공중조기경보통제기 |
| AFCCS | Air Force Command and Control System, 공군 지휘통제체계 |
| AFCS | Automatic Fire Control System, 자동사격통제장치 |
| AGM | Air to Ground Missile, 공대지미사일 |
| AI | Artificial Intelligence, 인공지능 |
| AIP | Air Independent Propulsion, 대기 중의공기에 의존하지 않는 추진체계 |
| AKJCCS | Allied Korea Joint Command and Control System, 연합 지휘통제체계 |
| ALCM | Air Launched Cruise Missile, 공중발사순항미사일 |
| AMRAAM | Advanced Medium Range Air-to-Air Missile, 중거리공대공미사일 |
| ANASIS | Army & Navy, Air Force Satellite Information System, 육·해·공군 위성정보시스템 |
| APC | Armor Personnel Carrier, 병력수송용 장갑차 |
| APDS | Armor Piercing Discarding Sabot, 신형분리철갑탄 |
| APFSDS | Armor Piercing Discarding Sabot, 날개안정분리철갑탄 |
| ASPJ | Airborne Self Protection Jammer |
| ATACMS | Army Tactical Missile System, 육군 전술미사일체계 |
| ATCIS | Army Tactical Command Information System, 육군 전술통제정보체계 |
| AUV | Autonomous Underwater Vehicle, 자율무인잠수정 |
| AVIC | Aviation Industry Corporation of China, 중국항공공업집단공사 |
| AVLB | Armored Vehicle Launched Bridge, 교량전차 |
| AWACS | Airborne Warning And Control System, 공중조기경보통제기 |
| B2CS | Battalion Battle Command System, 대대급 전투지휘체계 |
| BAI | Battlefield Air Interdiction, 전장항공차단 |
| BCC | Battery Control Computer, 포대통제기 |
| BERP | British Experimental Rotor Programme |
| BLOS | Beyond Line Of Sight, 비가시선 |
| BMC3I | Battle Management and Command, Control, Computers and Intelligence, 전장관리 및 C4I체계 |

| | |
|---|---|
| BTC | Battalion Tactical Computer, 대대 전술계산기 |
| BTCS | Battalion Tactical Command System, 대대 전술사격통제체계 |
| BWC | Biological Weapons Convention, 생물학무기 금지협약 |
| C4I | Command, Control, Communication, Computer, Intelligence |
| C4ISR | Command, Control, Communication, Computer, Intelligence, Surveillance, Reconnaissance |
| CAM | Chemical Agent Monitor, 화학작용제 탐지기 |
| CAS | Close Air Support Operation, 근접항공지원작전 |
| CASA | Construcciones Aeronáuticas Sociedad Anónima, 스페인 항공기 제조사 |
| CASC | China Aerospace Science and Technology Corporation, 중국항천과기집단공사 |
| CBRN | Chemical, Biological, Radiological, Nuclear 약자 |
| CCA | Collaborative Combat Aircraft, 무인협업전투기 |
| CDMA | Code Division Multiple Access, 코드분할 다중접속 |
| CEMS | Construction Equipment Multipurpose Section, 다목적굴착기 |
| CIWS | Closed in Weapon System, 근접방어무기체계 |
| CMDS | Countermeasures Dispensing System |
| CPAS | Command Post Automated System, 지휘소자동화체계 |
| CSAR | Combat Search And Rescue, 전투탐색구조 |
| CWC | Chemical Weapons Convention, 화학무기 금지협약 |
| DAS | Distributed Aperture System, 분산 개구 센서 |
| EA | Electronic Attack 전자공격 |
| ECCM | Electronic Counter-Counter Measures |
| EEP | Engine Enhancement Package |
| EMP | ElectroMagnetic Pulse, 전자기파 |
| EO | Electro-Optical, 전자광학 |
| EOTS | Electro-Optical Tracking System, 전자광학 추적장치 |
| EP | Electronic Protection, 전자보호 |
| EPAWSS | Eagle Passive Active Warning Survivability System |
| ERGM | Extended Range Guided Munition, 사거리연장탄 |
| ES | Electronic Warfare Support, 전자전지원 |
| EW | Electronic Warfare, 전자전 |
| FCAS | Future Combat Air System, 유럽의 6세대 전투기 프로그램 |
| FDC | Fire Direction Center, 포병 사격지휘소 |
| FLIR | Forward Looking Infrared, 전방관측적외선장비 |
| FOC | Full Operational Capability, 완전작전능력 |
| FO-DMD | Forward Observer-Digital Message Device, 관측제원입·출력기 |
| GaN | Gallium Nitride, 질화갈륨 |

| | |
|---|---|
| GBR | Ground Based Radar, 지상배치레이더, X-band 레이더라고 함 |
| GBU | Guided Bomb Unit, 유도폭탄 |
| GCAP | Global Combat Air Programme, 영국・일본・이탈리아의 6세대 전투기 프로그램 |
| GDU | Gun Display Unit, 포반제원표시기 |
| GE | General Electric |
| GPS | Global Positioning System |
| HALE | High Altitude Long Endurance, 고고도 장기체공 |
| HE | High-Explosive, 고폭탄 |
| HEAT | High-Explosive Anti-Tank, 대전차고폭탄 |
| HEL | High Energy Laser, 고에너지 레이저 |
| HMS | Helmet Mounted Sight, 헬멧 장착 조준 시스템 |
| HMS | Hull Mounted Sonar, 선저고정형 소나 |
| IAE | International Aero Engines |
| IAEA | International Atomic Energy Agency, 국제원자력기구 |
| ICBM | Intercontinental Ballistic Missile, 대륙간 탄도미사일 |
| IDMC | Integrated Digital Map Computer |
| IED | Improvised Explosive Device, 급조폭발물 |
| IFF | Identification of Friend or Foe, 피아식별장치 |
| IFV | Infantry Fighting Vehicle, 보병전투장갑차 |
| IHADSS | Integrated Helmet and Display Sighting System |
| INS | Inertial Navigation System, 관성항법장치 |
| IOC | Initial Operational Capability, 초도작전능력 |
| IPTN | Industri Pesawat Terbang Nusantara, 인도네시아 국영항공기 제작사(현재 PTDI로 개칭) |
| IR | InfraRed, 적외선 |
| IRB | Improved Ribbon Bridge, 리본부교 |
| IRBM | Intermediate Range Ballistic Missile, 중거리 탄도미사일 |
| IRCM | InfraRed Counter Measures, 적외선 방해책 |
| IRIS-T | InfraRed Imaging System Tail-Thrust Vector Controlled, AIM-2000 적외선 영상 유도 미익-추력편향 조종 단거리 공대지 미사일 |
| IRST | InfraRed Search and Track, 적외선 탐색 및 추적 장비 |
| ISR | Intelligence, Surveillance and Reconnaissance, 정보감시정찰 |
| IUSS | Integrated Undersea Surveillance System, 통합수중감시체계 |
| IVIS | Intervehicular Information System, 차량간 정보교환 체계 |
| JASSM | Joint Air-to-Surface Standoff Missile |
| JDAM | Joint Direct Attack Munition, 합동직접공격탄 |

| | |
|---|---|
| JFOS-K | Joint Fire Operation System-Korea, 합동화력운용체계 |
| JHMCS | Joint Helmet Mounted Cueing System |
| JSTARS | Joint Surveillance & Target Attack Radar System, 합동 감시 및 표적 공격레이더 체계 |
| JTDLS | Joint Tactical Data Link System, 한국형 합동전술데이터링크체계 |
| KAAV | Korea Amphibious Assault Vehicle, 한국형 상륙돌격장갑차 |
| KAMD | Korea Air and Missile Defense, 한국형 미사일방어체계 |
| KHP | Korean Helicopter Program, 한국형헬기개발사업 |
| KFP | Korean Fighter Program, 한국형전투기사업(KF-16) |
| KF-X | Korean Fighter eXperimental, 한국형전투기사업(KF-21) |
| KJCCS | Korean Joint Command and Control System, 한국군 합동지휘통제체계 |
| KJTDLS | Korea Joint Tactical Data Link System, 한국형 합동전술데이터링크체계 |
| KNCCS | Korea Naval Command and Control System, 해군 지휘통제체계 |
| KNTDS | Korea Naval Tactical Data System, 해군 전술데이터처리체계 |
| KVMF | Korean Variable Message Format, 한국군 지상전술데이터링크 |
| LAMD | Low Altitude Missile Defense, 장사정포 요격체계 |
| LANTIRN | Low Altitude Navigation and Targeting Infrared for Night |
| LASTE | Low Altitude Safety and Targeting Enhancement |
| LJDAM | Laser Joint Direct Attack Munition |
| LOS | Line-of-Sight, 가시선 |
| LOFAR | Low Frequency Analyzing and Recording, 저주파 분석 및 측거 |
| LRIP | Low Rate Initial Production, 저율초기생산 |
| L-SAM | Long-range Surface to Air Missile, 중고고도 대공 방어체계 |
| MAD | Magnetic Anomaly Detector, 자기 이상 탐지기 |
| MAD | Mutual Assured Destruction, 상호 확증 파괴 |
| MADL | Multi-function Advanced Data Link, F-22/F-35 등의 전용 데이터 링크 |
| HARM | High Speed Anti-Radiation Missile, 고속대레이더미사일 |
| MALE | Medium Altitude Long Endurance, 중고도 장기체공 |
| MCRC | Master Control and Report Center, 중앙방공통제소 |
| MESA | Multi-role Electronically Scanned Array, 다기능 전자주사배열레이더 |
| MGB | Medium Girder Bridge, 간편 조립교 |
| MICLIC | Mine Clearing Line Charge, 지뢰제거 선형장약 |
| MIMS | Military Information Management System, 군사정보통합처리체계 |
| MLRS | Multiple Rocket Launcher System, 다련장 로켓 |
| MOPP | Mission Oriented Protective Posture, 임무형보호태세 |
| MST | Mobile Subscriber Terminal, 이동무선전화기 |
| MUAV | Medium altitude Unmanned Aerial Vehicle, 중고도정찰용무인항공기 |

| | |
|---|---|
| NATO | North Atlantic Treaty Organization, 북대서양조약기구 |
| NCOE | Network Centric Operational Environment, 네트워크중심 작전환경 |
| NGAD | Next Generation Air Dominance, 미 공군 6세대 전투기 프로그램 |
| NLL | Northern Limit Line, 북방한계선 |
| NM | Nautical Mile, 해상/항공 분야에서 사용되는 길이 단위, 1 NM=1,852 m |
| NPT | Nuclear Non-Proliferation Treaty, 핵확산 금지조약 |
| PADS | Positioning and Azimuth Determining System, 자동측지장비 |
| PD&E | Planning, Decision and Execution Cycle, 계획-결심-시행주기 |
| PESA | Passive Electronically Scanned Array |
| PNVS | Pilot Night Vision System, 조종사용 야시장비 |
| POMINS | Portable Mine Neutralization System, 휴대용 지뢰제거 장비 |
| PRE | Position Reporting Equipment, 위치보고 접속장비 |
| PTDI | Perseroan Terbatas (PT) Dirgantara Indonesia, 인도네시아 항공우주 주식회사 (구 IPTN) |
| PW | Pratt and Whitney |
| RADAR | Radio Detection And Ranging |
| RAM | Radar Absorbing Material, 전파 흡수 소재 |
| RAP | Rocket Assisted Projectile, 로켓보조추진탄 |
| RBS | Ribbon Bridge, 리본부교 |
| RCS | Radar Cross Section, 레이더 반사 면적 |
| | Remote Control System, 원격사격통제체계 |
| ROKAF | Republic of Korea Air Force, 대한민국공군 |
| ROV | Remotely Operated Vehicle, 원격조종무인정 |
| RWR | Radar Warning Receiver, 레이더경보수신기 |
| RWS | Remote Weapons Station, 무인 총탑 |
| SAM | Surface to Air Missile, 지대공유도탄 |
| SAR | Search and Rescue, 탐색구조 |
| SAR | Synthetic Aperture Radar, 합성구경레이더 |
| SDB | Small Diameter Bomb |
| SDI | Strategic Defense Initiative, 전략방위구상 |
| SDR | Software Defined Radio, 소프트웨어기반 무선통신 |
| SIGINT | Signal Intelligence, 신호정보 |
| SLAM-ER | Standoff Land Attack Missile - Extended Range |
| SLBM | Submarine Launched Ballistic Missile, 잠수함발사 탄도유도탄 |
| SONAR | SOund NAvigation and Ranging |
| SRBM | Short-range Ballistic Missile, 단거리탄도미사일 |
| TADS | Target Acquisition Designation System, 표적획득지시장비 |

| | |
|---|---|
| TAS | Towed Array Sonar, 예인형 소나 |
| TASS | Towed Array Sonar System, 예인형 선배열 소나 |
| TB | Thermobaric, 열압력탄 |
| TDL | Tactical Data Link, 전술 데이터 링크체계 |
| TGP | Targeting Pod, 표적추적장비 |
| THAAD | Terminal High Altitude Area Defense, 종말단계고고도지역방어 |
| TICN | Tactical Information and Communication Network, 전술정보통신체계 |
| TMD | Theater Missile Defense, 전구미사일방어 |
| TMD-GBR | Theatre Ballistic Missile-Ground Base Radar, 전구 탄도미사일 지상배치 레이더 |
| TMMR | Tactical Multiband Multirole Radio, 다대역 무전기 |
| TOD | Thermal Observation Device, 열상관측장비 |
| TOT | Time on Target, 동일표적에 여러 문의 포가 사격을 하여 동일시간에 집중시키는 사격방법 |
| UAV | Unmanned Aerial Vehicle, 무인항공기 |
| UCAV | Unmanned Combat Aerial Vehicle, 무인전투기 |
| UGV | Unmanned Ground Vehicle, 무인지상차량 |
| USV | Unmanned Surface Vessel, 무인수상함정 |
| UUV | Unmanned Underwater Vehicle, 무인잠수함정 |
| VDS | Variable Depth Sonar, 가변수심형 소나 |
| WCMD | Wind Corrected Munition Dis`penser, 바람수정확산탄 |
| WMD | Weapons of Mass Destruction, 대량살상무기 |
| XLUUV | Extra Large Unmanned Undersea Vehicle, 초대형급 무인잠수함정 |

## 초판 저자 소개 (가나다 순)

### 김철환

- 육군사관학교 졸업
- 서울대학교 공과대학 졸업
- 미국 퍼듀대학교대학원 졸업(공학박사) 국방대학교 명예교수(현)
- 육군사관학교 및 국방대학교 교수(33년), 국방기술품질원 원장
- (사)한국SE학회 및 EVM학회 회장
- 저서 · 논문 : 『전쟁 그리고 무기의 발달』 등 다수

### 이채언

- 육군사관학교 졸업
- 숭실대학원 졸업(경영학 박사) · 경남대학원 졸업(정치학 박사)
- 한국위기경영연구소 소장
- 숭실대학교 경영학부 겸임교수
- 육군본부 무기체계사업단 사업처장
- 정부 중앙인사위원회 고위공직 역량평가 통과
- 대통령실 국가위기관리실 정책자문위원
- 저서 · 논문 : 『비즈니스 컨설팅』, 국가위기관리 등 다수

### 하철수

- 육군사관학교 졸업
- 미국 해군대학원 졸업(경영과학석사)
- 대한민국재향군인회 조직복지국장
- 사단장 및 9715부대장
- 국방과학연구소 전문연구위원
- 국방부 정책자문위원
- (재)한국군사문제연구원 무기획득/군수센터 소장
- 논문 : 방위력증강 프로세스 연구 등 다수

## (개정판) **저술자문위원 소개** (가나다 순)

**국민수**
- 한성대학교 국방과학대학원 교수(현)
- 경운대학교 군사학 교수
- 정치학 박사
- 고대 중국사상 연구가

**김응록**
- 합동군사대학교 전력학과 교관(현)
- 해군본부 전력발전과장
- 항공사 비행/군수전대장
- 국방대학교 무기체계 석사

**김재욱**
- 경운대학교 교수(현)
- 합동군사대학교 전략학과장
- 공군본부 전력계획 및 소요과장
- KF-16 조종사

**양해수**
- 서경대 군사학과 교수(현)
- 육군본부 전력부 C4I 과장
- 군사학연구소장
- 원광대학교 정치학 박사

**윤준호**
- (재)한국군사문제연구원 연구계획차장
- 월간KIMA군사와안보 편집위원
- KIMA Newsletter 총괄편집자
- 국방대학교 안보정책학 석사과정 수료

**이상근**
- 전남대학교 학군단 교수(현)
- 포병학교 전술교육단장
- 교육사 AI 개념발전과장
- 조선대학교 군사학 박사

**이종화**
- 제71보병사단장(현)
- 방사청 헬기사업부장
- 육군본부 시험평가단장
- 국방경영정보 박사

**현동준**
- 화생방학교 교무처장(현)
- 화생방학교 전발처장
- 합참 핵 WMD 대응센터 발전담당
- 합참 전략기획본부 화생방 전력담당

〈개정판〉 **전장기능별**

# 무 기 체 계

초판발행 : 2015년 7월 27일
2쇄발행 : 2017년 8월 25일
3쇄발행 : 2019년 3월 13일
개정발간 : 2025년 9월 1일
저　　자 : 장상국 · 엄홍섭 · 최정욱 · 이윤규
펴 낸 곳 : (재)한국군사문제연구원
편집·인쇄 : 대한기획인쇄

등 록 : 2015년 5월 20일
주 소 : 서울시 용산구 원효로4가 118-3 영천빌딩 302호
전 화 : 02-754-0765
FAX : 02-754-9873

ISBN 979-11-969289-1-9 (13390)　　값 30,000원